网络空间安全学科系列教材

区块链原理与技术

张宗洋 伍前红 刘建伟 编著

清华大学出版社
北京

内 容 简 介

本书全面而详细地介绍区块链原理与技术，共分 11 章，分别是密码学基础、分布式系统、经典分布式共识、比特币、以太坊、联盟链、区块链安全技术、区块链隐私保护技术、区块链去隐私化技术、区块链扩容技术、智能合约。

本书内容全面，涵盖区块链的理论基础、专项技术；通俗易懂，使用翔实的示例深入浅出地解释定义、定理；紧随前沿，选取学界、业界的领先成果贯穿章节主干；附注考究，提供精选的课后习题与参考文献供读者思考回顾。

本书可作为高等学校网络空间安全、计算机科学与技术等相关专业本科生和研究生的教材，也可作为区块链技术工程师的参考读物。

版权所有，侵权必究。举报：010-62782989，beiqinquan@tup.tsinghua.edu.cn。

图书在版编目（CIP）数据

区块链原理与技术 / 张宗洋，伍前红，刘建伟编著. -- 北京：清华大学出版社，2025.4.
（网络空间安全学科系列教材）. -- ISBN 978-7-302-68947-8
Ⅰ. TP311.135.9
中国国家版本馆 CIP 数据核字第 2025XN8275 号

责任编辑：张　民　常建丽
封面设计：刘　键
责任校对：刘惠林
责任印制：沈　露

出版发行：清华大学出版社
网　　址：https://www.tup.com.cn，https://www.wqxuetang.com
地　　址：北京清华大学学研大厦 A 座　　　　　　　邮　编：100084
社 总 机：010-83470000　　　　　　　　　　　　　　邮　购：010-62786544
投稿与读者服务：010-62776969，c-service@tup.tsinghua.edu.cn
质量反馈：010-62772015，zhiliang@tup.tsinghua.edu.cn
课件下载：https://www.tup.com.cn，010-83470236
印 装 者：三河市铭诚印务有限公司
经　　销：全国新华书店
开　　本：185mm×260mm　　　　　　印　张：21.75　　　　字　数：529 千字
版　　次：2025 年 4 月第 1 版　　　　　　　　　　　　印　次：2025 年 4 月第 1 次印刷
定　　价：69.00 元

产品编号：089707-01

网络空间安全学科系列教材 编委会

顾问委员会主任：沈昌祥（中国工程院院士）
特别顾问：姚期智（美国国家科学院院士、美国人文与科学院院士、
　　　　　中国科学院院士、"图灵奖"获得者）
　　　　　何德全（中国工程院院士）　　蔡吉人（中国工程院院士）
　　　　　方滨兴（中国工程院院士）　　吴建平（中国工程院院士）
　　　　　王小云（中国科学院院士）　　管晓宏（中国科学院院士）
　　　　　冯登国（中国科学院院士）　　王怀民（中国科学院院士）
　　　　　钱德沛（中国科学院院士）

主　　任：封化民
副 主 任：李建华　俞能海　韩　臻　张焕国
委　　员：（排名不分先后）

蔡晶晶	曹春杰	曹珍富	陈　兵	陈克非	陈兴蜀
杜瑞颖	杜跃进	段海新	范　红	高　岭	宫　力
谷大武	何大可	侯整风	胡爱群	胡道元	黄继武
黄刘生	荆继武	寇卫东	来学嘉	李　晖	刘建伟
刘建亚	陆余良	罗　平	马建峰	毛文波	慕德俊
潘柱廷	裴定一	彭国军	秦玉海	秦　拯	秦志光
仇保利	任　奎	石文昌	汪烈军	王劲松	王　军
王丽娜	王美琴	王清贤	王伟平	王新梅	王育民
魏建国	翁　健	吴晓平	吴云坤	徐　明	许　进
徐文渊	严　明	杨　波	杨　庚	杨　珉	杨义先
于　旸	张功萱	张红旗	张宏莉	张敏情	张玉清
郑　东	周福才	周世杰	左英男		

秘 书 长：张　民

网络空间安全学科系列教材 出版说明

21世纪是信息时代，信息已成为社会发展的重要战略资源，社会的信息化已成为当今世界发展的潮流和核心，而信息安全在信息社会中将扮演极为重要的角色，它会直接关系到国家安全、企业经营和人们的日常生活。随着信息安全产业的快速发展，全球对信息安全人才的需求量不断增加，但我国目前信息安全人才极度匮乏，远远不能满足金融、商业、公安、军事和政府等部门的需求。要解决供需矛盾，必须加快信息安全人才的培养，以满足社会对信息安全人才的需求。为此，教育部继2001年批准在武汉大学开设信息安全本科专业之后，又批准了多所高等院校设立信息安全本科专业，而且许多高校和科研院所已设立了信息安全方向的具有硕士和博士学位授予权的学科点。

信息安全是计算机、通信、物理、数学等领域的交叉学科，对于这一新兴学科的培养模式和课程设置，各高校普遍缺乏经验，因此中国计算机学会教育专业委员会和清华大学出版社联合主办了"信息安全专业教育教学研讨会"等一系列研讨活动，并成立了"高等院校信息安全专业系列教材"编委会，由我国信息安全领域著名专家肖国镇教授担任编委会主任，指导"高等院校信息安全专业系列教材"的编写工作。编委会本着研究先行的指导原则，认真研讨国内外高等院校信息安全专业的教学体系和课程设置，进行了大量具有前瞻性的研究工作，而且这种研究工作将随着我国信息安全专业的发展不断深入。系列教材的作者都是既在本专业领域有深厚的学术造诣，又在教学第一线有丰富的教学经验的学者、专家。

该系列教材是我国第一套专门针对信息安全专业的教材，其特点是：
① 体系完整、结构合理、内容先进。
② 适应面广。能够满足信息安全、计算机、通信工程等相关专业对信息安全领域课程的教材要求。
③ 立体配套。除主教材外，还配有多媒体电子教案、习题与实验指导等。
④ 版本更新及时，紧跟科学技术的新发展。

在全力做好本版教材，满足学生用书的基础上，还经由专家的推荐和审定，遴选了一批国外信息安全领域优秀的教材加入系列教材中，以进一步满足大家对外版书的需求。"高等院校信息安全专业系列教材"已于2006年年初正式列入普通高等教育"十一五"国家级教材规划。

2007年6月，教育部高等学校信息安全类专业教学指导委员会成立大会暨第一次会议在北京胜利召开。本次会议由教育部高等学校信息安全类专业教学指导委员会主任单位北京工业大学和北京电子科技学院主办，清华大学出版社协办。教育部高等学校信息安全类专业教学指导委员会的成立对我国信息安全专业的发展起到重要的指导和推动作用。2006年,教育部给武汉大学下达了"信息安全专业指导性专业规范研制"的教学科研项目。2007年起,该项目由教育部高等学校信息安全类专业教学指导委员会组织实施。在高教司和教指委的指导下,项目组团结一致,努力工作,克服困难,历时5年,制定出我国第一个信息安全专业指导性专业规范,于2012年年底通过经教育部高等教育司理工科教育处授权组织的专家组评审,并且已经得到武汉大学等许多高校的实际使用。2013年,新一届教育部高等学校信息安全专业教学指导委员会成立。经组织审查和研究决定,2014年,以教育部高等学校信息安全专业教学指导委员会的名义正式发布《高等学校信息安全专业指导性专业规范》(由清华大学出版社正式出版)。

2015年6月,国务院学位委员会、教育部出台增设"网络空间安全"为一级学科的决定,将高校培养网络空间安全人才提到新的高度。2016年6月,中央网络安全和信息化领导小组办公室(下文简称"中央网信办")、国家发展和改革委员会、教育部、科学技术部、工业和信息化部及人力资源和社会保障部六大部门联合发布《关于加强网络安全学科建设和人才培养的意见》(中网办发文〔2016〕4号)。2019年6月,教育部高等学校网络空间安全专业教学指导委员会召开成立大会。为贯彻落实《关于加强网络安全学科建设和人才培养的意见》,进一步深化高等教育教学改革,促进网络安全学科专业建设和人才培养,促进网络空间安全相关核心课程和教材建设,在教育部高等学校网络空间安全专业教学指导委员会和中央网信办组织的"网络空间安全教材体系建设研究"课题组的指导下,启动了"网络空间安全学科系列教材"的工作,由教育部高等学校网络空间安全专业教学指导委员会秘书长封化民教授担任编委会主任。本丛书基于"高等院校信息安全专业系列教材"坚实的工作基础和成果、阵容强大的编委会和优秀的作者队伍,目前已有多部图书获得中央网信办和教育部指导评选的"网络安全优秀教材奖",以及"普通高等教育本科国家级规划教材""普通高等教育精品教材""中国大学出版社图书奖"等多个奖项。

"网络空间安全学科系列教材"将根据《高等学校信息安全专业指导性专业规范》(及后续版本)和相关教材建设课题组的研究成果不断更新和扩展,进一步体现科学性、系统性和新颖性,及时反映教学改革和课程建设的新成果,并随着我国网络空间安全学科的发展不断完善,力争为我国网络空间安全相关学科专业的本科和研究生教材建设、学术出版与人才培养做出更大的贡献。

我们的E-mail地址是zhangm@tup.tsinghua.edu.cn,联系人:张民。

"网络空间安全学科系列教材"编委会

前 言

区块链技术当前处于快速发展时期,它集成了数学、计算机科学与技术、网络空间安全等多学科领域的前沿创新成果,可有效实现安全、可信、容错的分布式账本。从国家层面,区块链作为核心技术自主创新重要突破口,被列入《中华人民共和国国民经济和社会发展第十四个五年规划和 2035 年远景目标纲要》数字经济重点产业之一。从社会层面,区块链技术应用已延伸到数字金融、物联网、智能制造、供应链管理、数字资产交易等多个领域,在产品溯源、电子存证和电子政务等方面,保证关键信息的可追溯性、不可篡改性等。从学术层面,区块链技术是目前学术界研究的热点。

北京航空航天大学网络空间安全学院最早于 2019 年开始面向本科生和研究生开设"区块链原理与技术"课程,每年有 200 余人选课。为了更好地服务教学和研究,自 2019 年年初开始着手编写本教材,根据教学效果和区块链技术发展,本书内容也有针对性地做了相应调整。经过近 6 年的教学实践,本书内容也历经多轮增删,最终得以成书,深感欣慰。

本书共 11 章。第 1~3 章主要介绍区块链密码学基础、分布式系统和经典分布式共识;第 4~6 章分别介绍比特币、以太坊和联盟链;第 7~11 章分别介绍区块链安全技术、区域链隐私保护技术、区域链去隐私化技术、区域链扩容技术和智能合约。

本书主要有以下特色。

(1) 内容全面,结构合理。编写逻辑清晰,知识点准确且较为完备,涵盖区块链领域的理论基础、实际应用和拓展延伸,能使读者全面而深入地理解区块链原理与技术。

(2) 示例清晰,可读性强。针对具体概念提供了大量清晰且易于理解的解释示例,各章节间有明确的衔接关系和紧密的内在联系,能向读者以易于理解的方式解释抽象的定义与复杂的定理。

(3) 立足前沿,实用性强。立足产学研最新的进展与成果,能有效反映区块链领域的前沿趋势,同时提供了大量实际应用的案例供读者获得实用的知识与技能,帮助读者在实际问题中应用所学的概念或理论。

(4) 精选习题,文献翔实。在每章最后精心斟酌并编排了与正文内容联系紧密的思考题,以加深普通读者对每章内容的理解;同时引用了丰富而优质的参考文献,为有兴趣深入研究的读者提供了进一步扩展知识的方向与资源。

本书可作为信息安全、信息对抗技术、网络空间安全、密码学、计算机科学与技术、软件工程等专业的本科生教材,也可作为网络空间安全、计算机科学与技术、软件工程等学科的研究生教材，还可作为区块链领域工程技术人员的参考书和培训教材。

本书由张宗洋、伍前红、刘建伟编著，张宗洋对全书进行了审校。第1章由张宗洋、伍前红编著，第2～10章主要由张宗洋编著，第11章由张宗洋、刘建伟编著。

在第1章的写作中，感谢博士生周子博给予的支持与帮助；在第2章的写作中，感谢已毕业硕士王卓、硕士生周游给予的支持与帮助；在第3章的写作中，感谢硕士生周游给予的支持与帮助；在第4章的写作中，感谢已毕业硕士王卓、李明哲给予的支持与帮助；在第5章的写作中，感谢已毕业硕士殷佳源给予的支持与帮助；在第6章的写作中，感谢博士生李天宇给予的支持与帮助；在第7章的写作中，感谢王子钰博士、已毕业硕士王卓给予的支持与帮助；在第8章的写作中，感谢已毕业硕士喻辉、孟子钰、硕士生周游给予的支持与帮助；在第9章的写作中，感谢已毕业硕士殷佳源给予的支持与帮助；在第10章的写作中，感谢刘懿中老师、已毕业硕士喻辉、硕士生金钰、史可心给予的支持与帮助；在第11章的写作中，感谢已毕业硕士李彤、硕士生孟子钰给予的支持与帮助；感谢博士生谢思芃、硕士生张岳熙对第4章和第5章提出的改进建议；感谢硕士生金声启、李子航在绘图上给予的支持与帮助；感谢已毕业硕士刘翔宇、硕士生王勋、博士生李威翰在写作格式上给予的支持与帮助。

感谢蒋燕玲教授、关振宇教授、白琳教授、尚涛教授、毛剑教授、高莹副教授、李冰雨副教授、白家驹副教授、杨立群老师、刘懿中老师在工作中给予作者的大力支持和帮助。

本书受国家重点研发计划课题（2022YFB2702702）、国家自然科学基金（62372020、72031001）、北京市自然科学基金-海淀原始创新联合基金（L222050）、北京航空航天大学校级教材建设立项基金的资助。

由于作者水平有限，书中难免存在错误和不足之处，恳请广大读者批评指正。

张宗洋

2024年4月于北京

目 录

第 1 章 密码学基础 ... 1
1.1 哈希算法 ... 1
1.1.1 基本定义 ... 1
1.1.2 哈希算法种类 ... 3
1.2 默克尔树 ... 3
1.3 公钥加密方案 ... 4
1.3.1 基本定义 ... 5
1.3.2 安全性定义 ... 5
1.3.3 椭圆曲线密码学 ... 7
1.4 数字签名方案 ... 7
1.4.1 基本定义 ... 8
1.4.2 安全性定义 ... 8
1.4.3 椭圆曲线数字签名算法 ... 11
1.4.4 群签名 ... 11
1.4.5 环签名 ... 14
1.4.6 盲签名 ... 17
1.4.7 门限签名 ... 19
1.4.8 多签名 ... 20
1.4.9 聚合签名 ... 22
1.5 编码/解码算法 ... 23
1.5.1 Base58Check 算法 ... 24
1.5.2 EIP-55：混合大小写校验和地址编码 ... 25
1.6 零知识证明 ... 26
1.6.1 基本定义 ... 26
1.6.2 范围证明 ... 27
1.6.3 算术电路可满足性证明 ... 29
1.7 秘密分享 ... 31
1.7.1 基本定义 ... 31
1.7.2 Shamir 的秘密分享方案 ... 31
1.7.3 可验证的秘密分享 ... 32
1.7.4 公开可验证的秘密分享 ... 32

		1.7.5 异步可验证的秘密分享	33
1.8	分布式随机数生成		35
	1.8.1	基本定义	35
	1.8.2	安全性定义	36
	1.8.3	SCRAPE 方案	37
1.9	安全多方计算		39
	1.9.1	安全模型	39
	1.9.2	不经意传输协议	41
	1.9.3	姚氏混淆电路协议	42
	1.9.4	GMW 协议	44
1.10	注释与参考文献		45
1.11	本章习题		46

第 2 章 分布式系统 48

2.1	分布式系统架构		48
	2.1.1	分布式系统	48
	2.1.2	网络模型	50
	2.1.3	故障模型	51
2.2	分布式共识		53
	2.2.1	共识问题	53
	2.2.2	客户端一致性	54
	2.2.3	共识算法举例——Raft	58
2.3	FLP 原理与 CAP 原理		62
	2.3.1	FLP 原理	63
	2.3.2	CAP 原理	66
2.4	ACID 原理与 BASE 原理		67
	2.4.1	ACID 原理	67
	2.4.2	BASE 原理	69
2.5	注释与参考文献		70
2.6	本章习题		70

第 3 章 经典分布式共识 71

3.1	背景介绍		71
	3.1.1	拜占庭将军问题	71
	3.1.2	使用口头消息的解	73
	3.1.3	拜占庭容错协议及其分类	75
3.2	Dolev-Strong 协议		76
	3.2.1	同步网络下的共识问题	76
	3.2.2	Dolev-Strong 拜占庭广播协议	78

目录

- 3.2.3 基于 Dolev-Strong 的拜占庭协定协议 ………… 80
- 3.2.4 基于 Dolev-Strong 的状态机复制协议 ………… 81

3.3 PBFT 协议 ………… 82
- 3.3.1 概述 ………… 82
- 3.3.2 常规构造 ………… 83
- 3.3.3 垃圾回收 ………… 84
- 3.3.4 视图转换 ………… 86
- 3.3.5 协议分析 ………… 87

3.4 HotStuff 协议 ………… 89
- 3.4.1 概述 ………… 89
- 3.4.2 基础 HotStuff 协议 ………… 89
- 3.4.3 链接 HotStuff 协议 ………… 91
- 3.4.4 协议分析 ………… 93

3.5 HoneyBadger 协议 ………… 94
- 3.5.1 异步可靠广播 ………… 95
- 3.5.2 异步二元协定 ………… 97
- 3.5.3 异步公共子集 ………… 98
- 3.5.4 异步原子广播 ………… 100

3.6 注释与参考文献 ………… 102
3.7 本章习题 ………… 102

第 4 章 比特币 ………… 104

4.1 密钥和地址 ………… 104
- 4.1.1 地址 ………… 104
- 4.1.2 密钥 ………… 105
- 4.1.3 高级密钥和地址 ………… 107

4.2 钱包 ………… 107
- 4.2.1 随机钱包与确定性钱包 ………… 108
- 4.2.2 分层确定性钱包 ………… 108
- 4.2.3 钱包产业标准 ………… 108

4.3 交易 ………… 110
- 4.3.1 交易输出 ………… 110
- 4.3.2 交易输入 ………… 111
- 4.3.3 交易费用 ………… 112
- 4.3.4 交易脚本及语言 ………… 113
- 4.3.5 高级交易脚本 ………… 115

4.4 比特币网络 ………… 117
- 4.4.1 节点类型 ………… 118
- 4.4.2 中继网络 ………… 118

    4.4.3 网络发现 ··· 119
    4.4.4 全节点和 SPV 节点 ··· 120
    4.4.5 布隆过滤器 ·· 121
  4.5 区块 ··· 123
    4.5.1 区块结构和区块头部 ·· 123
    4.5.2 区块链和默克尔树 ·· 124
    4.5.3 测试区块链 ·· 126
  4.6 挖矿和共识协议 ··· 126
    4.6.1 分布式共识 ·· 126
    4.6.2 交易验证 ··· 127
    4.6.3 交易入块 ··· 128
    4.6.4 挖矿 ··· 129
    4.6.5 区块验证 ··· 130
    4.6.6 矿池 ··· 131
    4.6.7 分叉 ··· 132
  4.7 隔离见证 ··· 133
    4.7.1 提出背景 ··· 133
    4.7.2 交易结构 ··· 134
    4.7.3 区块扩容 ··· 135
  4.8 注释与参考文献 ··· 136
  4.9 本章习题 ··· 136

第 5 章 以太坊 ··· 138
  5.1 区块链的整体结构 ·· 138
  5.2 密钥与地址 ·· 139
  5.3 钱包 ··· 139
  5.4 交易与 Gas ·· 140
    5.4.1 交易结构 ··· 140
    5.4.2 交易计数 Nonce ·· 141
    5.4.3 Gas ·· 142
    5.4.4 交易传播机制 ·· 143
    5.4.5 多重签名交易 ·· 143
  5.5 智能合约 ··· 144
    5.5.1 生命周期 ··· 144
    5.5.2 智能合约的构建 ·· 144
    5.5.3 智能合约的安全性 ··· 145
  5.6 以太坊虚拟机 ··· 148
    5.6.1 定义 ··· 148
    5.6.2 准图灵完备 ·· 150

5.7 共识协议 ………………………………………………………………… 150
   5.7.1 工作量证明共识机制 …………………………………………… 150
   5.7.2 权益证明共识机制 ……………………………………………… 151
   5.7.3 代理权益证明共识机制 ………………………………………… 152
5.8 注释与参考文献 ………………………………………………………… 152
5.9 本章习题 ………………………………………………………………… 152

第 6 章 联盟链 ……………………………………………………………… 153

6.1 联盟链介绍 ……………………………………………………………… 153
   6.1.1 联盟链的提出 …………………………………………………… 153
   6.1.2 联盟链与公链、私链的区别 …………………………………… 154
   6.1.3 联盟链框架 Hyperledger 及其执行架构 ……………………… 156
   6.1.4 Hyperledger Fabric 基础介绍 ………………………………… 158
6.2 Hyperledger Fabric 的网络架构 ……………………………………… 159
   6.2.1 组织结构与通道建立 …………………………………………… 159
   6.2.2 身份认证与角色分配 …………………………………………… 162
   6.2.3 排序服务流程 …………………………………………………… 165
   6.2.4 随机化数据传播协议与私有数据传播 ………………………… 167
6.3 Hyperledger Fabric 的重要概念 ……………………………………… 170
   6.3.1 对等节点 ………………………………………………………… 170
   6.3.2 账本 ……………………………………………………………… 172
   6.3.3 控制策略 ………………………………………………………… 175
   6.3.4 链码及工作方式 ………………………………………………… 176
6.4 Hyperledger 项目拓展及应用 ………………………………………… 177
   6.4.1 Hyperledger 的共识算法组件 ………………………………… 177
   6.4.2 Hyperledger 社区子项目介绍 ………………………………… 177
   6.4.3 Hyperledger 解决方案实例 …………………………………… 178
   6.4.4 联盟链的应用前景 ……………………………………………… 180
6.5 注释与参考文献 ………………………………………………………… 181
6.6 本章习题 ………………………………………………………………… 181

第 7 章 区块链安全技术 …………………………………………………… 183

7.1 共识层攻击 ……………………………………………………………… 183
   7.1.1 零双花攻击 ……………………………………………………… 183
   7.1.2 N-确认双花攻击 ………………………………………………… 185
   7.1.3 自私挖矿攻击 …………………………………………………… 186
   7.1.4 扣块攻击和扣块后的分叉攻击 ………………………………… 190
   7.1.5 长程攻击 ………………………………………………………… 192
   7.1.6 权益窃取攻击 …………………………………………………… 194

7.2	网络层攻击	195
	7.2.1　日蚀攻击	195
	7.2.2　女巫攻击	196
7.3	数据层攻击	197
	7.3.1　签名延展性攻击	197
	7.3.2　时间劫持攻击	198
7.4	注释与参考文献	198
7.5	本章习题	199

第 8 章　区块链隐私保护技术 … 200

8.1	隐私与匿名的区别	200
8.2	混币服务与匿名支付通道	201
	8.2.1　概述	201
	8.2.2　CoinJoin	202
	8.2.3　Mixcoin	202
	8.2.4　CoinShuffle	203
	8.2.5　CoinParty	204
	8.2.6　TumbleBit	205
	8.2.7　Bolt	206
	8.2.8　方案比较	207
8.3	基于环签名的隐私保护	207
	8.3.1　概述	207
	8.3.2　CryptoNote 协议	208
	8.3.3　门罗币	209
8.4	基于零知识证明的隐私保护	211
	8.4.1　概述	211
	8.4.2　zk-SNARKs	212
	8.4.3　ZeroCash	213
8.5	注释与参考文献	215
8.6	本章习题	216

第 9 章　区块链去隐私化技术 … 217

9.1	区块链隐私与匿名	217
	9.1.1　概述	217
	9.1.2　交易法	218
	9.1.3　利用离线信息	218
	9.1.4　交易溯源技术	218
	9.1.5　账户聚类技术	220
	9.1.6　跨账本去隐私化	222

9.2 实例一：比特币在线支付去隐私化 223
    9.2.1 整体攻击流程 223
    9.2.2 用户在线支付信息监测 223
    9.2.3 去交易隐私化攻击 224
    9.2.4 去身份隐私化攻击 225
9.3 实例二：跨账本去隐私化 226
    9.3.1 典型的跨账本交易流程 226
    9.3.2 著名的跨账本交易平台——ShapeShift 227
    9.3.3 跨账本追踪框架 CLTracer 227
    9.3.4 CLTracer 交易数据发现模块 228
    9.3.5 跨账本地址聚类启发式 229
    9.3.6 CLTracer 平台扩展模块 230
9.4 注释与参考文献 231
9.5 本章习题 231

第 10 章 区块链扩容技术 232

10.1 背景介绍 232
    10.1.1 区块链可扩展性问题 232
    10.1.2 链下扩容方案 234
    10.1.3 链上扩容方案 235
10.2 闪电网络 236
    10.2.1 序列到期可撤销合约 236
    10.2.2 哈希时间锁定合约 238
    10.2.3 密钥存储 239
10.3 虚拟支付通道 239
    10.3.1 账本通道 240
    10.3.2 虚拟通道 241
    10.3.3 安全属性 243
10.4 Bitcoin-NG 244
    10.4.1 关键块与领导选举 244
    10.4.2 微块 245
    10.4.3 确认时间及酬金 245
10.5 ByzCoin 246
    10.5.1 概述 246
    10.5.2 系统模型 247
    10.5.3 稻草人协议：PBFTCoin 247
    10.5.4 完全构造 247
    10.5.5 安全性分析 250
10.6 ELASTICO 251
    10.6.1 系统模型 251

- 10.6.2 完全构造 ... 252
- 10.6.3 安全性分析 ... 253
- 10.7 OmniLedger ... 254
  - 10.7.1 概述 ... 254
  - 10.7.2 系统模型 ... 256
  - 10.7.3 稻草人协议：SLedger ... 256
  - 10.7.4 完全构造 ... 256
  - 10.7.5 安全性分析 ... 259
- 10.8 以太坊 2.0 ... 259
  - 10.8.1 概述 ... 259
  - 10.8.2 Casper FFG ... 261
  - 10.8.3 信标链 ... 262
- 10.9 注释与参考文献 ... 262
- 10.10 本章习题 ... 263

第 11 章 智能合约 ... 264

- 11.1 智能合约概述 ... 264
  - 11.1.1 智能合约概念 ... 264
  - 11.1.2 智能合约原理 ... 265
  - 11.1.3 智能合约语言 ... 265
  - 11.1.4 智能合约与以太坊虚拟机 ... 271
- 11.2 智能合约安全 ... 274
  - 11.2.1 Solidity 相关漏洞 ... 274
  - 11.2.2 以太坊虚拟机相关漏洞 ... 281
  - 11.2.3 Blockchain 相关漏洞 ... 282
  - 11.2.4 智能合约安全漏洞分析工具 ... 284
- 11.3 智能合约隐私 ... 289
  - 11.3.1 智能合约隐私概念 ... 289
  - 11.3.2 Enigma ... 291
  - 11.3.3 Hawk ... 297
  - 11.3.4 Ekiden ... 305
- 11.4 智能合约分布式应用程序 ... 311
  - 11.4.1 分布式应用程序概念 ... 311
  - 11.4.2 分布式金融 ... 312
  - 11.4.3 分布式交易所 ... 314
  - 11.4.4 分布式艺术 ... 315
- 11.5 注释与参考文献 ... 316
- 11.6 本章习题 ... 317

参考文献 ... 320

第 1 章 密码学基础

密码学是区块链的核心技术之一,它为区块链数据不可伪造、不可篡改、可公开验证和隐私保护等提供了基础保障。本章简要介绍区块链中广泛使用的密码学技术,主要包括哈希算法、默克尔树、公钥加密方案、数字签名方案、编码/解码算法、零知识证明、秘密共享、分布式随机数生成及安全多方计算。

1.1 哈希算法

哈希算法是一种从任何一种数据中创建小的数字指纹的方法,其是区块链的重要组成部分,可应用在区块和交易的完整性验证、基于工作量证明的共识算法、区块之间的链接、钱包地址的生成等众多场景。接下来介绍哈希算法的基本定义和种类。

1.1.1 基本定义

哈希函数是一类数学函数,定义为 $H:\mathcal{K}\times\mathcal{M}\rightarrow\mathcal{Y}$,其中,$\mathcal{K},\mathcal{M},\mathcal{Y}$ 分别为密钥空间、输入空间和输出空间。对于 $k\in\mathcal{K},m\in\mathcal{M}$,输出 y 可表示为 $y=H_k(m)$。在实际应用中,密钥通常可以省略,此时哈希函数可表示为 $y=H(m)$。令 $\{0,1\}^n$ 表示长度为 n 的比特串构成的集合,$\{0,1\}^n\subseteq\mathcal{M}$。一般而言,密码学哈希函数具备如下的安全属性。

(1) **抗碰撞性**,也称强抗碰撞性,记为 Coll。定义敌手 $\mathcal{A}$ 的优势 $\mathrm{Adv}_{H,\mathcal{A}}^{\mathrm{Coll}}(\lambda)$ 为

$$\mathrm{Adv}_{H,\mathcal{A}}^{\mathrm{Coll}}(\lambda)=\Pr[(m\neq m')\wedge(H_k(m)=H_k(m'))\,|\,k\xleftarrow{\$}\mathcal{K};(m,m')\leftarrow\mathcal{A}(k)],$$

指从均匀分布的 $\mathcal{K}$ 中随机选择密钥 k,敌手 $\mathcal{A}$ 根据 k 选择输入 m,m',使得 $m\neq m'$ 且 $H_k(m)=H_k(m')$ 的概率。若 $\mathrm{Adv}_{H,\mathcal{A}}^{\mathrm{Coll}}(\lambda)$ 可忽略,则称哈希函数具有 Coll 属性。

(2) **抗原像攻击**。根据敌手获得的密钥和输出的随机性,该属性又有如下 3 种定义。

① 随机密钥且随机输出,称单向性,记为 Pre。定义敌手 $\mathcal{A}$ 的优势 $\mathrm{Adv}_{H,\mathcal{A}}^{\mathrm{Pre}[n]}(\lambda)$ 为

$$\mathrm{Adv}_{H,\mathcal{A}}^{\mathrm{Pre}[n]}(\lambda)=\Pr[y=H_k(m')\,|\,k\xleftarrow{\$}\mathcal{K};m\xleftarrow{\$}\{0,1\}^n;y\leftarrow H_k(m);m'\leftarrow\mathcal{A}(k,y)],$$

指从均匀分布的 $\mathcal{K}$ 中随机选择密钥 k,从均匀分布的 $\{0,1\}^n$ 中随机选择输入 m,计算输出 y,敌手 $\mathcal{A}$ 根据 k,y 选择输入 m',使得 $y=H_k(m')$ 的概率。若 $\mathrm{Adv}_{H,\mathcal{A}}^{\mathrm{Pre}[n]}(\lambda)$ 可忽略,则称哈希函数具有 Pre 属性。

② 随机密钥且固定输出,记为 ePre。定义敌手 $\mathcal{A}=(\mathcal{A}_1,\mathcal{A}_2)$ 的优势 $\mathrm{Adv}_{H,\mathcal{A}}^{\mathrm{ePre}}(\lambda)$ 为

$$\mathrm{Adv}_{H,\mathcal{A}}^{\mathrm{ePre}}(\lambda) = \Pr[y = H_k(m) \mid (y, st) \leftarrow \mathcal{A}_1(1^\lambda); k \xleftarrow{\$} \mathcal{K}; m \leftarrow \mathcal{A}_2(k, st)],$$

指从均匀分布的 $\mathcal{K}$ 中随机选择密钥 k，敌手 $\mathcal{A}$ 在第一阶段选择输出 y，输出中间状态 st，在第二阶段根据 k, st 选择输入 m，使得 $y = H_k(m)$ 的概率。若 $\mathrm{Adv}_{H,\mathcal{A}}^{\mathrm{ePre}}(\lambda)$ 可忽略，则称哈希函数具有 ePre 属性。

③ 固定密钥且随机输出，记为 aPre。定义敌手 $\mathcal{A} = (\mathcal{A}_1, \mathcal{A}_2)$ 的优势 $\mathrm{Adv}_{H,\mathcal{A}}^{\mathrm{aPre}[n]}(\lambda)$ 为

$$\mathrm{Adv}_{H,\mathcal{A}}^{\mathrm{aPre}[n]}(\lambda) = \Pr[y = H_k(m') \mid (k, st) \leftarrow \mathcal{A}_1(\lambda); m \xleftarrow{\$} \{0,1\}^n; y \leftarrow H_k(m); m' \leftarrow \mathcal{A}_2(y, st)],$$

指从均匀分布的 $\{0,1\}^n$ 中随机选择输入 m，敌手 $\mathcal{A}$ 在第一阶段选择密钥 k，输出中间状态 st，计算输出 y，$\mathcal{A}$ 在第二阶段根据 y, st 选择输入 m'，使得 $y = H_k(m')$ 的概率。若 $\mathrm{Adv}_{H,\mathcal{A}}^{\mathrm{aPre}[n]}(\lambda)$ 可忽略，则称哈希函数具有 aPre 属性。

(3) **抗第二原像攻击**。根据敌手获得的密钥和输入的随机性，该属性又有如下 3 种定义。

① 随机密钥且随机输入，称弱抗碰撞性，记为 Sec。定义敌手 $\mathcal{A}$ 的优势 $\mathrm{Adv}_{H,\mathcal{A}}^{\mathrm{Sec}[n]}(\lambda)$ 为

$$\mathrm{Adv}_{H,\mathcal{A}}^{\mathrm{Sec}[n]}(\lambda) = \Pr[(m \neq m') \wedge (H_k(m) = H_k(m')) \mid k \xleftarrow{\$} \mathcal{K}; m \xleftarrow{\$} \{0,1\}^n; m' \leftarrow \mathcal{A}(k, m)],$$

指从均匀分布的 $\mathcal{K}$ 中随机选择密钥 k，从均匀分布的 $\{0,1\}^n$ 中随机选择输入 m，敌手 $\mathcal{A}$ 根据 k, m 选择输入 m'，使得 $m \neq m'$ 且 $H_k(m) = H_k(m')$ 的概率。若 $\mathrm{Adv}_{H,\mathcal{A}}^{\mathrm{Sec}[n]}(\lambda)$ 可忽略，则称哈希函数具有 Sec 属性。

② 随机密钥且固定输入，记为 eSec。定义敌手 $\mathcal{A} = (\mathcal{A}_1, \mathcal{A}_2)$ 的优势 $\mathrm{Adv}_{H,\mathcal{A}}^{\mathrm{eSec}[n]}(\lambda)$ 为

$$\mathrm{Adv}_{H,\mathcal{A}}^{\mathrm{eSec}[n]}(\lambda) = \Pr[(m \neq m') \wedge (H_k(m) = H_k(m')) \mid (m, st) \leftarrow \mathcal{A}_1(1^\lambda); k \xleftarrow{\$} \mathcal{K}; m' \leftarrow \mathcal{A}_2(k, st)],$$

指从均匀分布的 $\mathcal{K}$ 中随机选择密钥 k，敌手 $\mathcal{A}$ 在第一阶段选择输入 $m \in \{0,1\}^n$，输出中间状态 st，在第二阶段根据 k, st 选择输入 m'，使得 $m \neq m'$ 且 $H_k(m) = H_k(m')$ 的概率。若 $\mathrm{Adv}_{H,\mathcal{A}}^{\mathrm{eSec}[n]}(\lambda)$ 可忽略，则称哈希函数具有 eSec 属性。

③ 固定密钥且随机输入，记为 aSec。定义敌手 $\mathcal{A}$ 的优势 $\mathrm{Adv}_{H,\mathcal{A}}^{\mathrm{aSec}[n]}(\lambda)$ 为

$$\mathrm{Adv}_{H,\mathcal{A}}^{\mathrm{aSec}[n]}(\lambda) = \Pr[(m \neq m') \wedge (H_k(m) = H_k(m')) \mid (k, st) \leftarrow \mathcal{A}_1(1^\lambda); m \xleftarrow{\$} \{0,1\}^n; m' \leftarrow \mathcal{A}_2(m, st)],$$

指从均匀分布的 $\{0,1\}^n$ 中随机选择输入 m，敌手 $\mathcal{A}$ 在第一阶段选择密钥 k，输出中间状态 st，在第二阶段根据 m, st 选择输入 m'，使得 $m \neq m'$ 且 $H_k(m) = H_k(m')$ 的概率。若 $\mathrm{Adv}_{H,\mathcal{A}}^{\mathrm{aSec}[n]}(\lambda)$ 可忽略，则称哈希函数具有 aSec 属性。

这些安全属性的关系见图 1-1。实线箭头表示"暗含"，如有实线箭头从 Coll 指向 Sec，表示若哈希函数具有 Coll 属性，那么它一定具有 Sec 属性。虚线箭头表示"暂定暗含"，暗含与否取决于哈希函数的压缩程度。若两个安全属性之间没有箭头相连，表示一个属性不以另一个属性为前提，如 Coll 属性和 ePre 属性之间没有箭头相连，则哈希函数可以具有 Coll 属性而不具有 ePre 属性，也可以具有 ePre 属性而不具有 Coll 属性。

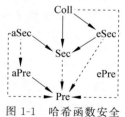

图 1-1 哈希函数安全属性的关系

1.1.2 哈希算法种类

密码学中常用的哈希算法包含 SHA 系列哈希算法、RIPEMD 系列哈希算法和中国商用哈希算法 SM3。SHA 是安全哈希算法的简写，该系列哈希算法由美国国家安全局设计，并由美国国家标准与技术研究院发布，是美国的政府标准。SHA 系列哈希算法由 SHA-0、SHA-1、SHA-2 和 SHA-3 构成，其中，SHA-2 又包括 SHA-256、SHA-384 和 SHA-512 等算法，SHA-3 又名 Keccak 算法，主要包括 Keccak-256、Keccak-384 和 Keccak-512 等算法。RIPEMD 是 RACE 原始完整性校验消息摘要的简写，最初由鲁汶大学的 COSIC 研究小组发布于 1996 年，主要包括 RIPEMD-128、RIPEMD-160、RIPEMD-256 和 RIPEMD-320 等算法。SM3 是中国采用的一种密码哈希函数标准，前身为 SCH4 哈希算法，由中国国家密码管理局于 2010 年发布。上述算法中，目前进入国际标准化组织 ISO/IEC 专用哈希函数标准（ISO/IEC 10118-3：2018）的算法有 SHA-1、SHA-2、SHA-3、RIPEMD-128、RIPEMD-160、SM3。

目前区块链主要使用 SHA-256、RIPEMD-160、Keccak-256 和 SM3 这 4 种哈希算法，其对比见表 1-1。SHA-256 哈希算法输出 256 比特的消息摘要，主要用于链接区块、保证区块和交易的完整性、设计基于工作量证明的共识机制、生成比特币地址等。RIPEMD-160 哈希算法输出 160 比特的消息摘要，主要用于生成比特币地址。Keccak-256 哈希算法输出 256 比特的消息摘要，主要用于生成以太坊地址。SM3 哈希算法改进自 SHA-256 哈希算法，同样输出 256 比特的消息摘要，安全性及效率与 SHA-256 相当。

表 1-1 区块链常用哈希算法对比

算法名称	输入长度（比特）	分组长度（比特）	基本字长（比特）	输出长度（比特）
SHA-256	$<2^{64}$	512	32	256
RIPEMD-160	$<2^{64}$	512	32	160
Keccak-256	不限	1088	64	256
SM3	$<2^{64}$	512	32	256

1.2 默克尔树

默克尔树是一种基于哈希算法的树形数据结构，每个叶子节点均存储数据块的哈希值，每个非叶子节点均存储其所有子节点串联的哈希值，见图 1-2。

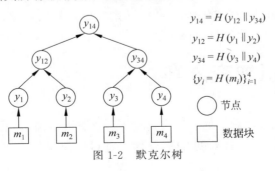

图 1-2 默克尔树

由哈希算法的性质,底层数据的任何变动都会导致默克尔树根的变化,树根的值实际上代表了底层所有数据的消息摘要。根据这一特性,默克尔树具有如下典型的应用场景。

1. 校验数据的完整性

当两棵默克尔树的根相同时,说明它们代表的数据完全一致。否则,两组数据必然存在不同。因此,在分布式环境中,一个实体收到另一个实体的数据组及相应的默克尔树根后,可以根据数据组自行计算出一个默克尔树根,并和收到的默克尔树根做比较,以此校验数据的完整性。

2. 快速定位修改

在分布式环境中,若数据组在传输过程中发生改变,通过默克尔树可以快速定位到发生改变的数据块。如图 1-2 所示,如果 m_3 被修改,则 y_3,y_{34},y_{14} 一定也会改变,故沿着 $y_{14} \to y_{34} \to y_3$ 这条路径依次比较节点的值,即可快速定位到发生改变的数据块。

3. 隶属证明

证明某组数据包含特定的数据块而又不泄露其他数据块的内容。如图 1-2 所示,若证明以 y_{14} 为根的默克尔树承载的底层数据中包含数据块 m_1,证明者只须公布默克尔路径 y_2,y_{34},验证者据此计算出 y'_{14} 并和自己存储的树根 y_{14} 做比较。由哈希算法的性质,若两个树根相等,则 m_1 属于这组数据,并且其他数据块的内容没有被泄露。

4. 非隶属证明

证明某组数据不包含特定的数据块。这要求默克尔树承载的底层数据按某种规则做了排序,如字母表排序、词典排序、数字化排序,或者其他约定的排序方式。如图 1-2 所示,假设底层数据做了某种排序,$m_1 < m_2 < m_3 < m_4$。若证明以 y_{14} 为根的默克尔树承载的底层数据中不包含数据块 m',假设 $m_2 < m' < m_3$,证明者只需提供 m_2 和 m_3 的隶属证明,验证者据此验证 $m_2 < m' < m_3$,m_2 和 m_3 均属于这组数据并且这两个叶子节点是相邻的。因为底层数据是有序的,所以如果验证都通过,则验证者可以相信以 y_{14} 为根的默克尔树承载的底层数据中确实不包含数据块 m'。

默克尔树是区块链的重要数据结构,可以快速归纳和校验区块数据的完整性和存在性。在区块链中,每个区块都具有一个默克尔树结构,其中每个数据块都是一笔交易,得到的默克尔树根存储在区块头中。只要默克尔树根确定,那么所有的交易数据都不可被篡改,其完整性不可被破坏,故区块头只需包含默克尔树根,而不必封装所有交易数据,这极大地提高了区块链的运行效率和可扩展性。此外,默克尔树可以实现简单支付验证,即在不运行完整区块链网络节点的情况下,也能检验交易。简单支付验证节点只保存区块头信息而无须下载完整区块,在验证交易的存在性时,只须借助全节点获取该交易隶属证明中的默克尔路径,计算默克尔树根并和本地存储的区块头中的默克尔树根做比较,若相等,则说明该交易存在于区块中,否则说明区块不包含该交易。

1.3 公钥加密方案

公钥加密方案是现代密码学的一个重要分支。该类方案采用公钥和私钥这两个密钥将加密和解密能力分开,公钥是公开可见的,任何人都可以使用公钥加密消息,而私钥是保密不可见的,并且从公开资料中分析出私钥是计算不可行的,只有拥有者才可以使用它解密公钥加密的密文。在公钥加密方案中,通信双方无须事先会面即可保密通信。

1976年,Diffie和Hellman首次阐述了公钥加密的概念。1977年,Rivest、Shamir和Adleman基于大整数分解难题首次提出一个具体的公钥加密方案RSA,如今他们方案的变种已成为广泛使用的公钥加密方案之一。20世纪80年代中期,Koblitz和Miller分别独立提出基于椭圆曲线群的公钥加密方案,相比于RSA,此类方案使用规模更小的群提供相同的安全级别,因此同等安全级别下,该方案的密钥规模更小,加解密更高效。公钥加密方案的出现使得密码学得到空前的发展。在该方案出现之前,密码学主要应用于政府、外交、军事等特定部门,如今密码学已广泛应用在电子商务、医疗、物联网等生活中的众多领域。在区块链里面,公钥加密方案主要用来生成用户地址,由公钥加密方案衍生出的数字签名方案也广泛用来确保数字货币的所有权以及交易的不可伪造性和不可否认性等。

接下来介绍公钥加密方案的基本概念和安全性定义,以及区块链中主要使用的椭圆曲线密码学。

1.3.1 基本定义

在公钥加密方案中,需由一个实体生成一对密钥,即公钥和私钥。发送者使用公钥把消息加密成密文,接收者使用私钥把密文解密成明文。具体地,一个公钥加密方案由以下3个概率多项式时间的算法构成,$\mathcal{AE}=(\text{Gen},\text{Enc},\text{Dec})$。

- $(\text{pk},\text{sk}) \leftarrow \text{Gen}(1^\lambda)$:密钥生成算法。输入安全参数 λ 的一元表示,输出一对密钥,其中 pk 称为公钥,sk 称为私钥。
- $c \leftarrow \text{Enc}(\text{pk},m)$:加密算法。输入公钥 pk 和消息空间 $\mathcal{M}$ 中的一个消息 m,输出密文 c,表示为 $c=\text{Enc}_{\text{pk}}(m)$。
- $m/\perp \leftarrow \text{Dec}(\text{sk},c)$:解密算法。输入私钥 sk 和密文空间 $\mathcal{C}$ 中的一个密文 c,输出消息 m,表示为 $m=\text{Dec}_{\text{sk}}(c)$。若输出 $\perp$,则表示解密失败。

一般地,要求对所有的密钥对 (pk,sk) 和消息 $m \in \mathcal{M}$,都有 $\text{Dec}_{\text{sk}}(\text{Enc}_{\text{pk}}(m))=m$。

1.3.2 安全性定义

公钥加密方案主要有语义安全、抗选择明文攻击的语义安全和抗选择密文攻击的语义安全这3种基本的安全性定义。其中,抗选择明文攻击(Chosen Plaintext Attack)的语义安全又称CPA安全,抗选择密文攻击(Chosen Ciphertext Attack)的语义安全又称CCA安全。下面通过攻击游戏给出这3种安全性的基本定义。

攻击游戏1-1(语义安全) 对于一个定义在 $(\mathcal{M},\mathcal{C})$ 上的公钥加密方案 $\mathcal{AE}=(\text{Gen},\text{Enc},\text{Dec})$,给定一个敌手 $\mathcal{A}$,定义以下两个实验。

实验 Expt(b)(b 取 0 或 1):
(1) 挑战者计算 $(\text{pk},\text{sk}) \leftarrow \text{Gen}(1^\lambda)$,然后把公钥 pk 发送给敌手。
(2) 敌手选择两个长度相同的消息 $m_0,m_1 \in \mathcal{M}$,然后把它们发送给挑战者。
(3) 挑战者计算 $c \leftarrow \text{Enc}(\text{pk},m_b)$,然后把密文 c 发送给敌手。
(4) 敌手输出比特 $\hat{b} \in \{0,1\}$。

令事件 W_b 表示敌手在实验 Expt(b) 中输出 1,定义敌手 $\mathcal{A}$ 关于公钥加密方案 $\mathcal{AE}$ 的优

势为

$$\mathrm{Adv}_{\mathcal{AE},\mathcal{A}}^{\mathrm{SS}}(\lambda)=|\Pr[W_0]-\Pr[W_1]|。$$

定义 1-1（语义安全） 如果对于所有概率多项式时间的敌手$\mathcal{A}$，优势$\mathrm{Adv}_{\mathcal{AE},\mathcal{A}}^{\mathrm{SS}}(\lambda)$可忽略，则称公钥加密方案$\mathcal{AE}$是语义安全的。

定理 1-1 若一个公钥加密方案是语义安全的，那么其中的加密算法一定是随机性的。

攻击游戏 1-2（选择明文攻击安全） 对于一个定义在$(\mathcal{M},\mathcal{C})$上的公钥加密方案$\mathcal{AE}=(\mathrm{Gen},\mathrm{Enc},\mathrm{Dec})$，给定一个敌手$\mathcal{A}$，定义以下两个实验。

实验$\mathrm{Expt}(b)(b$取0或1)：

(1) 挑战者计算$(\mathrm{pk},\mathrm{sk})\leftarrow\mathrm{Gen}(1^\lambda)$，然后把公钥pk发送给敌手。

(2) 敌手向挑战者递交一系列查询请求，挑战者对每个查询请求做出响应。对于$i=1,2,\cdots$，第i个查询请求是一对长度相同的消息$m_{i0},m_{i1}\in\mathcal{M}$，挑战者计算$c_i\leftarrow\mathrm{Enc}(\mathrm{pk},m_{ib})$并把密文$c_i$发送给敌手。

(3) 敌手输出比特$\hat{b}\in\{0,1\}$。

令事件W_b表示敌手在实验$\mathrm{Expt}(b)$中输出1，定义敌手$\mathcal{A}$关于公钥加密方案$\mathcal{AE}$的优势为

$$\mathrm{Adv}_{\mathcal{AE},\mathcal{A}}^{\mathrm{CPA}}(\lambda)=|\Pr[W_0]-\Pr[W_1]|。$$

定义 1-2（选择明文攻击安全） 如果对于所有概率多项式时间的敌手$\mathcal{A}$，优势$\mathrm{Adv}_{\mathcal{AE},\mathcal{A}}^{\mathrm{CPA}}(\lambda)$总是可忽略的，则称公钥加密方案$\mathcal{AE}$是选择明文攻击安全的。

定理 1-2 若一个公钥加密方案是语义安全的，那么它一定也是选择明文攻击安全的。

攻击游戏 1-3（选择密文攻击安全） 对于一个定义在$(\mathcal{M},\mathcal{C})$上的公钥加密方案$\mathcal{AE}=(\mathrm{Gen},\mathrm{Enc},\mathrm{Dec})$，给定一个敌手$\mathcal{A}$，定义以下两个实验。

实验$\mathrm{Expt}(b)(b$取0或1)：

(1) 挑战者计算$(\mathrm{pk},\mathrm{sk})\leftarrow\mathrm{Gen}(1^\lambda)$，然后把公钥pk发送给敌手。

(2) 敌手向挑战者递交一系列查询请求，挑战者对每个查询请求做出响应。查询请求是以下两种类型之一。

① 加密查询请求：对于$i=1,2,\cdots$，第i个加密查询请求是一对长度相同的消息$m_{i0},m_{i1}\in\mathcal{M}$，挑战者计算$c_i\leftarrow\mathrm{Enc}(\mathrm{pk},m_{ib})$并把密文$c_i$发送给敌手。

② 解密查询请求：对于$j=1,2,\cdots$，第j个解密查询请求是一个在加密查询请求中挑战者没有响应过的密文$\hat{c}_j\in\mathcal{C}$，即$\hat{c}_j\neq\{c_1,c_2,\cdots\}$，挑战者计算$\hat{m}_j\leftarrow\mathrm{Dec}(\mathrm{sk},\hat{c}_j)$并把消息$\hat{m}_j$发送给敌手。

(3) 敌手输出比特$\hat{b}\in\{0,1\}$。

令事件W_b表示敌手在实验$\mathrm{Expt}(b)$中输出1，定义敌手$\mathcal{A}$关于公钥加密方案$\mathcal{AE}$的优势为

$$\mathrm{Adv}_{\mathcal{AE},\mathcal{A}}^{\mathrm{CCA}}(\lambda)=|\Pr[W_0]-\Pr[W_1]|。$$

定义 1-3（选择密文攻击安全） 如果对于所有概率多项式时间的敌手$\mathcal{A}$，优势$\mathrm{Adv}_{\mathcal{AE},\mathcal{A}}^{\mathrm{CCA}}(\lambda)$总是可忽略的，则称公钥加密方案$\mathcal{AE}$是选择密文攻击安全的。

选择密文攻击安全是比选择明文攻击安全更强的安全属性。

1.3.3 椭圆曲线密码学

区块链里面使用的公钥加密方案主要基于椭圆曲线群的椭圆曲线密码学(Elliptic Curve Cryptography, ECC)。该方案的密钥生成算法、加密算法和解密算法如下。

- $(pk, sk) \leftarrow Gen(1^\lambda)$：密钥生成算法。生成一个基于域 $\mathbb{F}_p$ 的素数阶 q 的椭圆曲线循环群 $\mathbb{G}$，生成元为 G，从 $\mathbb{Z}_q^*$ 中选择一个随机值 u，计算 $P := uG$，令 $pk := (\mathbb{F}_p, \mathbb{G}, q, G, P)$，$sk := u$。

- $c \leftarrow Enc(pk, m)$：加密算法。把 pk 解析为 $(\mathbb{F}_p, \mathbb{G}, q, G, P)$。把消息空间中的消息 m 映射为椭圆曲线循环群中的一个点 M，从 $\mathbb{Z}_q^*$ 选择一个随机值 r，计算 $c_1 := rG$，$c_2 := M + rP$，令 $c := (c_1, c_2)$。

- $m/\bot \leftarrow Dec(sk, c)$：解密算法。把 sk 解析为 u，把 c 解析为 (c_1, c_2)。计算 $M := c_2 - uc_1$，把点 M 映射为消息 m，若 m 不属于消息空间，则输出 $\bot$。

基于群 $\mathbb{G}$ 中的判定性迪菲-赫尔曼(Decisional Diffie-Hellman, DDH)假设，该方案是选择明文攻击安全的。

区块链中的椭圆曲线密码学主要使用 secp256k1 这个椭圆曲线。该曲线具有 128 比特的安全性，其参数由一个六元组 $T = (p, a, b, G, q, h)$ 组成。p 指定了曲线基于的有限域 $\mathbb{F}_p$，a、b 定义了曲线的 Weierstrass 方程 $E: y^2 \equiv x^3 + ax + b \pmod{p}$，$G$ 为椭圆曲线群 $E(\mathbb{F}_p)$ 的循环子群的一个基点，q 为 G 的阶，$h = |E(\mathbb{F}_p)|/q$ 为相应循环子群的辅因子，其中，$|E(\mathbb{F}_p)|$ 表示椭圆曲线群 $E(\mathbb{F}_p)$ 的阶。secp256k1 曲线参数的取值如下，均以十六进制表示：

p = FFFFFFFF FFFFFFFF FFFFFFFF FFFFFFFF FFFFFFFF FFFFFFFF FFFFFFFE FFFFFC2F，

a = 00000000 00000000 00000000 00000000 00000000 00000000 00000000 00000000，

b = 00000000 00000000 00000000 00000000 00000000 00000000 00000000 00000007，

压缩格式的基点表示为

G = 02 79BE667E F9DCBBAC 55A06295 CE870B07 029BFCDB 2DCE28D9 59F2815B 16F81798，

非压缩格式的基点表示为

G = 04 79BE667E F9DCBBAC 55A06295 CE870B07 029BFCDB 2DCE28D9 59F2815B 16F81798 483ADA77 26A3C465 5DA4FBFC 0E1108A8 FD17B448 A6855419 9C47D08F FB10D4B8，

q = FFFFFFFF FFFFFFFF FFFFFFFF FFFFFFFE BAAEDCE6 AF48A03B BFD25E8C D0364141，

h = 01。

1.4 数字签名方案

数字签名方案基于公钥加密方案，包含签名者和验证者。签名者利用私钥签名消息，任何拥有相应公钥的验证者均可验证签名的有效性。类似于传统签名，数字签名方案可以证明消息的来源,以便接收方相信消息是由实际发送方生成的,在传输过程中没有被修改。同时,发送方也无法否认他签名了经过验证的消息。如今数字签名方案已应用到商业、金融、军事、政府、医疗保健、电子购物等众多领域。除了基本的方案,数字签名还有群签名、环签名、盲签名等多种形式,这些签名方案在区块链中均发挥着重要的作用。

接下来介绍数字签名方案的概念和安全性定义,以及区块链中主要使用的椭圆曲线数字签名算法,包括群签名、环签名、盲签名、门限签名、多签名和聚合签名。

1.4.1 基本定义

在数字签名方案中,需由一个实体生成一对密钥,即公钥和私钥。发送者使用私钥生成对消息的签名,接收者使用公钥验证签名。具体地,一个数字签名方案由以下3个概率多项式时间的算法构成,$\mathcal{DS}=(\mathrm{Gen},\mathrm{Sign},\mathrm{Vrfy})$。

- $(\mathrm{pk},\mathrm{sk})\leftarrow\mathrm{Gen}(1^\lambda)$:密钥生成算法。输入安全参数的一元表示 1^λ,输出一对密钥,其中 pk 称为公钥或验证密钥,sk 称为私钥或签名密钥。
- $\sigma\leftarrow\mathrm{Sign}(\mathrm{sk},m)$:签名算法。输入私钥 sk 和消息空间 $\mathcal{M}$ 中的消息 m,输出签名 σ,表示为 $\sigma=\mathrm{Sign}_{\mathrm{sk}}(m)$。
- $b\leftarrow\mathrm{Vrfy}(\mathrm{pk},m,\sigma)$:验证算法。输入公钥 pk、消息 m 和签名 σ,输出比特 b,取 0 表示签名无效,取 1 表示签名有效,表示为 $b=\mathrm{Vrfy}_{\mathrm{pk}}(m,\sigma)$。

一般地,要求对所有的密钥对 (pk, sk) 和消息 $m\in\mathcal{M}$,都有 $\mathrm{Vrfy}_{\mathrm{pk}}(m,\mathrm{Sign}_{\mathrm{sk}}(m))=1$。

1.4.2 安全性定义

数字签名方案的安全性要求:即使概率多项式时间的敌手可以获得有效的消息签名对,他也不能伪造一个新的有效的消息签名对。该定义在不同条件下又可进行更细致的划分。

在攻击目标方面,敌手要伪造一个新的、有效的消息签名对 (m,σ),这里的消息 m 可能没有被签名过,也可能被签名过,只是敌手要伪造对该消息的新的有效签名 σ'。若在定义中要求消息 m 没有被签名过,则称数字签名方案存在性不可伪造。若在定义中不要求消息 m 没有被签名过,则称数字签名方案强不可伪造。

在敌手对消息的控制程度方面,可划分为如下3种情况。①随机消息攻击。敌手对获得的签名消息没有任何控制,他只是从其他实体处获得了有效的消息签名对,其中消息认为是随机选择的。②已知消息攻击。敌手对获得的签名消息具有有限的控制,他可以选择消息并获得相应的有效签名,但他必须提前指定这些消息,独立于签名者的公钥以及任何他可以观察到的后续签名。③自适应选择消息攻击。敌手对获得的签名消息可以完全控制,他可以在得到签名者的公钥之后选择消息,也可以在得到一些对所选消息的签名之后继续选择消息,并得到相应的有效签名。

在敌手可获得的有效消息签名对的数量方面,考虑一个和无限个这两种情况,若敌手只能获得一个有效的消息签名对,则称敌手的攻击是"一次性"的,如一次性随机消息攻击、一次性已知消息攻击和一次性自适应选择消息攻击。

下面结合上述划分,通过攻击游戏给出数字签名方案的若干安全性定义。

攻击游戏 1-4(随机消息攻击下的存在性不可伪造) 对于一个数字签名方案 $\mathcal{DS}=$

(Gen, Sign, Vrfy)，给定一个多项式 $\ell(\cdot)$ 及敌手 $\mathcal{A}$，定义以下实验。

(1) 令 $\ell := \ell(\lambda)$，挑战者从消息空间 $\mathcal{M}$ 中均匀随机选择 ℓ 个消息 $\{m_i\}_{i=1}^{\ell}$，计算 $(pk, sk) \leftarrow Gen(1^{\lambda})$，计算对每个消息的签名 $\{\sigma_i \leftarrow Sign(sk, m_i)\}_{i=1}^{\ell}$，把 $pk, \{(m_i, \sigma_i)\}_{i=1}^{\ell}$ 发送给敌手。

(2) 敌手输出 (m, σ)，若 $Vrfy_{pk}(m, \sigma) = 1$ 且 $m \notin \{m_i\}_{i=1}^{\ell}$，则称敌手成功。

定义 1-4（**随机消息攻击下的存在性不可伪造**） 记为 EUF-RMA。如果对于所有多项式 $\ell(\cdot)$ 和所有概率多项式时间的敌手 $\mathcal{A}$，在攻击游戏 1-4 中 $\mathcal{A}$ 成功的概率总是可忽略的，则称数字签名方案 $\mathcal{DS}$ 在随机消息攻击下是存在性不可伪造的。

攻击游戏 1-5（**随机消息攻击下的强不可伪造**） 在攻击游戏 1-4 的基础上，更改敌手成功的条件，若 $Vrfy_{pk}(m, \sigma) = 1$ 且 $(m, \sigma) \notin \{(m_i, \sigma_i)\}_{i=1}^{\ell}$，则称敌手成功。

定义 1-5（**随机消息攻击下的强不可伪造**） 记为 SUF-RMA。如果对于所有多项式 $\ell(\cdot)$ 和所有概率多项式时间的敌手 $\mathcal{A}$，在攻击游戏 1-5 中 $\mathcal{A}$ 成功的概率总是可忽略的，则称数字签名方案 $\mathcal{DS}$ 在随机消息攻击下是强不可伪造的。

攻击游戏 1-6（**一次性随机消息攻击下的存在性不可伪造**） 对于一个数字签名方案 $\mathcal{DS}$ = (Gen, Sign, Vrfy)，给定一个敌手 $\mathcal{A}$，定义以下实验。

(1) 挑战者从消息空间 $\mathcal{M}$ 中均匀随机选择一个消息 m_1，计算 $(pk, sk) \leftarrow Gen(1^{\lambda})$，计算对消息的签名 $\sigma_1 \leftarrow Sign(sk, m_1)$，把 $pk, (m_1, \sigma_1)$ 发送给敌手。

(2) 敌手输出 (m, σ)，若 $Vrfy_{pk}(m, \sigma) = 1$ 且 $m \neq m_1$，则称敌手成功。

定义 1-6（**一次性随机消息攻击下的存在性不可伪造**） 记为 EUF-OTRMA。如果对于所有概率多项式时间的敌手 $\mathcal{A}$，在攻击游戏 1-6 中 $\mathcal{A}$ 成功的概率总是可忽略的，则称数字签名方案 $\mathcal{DS}$ 在一次性随机消息攻击下是存在性不可伪造的。

攻击游戏 1-7（**一次性随机消息攻击下的强不可伪造**） 在攻击游戏 1-6 的基础上，更改敌手成功的条件，若 $Vrfy_{pk}(m, \sigma) = 1$ 且 $(m, \sigma) \neq (m_1, \sigma_1)$，则称敌手成功。

定义 1-7（**一次性随机消息攻击下的强不可伪造**） 记为 SUF-OTRMA。如果对于所有概率多项式时间的敌手 $\mathcal{A}$，在攻击游戏 1-7 中 $\mathcal{A}$ 成功的概率总是可忽略的，则称数字签名方案 $\mathcal{DS}$ 在一次性随机消息攻击下是强不可伪造的。

攻击游戏 1-8（**已知消息攻击下的存在性不可伪造**） 对于一个数字签名方案 $\mathcal{DS}$ = (Gen, Sign, Vrfy)，给定一个多项式 $\ell(\cdot)$ 及敌手 $\mathcal{A}$，定义以下实验。

(1) 令 $\ell := \ell(\lambda)$，敌手选择 ℓ 个消息 $m_1, m_2, \cdots, m_{\ell} \in \mathcal{M}$，把消息发送给挑战者。

(2) 挑战者计算 $(pk, sk) \leftarrow Gen(1^{\lambda})$，计算对每个消息的签名 $\{\sigma_i \leftarrow Sign(sk, m_i)\}_{i=1}^{\ell}$，把 $pk, \{\sigma_i\}_{i=1}^{\ell}$ 发送给敌手。

(3) 敌手输出 (m, σ)，若 $Vrfy_{pk}(m, \sigma) = 1$ 且 $m \notin \{m_i\}_{i=1}^{\ell}$，则称敌手成功。

定义 1-8（**已知消息攻击下的存在性不可伪造**） 记为 EUF-KMA。如果对于所有多项式 $\ell(\cdot)$ 和所有概率多项式时间的敌手 $\mathcal{A}$，在攻击游戏 1-8 中 $\mathcal{A}$ 成功的概率总是可忽略的，则称数字签名方案 $\mathcal{DS}$ 在已知消息攻击下是存在性不可伪造的。

攻击游戏 1-9（**已知消息攻击下的强不可伪造**） 在攻击游戏 1-8 的基础上，更改敌手成功的条件，若 $Vrfy_{pk}(m, \sigma) = 1$ 且 $(m, \sigma) \notin \{(m_i, \sigma_i)\}_{i=1}^{\ell}$，则称敌手成功。

定义 1-9（**已知消息攻击下的强不可伪造**） 记为 SUF-KMA。如果对于所有多项式 $\ell(\cdot)$ 和所有概率多项式时间的敌手 $\mathcal{A}$，在攻击游戏 1-9 中 $\mathcal{A}$ 成功的概率总是可忽略的，则称

数字签名方案 $\mathcal{DS}$ 在已知消息攻击下是强不可伪造的。

攻击游戏 1-10（一次性已知消息攻击下的存在性不可伪造） 对于一个数字签名方案 $\mathcal{DS}=(\mathrm{Gen},\mathrm{Sign},\mathrm{Vrfy})$，给定一个敌手 $\mathcal{A}$，定义以下实验。

（1）敌手选择一个消息 $m_1 \in \mathcal{M}$，把消息发送给挑战者。

（2）挑战者计算 $(\mathrm{pk},\mathrm{sk}) \leftarrow \mathrm{Gen}(1^\lambda)$，计算对消息的签名 $\sigma_1 \leftarrow \mathrm{Sign}(\mathrm{sk},m_1)$，把 pk, σ_1 发送给敌手。

（3）敌手输出 (m,σ)，若 $\mathrm{Vrfy}_{\mathrm{pk}}(m,\sigma)=1$ 且 $m \neq m_1$，则称敌手成功。

定义 1-10（一次性已知消息攻击下的存在性不可伪造） 记为 EUF-OTKMA。如果对于所有概率多项式时间的敌手 $\mathcal{A}$，在攻击游戏 1-10 中 $\mathcal{A}$ 成功的概率总是可忽略的，则称数字签名方案 $\mathcal{DS}$ 在一次性已知消息攻击下是存在性不可伪造的。

攻击游戏 1-11（一次性已知消息攻击下的强不可伪造） 在攻击游戏 1-10 的基础上，更改敌手成功的条件，若 $\mathrm{Vrfy}_{\mathrm{pk}}(m,\sigma)=1$ 且 $(m,\sigma) \neq (m_1,\sigma_1)$，则称敌手成功。

定义 1-11（一次性已知消息攻击下的强不可伪造） 记为 SUF-OTKMA。如果对于所有概率多项式时间的敌手 $\mathcal{A}$，在攻击游戏 1-11 中 $\mathcal{A}$ 成功的概率总是可忽略的，则称数字签名方案 $\mathcal{DS}$ 在一次性已知消息攻击下是强不可伪造的。

攻击游戏 1-12（自适应选择消息攻击下的存在性不可伪造） 对于一个数字签名方案 $\mathcal{DS}=(\mathrm{Gen},\mathrm{Sign},\mathrm{Vrfy})$，给定一个敌手 $\mathcal{A}$，定义以下实验。

（1）挑战者计算 $(\mathrm{pk},\mathrm{sk}) \leftarrow \mathrm{Gen}(1^\lambda)$，把 pk 发送给敌手。

（2）设有一个签名谕示 $\mathrm{Sign}_{\mathrm{sk}}(\cdot)$，敌手可以与谕示交互，请求对他选择的消息做签名，令 M 表示敌手向谕示请求签名的消息的集合，敌手最终输出 (m,σ)，若 $\mathrm{Vrfy}_{\mathrm{pk}}(m,\sigma)=1$ 且 $m \notin M$，则称敌手成功。

定义 1-12（自适应选择消息攻击下的存在性不可伪造） 记为 EUF-CMA。如果对于所有概率多项式时间的敌手 $\mathcal{A}$，在攻击游戏 1-12 中 $\mathcal{A}$ 成功的概率总是可忽略的，则称数字签名方案 $\mathcal{DS}$ 在自适应选择消息攻击下是存在性不可伪造的。

攻击游戏 1-13（自适应选择消息攻击下的强不可伪造） 对于一个数字签名方案 $\mathcal{DS}=(\mathrm{Gen},\mathrm{Sign},\mathrm{Vrfy})$，给定一个敌手 $\mathcal{A}$，定义以下实验。

（1）挑战者计算 $(\mathrm{pk},\mathrm{sk}) \leftarrow \mathrm{Gen}(1^\lambda)$，把 pk 发送给敌手。

（2）设有一个签名谕示 $\mathrm{Sign}_{\mathrm{sk}}(\cdot)$，敌手可以与谕示交互，请求对他选择的消息做签名，令 $Q:=\{(m_i,\sigma_i)\}$，m_i 表示敌手向谕示请求签名的第 i 个消息，σ_i 表示对消息 m_i 的签名，敌手最终输出 (m,σ)，若 $\mathrm{Vrfy}_{\mathrm{pk}}(m,\sigma)=1$ 且 $(m,\sigma) \notin Q$，则称敌手成功。

定义 1-13（自适应选择消息攻击下的强不可伪造） 记为 SUF-CMA。如果对于所有概率多项式时间的敌手 $\mathcal{A}$，在攻击游戏 1-13 中 $\mathcal{A}$ 成功的概率总是可忽略的，则称数字签名方案 $\mathcal{DS}$ 在自适应选择消息攻击下是强不可伪造的。

攻击游戏 1-14（一次性自适应选择消息攻击下的存在性不可伪造） 对于一个数字签名方案 $\mathcal{DS}=(\mathrm{Gen},\mathrm{Sign},\mathrm{Vrfy})$，给定一个敌手 $\mathcal{A}$，定义以下实验。

（1）挑战者计算 $(\mathrm{pk},\mathrm{sk}) \leftarrow \mathrm{Gen}(1^\lambda)$，把 pk 发送给敌手。

（2）设有一个签名谕示 $\mathrm{Sign}_{\mathrm{sk}}(\cdot)$，敌手只可以向谕示请求对一个消息 m_1 做签名，得到签名 σ_1，敌手最终输出 (m,σ)，若 $\mathrm{Vrfy}_{\mathrm{pk}}(m,\sigma)=1$ 且 $m \neq m_1$，则称敌手成功。

定义 1-14（一次性自适应选择消息攻击下的存在性不可伪造） 记为 EUF-OTCMA。

如果对于所有概率多项式时间的敌手$\mathcal{A}$,在攻击游戏 1-14 中$\mathcal{A}$成功的概率总是可忽略的,则称数字签名方案$\mathcal{DS}$在一次性自适应选择消息攻击下是存在性不可伪造的。

攻击游戏 1-15（一次性自适应选择消息攻击下的强不可伪造） 对于一个数字签名方案$\mathcal{DS}=(\text{Gen},\text{Sign},\text{Vrfy})$,给定一个敌手$\mathcal{A}$,定义以下实验。

(1) 挑战者计算$(\text{pk},\text{sk}) \leftarrow \text{Gen}(1^\lambda)$,把 pk 发送给敌手。

(2) 设有一个签名谕示$\text{Sign}_{\text{sk}}(\cdot)$,敌手只可以向谕示请求对一个消息$m_1$做签名,得到签名$\sigma_1$,敌手最终输出$(m,\sigma)$,若$\text{Vrfy}_{\text{pk}}(m,\sigma)=1$且$(m,\sigma)\neq(m_1,\sigma_1)$,则称敌手成功。

定义 1-15（一次性自适应选择消息攻击下的强不可伪造） 记为 SUF-OTCMA。如果对于所有概率多项式时间的敌手$\mathcal{A}$,在攻击游戏 1-15 中$\mathcal{A}$成功的概率总是可忽略的,则称数字签名方案$\mathcal{DS}$在一次性自适应选择消息攻击下是强不可伪造的。

数字签名方案的这些安全性具有强弱之分。在攻击目标方面,存在性不可伪造相关的安全性弱于相应的强不可伪造相关的安全性,如数字签名方案可以具有 EUF-CMA 安全性,但不具有 SUF-CMA 安全性。在敌手对消息的控制程度方面,随机消息攻击相关的安全性弱于相应的已知消息攻击相关的安全性,已知消息攻击相关的安全性弱于相应的自适应选择消息攻击相关的安全性,如数字签名方案可以具有 EUF-RMA 安全性,但不具有 EUF-KMA 安全性;可以具有 EUF-KMA 安全性,但不具有 EUF-CMA 安全性。在敌手可获得的有效消息签名对的数量方面,若敌手只能获得一个有效的消息签名对,则相应的安全性较弱,如数字签名方案可以具有 EUF-OTCMA 安全性,但不具有 EUF-CMA 安全性。

1.4.3 椭圆曲线数字签名算法

区块链里面使用的数字签名方案主要是基于椭圆曲线密码学的椭圆曲线数字签名算法(Elliptic Curve Digital Signature Algorithm,ECDSA)。该方案的密钥生成算法、签名算法和验证算法如下。

- $(\text{pk},\text{sk}) \leftarrow \text{Gen}(1^\lambda)$:密钥生成算法。生成一个基于域$\mathbb{F}_p$的素数阶$q$的椭圆曲线循环群$\mathbb{G}$,生成元为$G$,从$\mathbb{Z}_q^*$中选择一个随机值$u$,计算$P=uG$。定义$H:\mathcal{M}\rightarrow\mathbb{Z}_q$,是一个把消息空间$\mathcal{M}$中的消息映射为$\mathbb{Z}_q$中值的哈希函数。定义$f:\mathbb{G}\rightarrow\mathbb{Z}_q$,是一个把群$\mathbb{G}$中的元素转换成$\mathbb{Z}_q$中元素的转换函数,对于$(x,y)\in\mathbb{G}$,$f(x,y)=x \bmod q$。令$\text{pk}:=(\mathbb{F}_p,\mathbb{G},q,G,P)$,$\text{sk}:=u$。

- $\sigma \leftarrow \text{Sign}(\text{sk},m)$:签名算法。把 sk 解析为$u$。从$\mathbb{Z}_q^*$中选择一个随机值$k$,计算$R=kG=(x,y)$,其中$x,y\in\mathbb{F}_p$。计算$r=f(R)$,若$r=0$,则重新执行签名算法。计算$s=k^{-1}\cdot(H(m)+ur) \bmod q$,若$s=0$,则重新执行签名算法。令$\sigma:=(r,s)$。

- $b \leftarrow \text{Vrfy}(\text{pk},m,\sigma)$:验证算法。把 pk 解析为$(\mathbb{F}_p,\mathbb{G},q,G,P)$,把$\sigma$解析为$(r,s)$。检查关系$r,s\in\mathbb{Z}_q^*$,若不满足,则令$b=0$。计算$\hat{R}=(H(m)\cdot s^{-1})G+(r\cdot s^{-1})P=(\hat{x},\hat{y})$,其中$\hat{x},\hat{y}\in\mathbb{F}_p$。计算$\hat{r}=f(\hat{R})$。若$\hat{r}=r$,则令$b:=1$,否则令$b:=0$。

1.4.4 群签名

针对群签名,一个群中有众多用户和一个管理员,每个用户都有一个签名密钥,管理员有一个管理员密钥,群关联一个群公钥。每个用户都可以用他的签名密钥签名消息空间中的消息,任何验证者都可以用群公钥验证签名的有效性。管理员可以根据管理员密钥追踪出签名者,而任何没有管理员密钥的验证者只能验证签名者是否为群成员,但无法知道其具体身份。群签名的这些特性使它广泛应用在车辆安全通信、电子拍卖、匿名认证和区块链隐私保护等场景。

在一个静态的群签名方案中,群成员数目及成员身份在群初始化时决定,之后无法更改。其由以下 4 个多项式时间的算法构成,$\mathcal{GS}=$(GKg,GSig,GVf,Open)。

- (gpk,gmsk,**gsk**)←GKg($1^\lambda,1^n$):随机性的群密钥生成算法。输入安全参数的一元表示 1^λ 和群成员数目的一元表示 1^n,输出群公钥 gpk、群管理员私钥 gmsk 和长度为 n 的用户签名密钥向量 **gsk**,gsk[i] 表示用户 i 的签名密钥。
- σ←GSig(gsk[i],m):随机性的群签名算法。输入用户 i 的签名密钥 gsk[i] 和消息空间 $\mathcal{M}$ 中的消息 m,输出签名 σ。
- b←GVf(gpk,m,σ):确定性的群签名验证算法。输入群公钥 gpk、消息 m 和签名 σ,输出比特 b,取 0 表示签名无效,取 1 表示签名有效。
- $i/\perp$←Open(gmsk,m,σ):确定性的打开算法。输入群管理员私钥 gmsk、消息 m 和签名 σ,输出用户身份 i 或失败标识符 $\perp$。

一般地,要求对所有的 $\lambda,n\in\mathbb{N}$、群密钥(gpk,gmsk,**gsk**)、用户身份 $i\in\{1,2,\cdots,n\}$ 和消息 $m\in\mathcal{M}$,都有 GVf(gpk,m,GSig(gsk[i],m))=1 且 Open(gmsk,m,GSig(gsk[i],m))=i。其中第一个等式表明正确生成的签名总是有效的,第二个等式表明从一个有效的签名中总能恢复出签名者的身份。

在安全性方面,群签名方案一般具有匿名性和可追踪性,匿名性要求敌手不能根据用户的签名恢复出用户身份,可追踪性要求敌手不能伪造一个无法追踪出身份的签名。随着群签名的发展和应用,更多的安全要求被提出,如不可伪造性、不可诬陷性(non-frameability)、抗共谋性等。随后,研究者提出完全匿名性和完全可追踪性的安全概念,这两个概念足以暗含前述的所有安全属性。下面通过攻击游戏给出完全匿名性和完全可追踪性的基本定义。

攻击游戏 1-16(完全匿名性) 对于一个群签名方案 $\mathcal{GS}=$(GKg,GSig,GVf,Open),给定一个敌手 $\mathcal{A}=(\mathcal{A}_1,\mathcal{A}_2)$,定义以下实验。

实验 $\mathrm{Exp}_{\mathcal{GS},\mathcal{A}}^{\mathrm{anon}-b}(\lambda,n)$($b$ 取 0 或 1):

(1) (gpk,gmsk,**gsk**)←GKg($1^\lambda,1^n$),挑战者执行群密钥生成算法,然后把群公钥 gpk 和用户签名密钥向量 **gsk** 发送给敌手。

(2) 敌手选择阶段。(st,i_0,i_1,m)←$\mathcal{A}_1^{\mathrm{Open(gmsk,\cdot,\cdot)}}$(gpk,**gsk**)。敌手根据 gpk、**gsk** 选择两个有效的用户身份 i_0、i_1 和消息 m,并输出中间状态 st。在该阶段,敌手可以任意选择消息和签名,查询打开谕示 Open(gmsk,$\cdot,\cdot$) 并得到相应的用户身份。最终敌手把 i_0、i_1、m 发送给挑战者。

(3) σ←GSig(gsk[i_b],m)。挑战者执行群签名算法,然后把签名 σ 发送给敌手。

(4) 敌手猜测阶段。d←$\mathcal{A}_2^{\mathrm{Open(gmsk,\cdot,\cdot)}}$(st,$\sigma$)。敌手根据 st、$\sigma$ 猜测挑战者使用的签名密钥,输出猜测比特 d。在该阶段,敌手可以选择(m,σ)之外的消息和签名,查询打开谕示 Open(gmsk,$\cdot,\cdot$) 并得到相应的用户身份。

(5) 如果敌手在猜测阶段没有查询对(m,σ)的打开谕示,则实验输出 d,否则实验输出 0。

定义敌手 $\mathcal{A}=(\mathcal{A}_1,\mathcal{A}_2)$ 打破群签名方案 $\mathcal{GS}$ 的完全匿名性的优势为
$$\mathrm{Adv}_{\mathcal{GS},\mathcal{A}}^{\mathrm{anon}}(\lambda,n)=\Pr[\mathrm{Exp}_{\mathcal{GS},\mathcal{A}}^{\mathrm{anon}-1}(\lambda,n)=1]-\Pr[\mathrm{Exp}_{\mathcal{GS},\mathcal{A}}^{\mathrm{anon}-0}(\lambda,n)=1]。$$

定义 1-16(完全匿名性) 如果对于所有概率多项式时间的敌手 $\mathcal{A}$,优势 $\mathrm{Adv}_{\mathcal{GS},\mathcal{A}}^{\mathrm{anon}}(\lambda,n)$ 总是可忽略的,则称群签名方案 $\mathcal{GS}$ 具有完全匿名性。

攻击游戏 1-17(完全可追踪性) 对于一个群签名方案 $\mathcal{GS}=(\mathrm{GKg},\mathrm{GSig},\mathrm{GVf},\mathrm{Open})$,给定一个敌手 $\mathcal{A}=(\mathcal{A}_1,\mathcal{A}_2)$,定义以下实验。

实验 $\mathrm{Exp}_{\mathcal{GS},\mathcal{A}}^{\mathrm{trace}}(\lambda,n)$:

(1) $(\mathrm{gpk},\mathrm{gmsk},\mathbf{gsk})\leftarrow\mathrm{GKg}(1^\lambda,1^n)$。挑战者执行群密钥生成算法,然后把群公钥 gpk 和群管理员私钥 gmsk 发送给敌手。

(2) 敌手选择阶段。$st:=(\mathrm{gpk},\mathrm{gmsk});\mathcal{C}:=\emptyset;K:=\varepsilon;\mathrm{Cont}:=\mathrm{true}$。

While(Cont = true) do
$\quad (\mathrm{Cont},st,j)\leftarrow\mathcal{A}_1^{\mathrm{GSig}(\mathrm{gsk}[\cdot],\cdot)}(st,K)$
$\quad$ If Cont = true then $\mathcal{C}:=\mathcal{C}\cup\{j\};K:=\mathrm{gsk}[j]$ EndIf
Endwhile

敌手根据 gpk,gmsk 自适应地腐化群成员,得到已腐化用户的签名密钥,$\mathcal{C}$ 表示已腐化的用户集合。在该阶段敌手可以任意选择用户身份和消息,查询签名谕示 $\mathrm{GSig}(\mathrm{gsk}[\cdot],\cdot)$,并得到相应的签名。

(3) 敌手猜测阶段。$(m,\sigma)\leftarrow\mathcal{A}_2^{\mathrm{GSig}(\mathrm{gsk}[\cdot],\cdot)}(st)$。敌手根据 st 生成消息签名对 (m,σ)。在该阶段敌手可以任意选择用户身份和消息,查询签名谕示 $\mathrm{GSig}(\mathrm{gsk}[\cdot],\cdot)$,并得到相应的签名。

(4) 在下列两种情况下实验输出 1,其他情况下实验输出 0。① $\mathrm{GVf}(\mathrm{gpk},m,\sigma)=1$ 且 $\mathrm{Open}(\mathrm{gmsk},m,\sigma)=\perp$。② $\mathrm{GVf}(\mathrm{gpk},m,\sigma)=1$,$\mathrm{Open}(\mathrm{gmsk},m,\sigma)=i\notin\mathcal{C}$ 且敌手没有查询过对 (i,m) 的签名谕示。

定义敌手 $\mathcal{A}=(\mathcal{A}_1,\mathcal{A}_2)$ 攻破群签名方案 $\mathcal{GS}$ 的完全可追踪性的优势为
$$\mathrm{Adv}_{\mathcal{GS},\mathcal{A}}^{\mathrm{trace}}(\lambda,n)=\Pr[\mathrm{Exp}_{\mathcal{GS},\mathcal{A}}^{\mathrm{trace}}(\lambda,n)=1]。$$

定义 1-17(完全可追踪性) 如果对于所有概率多项式时间的敌手 $\mathcal{A}$,优势 $\mathrm{Adv}_{\mathcal{GS},\mathcal{A}}^{\mathrm{trace}}(\lambda,n)$ 总是可忽略的,则称群签名方案 $\mathcal{GS}$ 具有完全可追踪性。

下面给出一个具体的群签名方案。$\mathcal{AE}=(\mathrm{Gen}_e,\mathrm{Enc},\mathrm{Dec})$ 为一个公钥加密方案,Gen_e、Dec 分别为密钥生成算法和解密算法,其定义同 1.3.1 节的定义。Enc 为加密算法,此处定义为 $c\leftarrow\mathrm{Enc}(\mathrm{pk},m;r)$,即输入公钥 pk、消息 m 和随机抛币 r,输出密文 c。$\mathcal{DS}=(\mathrm{Gen}_s,\mathrm{Sign},\mathrm{Vrfy})$ 为一个数字签名方案,Gen_s、Sign、Vrfy 分别为密钥生成算法、签名算法和验证算法,其定义同 1.4.1 节的定义。令
$$\rho=\{((\mathrm{pk}_e,\mathrm{pk}_s,m,c),(i,\mathrm{pk},\sigma,s,r)):\mathrm{Vrfy}(\mathrm{pk}_s,\langle i,\mathrm{pk}\rangle,\sigma)=1$$
$$\wedge\mathrm{Vrfy}(\mathrm{pk},m,s)\wedge\mathrm{Enc}(\mathrm{pk}_e,\langle i,\mathrm{pk},\sigma,s\rangle;r)=c\}$$

表示一个 NP 关系,$(\mathrm{pk}_e,\mathrm{pk}_s,m,c)$ 称为实例,$(i,\mathrm{pk},\sigma,s,r)$ 称为证据,该关系定义了一个 NP 语言:
$$\mathcal{L}=\{(\mathrm{pk}_e,\mathrm{pk}_s,m,c)|\text{存在}(i,\mathrm{pk},\sigma,s,r)\text{满足}((\mathrm{pk}_e,\mathrm{pk}_s,m,c),(i,\mathrm{pk},\sigma,s,r))\in\rho\}。$$

(P,V) 为一个非交互的证明系统,其中 P 为概率多项式的证明算法,定义为 $\pi\leftarrow P(\lambda,$

$(pk_e,pk_s,m,c),(i,pk,\sigma,s,r),R)$,即输入安全参数 λ、实例、证据和公共参考串 R,输出证明 π。V 为确定多项式的验证算法,定义为 $b\leftarrow V(\lambda,(pk_e,pk_s,m,c),\pi,R)$,即输入安全参数、实例、证明和公共参考串,输出比特 b,取 1 表示实例属于语言 $\mathcal{L}$,取 0 表示实例不属于语言 $\mathcal{L}$。

- **群密钥生成算法**$(gpk,gmsk,\mathbf{gsk})\leftarrow GKg(1^\lambda,1^n)$:主要根据安全参数和群成员个数,生成群公钥、群管理员私钥和所有群成员的签名密钥,具体流程如下。

  (1) 生成长度为多项式 $p(\lambda)$ 的公共参考串:$R\xleftarrow{\$}\{0,1\}^{p(\lambda)}$。

  (2) 生成加密密钥和解密密钥:$(pk_e,sk_e)\leftarrow Gen_e(1^\lambda)$。

  (3) 生成验证密钥和签名密钥:$(pk_s,sk_s)\leftarrow Gen_s(1^\lambda)$。

  (4) 生成群成员的签名密钥:对于 $i\in\{1,2,\cdots,n\}$,$(pk_i,sk_i)\leftarrow Gen_s(1^\lambda)$,$\sigma_i\leftarrow Sign(sk_s,\langle i,pk_i\rangle)$,令 $gsk[i]:=(\lambda,R,i,pk_i,sk_i,\sigma_i,pk_e,pk_s)$。

  (5) 令 $gpk:=(\lambda,R,pk_e,pk_s)$,$gmsk:=(n,pk_e,sk_e,pk_s)$。

- **群签名算法** $\sigma\leftarrow GSig(gsk[i],m)$:主要根据某个特定用户的签名密钥和消息,生成对消息的签名,具体流程如下。

  (1) 把 $gsk[i]$ 解析为 $(\lambda,R,i,pk_i,sk_i,\sigma_i,pk_e,pk_s)$。

  (2) $s\leftarrow Sign(sk_i,m)$;$r\xleftarrow{\$}\{0,1\}^\lambda$;$c\leftarrow Enc(pk_e,\langle i,pk_i,\sigma_i,s\rangle;r)$。

  (3) 执行证明算法,利用证据 (i,pk_i,σ_i,s,r) 证明实例 (pk_e,pk_s,m,c) 属于语言 $\mathcal{L}$:$\pi\leftarrow P(\lambda,(pk_e,pk_s,m,c),(i,pk_i,\sigma_i,s,r),R)$。

  (4) 令 $\sigma:=(c,\pi)$。

- **群签名验证算法** $b\leftarrow GVf(gpk,m,\sigma)$:主要根据群公钥、消息和签名,验证签名的有效性,具体流程如下。

  (1) 把 gpk 解析为 (λ,R,pk_e,pk_s);把 σ 解析为 (c,π)。

  (2) 执行验证算法,验证实例 (pk_e,pk_s,m,c) 是否属于语言 $\mathcal{L}$:$b:=V(\lambda,(pk_e,pk_s,m,c),\pi,R)$。

- **打开算法** $i/\perp\leftarrow Open(gmsk,m,\sigma)$:主要根据群管理员私钥、消息和签名,得到签名者的身份,主要流程如下。

  (1) 把 $gmsk$ 解析为 (n,pk_e,sk_e,pk_s);把 σ 解析为 (c,π)。

  (2) 执行解密算法 $Dec(sk_e,c)$,把结果解析为 $\langle i,pk,\sigma,s\rangle$。

  (3) 若 $n<i$ 或 $Vrfy(pk,m,s)=0$ 或 $Vrfy(pk_s,\langle i,pk\rangle,\sigma)=0$,则返回 $\perp$,否则返回 i。

定理 1-3 若 $\mathcal{AE}$ 是一个选择密文攻击安全的公钥加密方案,(P,V) 是一个针对关系 ρ 的模拟可靠的、非交互计算零知识证明系统,那么上述群签名方案具有完全匿名性。

定理 1-4 若 $\mathcal{DS}$ 是一个 EUF-CMA 安全的数字签名方案,(P,V) 是一个针对关系 ρ 的可靠的非交互证明系统,那么上述群签名方案具有完全可追踪性。

1.4.5 环签名

环签名可以被视为一种特殊的群签名,没有群管理员,不需要群的建立过程。一个具有公私钥对的用户可以不与其他用户合作,自组织地选择他们的公钥,与自己的公钥构成一个环,并利用环生成对消息的签名。验证者可以验证签名者是环的成员,但无法知道签名者的具体身份,并且没有任何中心化的机构可以恢复出签名者的身份,具有较强的匿名性。环签名允许一个个体代表某个群体做签名,而又不泄露个体的身份。例如,一个高级政府官员可以借助其他官员的公钥构成一个环,代表政府机构签名消息,验证者通过验证签名可以相信消息来自可信的政府机构,而无法得知高级政府官员的具体身份。此外,环签名的特性还使得它广泛部署在电子投票、电子现金、自组织网络、区块链等应用。

一个环签名方案由以下 3 个概率多项式时间的算法构成,$\mathcal{RS}=$(RGen, RSign, RVrfy)。

- (rpk, rsk)←RGen(1^λ):密钥生成算法。输入安全参数的一元表示 1^λ,输出公钥 rpk 和私钥 rsk。

- σ←RSign(s, rsk, m, R):环签名算法。输入签名者标识 s、s 对应的私钥 rsk、消息空间 $\mathcal{M}$ 中的消息 m、由 n 个公钥组成的环 $R=$(rpk$_1$, rpk$_2$, $\cdots$, rpk$_n$),输出签名 σ,表示为 RSign$_{s,\text{rsk}}(m, R)=\sigma$。一般地,要求 $s \in \{1, 2, \cdots, n\}$,$(R[s], \text{rsk})$ 是一个有效的公私钥对,$n \geq 2$,环中公钥各不相同。为简单起见,可以省略签名者标识 s,签名者决定使用环中的哪个公钥,rsk 为对应的私钥,此时环签名算法定义为 σ←RSign(rsk, m, R)。

- b←RVrfy(R, m, σ):环签名验证算法。输入环 R、消息 m 和签名 σ,输出比特 b,取 0 表示签名无效,取 1 表示签名有效,$b=$RVrfy$_R(m, \sigma)$。

一般地,要求对所有的 λ、有效的公私钥对 $\{\text{rpk}_i, \text{rsk}_i\}_{i=1}^n$、$s \in \{1, 2, \cdots, n\}$ 和消息 $m \in \mathcal{M}$,都有 RVrfy$_R(m, \text{RSign}_{s,\text{rsk}_s}(m, R))=1$,其中 $R=$(rpk$_1$, rpk$_2$, $\cdots$, rpk$_n$)。

在安全性方面,环签名方案需要具有匿名性和不可伪造性。匿名性要求敌手无法知道签名是由环中哪个成员生成的,不可伪造性要求不在环中的敌手不能伪造一个有效的签名。具体地,在不同攻击模型下匿名性又可划分为基本匿名性、抗敌手选择密钥攻击的匿名性、抗属性攻击的匿名性等,不可伪造性又可划分为抗固定环攻击的不可伪造性、抗选择子环攻击的不可伪造性、抗内部腐化攻击的不可伪造性。其中,抗属性攻击的匿名性是安全性最强的匿名性,抗内部腐化攻击的不可伪造性是安全性最强的不可伪造性。下面给出这两个安全属性的基本定义。

攻击游戏 1-18(抗属性攻击的匿名性) 对于一个环签名方案 $\mathcal{RS}=$(RGen, RSign, RVrfy),给定一个多项式 $\ell(\cdot)$ 及敌手 $\mathcal{A}$,定义以下实验。

实验 $\text{Exp}_{\mathcal{RS}, \mathcal{A}}^{\text{anon}}(\lambda)$:

(1)对于 $i=1, 2, \cdots, \ell(\lambda)$,挑战者随机选择 ω_i,计算(rpk$_i$, rsk$_i$)←RGen($1^\lambda; \omega_i$),把公钥集合 $\{\text{rpk}_i\}_{i=1}^{\ell(\lambda)}$ 发送给敌手。

(2)敌手可以访问签名谕示 ORSign($\cdot, \cdot, \cdot$),输入 s、m、R,输出 RSign$_{s,\text{rsk}}(m, R)$,其中要求 s 对应的公钥属于环 R。敌手可以访问腐化谕示 Corrupt($\cdot$),输入下标 i,输出 ω_i。敌手选择消息 m,两个不同的下标 $i_0, i_1 \in \{1, 2, \cdots, \ell(\lambda)\}$,环 R,要求 rpk$_{i_0}$, rpk$_{i_1} \in R$。敌手把 m、i_0、i_1、R 发给挑战者。

(3)挑战者选择比特 b,计算 σ←RSign(rsk$_{i_b}$, m, R),把签名 σ 发给敌手。

(4)敌手可以访问签名谕示 ORSign($\cdot, \cdot, \cdot$),输入 s、m、R,输出 RSign$_{s,\text{rsk}}(m, R)$,其中要求 s 对应的公钥属于环 R。敌手可以访问腐化谕示 Corrupt($\cdot$),输入下标 i,输出 ω_i。敌手最终输出比特 b'。若 $b'=b$ 且 $|\{i_0, i_1\} \cap C| \leq 1$,则称敌手成功,其中 C 表示敌手

访问腐化谕示 Corrupt(·) 的下标集合。

定义 1-18（抗属性攻击的匿名性） 设如果对于所有多项式 $\ell(\cdot)$ 和所有概率多项式时间的敌手 $\mathcal{A}$，$|\Pr[\mathrm{Exp}_{\mathcal{RS},\mathcal{A}}^{\mathrm{anon}}(\lambda)=1]-1/2|$ 总是可忽略的，则称环签名方案 $\mathcal{RS}$ 具有抗属性攻击的匿名性。

攻击游戏 1-19（抗内部腐化攻击的不可伪造性） 对于一个环签名方案 $\mathcal{RS}=$ (RGen, RSign, RVrfy)，给定一个多项式 $\ell(\cdot)$ 及敌手 $\mathcal{A}$，定义以下实验。

实验 $\mathrm{Exp}_{\mathcal{RS},\mathcal{A}}^{\mathrm{ufg}}(\lambda)$：

(1) 对于 $i=1,2,\cdots,\ell(\lambda)$，挑战者计算 $(\mathrm{rpk}_i,\mathrm{rsk}_i)\leftarrow \mathrm{RGen}(1^\lambda)$，把公钥集合 $S=\{\mathrm{rpk}_i\}_{i=1}^{\ell(\lambda)}$ 发送给敌手。

(2) 敌手可以访问签名谕示 $\mathrm{ORSign}(\cdot,\cdot,\cdot)$，输入 $s、m、R$，输出 $\mathrm{RSign}_{s,\mathrm{rsk}}(m,R)$，其中要求 s 对应的公钥属于环 R。敌手可以腐化环中用户，得到用户的私钥。敌手最终输出 $R'、m'、\sigma'$。若 $\mathrm{RVrfy}_{R'}(m',\sigma')=1$，$R'\subseteq S\setminus C$ 且敌手没有查询过对 $(\cdot,m',R')$ 的签名谕示，则称敌手成功，其中 C 表示被腐化的用户集合。

定义 1-19（抗内部腐化攻击的不可伪造性） 如果对于所有多项式 $\ell(\cdot)$ 和所有概率多项式时间的敌手 $\mathcal{A}$，$\mathcal{A}$ 在攻击游戏 1-19 中成功的概率总是可忽略的，则称环签名方案 $\mathcal{RS}$ 具有抗内部腐化攻击的不可伪造性。

以下给出一个具体的环签名方案。$\mathcal{AE}=(\mathrm{Gen}_e,\mathrm{Enc},\mathrm{Dec})$ 为一个公钥加密方案，Gen_e、Enc、Dec 分别为密钥生成算法、加密算法和解密算法，其定义同 1.3.1 节的定义。$\mathcal{DS}=(\mathrm{Gen}_s,\mathrm{Sign},\mathrm{Vrfy})$ 为一个数字签名方案，Gen_s、Sign、Vrfy 分别为密钥生成算法、签名算法和验证算法，其定义同 1.4.1 节的定义。(ℓ,P,V) 为一个针对 NP 语言的 ZAP，其中 ℓ 为多项式，$P、V$ 分别为证明算法和验证算法，ZAP 指在朴素模型下具有证据不可区分性的、公开抛币的、两轮的证明系统。P 定义为 $\pi \leftarrow P_r(x,w)$，即输入验证者的消息 r、实例 x 和证据 w，输出证明 π。V 定义为 $0/1\leftarrow V_r(x,\pi)$，即输入消息 r、实例 x 和证明 π，输出 0 或 1 表示拒绝或接收证明。令 $C^*\leftarrow \mathrm{Enc}_{R_e}^*(m)$ 表示一个概率性的算法，其输入加密公钥集合 $R_e:=\{\mathrm{pk}_{e,1},\mathrm{pk}_{e,2},\cdots,\mathrm{pk}_{e,n}\}$，消息 m，随机挑选 $s_1,s_2,\cdots,s_{n-1}\in\{0,1\}^{|m|}$，输出密文
$$C^*:=(\mathrm{Enc}_{\mathrm{pk}_{e,1}}(s_1),\mathrm{Enc}_{\mathrm{pk}_{e,2}}(s_2),\cdots,\mathrm{Enc}_{\mathrm{pk}_{e,n-1}}(s_{n-1}),\mathrm{Enc}_{\mathrm{pk}_{e,n}}(m\oplus s_1\oplus s_2\oplus\cdots\oplus s_{n-1})).$$

定义 NP 语言

$$\mathcal{L}=\{(R_s,m,R_e,C^*)\mid 存在(\mathrm{pk}_s,\sigma,\omega)满足\ \mathrm{pk}_s\in R_s\ \wedge\ C^*=\mathrm{Enc}_{R_e}^*(\sigma;\omega)\wedge$$
$$\mathrm{Vrfy}_{\mathrm{pk}_s}(m,\sigma)=1\},$$

其中，R_s 表示用于验证签名的公钥集合，ω 表示算法 $\mathrm{Enc}_{R_e}^*$ 里用的抛币。

- **密钥生成算法**（rpk, rsk）$\leftarrow \mathrm{RGen}(1^\lambda)$：主要根据安全参数，生成环签名方案的公钥和私钥，具体流程如下。

  (1) 生成验证密钥和签名密钥：$(\mathrm{pk}_s,\mathrm{sk}_s)\leftarrow \mathrm{Gen}_s(1^\lambda)$。

  (2) 生成加密密钥和解密密钥：$(\mathrm{pk}_e,\mathrm{sk}_e)\leftarrow \mathrm{Gen}_e(1^\lambda)$。

  (3) 选择初始化 ZAP 的消息 $r \xleftarrow{\$} \{0,1\}^{\ell(\lambda)}$。

  (4) 令 rpk $:=(\mathrm{pk}_s,\mathrm{pk}_e,r)$，rsk $:=\mathrm{sk}_s$。

- **环签名算法** $\sigma\leftarrow \mathrm{RSign}(\mathrm{rsk},m,R)$：主要根据签名者标识、对应的私钥、消息和环，生成对消息的签名。为简单起见，可以省略签名者标识，签名者决定使用环中的哪个公钥，rsk

为对应的私钥,具体流程如下。

(1) 把 R 解析为 $(\text{rpk}_1,\text{rpk}_2,\cdots,\text{rpk}_n)$;把 rpk_i 解析为 $(\text{pk}_{s,i},\text{pk}_{e,i},r_i)$;把 rsk 解析为 sk_s。令 $R_e:=\{\text{pk}_{e,1},\text{pk}_{e,2},\cdots,\text{pk}_{e,n}\}$, $R_s:=\{\text{pk}_{s,1},\text{pk}_{s,2},\cdots,\text{pk}_{s,n}\}$。

(2) 令 $m^*:=m\|\text{rpk}_1\|\cdots\|\text{rpk}_n$,其中 $\|$ 表示拼接;计算 $\sigma'\leftarrow\text{Sign}(\text{sk}_s,m^*)$。

(3) 选择随机抛币 ω_0,ω_1,计算 $C_0^*:=\text{Enc}_{R_e}^*(\sigma';\omega_0)$,$C_1^*:=\text{Enc}_{R_e}^*(0^\lambda;\omega_1)$。

(4) 对于 $j\in\{0,1\}$,令 x_j 表示声明 $(R_s,m^*,R_e,C_j^*)\in\mathcal{L}$,令 $x:=x_0\vee x_1$,计算 $\pi\leftarrow P_{r_1}(x,(\text{pk}_s,\sigma',\omega_0))$,其中 pk_s 为 rsk 对应的 rpk 中的验证密钥。

(5) 令 $\sigma:=(C_0^*,C_1^*,\pi)$。

- **环签名验证算法** $b\leftarrow\text{RVrfy}(R,m,\sigma)$:主要根据环、消息和签名,验证签名的有效性,具体流程如下。

(1) 把 R 解析为 $(\text{rpk}_1,\text{rpk}_2,\cdots,\text{rpk}_n)$;把 rpk_i 解析为 $(\text{pk}_{s,i},\text{pk}_{e,i},r_i)$;把 σ 解析为 (C_0^*,C_1^*,π)。令 $m^*:=m\|\text{rpk}_1\|\cdots\|\text{rpk}_n$, $R_e:=\{\text{pk}_{e,1},\text{pk}_{e,2},\cdots,\text{pk}_{e,n}\}$, $R_s:=\{\text{pk}_{s,1},\text{pk}_{s,2},\cdots,\text{pk}_{s,n}\}$。

(2) 对于 $j\in\{0,1\}$,令 x_j 表示声明 $(R_s,m^*,R_e,C_j^*)\in\mathcal{L}$,令 $x:=x_0\vee x_1$。

(3) 输出 $V_{r_1}(x,\pi)$。

定理 1-5 若 $\mathcal{AE}$ 是一个语义安全的公钥加密方案,$\mathcal{DS}$ 是一个 EUF-CMA 安全的数字签名方案,(ℓ,P,V) 是一个针对语言 $\mathcal{L}':=\{(x_0,x_1)|x_0\in\mathcal{L}\vee x_1\in\mathcal{L}\}$ 的 ZAP,那么上述环签名方案具有抗属性攻击的匿名性和抗内部腐化攻击的不可伪造性。

1.4.6 盲签名

盲签名是一种由签名者和用户交互完成的协议,签名者拥有私钥,而用户拥有消息。通过执行协议,用户可以得到由签名者生成的对消息的签名,但签名者无法知道消息的具体内容,同时用户也不能自己伪造有效的签名。盲签名的这些特性使其广泛应用在电子现金、电子投票和匿名凭证等场景。

在盲签名方案中,拥有私钥的签名者和拥有消息的用户通过交互生成对消息的签名。具体地,一个盲签名方案由以下 4 个算法组成,$\mathcal{BS}=(\text{BGen},\text{BSigner},\text{BUser},\text{BVrfy})$。

- $(\text{bpk},\text{bsk})\leftarrow\text{BGen}(1^\lambda)$:密钥生成算法。输入安全参数的一元表示 1^λ,输出公钥 bpk 和私钥 bsk。

- $1/\bot\leftarrow\text{BSigner}(\text{bsk})$:交互的签名者算法。输入私钥 bsk,输出 1 或 $\bot$ 表示成功执行或终止。

- $\sigma/\bot\leftarrow\text{BUser}(\text{bpk},m)$:交互的用户算法。输入公钥 bpk 和消息 m,输出签名 σ 或终止符 $\bot$。

- $b\leftarrow\text{BVrfy}(\text{bpk},m,\sigma)$:验证算法。输入公钥 bpk、消息 m 和签名 σ,输出比特 b,取 0 表示签名无效,取 1 表示签名有效,$b=\text{BVrfy}_{\text{bpk}}(m,\sigma)$。

一般地,要求对于密钥生成算法 BGen 输出的所有公私钥对 (bpk,bsk)、所有的消息 m,如果签名者算法 BSigner 和用户算法 BUser 均诚实地执行,那么 BSigner 输出 1,BUser 输出签名 σ,满足 $\text{BVrfy}_{\text{bpk}}(m,\sigma)=1$。

在安全性方面,盲签名方案需要具有盲性和多次不可伪造性(one-more unforgeability)。盲性指恶意签名者和诚实用户通过两次方案执行生成对两个消息的签名后,恶意的签名者无法判断两个消息分别在哪次方案执行中被签名。多次不可伪造性指恶意用户即使获得若干有效的消息签名对,他也不能伪造一个新的有效的消息签名对。下面给出这两个安全属性的基本定义。

攻击游戏 1-20（盲性） 对于一个盲签名方案 $\mathcal{BS}=(\mathrm{BGen},\mathrm{BSigner},\mathrm{BUser},\mathrm{BVrfy})$,给定一个敌手 $\mathcal{A}$,定义以下实验。

实验 $\mathrm{Exp}_{\mathcal{BS},\mathcal{A}}^{\mathrm{bld}}(\lambda)$：

(1) 敌手根据安全参数 λ 选择公钥 bpk 和一对消息 m_0、m_1,把 bpk、m_0、m_1 发送给挑战者。

(2) 挑战者选择随机比特 b。定义用户谕示 $\mathrm{OBUser}(\cdot,\cdot)$,分别输入 bpk、$m_b$ 和 bpk、m_{1-b},表示为 $\mathrm{OBUser}(\mathrm{bpk},m_b)$ 和 $\mathrm{OBUser}(\mathrm{bpk},m_{1-b})$。

(3) 敌手并发地和 $\mathrm{OBUser}(\mathrm{bpk},m_b)$、$\mathrm{OBUser}(\mathrm{bpk},m_{1-b})$ 交互,当在两个交互中敌手都输出 1 时,令 σ_b、σ_{1-b} 分别表示 $\mathrm{OBUser}(\mathrm{bpk},m_b)$、$\mathrm{OBUser}(\mathrm{bpk},m_{1-b})$ 的输出。

(4) 若 $\sigma_0=\bot$ 或 $\sigma_1=\bot$,则挑战者发送 $\bot$ 给敌手,否则挑战者发送 σ_0、σ_1 给敌手。

(5) 敌手最终输出 b',若 $b'=b$,则称敌手成功。

定义 1-20（盲性） 如果对于所有概率多项式时间的敌手 $\mathcal{A}$,其在实验 $\mathrm{Exp}_{\mathcal{BS},\mathcal{A}}^{\mathrm{bld}}(\lambda)$ 中的优势 $|\mathrm{Pr}[\mathrm{Exp}_{\mathcal{BS},\mathcal{A}}^{\mathrm{bld}}(\lambda)=1]-1/2|$ 总是可忽略的,则称盲签名方案 $\mathcal{BS}$ 具有盲性。

攻击游戏 1-21（多次不可伪造性） 对于一个盲签名方案 $\mathcal{BS}=(\mathrm{BGen},\mathrm{BSigner},\mathrm{BUser},\mathrm{BVrfy})$,给定一个多项式 $\ell:\mathbb{N}\to\mathbb{N}$ 及敌手 $\mathcal{A}$,定义以下实验。

实验 $\mathrm{Exp}_{\mathcal{BS},\mathcal{A}}^{\mathrm{omu}}(\lambda)$：

(1) 挑战者执行 $(\mathrm{bpk},\mathrm{bsk})\leftarrow\mathrm{BGen}(1^\lambda)$,把 bpk 发送给敌手。定义签名者谕示 $\mathrm{OBSigner}(\mathrm{bsk})$。

(2) 敌手可以任意选择消息,并发地和 $\mathrm{OBSigner}(\mathrm{bsk})$ 交互,但谕示最多在 $\ell(\lambda)$ 次执行中输出 1,在额外的执行中均输出 $\bot$。最终敌手输出 $\ell(\lambda)+1$ 个消息签名对 $\{(m_i,\sigma_i)\}_{i=1}^{\ell(\lambda)+1}$,若每个 m_i 均不同且对于所有的 i 都有 $\mathrm{BVrfy}_{\mathrm{bpk}}(m_i,\sigma_i)=1$,则称敌手成功。

定义 1-21（多次不可伪造性） 如果对于所有概率多项式时间的敌手 $\mathcal{A}$、所有的多项式 ℓ,敌手在攻击游戏 1-21 中成功的概率总是可忽略的,则称盲签名方案 $\mathcal{BS}$ 具有多次不可伪造性。

许多签名方案都可转换成盲签名方案,下面给出由 Schnorr 签名方案转换成的盲签名方案,包含密钥生成算法、由交互的签名者算法和交互的用户算法构成的签名发布协议、验证算法。

- **密钥生成算法** $(\mathrm{bpk},\mathrm{bsk})\leftarrow\mathrm{BGen}(1^\lambda)$：主要根据安全参数生成公钥和私钥,具体流程如下。

(1) 选择大素数 p、q 满足 $q|p-1$,设 g 为 $\mathbb{Z}_p^*$ 中阶为 q 的元素。选择随机数 $x\in\mathbb{Z}_q^*$,计算 $y=g^{-x}\bmod p$。

(2) 令 $\mathrm{bpk}:=y$,$\mathrm{bsk}:=x$。

- **签名发布协议**：主要执行交互的签名者算法 $1/\bot\leftarrow\mathrm{BSigner}(\mathrm{bsk})$ 和用户算法 $\sigma/\bot\leftarrow\mathrm{BUser}(\mathrm{bpk},m)$,生成对消息的签名,具体流程如下。

(1) 把 bsk 解析为 x,把 bpk 解析为 y。

(2) 签名者选择随机数 $k\in\mathbb{Z}_q^*$,计算承诺 $r=g^k\bmod p$,把 r 发送给用户。

(3) 用户选择两个随机数 $\alpha,\beta\in\mathbb{Z}_q^*$，计算 $r'=rg^{-\alpha}y^{-\beta}\bmod p$，$e'=H(m,r')\bmod q$，$e=e'+\beta\bmod q$，把 e 发送给签名者。

(4) 签名者计算 $s=k+ex$，把 s 发送给用户。

(5) 用户计算 $s'=s-\alpha\bmod q$，令 $\sigma:=(e',s')$。

- **验证算法** $b\leftarrow\mathrm{BVrfy}(\mathrm{bpk},m,\sigma)$：根据公钥和消息验证签名的有效性，具体流程如下。

(1) 把 bpk 解析为 y，把 σ 解析为 (e',s')。

(2) 若 $e'=H(m,g^{s'}y^{e'}\bmod p)$，则令 $b:=1$，否则令 $b:=0$。

定理 1-6 基于离散对数假设和随机谕言模型，上述盲化的 Schnorr 签名方案具有盲性和多次不可伪造性。

1.4.7 门限签名

门限签名允许多个实体在共享单个公钥的情况下发布签名的能力。公钥对应的私钥被分成若干份额，只有拥有一定数量的私钥份额，才能生成有效的签名。在 (t,n)-门限签名方案中，共有 n 个实体分别持有不同的私钥份额，只有基数大于或等于 t 的实体集合才能生成一个有效的签名，而任何基数小于 t 的实体集合都无法获得关于私钥的任何信息。门限签名的特性使它广泛应用在匿名通信系统及区块链等场景中。

令 $\mathcal{DS}=(\mathrm{Gen},\mathrm{Sign},\mathrm{Vrfy})$ 表示一个数字签名方案，基于该方案的 (t,n)-门限签名方案由 3 个算法构成，$\mathcal{TS}=(\mathrm{TGen},\mathrm{TSign},\mathrm{TVrfy})$。

- $(\mathrm{tpk},\{\mathrm{tvk}_i,\mathrm{tsk}_i\}_{i\in[n]})\leftarrow\mathrm{TGen}(1^\lambda,t,n)$：门限密钥生成算法。输入安全参数的一元表示 1^λ、门限值 t 和实体总数 n，输出公钥 tpk、实体的验证密钥 $\{\mathrm{tvk}_i\}_{i\in[n]}$ 和私钥份额 $\{\mathrm{tsk}_i\}_{i\in[n]}$。任意 t 个私钥份额都能恢复出公钥对应的私钥。

- $\sigma\leftarrow\mathrm{TSign}(\{\mathrm{tvk}_i,\mathrm{tsk}_i\}_{i\in I,|I|\geq t},m)$：门限签名算法。输入至少 t 个验证密钥和私钥份额、消息 m，输出签名 σ，表示为 $\sigma=\mathrm{TSign}_{\{\mathrm{tvk}_i,\mathrm{tsk}_i\}_{i\in I,|I|\geq t}}(m)$。可以认为该算法包含一个签名份额生成算法 $\sigma_i\leftarrow\mathrm{SigShare}(\mathrm{tsk}_i,m)$、签名份额验证算法 $b\leftarrow\mathrm{VrfySh}(\mathrm{tvk}_i,\sigma_i,m)$ 和签名重构算法 $\sigma\leftarrow\mathrm{Combine}(\{\sigma_i\}_{i\in I,|I|\geq t},m)$。每个实体利用他的私钥份额 tsk_i 执行 SigShare 算法，生成对消息 m 的签名份额 σ_i，由某个特定的实体执行 VrfySh 算法，验证签名份额的有效性，最终通过 Combine 算法重构出完整的签名。

- $b\leftarrow\mathrm{TVrfy}(\mathrm{tpk},m,\sigma)$：门限签名验证算法。该算法同数字签名方案的验证算法 Vrfy，输入公钥 tpk、消息 m 和签名 σ，输出比特 b，取 0 表示签名无效，取 1 表示签名有效，$b=\mathrm{TVrfy}_{\mathrm{tpk}}(m,\sigma)$。

一般地，要求对所有的 λ,t,n 和消息 m，都有 $\mathrm{TVrfy}_{\mathrm{tpk}}(m,\mathrm{TSign}_{\{\mathrm{tvk}_i,\mathrm{tsk}_i\}_{i\in I,|I|\geq t}}(m))=1$。

在安全性方面，门限签名方案需要具有不可伪造性和鲁棒性。不可伪造性指腐化少于 t 个实体的多项式敌手无法伪造一个新的、有效的消息签名对，即使他可以任意选择消息并得到相应的有效签名。鲁棒性指腐化的实体不能阻止诚实实体生成有效的签名，具体地，即使敌手腐化了 $t-1$ 个实体，TGen 算法输出的公私钥对仍和 Gen 算法输出的公私钥对具有相同的分布，TSign 算法输出的 σ 仍是针对消息 m 的有效签名。

许多签名方案都可转换成门限签名方案，下面给出一个基于 BLS 签名方案的门限签名方案。BLS 使用 Gap-Diffie-Hellman(GDH)群,在此类群中不存在多项式时间的算法解决 CDH 问题,但存在高效的算法 $\mathcal{V}_{DDH}()$ 解决 DDH 问题。$\mathcal{V}_{DDH}()$ 输入 g、u、v、h,输出 0 表示输入是随机的群元素,输出 1 表示 $\log_g u = \log_v h$。令 H 表示把输入字符串映射为 GDH 群元素的哈希函数。BLS 的密钥生成算法 Gen、签名算法 Sign 和验证算法 Vrfy 描述如下。

- $(pk, sk) \leftarrow \text{Gen}(1^\lambda)$:密钥生成算法。生成一个素数阶 p 的 GDH 群 $\mathbb{G}$,生成元为 g。从 $\mathbb{Z}_p^*$ 中选择一个随机值 x,计算 $y = g^x$,令 $sk := x$,$pk := y$。
- $\sigma \leftarrow \text{Sign}(sk, m)$:签名算法。把 sk 解析为 x。令 $\sigma := H(m)^x$。
- $b \leftarrow \text{Vrfy}(pk, m, \sigma)$:验证算法。把 pk 解析为 y。若 $\mathcal{V}_{DDH}(g, y, H(m), \sigma) = 1$,则令 $b := 1$,表示接受签名,否则令 $b := 0$,表示拒绝签名。

基于 BLS 签名方案的门限签名方案具体描述如下。

- **门限密钥生成算法** $(tpk, \{tvk_i, tsk_i\}_{i \in [n]}) \leftarrow \text{TGen}(1^\lambda, t, n)$:主要根据安全参数生成公钥、实体的验证密钥和私钥份额。为简化起见,假设该算法由一个可信的第三方生成,实际过程中可以让参与实体联合运行分布式密钥生成协议,生成所需的门限密钥,具体流程如下。

(1) 生成一个素数阶 p 的 GDH 群 $\mathbb{G}$,生成元为 g。
(2) 从 $\mathbb{Z}_p^*$ 中选择一个随机值 x,计算 $y = g^x$。
(3) 基于 $\mathbb{Z}_p$ 选择一个阶为 $t-1$ 的随机多项式 f,满足 $f(0) = x$。
(4) 对于 $i \in [n]$,计算 $x_i = f(i)$,$B_i = g^{x_i}$。
(5) 令 $tpk := y$,$\{tvk_i := B_i, tsk_i := x_i\}_{i \in [n]}$。

- **门限签名算法** $\sigma \leftarrow \text{TSign}(\{tvk_i, tsk_i\}_{i \in I, |I| \geq t}, m)$:主要利用若干实体的验证密钥和私钥份额,生成对消息的签名,具体流程如下。

(1) 把 tvk_i 解析为 B_i,把 tsk_i 解析为 x_i。
(2) 每个实体利用他的私钥份额 x_i 执行 BLS 的签名算法,生成对消息 m 的签名份额 $\sigma_i = H(m)^{x_i}$,并广播 σ_i。
(3) 由某个特定的实体 D 执行 BLS 的验证算法,检查 $\mathcal{V}_{DDH}(g, B_i, H(m), \sigma_i) = 1$,以判断签名份额的有效性。
(4) 实体 D 重构出完整的签名:计算 $L_i = \dfrac{\prod_{i=1, j \neq i}^{t}(0-j)}{\prod_{i=1, j \neq i}^{t}(i-j)}$,令 $\sigma := \prod_{i=1}^{t} \sigma_i^{L_i}$。

- **门限签名验证算法** $b \leftarrow \text{TVrfy}(tpk, m, \sigma)$:主要根据公钥和消息验证签名的有效性,具体流程如下。

(1) 把 tpk 解析为 y。
(2) 执行 BLS 的验证算法,若 $\mathcal{V}_{DDH}(g, y, H(m), \sigma) = 1$,则令 $b := 1$,表示接受签名,否则令 $b := 0$,表示拒绝签名。

定理 1-7 基于随机谕言模型,假设敌手至多腐化 $t-1$ 个实体,其中 $t-1 < n/2$,上述门限签名方案具有不可伪造性和鲁棒性。

1.4.8 多签名

多签名方案允许一组实体联合生成对消息的签名,只有当全部实体都参与签名的生成过程，验证者才会接受签名。根据所用签名方案的不同，多签名方案主要有 3 种类型：基于 RSA 的多签名方案、基于 BLS 的多签名方案和基于 Schnorr 的多签名方案。多签名的特性使它广泛应用在分布式证书颁发机构、目录管理器、时间戳服务及区块链等场景中。

一个多签名方案由以下 3 个算法组成，$\mathcal{MS}=(\text{MGen},\text{MSign},\text{MVrfy})$。

- $(\text{mpk},\text{msk})\leftarrow\text{MGen}(1^\lambda)$：密钥生成算法。输入安全参数的一元表示 1^λ，输出公钥 mpk 和私钥 msk。每个参与实体都要执行该算法生成各自的公私钥对。
- $\sigma\leftarrow\text{MSign}(\{\text{msk}_i\}_{i\in I},m)$：多签名算法。输入集合 I 中所有实体的私钥和消息 m，输出签名 σ，表示为 $\sigma=\text{MSign}_{\{\text{msk}_i\}_{i\in I}}(m)$。
- $b\leftarrow\text{MVrfy}(\{\text{mpk}_i\}_{i\in I},m,\sigma)$：多签名验证算法。输入集合 I 中所有实体的公钥、消息 m 和签名 σ，输出比特 b，取 0 表示签名无效，取 1 表示签名有效，$b=\text{MVrfy}_{\{\text{mpk}_i\}_{i\in I}}(m,\sigma)$。

一般地，要求对所有的 λ、m，都有 $\text{MVrfy}_{\{\text{mpk}_i\}_{i\in I}}(m,\text{MSign}_{\{\text{msk}_i\}_{i\in I}}(m))=1$。

在安全性方面，多签名方案需要具有不可伪造性。对于一个需要有 n 个实体签名的消息，即使敌手腐化了 $n-1$ 个实体，只要诚实实体没有参与多签名的生成过程，那么敌手都无法伪造一个有效的多签名。下面给出这个安全属性的基本定义。

攻击游戏 1-22（**多签名方案的不可伪造性**） 对于一个多签名方案 $\mathcal{MS}=(\text{MGen},\text{MSign},\text{MVrfy})$，给定一个敌手 $\mathcal{A}$，定义以下实验。

实验 $\text{Exp}_{\mathcal{MS},\mathcal{A}}^{\text{ufg}}(\lambda)$：

(1) 挑战者执行 MGen 算法，生成一对公私钥 $(\text{mpk}^*,\text{msk}^*)$，把 mpk^* 发送给敌手。

(2) 敌手自适应、并发地执行一系列多签名谕示查询：任意选择消息 m，生成 $n-1$ 对公私钥 $\{(\text{mpk}_i,\text{msk}_i)\}_{i\in[n-1]}$，以私钥集合 $\{\text{msk}_i\}_{i\in[n-1]}$ 和消息 m 为输入，访问多签名谕示 OMSign，OMSign 额外输入私钥 msk^*，执行 MSign 算法，输出多签名 σ 并返回给敌手。

(3) 敌手最终输出消息签名对 $(\tilde{m},\tilde{\sigma})$，若 $\text{MVrfy}_{\{\text{mpk}_i\}_{i\in[n-1]},\text{mpk}^*}(\tilde{m},\tilde{\sigma})=1$，且敌手没有以 $\tilde{m}$ 为输入访问过多签名谕示 OMSign，则称敌手成功。

定义 1-22（**多签名方案的不可伪造性**） 如果对于所有概率多项式时间的敌手 $\mathcal{A}$，敌手在攻击游戏 1-22 中成功的概率总是可忽略的，则称多签名方案 $\mathcal{MS}$ 具有不可伪造性。

一种平凡的多签名方案是由每个实体分别生成对消息的签名，把所有签名串联起来构成最终的多签名。验证者使用各实体的公钥分别验证他们的签名，若所有验证都成立，则接受，否则拒绝。但这种构造的多签名长度和验证时间均线性于参与实体的数量，实际性能较差。许多签名方案都可转换成高效的多签名方案，下面给出一个基于 BLS 签名方案的多签名方案。BLS 签名方案的具体描述见 1.4.7 节。

- **密钥生成算法** $(\text{mpk},\text{msk})\leftarrow\text{MGen}(1^\lambda)$：主要根据安全参数生成公钥和私钥，具体流程如下。

  (1) 该算法同 BLS 的密钥生成算法。生成一个素数阶 p 的 GDH 群 $\mathbb{G}$，生成元为 g。从 $\mathbb{Z}_p^*$ 中选择一个随机值 x，计算 $y=g^x$。

  (2) 令 $\text{msk}:=x$，$\text{mpk}:=y$。

- **多签名算法** $\sigma\leftarrow\text{MSign}(\{\text{msk}_i\}_{i\in I},m)$：主要生成多个人对同一消息的签名，具体流程如下。

  (1) 把 msk_i 解析为 x_i。

(2) 每个实体利用他的私钥执行 BLS 的签名算法,生成对消息 m 的签名 $\sigma_i = H(m)^{x_i}$,并广播 σ_i。

(3) 由某个特定的实体 D 计算最终的签名:令 $\sigma := \prod_{i \in I} \sigma_i$。

- **多签名验证算法** $b \leftarrow \text{MVrfy}(\{\text{mpk}_i\}_{i \in I}, m, \sigma)$:主要根据若干实体的公钥和消息验证签名的有效性,具体流程如下。

(1) 把 mpk_i 解析为 y_i。

(2) 计算 $y = \prod_{i \in I} y_i$。

(3) 执行 BLS 的验证算法,若 $\mathcal{V}_{DDH}(g, y, H(m), \sigma) = 1$,则令 $b := 1$,表示接受签名,否则令 $b := 0$,表示拒绝签名。

定理 1-8 基于随机谕言模型,上述多签名方案具有不可伪造性。

1.4.9 聚合签名

聚合签名允许一个实体把不同实体生成的对不同消息的签名聚合成一个签名,验证者通过验证聚合签名即可判断所有签名的有效性。相比于单个签名,聚合签名主要用来节省存储空间和带宽,提高系统的性能,如传感器网络、安全路由、外包数据库及区块链等。

一个聚合签名方案由以下 5 个算法组成,$\mathcal{AS} = (\text{AGen}, \text{ASign}, \text{AVrfy}, \text{Agg}, \text{AggVrfy})$。

- $(\text{apk}, \text{ask}) \leftarrow \text{AGen}(1^\lambda)$:密钥生成算法。输入安全参数的一元表示 1^λ,输出公钥 apk 和私钥 ask。

- $\sigma \leftarrow \text{ASign}(\text{ask}, m)$:签名算法。输入私钥 ask 和消息 m,输出签名 σ,表示为 $\sigma = \text{ASign}_{\text{ask}}(m)$。

- $b \leftarrow \text{AVrfy}(\text{apk}, m, \sigma)$:验证算法。输入公钥 apk、消息 m 和签名 σ,输出比特 b,取 0 表示签名无效,取 1 表示签名有效,$b = \text{AVrfy}_{\text{apk}}(m, \sigma)$。

- $\tau \leftarrow \text{Agg}(\text{APK}, M, \Sigma)$:聚合算法。输入基数相同的公钥集合 APK、消息集合 M 和签名集合 Σ,输出聚合签名 τ。有时表示为 $\tau = \text{Agg}_{\text{APK}}(M, \Sigma)$。

- $b \leftarrow \text{AggVrfy}(\text{APK}, M, \tau)$:聚合验证算法。输入基数相同的公钥集合 APK 和消息集合 M、聚合签名 τ,输出比特 b,取 0 表示签名无效,取 1 表示签名有效,$b = \text{AggVrfy}_{\text{APK}}(M, \tau)$。

一般地,要求对所有的 λ, m,都有 $\text{AVrfy}_{\text{apk}}(m, \text{ASign}_{\text{ask}}(m)) = 1$,对于所有的消息集合 M 及对应的签名集合 Σ,都有 $\text{AggVrfy}_{\text{APK}}(M, \text{Agg}_{\text{APK}}(M, \Sigma)) = 1$。

在安全性方面,聚合签名方案需要具有不可伪造性,对于 n 个实体需要分别签名的 n 个消息,即使敌手腐化了 $n-1$ 个实体,只要诚实实体没有参与聚合签名的生成过程,那么敌手都无法伪造一个有效的聚合签名。下面给出这个安全属性的基本定义。

攻击游戏 1-23(聚合签名方案的不可伪造性) 对于一个聚合签名方案 $\mathcal{AS} = (\text{AGen}, \text{ASign}, \text{AVrfy}, \text{Agg}, \text{AggVrfy})$,给定一个敌手 $\mathcal{A}$,定义以下实验。

实验 $\text{Exp}_{\mathcal{AS}, \mathcal{A}}^{\text{ufg}}(\lambda)$:

(1) 挑战者执行 AGen 算法,生成一对公私钥 $(\text{apk}^*, \text{ask}^*)$,把 apk^* 发送给敌手。

(2) 敌手自适应地选择消息,访问关于 apk^* 的签名谕示 OSign,OSign 利用私钥 ask^* 生成签名并返回给敌手。

(3) 敌手最终生成 $n-1$ 对公私钥 $\{(apk_i, ask_i)\}_{i \in [n-1]}$，其中公钥和 apk^* 构成公钥集合 APK，选择 n 个消息 $\{m_i\}_{i \in [n]}$ 构成消息集合 M，生成聚合签名 τ，输出 APK、M、τ。若 $AggVrfy_{APK}(M, \tau) = 1$ 且敌手没有以 M 中的消息为输入，访问过关于 apk^* 的签名谕示 OSign，则称敌手成功。

定义 1-23（聚合签名方案的不可伪造性） 如果对于所有概率多项式时间的敌手 $\mathcal{A}$，概率 $Pr_{\mathcal{A}}[Exp_{AS,\mathcal{A}}^{ufg}(\lambda)=1]$ 总是可忽略的，则称聚合签名方案 AS 具有不可伪造性。

聚合签名方案有若干不同的构造，下面给出一个基于 BLS 签名方案的聚合签名方案。BLS 签名方案的具体描述见 1.4.7 节。

- **密钥生成算法** $(apk, ask) \leftarrow AGen(1^\lambda)$：主要根据安全参数生成公钥和私钥，具体流程如下。

(1) 生成一个双线性映射 $e: \mathbb{G}_1 \times \mathbb{G}_1 \rightarrow \mathbb{G}_T$，其中 $\mathbb{G}_1$ 是一个素数阶 p 的 GDH 群，生成元为 g。从 $\mathbb{Z}_p^*$ 中选择一个随机值 x，计算 $y = g^x$。

(2) 令 $ask := x$，$apk := y$。

- **签名算法** $\sigma \leftarrow ASign(ask, m)$：主要根据私钥生成对消息的签名，具体流程如下。

(1) 把 ask 解析为 x。

(2) 令 $\sigma := H(m)^x$。

- **验证算法** $b \leftarrow AVrfy(apk, m, \sigma)$：主要根据公钥和消息验证签名的有效性，具体流程如下。

(1) 把 apk 解析为 y。

(2) 若 $e(g, \sigma) = e(y, H(m))$，则令 $b := 1$，表示接受签名，否则令 $b := 0$，表示拒绝签名。

- **聚合算法** $\tau \leftarrow Agg(APK, M, \Sigma)$：主要把对多个消息签名对中的签名聚合成一个签名，具体流程如下。

(1) 把 APK、M、Σ 分别解析为 $\{y_i\}_{i \in [n]}$，$\{m_i\}_{i \in [n]}$，$\{\sigma_i\}_{i \in [n]}$。

(2) 令 $\tau := \prod_{i \in [n]} \sigma_i$。

- **聚合验证算法** $b \leftarrow AggVrfy(APK, M, \tau)$：主要验证聚合签名的有效性，具体流程如下。

(1) 把 APK、M 分别解析为 $\{y_i\}_{i \in [n]}$，$\{m_i\}_{i \in [n]}$。

(2) 检查消息集合 M 中的消息，若存在相同的消息，则直接拒绝。

(3) 若 $e(g, \tau) = \prod_{i \in [n]} e(y_i, H(m_i))$，则令 $b := 1$，表示接受签名，否则令 $b := 0$，表示拒绝签名。

定理 1-9 基于随机谕言模型，上述聚合签名方案具有不可伪造性。

1.5 编码/解码算法

计算机存储和处理的都是二进制数据，为了更简洁、方便地让用户识别这些数据，通常需要对其编码。在区块链中，比特币主要使用 Base58Check 编码算法将二进制形式的用户私钥和地址编码成可读格式的字符串。以太坊主要将二进制形式的私钥和地址编码成十六进制,同时以太坊改进提案55(Ethereum Improvement Proposal 55,EIP-55)通过修改十六进制地址的大小写,为以太坊地址提供了向后兼容的校验和。

接下来介绍比特币中的Base58Check算法,以及以太坊中EIP-55的混合大小写校验和地址编码。

1.5.1 Base58Check 算法

Base58Check算法以Base58算法为基础。Base58算法用58个字符表示58进制下的58个基数,其编码表见表1-2。

表 1-2 Base58 算法编码表

基数	字符	基数	字符	基数	字符	基数	字符
0	1	15	G	30	X	45	n
1	2	16	H	31	Y	46	o
2	3	17	J	32	Z	47	p
3	4	18	K	33	a	48	q
4	5	19	L	34	b	49	r
5	6	20	M	35	c	50	s
6	7	21	N	36	d	51	t
7	8	22	P	37	e	52	u
8	9	23	Q	38	f	53	v
9	A	24	R	39	g	54	w
10	B	25	S	40	h	55	x
11	C	26	T	41	i	56	y
12	D	27	U	42	j	57	z
13	E	28	V	43	k		
14	F	29	W	44	m		

对于一个拟编码的字节序列,首先将每个字节视为一个256进制的基数,这样一个字节序列就可视为一个256进制的数。接着把这个数转换成十进制的数,然后继续转换成58进制的数,最后对照编码表得到字节序列的Base58编码。解码是上述过程的逆过程,即首先对照编码表把Base58编码转换成58进制的数,接着把这个数转换成十进制的数,然后继续转换成256进制的数,最后转换成字节序列。需要注意的是,普通数字最高位的0一般会省略,但如果字节流的第一个字节转成256进制后是0,此时省略0会在编码过程中丢失信息。故对于一个字节序列转换成的256进制数,最高位有多少个0,就在最终的编码结果前加多少个0的Base58编码,即1。例如,对于一个3字节序列

00000000 01000001 01110111,

其对应的 256 进制数为 0 65 119，转换成十进制为 16 759，再转换成 58 进制为 4 56 55（4×58×58+56×58+55=16 759），对照编码表可得字节序列的 Base58 编码为 15yx（原先三字节序列的首字节为 0，因此在编码表对应序列 5yx 前添加 1）。

Base58 算法没有完整性校验机制，无法检测传播过程中出现的字符损坏或遗漏问题。为了保护数据的完整性，Base58Check 算法在 Base58 算法的基础上增加了校验码。对于一个拟编码的数据，首先在数据前添加 1 字节的前缀，用来识别编码数据的类型，常见的前缀见表 1-3。

表 1-3 Base58Check 算法常见前缀

十进制前缀	前导符号①	类　　型
0	1	比特币公钥哈希
5	3	比特币脚本哈希
21	4	压缩的比特币公钥
52	M 或 N	名币（Namecoin）公钥哈希
128	5	比特币私钥（未压缩公钥）
128	K 或 L	比特币私钥（压缩公钥）
111	m 或 n	比特币测试网络公钥哈希
196	2	比特币测试网络脚本哈希

注：①指编码结果的第一个字符。

接着以前缀和数据的连接为输入，连续运行两次 SHA-256 哈希算法，得到长度为 32 字节的哈希摘要，取前 4 字节作为校验码添加到拟编码数据后面，最后以前缀、数据和校验码连成的整体为输入，运行 Base58 编码算法，得到编码结果。对编码结果执行 Base58 解码后，可根据前缀和数据自行计算校验码，并和解码结果中自带的校验码做比较，以此判断数据的完整性有没有被破坏。

1.5.2　EIP-55：混合大小写校验和地址编码

对于一个用小写十六进制表示的以太坊地址，EIP-55 首先对地址做一个 Keccak-256 哈希，生成的哈希摘要表示为 64 个十六进制字符，然后和以太坊地址左对齐，如果哈希摘要中某个十六进制字符大于或等于 0x8，则将以太坊地址中相应位置的字母地址字符大写。例如，对于用小写十六进制表示的以太坊地址

001d3f1ef827552ae1114027bd3ecf1f086ba0f9，

其 Keccak-256 哈希摘要为

23a69c1653e4ebbb619b0b2cb8a9bad49892a8b9695d9a19d8f673ca991deae1。

因为以太坊地址共含 40 个十六进制字符，所以只使用哈希摘要的前 40 个十六进制字符。如哈希摘要中第 4 个位置是 6，小于 0x8，故以太坊地址中第 4 个位置的 d 保持小写。如哈希摘要中第 6 个位置是 c，大于 0x8，故以太坊地址中第 6 个位置的 f 更新为 F。最终，编码后的以太坊地址为

001d3F1ef827552Ae1114027BD3ECF1f086bA0F9。

以太坊地址不区分十六进制的大小写，所有钱包都接受以大写字母或小写字母表示的以太坊地址，在解释上没有任何区别。但通过修改地址中字母的大小写，可以传递一个校验和来保护地址的完整性，防止输入或读取错误。如对于上述编码后的以太坊地址，若最后一个字符由 F 误读为 E，此时地址用小写十六进制表示为

$$001d3f1ef827552ae1114027bd3ecf1f086ba0e9，$$

其 Keccak-256 哈希摘要为

$$5429b5d9460122fb4b11af9cb88b7bb76d8928862e0a57d46dd18dd8e08a6927，$$

可以发现，虽然地址只改变了一个字符，但哈希摘要发生了根本性的改变，此时用这个摘要编码后的以太坊地址

$$001D3f1Ef827552Ae1114027BD3EcF1f086Ba0E9，$$

和上述输入的编码后的以太坊地址不匹配，可知以太坊地址发生了改变。

1.6 零知识证明

零知识证明由 Goldwasser、Micali 和 Rackoff 提出，它是运行在证明者和验证者之间的一种两方密码协议，可用于成员归属断言证明或知识证明。零知识证明具有如下 3 个属性。

① 完备性，用于描述协议本身的正确性。给定某个断言的有效见证，如果证明者和验证者均诚实运行协议，那么证明者能使验证者相信该断言的正确性。

② 可靠性，用于保护诚实验证者的利益。若证明者声称的断言是错误的，那么验证者将以很低的概率接受证明。

③ 零知识性，用于保护诚实证明者的利益。证明者让验证者信服某个断言的同时，不会泄露除断言正确性外的其他任何信息。

零知识证明的 3 个性质使其具备了建立信任和保护隐私的功能，具有良好的应用前景。它不仅可用于公钥加密、签名、身份认证等经典密码学领域，也与区块链、隐私计算等新兴热门技术的信任与隐私需求高度契合。例如，在区块链匿名密码货币（如 Zcash）中，零知识证明可在不泄露用户地址及金额的同时证明某笔未支付资金的拥有权；在区块链扩容（系列 Zk-Rollup 方案，如 zkSync）中，链上的复杂计算需要转移到链下，而零知识证明可保障该过程的数据有效性；在匿名密码认证中，零知识证明可在不泄露用户私钥的同时证明拥有私钥，从而实现匿名身份认证。

接下来介绍零知识证明的基本定义、范围证明和算术电路可满足性证明。

1.6.1 基本定义

零知识证明从其提出至今已延伸出众多变种，每个变种在完备性、可靠性和零知识性方面都有不同的定义，以下给出一个零知识论证的定义。

零知识论证由 3 个概率多项式时间的交互算法 $(\mathcal{K},\mathcal{P},\mathcal{V})$ 组成，其中 $\mathcal{K}$ 为公共参考串生成算法，其输入一元安全参数 1^λ，输出一个公共参考串 σ；$\mathcal{P}$ 和 $\mathcal{V}$ 分别为证明者算法和验证者算法。令 $\mathcal{R} \subset \{0,1\}^* \times \{0,1\}^* \times \{0,1\}^*$ 表示一个多项式时间可验证的三元关系。给定公共参考串 σ，若 $(\sigma, x, w) \in \mathcal{R}$，则称见证 w 是针对实例 x 的证据。据此定义基于公共参考串

的语言 $\mathcal{L}_\sigma=\{x\mid \exists w \text{ s.t. }(\sigma,x,w)\in \mathcal{R}\}$ 表示所有存在相应见证的实例的集合,当 $\sigma=\varnothing$ 时, $\mathcal{L}_\sigma$ 表示一个 NP 语言。令 $\text{tr}\leftarrow\langle\mathcal{P}(\sigma,x,w),\mathcal{V}(\sigma,x)\rangle$ 表示证明者和验证者在交互过程中产生的副本,若验证者最终接受,则称 tr 是可接受的副本。

定义 1-24(零知识论证) 如果三元组 $(\mathcal{K},\mathcal{P},\mathcal{V})$ 具有定义 1-25 定义的完美完备性、定义 1-26 定义的计算见证扩展可仿真性和定义 1-27 定义的完美特殊诚实验证者零知识性,则称其是对关系 $\mathcal{R}$ 的零知识论证。

定义 1-25(完美完备性) 如果对于所有概率多项式时间的敌手 $\mathcal{A}$,都满足

$$\Pr[\sigma\leftarrow\mathcal{K}(1^\lambda);(x,w)\leftarrow\mathcal{A}(\sigma):(\sigma,x,w)\in\mathcal{R}\land\langle\mathcal{P}(\sigma,x,w),\mathcal{V}(\sigma,x)\rangle=1]=1,$$

则称三元组 $(\mathcal{K},\mathcal{P},\mathcal{V})$ 具有完美完备性。

定义 1-26(计算见证扩展可仿真性) 如果对于所有确定多项式时间的 $\mathcal{P}^*$,都存在一个期待多项式时间的模拟器 $\mathcal{E}$,满足对于所有概率多项式时间的敌手 $\mathcal{A}=(\mathcal{A}_1,\mathcal{A}_2)$,

$$\Pr[\sigma\leftarrow\mathcal{K}(1^\lambda);(x,s)\leftarrow\mathcal{A}_1(\sigma);\text{tr}\leftarrow\langle\mathcal{P}^*(\sigma,x,s),\mathcal{V}(\sigma,x)\rangle:\mathcal{A}_2(\text{tr})=1]$$
$$\approx\Pr[\sigma\leftarrow\mathcal{K}(1^\lambda);(x,s)\leftarrow\mathcal{A}_1(\sigma);(\text{tr},w)\leftarrow\mathcal{E}^{\langle\mathcal{P}^*(\sigma,x,s),\mathcal{V}(\sigma,x)\rangle}(\sigma,x):\mathcal{A}_2(\text{tr})=1]$$

若 tr 可接受,则 $(\sigma,x,w)\in\mathcal{R}$,称三元组 $(\mathcal{K},\mathcal{P},\mathcal{V})$ 具有计算见证扩展可仿真性。

定义 1-27(完美特殊诚实验证者零知识性) 如果存在一个概率多项式时间的模拟器 $\mathcal{S}$,满足对于所有概率多项式时间的敌手 $\mathcal{A}=(\mathcal{A}_1,\mathcal{A}_2)$,

$$\Pr[\sigma\leftarrow\mathcal{K}(1^\lambda);(x,w,\rho)\leftarrow\mathcal{A}_1(\sigma);\text{tr}\leftarrow\langle\mathcal{P}(\sigma,x,w),\mathcal{V}(\sigma,x;\rho)\rangle:$$
$$\mathcal{A}_2(\text{tr})=1\land(\sigma,x,w)\in\mathcal{R}]$$
$$=\Pr[\sigma\leftarrow\mathcal{K}(1^\lambda);(x,w,\rho)\leftarrow\mathcal{A}_1(\sigma);\text{tr}\leftarrow\mathcal{S}(x,\rho):\mathcal{A}_2(\text{tr})=1\land(\sigma,x,w)\in\mathcal{R}],$$

其中,ρ 为验证者的随机性,称三元组 $(\mathcal{K},\mathcal{P},\mathcal{V})$ 具有完美特殊诚实验证者零知识性。

1.6.2 范围证明

范围证明是一种特殊的零知识证明,允许证明者向验证者证明某个被承诺的值属于一个公开的范围,其是众多应用的核心组成部分,如匿名凭证、电子投票、电子现金、电子拍卖、密码货币 Monero、Beam、Grin 等。目前广泛使用的范围证明基于 n 进制分解构造,其中 n 一般取 2。为证明一个秘密值 v 属于范围 $[0,2^k-1]$,可以先把 v 分解成二进制,然后证明每个二进制位都取 0 或 1。基于这种方法,研究者第一次设计了具有对数证明规模的范围证明协议(记为 Bulletproofs-RP),并受到学术界和工业界的广泛关注。下面详细介绍该范围证明协议。

Bulletproofs-RP 证明的关系为

$$\{(g,h,V\in\mathbb{G},n;v,\gamma\in\mathbb{Z}_p):V=g^v h^\gamma\land v\in[0,2^n-1]\},$$

其中 V 可视为对 v 的 Pedersen 承诺,该关系表明一个被承诺的值 v 属于公开范围 $[0,2^n-1]$。对于常数 c,记 $\boldsymbol{c}^n$ 为向量 $(1,c,c^2,\cdots,c^{n-1})$。令 $\boldsymbol{a}_L=(a_1,a_2,\cdots,a_n)$ 表示 v 的二进制分解,则范围约束 $v\in[0,2^n-1]$ 可等价表示为

$$\langle\boldsymbol{a}_L,\boldsymbol{2}^n\rangle=v\land\boldsymbol{a}_R=\boldsymbol{a}_L-\boldsymbol{1}^n\land\boldsymbol{a}_L\circ\boldsymbol{a}_R=\boldsymbol{0},$$

其中,$\langle,\rangle$、$\circ$ 分别表示向量内积运算和哈达玛积运算,$\boldsymbol{0}$ 表示长度为 n 的零向量,后两个约束用来限制 $\boldsymbol{a}_L$ 中的元素只能取 0 或 1。为证明这些约束可满足,由验证者均匀地选择随机挑战 $y\in\mathbb{Z}_p^*$,然后证明者证明这些约束的线性组合:

$$\langle \boldsymbol{a}_L, \boldsymbol{2}^n \rangle = v \wedge \langle \boldsymbol{a}_L - \boldsymbol{1}^n - \boldsymbol{a}_R, \boldsymbol{y}^n \rangle = 0 \wedge \langle \boldsymbol{a}_L, \boldsymbol{a}_R \circ \boldsymbol{y}^n \rangle = 0。$$

再由验证者均匀地选择随机挑战 $z \in \mathbb{Z}_p^*$,证明者做进一步的线性组合:

$$z^2 \cdot \langle \boldsymbol{a}_L, \boldsymbol{2}^n \rangle + z \cdot \langle \boldsymbol{a}_L - \boldsymbol{1}^n - \boldsymbol{a}_R, \boldsymbol{y}^n \rangle + \langle \boldsymbol{a}_L, \boldsymbol{a}_R \circ \boldsymbol{y}^n \rangle = z^2 \cdot v。$$

化简该约束,将其重写成内积约束:

$$\langle \boldsymbol{a}_L - z \cdot \boldsymbol{1}^n, \boldsymbol{y}^n \circ (\boldsymbol{a}_R + z \cdot \boldsymbol{1}^n) + z^2 \cdot \boldsymbol{2}^n \rangle = z^2 \cdot v + \delta(y, z),$$

其中,$\delta(y, z) = (z - z^2) \cdot \langle \boldsymbol{1}^n, \boldsymbol{y}^n \rangle - z^3 \cdot \langle \boldsymbol{1}^n, \boldsymbol{2}^n \rangle$。

为证明该内积约束是可满足的,且保证协议具有零知识性,由证明者均匀地选择两个随机向量 $\boldsymbol{s}_L, \boldsymbol{s}_R \in \mathbb{Z}_p^n$,并构造如下的向量多项式 $\ell(X)$、$r(X)$ 和二次多项式 $t(X)$:

$$\ell(X) = (\boldsymbol{a}_L - z \cdot \boldsymbol{1}^n) + \boldsymbol{s}_L \cdot X,$$
$$r(X) = \boldsymbol{y}^n \circ (\boldsymbol{a}_R + z \cdot \boldsymbol{1}^n + \boldsymbol{s}_R \cdot X) + z^2 \cdot \boldsymbol{2}^n,$$
$$t(X) = \langle \ell(X), r(X) \rangle = t_0 + t_1 \cdot X + t_2 \cdot X^2,$$

其中,$\ell(X)$ 的常数项是内积约束中内积的左半部分,$r(X)$ 的常数项是内积约束中内积的右半部分,$t(X)$ 的常数项 t_0 正好等于内积约束中的内积。故内积约束可等价转换为多项式的系数约束,为证明内积约束是可满足的,只需证明 $t_0 = z^2 \cdot v + \delta(y, z)$。由于 3 个多项式 $\ell(X)$、$r(X)$、$t(X)$ 的构造中用到证明者的秘密值 $\boldsymbol{a}_L, \boldsymbol{a}_R, \boldsymbol{s}_L, \boldsymbol{s}_R$,故验证者还需利用 Pedersen 承诺的同态性质验证 t_0 是正确计算的 $t(X)$ 的常数项。下面给出 Bulletproofs-RP 协议的具体流程。

(1) 证明者生成承诺。证明者均匀地选择随机值 $\alpha, \rho \in \mathbb{Z}_p$,随机向量 $\boldsymbol{s}_L, \boldsymbol{s}_R \in \mathbb{Z}_p^n$,计算 $A = h^\alpha \boldsymbol{g}^{\boldsymbol{a}_L} \boldsymbol{h}^{\boldsymbol{a}_R}$,$S = h^\rho \boldsymbol{g}^{\boldsymbol{s}_L} \boldsymbol{h}^{\boldsymbol{s}_R}$,把承诺 A、B 发送给验证者。

(2) 验证者发起挑战。验证者均匀地选择随机挑战 $y, z \in \mathbb{Z}_p^*$,把 y、z 发送给证明者。

(3) 证明者再次生成承诺。证明者计算多项式 $\ell(X)$、$r(X)$、$t(X)$,均匀地选择随机值 $\tau_1, \tau_2 \in \mathbb{Z}_p$,计算 $T_1 = g^{t_1} h^{\tau_1}$,$T_2 = g^{t_2} h^{\tau_2}$,把承诺 T_1、T_2 发送给验证者。

(4) 验证者再次发起挑战。验证者均匀地选择随机挑战 $x \in \mathbb{Z}_p^*$,把 x 发送给证明者。

(5) 证明者做出响应。证明者计算

$$\ell = \ell(x), \quad r = r(x), \quad \hat{t} = \langle \ell, r \rangle, \quad \tau_x = \tau_2 x^2 + \tau_1 x + z^2 \gamma, \quad \mu = \alpha + \rho x。$$

把 $\ell, r, \hat{t}, \tau_x, \mu$ 发送给验证者。

(6) 验证者做验证。验证者计算

$$\boldsymbol{h}' = (h_1, h_2^{y^{-1}}, h_3^{y^{-2}}, \cdots, h_n^{y^{-n+1}}), \quad P = A \cdot S^x \cdot \boldsymbol{g}^{-z \boldsymbol{1}^n} \cdot (\boldsymbol{h}')^{z \boldsymbol{y}^n + z^2 \boldsymbol{2}^n},$$

验证如下 3 个方程:

$$g^{\hat{t}} h^{\tau_x} = V^{z^2} \cdot g^{\delta(y,z)} \cdot T_1^x \cdot T_2^{x^2}, \quad P = h^\mu \cdot \boldsymbol{g}^\ell \cdot (\boldsymbol{h}')^r, \quad \hat{t} = \langle \ell, r \rangle。$$

若这 3 个方程都成立,则接受证明,否则拒绝证明。

(7) 调用内积论证。在上述步骤中,证明者要发送 ℓ、r 这两个向量,供验证者验证方程 $P = h^\mu \cdot \boldsymbol{g}^\ell \cdot (\boldsymbol{h}')^r$,$\hat{t} = \langle \ell, r \rangle$,这使得协议具有 $O(n)$ 的通信复杂度。为了得到 $O(\log n)$ 的通信复杂度,Bulletproofs-RP 调用了他们设计的内积论证协议,该协议证明关系

$$\{(P \in \mathbb{G}, \boldsymbol{g}, \boldsymbol{h} \in \mathbb{G}^n, z \in \mathbb{Z}_p; \boldsymbol{a}, \boldsymbol{b} \in \mathbb{Z}_p^n) : P = \boldsymbol{g}^{\boldsymbol{a}} \boldsymbol{h}^{\boldsymbol{b}} \wedge z = \langle \boldsymbol{a}, \boldsymbol{b} \rangle\}。$$

基于递归的构造方法,可以设计该内积论证协议使其具有 $O(\log n)$ 的通信复杂度。故在 Bulletproofs-RP 中,证明者可以不发送向量 ℓ、r,而是和验证者以公开实例 $(P \cdot h^{-\mu}, \boldsymbol{g}, \boldsymbol{h}', \hat{t})$ 和私有见证 (ℓ, r) 执行内积论证协议,以完成证明。

定理 1-10 基于离散对数假设，Bulletproofs-RP 协议具有完美完备性、计算见证扩展可仿真性及完美特殊诚实验证者零知识性。

1.6.3 算术电路可满足性证明

零知识证明所证明的问题本质上都可以描述成可验证计算问题，即证明者向验证者证明他确实正确执行了要求的计算。为了便于构造零知识证明，通常用一些计算模型表示计算，如图灵机、随机访问机、算术电路、布尔电路等，其中算术电路是最常见的计算模型，目前大多数的零知识证明协议均基于这种模型构造。而在证明算术电路可满足时，不同的协议又以各种方式把算术电路进一步转换为数学模型。下面介绍一个基于离散对数假设的算术电路可满足性证明协议（记为 BCCGP16）。

一个算术电路由加法门和乘法门构成，把每个门的左输入、右输入和输出都定义成变量，其中一些变量是公开输入，称为公开实例，如要求算术电路的输出是 1，剩下的变量是私有输入，称为私有见证。据此，乘法门又可分为两个输入都是见证的乘法门（记为乘法门-Ⅰ）及两个输入分别是实例和见证的乘法门（记为乘法门-Ⅱ），可用哈达玛积约束表示乘法门-Ⅰ，用线性约束表示乘法门-Ⅱ和加法门。具体地，假设电路中有 N 个乘法门-Ⅰ，它们的左输入、右输入和输出变量分别排列成 3 个 $m\times n$ 的矩阵 $\boldsymbol{A}$、$\boldsymbol{B}$、$\boldsymbol{C}$，且对于 $i\in\{1,2,\cdots,m\}$，令 $\boldsymbol{a}_i$、$\boldsymbol{b}_i$、$\boldsymbol{c}_i$ 分别表示矩阵 $\boldsymbol{A}$、$\boldsymbol{B}$、$\boldsymbol{C}$ 的第 i 行，则所有的乘法门-Ⅰ约束可表示为哈达玛积方程 $\boldsymbol{A}\circ\boldsymbol{B}=\boldsymbol{C}$，所有的乘法门-Ⅱ约束和加法门约束可表示成 Q 个线性方程：

$$\sum_{i=1}^m \langle \boldsymbol{a}_i, \boldsymbol{w}_{q,a,i}\rangle + \sum_{i=1}^m \langle \boldsymbol{b}_i, \boldsymbol{w}_{q,b,i}\rangle + \sum_{i=1}^m \langle \boldsymbol{c}_i, \boldsymbol{w}_{q,c,i}\rangle = K_q,$$

其中，$q\in\{1,2,\cdots,Q\}$，$\boldsymbol{w}_{q,a,i}$、$\boldsymbol{w}_{q,b,i}$、$\boldsymbol{w}_{q,c,i}$、K_q 是由电路结构决定的公开值。

为证明这些哈达玛积约束和线性约束可满足，由验证者均匀地选择随机挑战 $y\in\mathbb{Z}_p^*$，然后证明者对这些约束做线性组合，证明如下的单变量多项式约束：

$$\sum_{i=1}^m \langle \boldsymbol{a}_i, \boldsymbol{b}_i \circ \boldsymbol{y}'\rangle \cdot y^i + \sum_{i=1}^m \langle \boldsymbol{a}_i, \boldsymbol{w}_{a,i}(y)\rangle + \sum_{i=1}^m \langle \boldsymbol{b}_i, \boldsymbol{w}_{b,i}(y)\rangle$$
$$+ \sum_{i=1}^m \langle \boldsymbol{c}_i, \boldsymbol{w}_{c,i}(y)\rangle - K(y) = 0,$$

其中，$\boldsymbol{y}'=(y^m, y^{2m}, \cdots, y^{nm})$，$\boldsymbol{w}_{a,i}(y) = \sum_{q=1}^Q \boldsymbol{w}_{q,a,i} y^{N+m+q}$，$\boldsymbol{w}_{b,i}(y) = \sum_{q=1}^Q \boldsymbol{w}_{q,b,i} y^{N+m+q}$，$\boldsymbol{w}_{c,i}(y) = -y^i \cdot \boldsymbol{y}' + \sum_{q=1}^Q \boldsymbol{w}_{q,c,i} y^{N+m+q}$，$K(y) = \sum_{q=1}^Q K_q y^{N+m+q}$。

为证明该单变量多项式约束是可满足的，且保证协议具有零知识性，由证明者均匀地选择随机向量 $\boldsymbol{d}\in\mathbb{Z}_p^n$，并构造如下多项式 $\boldsymbol{r}(X)$、$\boldsymbol{s}(X)$、$\boldsymbol{r}'(X)$、$t(X)$：

$$\boldsymbol{r}(X) = \sum_{i=1}^m \boldsymbol{a}_i y^i X^i + \sum_{i=1}^m \boldsymbol{b}_i X^{-i} + X^m \sum_{i=1}^m \boldsymbol{c}_i X^i + \boldsymbol{d} X^{2m+1},$$

$$\boldsymbol{s}(X) = \sum_{i=1}^m \boldsymbol{w}_{a,i}(y) y^{-i} X^{-i} + \sum_{i=1}^m \boldsymbol{w}_{b,i}(y) X^i + X^{-m} \sum_{i=1}^m \boldsymbol{w}_{c,i}(y) X^{-i},$$

$$\boldsymbol{r}'(X) = \boldsymbol{r}(X) \circ \boldsymbol{y}' + 2\boldsymbol{s}(X),$$

$$t(X) = \langle \boldsymbol{r}(X), \boldsymbol{r}'(X)\rangle - 2K(y) = \sum_{i=-3m}^{4m+2} t_i X^i,$$

其中，$t(X)$ 的常数项 t_0 正好等于单变量多项式约束中多项式的 2 倍。故为证明单变量多项式约束是可满足的，只需证明 $t_0=0$。由于多项式 $r(X)$、$r'(X)$、$t(X)$ 的构造中用到了证明者的秘密值 a_i、b_i、c_i、d，故验证者还需利用 Pedersen 承诺的同态性质验证 t_0 是正确计算的 $t(X)$ 的常数项。下面给出 BCCGP16 协议的具体流程。

（1）证明者生成承诺。对于 $i\in\{1,2,\cdots,m\}$，证明者均匀地选择随机值 $\alpha_i,\beta_i,\gamma_i,\delta\in\mathbb{Z}_p$、随机向量 $\boldsymbol{d}\in\mathbb{Z}_p^n$，计算 $A_i=h^{\alpha_i}\boldsymbol{g}^{a_i}$，$B_i=h^{\beta_i}\boldsymbol{g}^{b_i}$，$C_i=h^{\gamma_i}\boldsymbol{g}^{c_i}$，$D=h^{\delta}\boldsymbol{g}^{d}$，把承诺 A_i、B_i、C_i、D 发送给验证者。

（2）验证者发起挑战。验证者均匀地选择随机挑战 $y\in\mathbb{Z}_p^*$，把 y 发送给证明者。

（3）证明者再次生成承诺。证明者计算多项式 $r(X)$、$s(X)$、$r'(X)$、$t(X)$，承诺多项式 $t(X)$：$(pc,st)\leftarrow\text{PolyCom}(ck,m_1',m_2',n',t(X))$，其中 $m_1'\cdot n'=3m$，$m_2'\cdot n'=4m+2$，该承诺方案返回的承诺 pc 是针对多项式 $t(X)-t_0$ 的承诺，即承诺方案在承诺时会忽略 $t(X)$ 的常数项。把承诺 pc 发送给验证者。

（4）验证者再次发起挑战。验证者均匀地选择随机挑战 $x\in\mathbb{Z}_p^*$，把 x 发送给证明者。

（5）证明者做出响应。证明者计算

$$\boldsymbol{r}=\boldsymbol{r}(x),\quad \rho=\sum_{i=1}^m\alpha_iy^ix^i+\sum_{i=1}^m\beta_ix^{-i}+x^m\sum_{i=1}^m\gamma_ix^i+\delta x^{2m+1}。$$

计算多项式的打开：$\text{pe}\leftarrow\text{PolyEval}(st,x)$。把 $\boldsymbol{r}$、ρ、pe 发送给验证者。

（6）验证者做验证。验证者计算

$$\boldsymbol{s}=\boldsymbol{s}(x),\quad \boldsymbol{r}'=\boldsymbol{r}'(x),\quad v\leftarrow\text{PolyVfy}(ck,m_1',m_2',n',pc,pe,x),$$

$$P=\prod_{i=1}^m A_i^{y^ix^i}\cdot\prod_{i=1}^m B_i^{x^{-i}}\cdot\prod_{i=1}^m C_i^{x^{m+i}}\cdot D^{x^{2m+1}}。$$

验证如下两个方程：

$$P=h^{\rho}\boldsymbol{g}^{\boldsymbol{r}},\quad \langle\boldsymbol{r},\boldsymbol{r}'\rangle-2K(y)=v,$$

若这两个方程都成立，则接受证明，否则拒绝证明。

（7）调用内积论证。在上述步骤中，证明者要发送 $\boldsymbol{r}$ 这个向量，假设 $m\approx n$，则协议具有 $O(\sqrt{N})$ 的通信复杂度。为了得到 $O(\log N)$ 的通信复杂度，BCCGP16 调用了他们设计的内积论证协议，该协议证明关系

$$\{(P_a,P_b\in\mathbb{G},\boldsymbol{g},\boldsymbol{h}\in\mathbb{G}^n,z\in\mathbb{Z}_p;\boldsymbol{a},\boldsymbol{b}\in\mathbb{Z}_p^n):P_a=\boldsymbol{g}^{\boldsymbol{a}}\wedge P_b=\boldsymbol{h}^{\boldsymbol{b}}\wedge z=\langle\boldsymbol{a},\boldsymbol{b}\rangle\}。$$

基于递归的构造方法，可以设计该内积论证协议使其具有 $O(\log n)$ 的通信复杂度。故在 BCCGP16 中，证明者可以不发送向量 $\boldsymbol{r}$，而是继续计算向量 $\boldsymbol{r}'$，并和验证者各自计算 $\boldsymbol{h}=(g_1^{y^{-m}},g_2^{y^{-2m}},\cdots,g_n^{y^{-nm}})$，最终和验证者以公开实例 $(P\cdot h^{-\rho},P\cdot h^{-\rho}\cdot\boldsymbol{h}^{2s},\boldsymbol{g},\boldsymbol{h},v+2K(y))$ 和私有见证 $(\boldsymbol{r},\boldsymbol{r}')$ 执行内积论证协议，以完成证明。此时证明者无须发送向量 $\boldsymbol{r}$，但需在内积论证协议中发送 $O(\log n)$ 个元素，假设 $m\approx n$，则 $n\approx\sqrt{N}$，BCCGP16 协议的总通信复杂度降为 $O(\log N)$。

定理 1-11 基于离散对数假设，BCCGP16 协议具有完美完备性、计算见证扩展可仿真性及完美特殊诚实验证者零知识性。

1.7 秘密分享

一个秘密分享方案包含一个拥有秘密的分发者、若干用户和由用户集合构成的访问结构,分发者为每个用户生成并分发一个秘密份额,任何访问结构中的用户集合都可以根据份额恢复出秘密,而访问结构之外的用户集合无法获得关于秘密的任何信息。秘密共享方案的特性使它广泛应用在分布式系统、安全多方计算、门限加密、访问控制、基于属性的加密、不经意传输等场景。

接下来介绍秘密分享的基本定义、Shamir 的秘密分享方案、可验证的秘密分享、公开可验证的秘密分享和异步可验证的秘密分享。

1.7.1 基本定义

令 $U=\{u_1,u_2,\cdots,u_n\}$ 表示用户集合,U 上的访问结构 A 表示所有能恢复出秘密的用户子集构成的集合。属于 A 的用户子集称为授权集合,不属于 A 的用户子集称为非授权集合。令 (Π,μ) 表示一个具有秘密域 S 的分发方案,其中 μ 是一个定义在由随机字符串构成的有限集合 R 上的概率分布。Π 定义为 $S\times R\to S_1\times\cdots\times S_n$,其中 S_i 称为用户 u_i 的份额域。当分发者想分发秘密 $s\in S$ 时,他首先根据分布 μ 选择随机串 $r\in R$,计算份额向量 $(s_1,s_2,\cdots,s_n):=\Pi(s,r)$,然后把份额 s_i 秘密发送给用户 u_i。对于用户子集 $B\subseteq U$,令 $\Pi(s,r)_B$ 表示由 B 中用户的份额构成的向量,可知 $\Pi(s,r)_B\subseteq(s_1,s_2,\cdots,s_n)$。

定义 1-28(秘密分享方案) 如果具有秘密域 S 的分发方案 (Π,μ) 具有定义 1-29 定义的正确性和定义 1-30 定义的隐私性,则称 (Π,μ) 是一个实现访问结构 A 的秘密分享方案。

定义 1-29(正确性) 对于任意的授权集合 $B=\{u_{i_1},u_{i_2},\cdots,u_{i_{|B|}}\}\in A$,都存在一个恢复函数 $\mathrm{Rcv}_B: S_{i_1}\times\cdots\times S_{i_{|B|}}\to S$,满足对每个秘密 $s\in S$、服从分布 μ 的 $r\in R$,
$$\Pr[\mathrm{Rcv}_B(\Pi(s,r)_B)=s]=1.$$

定义 1-30(隐私性) 对于任意的未授权集合 $C\notin A$,任意的秘密 $a,b\in S$,服从分布 μ 的 $r\in R$,任意由 C 中用户的可能份额构成的向量 $(s_{i_1},s_{i_2},\cdots,s_{i_{|C|}})\in S_{i_1}\times\cdots\times S_{i_{|C|}}$,都有
$$\Pr[\Pi(a,r)_C=(s_{i_1},s_{i_2},\cdots,s_{i_{|C|}})]=\Pr[\Pi(b,r)_C=(s_{i_1},s_{i_2},\cdots,s_{i_{|C|}})].$$

1.7.2 Shamir 的秘密分享方案

Shamir 的秘密分享方案是一种门限秘密分享方案,此类方案有一个门限值 t,所有基数不小于 t 的用户子集都是授权集合,都能恢复出秘密,而所有基数小于 t 的用户子集都是非授权集合,都无法得到关于秘密的任何信息。一般而言,一个门限秘密分享方案由以下两个算法构成,$TSS=(\mathrm{Share},\mathrm{Recover})$。

- $(s_1,s_2,\cdots,s_n)\leftarrow\mathrm{Share}(s,n,t)$:份额生成算法。输入秘密 s、份额总数 n、门限值 t,输出秘密的 n 个份额 $(s_1,s_2,\cdots,s_n)$。
- $s\leftarrow\mathrm{Recover}(s_1,s_2,\cdots,s_t)$:秘密恢复算法。输入秘密的任意 t 个份额 $(s_1,s_2,\cdots,s_t)$,输出秘密 s。

Shamir 的秘密分享方案的份额生成算法和秘密恢复算法定义如下。

- $(s_1, s_2, \cdots, s_n) \leftarrow \text{Share}(s, n, t)$：份额生成算法。从 $\mathbb{Z}_q$ 中随机选择 $a_1, a_2, \cdots, a_{t-1}$，定义多项式 $f(x) := s + \sum_{i=1}^{t-1} a_i x^i$。从 $\mathbb{Z}_q^*$ 中选择 $x_1, x_2, \cdots, x_n$，对于 $j = 1, 2, \cdots, n$，计算 $y_j = f(x_j)$，令 $s_j = (x_j, y_j)$。
- $s \leftarrow \text{Recover}(s_1, s_2, \cdots, s_t)$：秘密恢复算法。根据 t 个份额，利用拉格朗日插值法计算多项式 $f(x)$，令 $s = f(0)$。

定理 1-12 Shamir 的秘密分享方案具有正确性和隐私性。

证明：由拉格朗日插值定理，t 个不同点可以唯一地确定一个阶至多为 $t-1$ 的多项式。由于 Recover 算法输入多项式上的 t 个点，所以利用拉格朗日插值法构造的多项式即 $f(x)$，故 $s = f(0)$ 为原始的秘密，方案具有正确性。由于任意基数小于 t 的点集合都无法重构出一个唯一的 $t-1$ 阶的多项式，故无法确定多项式 $f(x)$，进而无法恢复出原始秘密，方案具有隐私性。

1.7.3 可验证的秘密分享

Shamir 的秘密分享有一个很重要的前提：秘密的分发者和参与者都是诚实的。然而，在实际场景中，恶意的分发者或参与者可能提供错误份额，这样会导致无法正确恢复秘密。可验证秘密分享增加了份额正确性检验过程，能保证秘密分发阶段分发者发送的份额是正确的，秘密恢复阶段参与者提供的份额也是正确的。可验证秘密分享方案满足计算安全，具备可验证性、正确性和隐私性，其中可验证性是指可以验证秘密分发者发送份额和参与者提供份额的正确性，且无需可信机构，共包含 4 个阶段。

(1) 初始化阶段：随机选取大素数 p 和 q，且 $q | (p-1)$，$\mathbb{G}_q$ 是乘法群 $\mathbb{Z}_p^*$ 的 q 阶子群，g 为其生成元，(p, q, g) 公开。

(2) 份额分发阶段：分发者随机选取一个 $k-1$ 次多项式 $f(x) = a_0 + a_1 x + \cdots + a_{k-1} x^{k-1}$，使得 $f(0) = a_0 = s$，然后计算各秘密份额 $s_i = f(x_i) \bmod q$ 并秘密地发给参与者，同时计算承诺 $y_i = g^{a_i} \bmod p$ 并广播。

(3) 份额验证阶段：各参与者收到秘密份额后，验证等式 $g^{s_j} = \prod_{i=0}^{k-1} y_i^{x_j^i} \bmod p (j = 1, 2, \cdots, n)$ 是否成立。

(4) 秘密恢复阶段：当 k 个参与者合作恢复秘密时，每个参与者公开他的份额，在收到份额后通过验证上述等式确定份额的有效性，然后通过拉格朗日差值公式完成秘密重构。

该方案敌手模型为 $n = 2f + 1$，由于承诺 y_i 公开，它的安全性依赖于有限域上的离散对数难题，因此该方案是计算安全的。

1.7.4 公开可验证的秘密分享

可验证秘密分享的可验证性仅在参与节点集合中满足，外部节点无法验证份额的有效性，而对于公开可验证秘密分享，任意用户（包括参与者和第三方机构）都可以通过公开信息验证份额的正确性，共包含 4 个阶段。

(1) 初始化阶段：选取群 $\mathbb{G}_q$ 的生成元 g 和 h，参与者随机生成自己的私钥 $x_i \in \mathbb{Z}_q^*$ 并且计算 $y_i = h^{x_i}$ 作为自己的公钥。

（2）份额分发阶段：分发者随机选取一个 $k-1$ 次多项式 $f(x)=a_0+a_1x+\cdots+a_{k-1}x^{k-1}$，使得 $f(0)=a_0=s$，计算加密份额 $Y_i=y_i^{f(i)}$，公开承诺 $C_i=g^{a_i}$，令 $X_i=\prod_{j=0}^{k-1}C_j^{i^j}=g^{f(i)}$，生成零知识证明 $\text{DLEQ}(g,X_i,y_i,Y_i)$ 保证加密份额和 X_i 计算正确，其中 DLEQ 证明输入四元组是迪菲-赫尔曼（Diffie-Hellman）四元组。

（3）份额验证阶段：验证者验证等式 $X_i=\prod_{j=0}^{k-1}C_j^{i^j}$ 是否成立，并验证证明。

（4）秘密恢复阶段：参与者使用私钥解密份额 $S_i=Y_i^{1/x_i}=h^{f(i)}$，并生成零知识证明 $\text{DLEQ}(h,y_i,S_i,Y_i)$ 保证公私钥关系和解密过程正确。参与者在验证证明通过后，使用拉格朗日差值恢复秘密值 h^s。

可对上述公开可验证密码共享方案做优化，将份额验证过程 $O(nt)$ 的指数计算降低为 $O(n)$，这也是基于公开可验证密码共享的分布式随机数生成方案使用最多的构造，共包含以下 4 个阶段。

（1）初始化阶段：选取群 $\mathbb{G}_q$ 的生成元 g 和 h，参与者随机生成自己的私钥 $x_i\in_R\mathbb{Z}_q^*$ 并且计算 $y_i=h^{x_i}$ 将其作为自己的公钥。

（2）份额分发阶段：分发者随机选取一个 $k-1$ 次多项式 $f(x)=a_0+a_1x+\cdots+a_{k-1}x^{k-1}$，使得 $f(0)=a_0=s$，计算加密份额 $Y_i=y_i^{f(i)}$，公开承诺 $C_i=g^{f(i)}$，生成零知识证明 $\text{DLEQ}(g,C_i,y_i,Y_i)$ 保证加密份额和承诺计算正确。

（3）份额验证阶段：验证者验证证明，若通过，则选取里德-所罗门码（Reed-Solomon codes）$c^\perp=(c_1^\perp,c_2^\perp,\cdots,c_n^\perp)$，并验证等式 $\prod_{i=1}^{n}C_i^{c_i^\perp}=1$ 是否成立。

（4）秘密恢复阶段：参与者使用私钥解密份额 $S_i=Y_i^{1/x_i}=h^{f(i)}$，并生成零知识证明 $\text{DLEQ}(h,y_i,S_i,Y_i)$ 保证公私钥关系和解密过程正确。参与者验证证明通过后，使用拉格朗日插值恢复秘密值 h^s。

1.7.5 异步可验证的秘密分享

上述介绍的可验证秘密分享方案可验证的前提是同步网络。在同步网络下，所有诚实节点的消息在已知的确定时间之后一定会到达，而腐化节点会发送错误消息或不发送消息，因此诚实节点对未收到的消息执行诉讼，若相应节点再次发送份额之后仍然验证不通过，则整个协议终止执行。然而，在异步网络下，部分消息在一定时间内未被收到并不意味着相应消息的发送者是恶意的，可能是网络因素导致部分诚实节点的消息被任意延迟，此时不能随意终止协议，因此可验证秘密分享不适用于异步环境。

异步可验证秘密分享使用双门限秘密分享技术，在 (n,p,f)-双门限秘密分享方案中，n 表示参与者总数，p 为门限值，f 为腐化节点数量，且 $f<p\leq n-f$，当有任意大于 p 个参与者发起秘密恢复过程后，即可得到原秘密值，但任意 p 个参与者无法得到有效秘密。高门限值的异步可验证秘密分享指满足 $f<p\leq n-f$ 条件的具体构造，本节介绍一种 3 轮的方案，该方案主要分为以下 4 个算法。

• 秘密分发流程算法 $\text{Share}(s)$：分发秘密 s 并生成相应的多项式承诺，具体流程如下。

（1）随机选取阶为 p 的多项式 R，使得 $R(0)=s$。

(2) 对于所有节点 $i \in [1,n]$，随机选取阶为 f 的多项式 S_i，使得 $S_i(i)=R(i)$。

(3) 计算多项式承诺 $\hat{R}=\text{Com}(pp,R,p)$。

(4) 对于每个多项式 S_i，计算多项式承诺 $\hat{S}_i=\text{Com}(pp,S_i,f)$。

(5) 对于所有节点 $i \in [1,n]$，计算点值 $S_j(i)=\text{Eval}(pp,S_j,i)$，其中 $j \in [1,n]$。

(6) 对于所有节点 $i \in [1,n]$，计算多项式承诺 $\hat{T}_i=\text{Hom}(\hat{R},\hat{S}_i,-1)$，并计算点值 $T_i(i)=\text{Eval}(pp,T_i,i)$。

(7) 计算根承诺 $C=\text{vCom}(pp,\langle \hat{R},\hat{S}_1,\cdots,\hat{S}_n \rangle)$，并生成证据。

首先选取阶为 p 的多项式 R 且 $R(0)=s$，再选取阶为 f 的 n 个多项式 S_i 且 $S_i(i)=R(i)$，之后计算对多项式 R 和 S_i 的承诺 $\hat{R}$ 和 $\hat{S}_i$，以及每个多项式 S_j 在 i 处的取值，再根据承诺同态性计算多项式 $T_i=R-S_i$ 的承诺和在 i 点的取值，最后针对 $\hat{R}$ 和 n 个 $\hat{S}_i$ 计算根承诺 C。

• **消息验证**流程算法：执行消息验证，包括对秘密分发者消息的验证和对参与节点消息的验证，分别验证多项式 S_i 和 T_i 的点值计算结果，以及根承诺的正确性，具体流程如下。

对秘密分发者消息的验证 $\text{VerifyShare}(C,\hat{R},\hat{S},y_i,y)$：

(1) 令 $\hat{S}=(\hat{S}_1,\hat{S}_2,\cdots,\hat{S}_n)$，$y_i=(S_1(i),S_2(i),\cdots,S_n(i))$，$y=(T_1(1),T_2(2),\cdots,T_n(n))$。

(2) 验证 $\text{Verify}(pp,\hat{S}_i,S_j(i),f)=1$ 和 $\text{Verify}(pp,\hat{T}_i,T_i(i),p)=1$ 是否成立。

(3) 验证多项式承诺 $\hat{R}$ 和所有 $\hat{S}_i$ 是否在根承诺 C 中。

(4) 验证 $T_i(i)=0$ 是否成立。

对参与节点消息的验证 $\text{VerifyEcho}(C,\hat{S}_t,y_t)$：

(1) 验证多项式承诺 $\hat{S}_t$ 是否在根承诺 C 中。

(2) 令 $y_t=S_t(j)$，验证 $\text{Verify}(pp,\hat{S}_t,S_t(j),f)=1$ 是否成立。

• **秘密份额恢复**流程算法 $\text{RcvShare}(\{y_i\}_{i \in N})$：执行秘密份额的恢复，任意 $f+1$ 个有效的点值能恢复相应秘密份额，具体流程如下。

(1) 令 $y_i=S_i(j)$，对至少 $f+1$ 个有效的 $S_i(j)$ 执行拉格朗日差值计算得到秘密分享多项式 S_i。

(2) 计算点值 $R_i=S_i(i)=\text{Eval}(pp,S_i,i)$。

• **秘密恢复**流程算法 $\text{RcvSecret}(\hat{S}_i,y_i^*)$：执行秘密的恢复，先验证收到的秘密份额是否正确，然后验证多项式承诺 $\hat{S}_i$ 是否正确，若验证均通过，则可根据任意 $p+1$ 个有效的秘密份额恢复相应秘密，具体流程如下。

(1) 令 $S_i(i)=y_i^*$，验证 $\text{Verify}(pp,\hat{S}_i,S_i(i),f)=1$ 是否成立。

(2) 验证多项式承诺 $\hat{S}_i$ 是否在根承诺 C 中。

(3) 对 $p+1$ 个有效的 $R_i=S_i(i)$ 执行拉格朗日差值计算，得到原秘密值 $s=R(0)$。

一个 (n,p,f) 高门限值的异步可验证秘密分享方案具有如下 4 个安全属性，其中 $f<$

$n/3, p < n-f$。

(1) **正确性**：一旦 p 个诚实节点完成秘密分享过程，那么存在一个值 z 满足：①若秘密分发者诚实，则 $z=s$；②诚实节点恢复的秘密 $z_i=z$。

(2) **活性**：若秘密分发者在秘密分享阶段是诚实的，那么所有诚实节点都能完成秘密分享过程。

(3) **一致性**：若一些诚实节点完成秘密分享过程，那么所有诚实节点都能完成；如果所有诚实节点接着开启秘密恢复过程，那么所有诚实节点都能恢复秘密。

(4) **隐私性**：若秘密分发者分享了秘密 s，且少于 $p-f$ 个诚实节点开启秘密恢复过程，则恶意节点无法得知 s。

1.8 分布式随机数生成

随机数当今在许多领域都发挥着重要作用，如电子彩票、随机抽样等。除此之外，随机数在区块链和密码学领域也扮演着极其重要的角色。在区块链共识机制及分片技术中，随机数可用于领导者选取、委员会成员分配或委员会重配置过程。在密码学协议中，随机数可用于生成保密通信所需的大量会话密钥。所谓分布式随机数生成，就是在无可信第三方的环境下，由一组参与者自己生成公开可验证的随机数，从而防止中心机构作弊，避免单点故障，提高安全性。

根据所依赖的底层密码学技术的不同，现有的分布式随机数生成方案可以分为基于可验证随机函数、基于门限签名、基于秘密分享、基于可验证延迟函数、基于哈希函数等，其中基于秘密分享的方案数量最多，受到最广泛的研究。根据是否交互，现有方案还可分为交互的分布式随机数生成方案和非交互的分布式随机数生成方案。本节主要介绍基于秘密分享的交互的分布式随机数生成方案，包括基本定义、安全性定义以及构造方案。

1.8.1 基本定义

令网络中总节点数为 n，节点集合为 $\mathcal{N}=\{P_1, P_2, \cdots, P_n\}$，其中有 f 个恶意节点。交互的分布式随机数生成方案由 7 个算法组成，$\Pi=($Init, GrpGen, Commit, Recovery, CombRand, VerifyRand, UpdState$)$。

- GP←Init$(1^\lambda, n, f)$：初始化算法。输入安全参数 λ 的一元表示、总节点数 n 和恶意节点数 f，输出公共参数 GP。
- $\mathcal{P}$←GrpGen$($GP, st$_{r-1}, n, f)$：节点选取算法。输入公共参数 GP、状态 st$_{r-1}$、总节点数 n 和恶意节点数 f，输出节点子集 $\mathcal{P}$。
- $\hat{s}_i^r$←Commit$($GP, st$_{r-1}, i)$：秘密分享算法。输入公共参数 GP、状态 st$_{r-1}$ 和节点 P_i，其中 $i \in \mathcal{P}$，生成秘密值 s_i^r 的秘密份额 $\hat{s}_i^r$ 并输出。
- s_i←Recovery$($GP, st$_{r-1}, \hat{s}_i^r)$：秘密恢复算法。输入公共参数 GP、状态 st$_{r-1}$ 和当前轮 r 的某个秘密值对应的秘密份额集合 $\hat{s}_i^r$，每个节点恢复出原秘密值 s_i^r 并输出。
- R_r←CombRand$($GP, st$_{r-1}, \mathcal{S})$：随机数计算算法。输入公共参数 GP、状态 st$_{r-1}$ 和已恢复的秘密值集合 $\mathcal{S}$，输出当前轮 r 的随机数 R_r。

- $1/0 \leftarrow \text{VerifyRand}(\text{GP}, \text{st}_{r-1}, R_r, L)$：随机数验证算法。输入公共参数 GP、状态 st_{r-1}、当前轮 r 的随机数 R_r 和验证辅助信息 L，若 R_r 验证通过，则输出 1，否则输出 0。
- $\text{st}_r \leftarrow \text{UpdState}(\text{GP}, \text{st}_{r-1}, R_r)$：状态更新算法。输入公共参数 GP、状态 st_{r-1} 和当前轮 r 的随机数 R_r，状态更新为 st_r 并输出。

1.8.2 安全性定义

交互的分布式随机数生成方案需要具备伪随机性、唯一性和鲁棒性，其中伪随机性保证方案输出的随机数与均匀分布的随机数是不可区分的；唯一性指在某轮 r 内，敌手无法输出两个不同的且均通过验证的随机数，即能保证每轮输出的随机数都是唯一的；鲁棒性指即使部分秘密份额由恶意敌手提供，方案也能确保在已经收到门限值个有效份额后，依旧能执行秘密恢复和随机数计算流程，即若能输出随机数 R，则 R 必定是正确的。下面给出这 3 个安全属性的形式化定义。

首先定义谕言机 $\mathcal{O}^{\text{Init}(C)}$、$\mathcal{O}^{\text{Update}(R)}$、$\mathcal{O}^{\text{Share}(i,j)}$。

谕言机 $\mathcal{O}^{\text{Init}(C)}$ 用于验证腐化节点集合 C 的合法性并初始化全局变量 rn 和 st，具体流程如下。

(1) 若 $C \not\subseteq \mathcal{N}$ 或 $|C| > f$，则返回 $\perp$。
(2) $\text{GP} \leftarrow \text{Init}(1^\lambda, n, f)$。
(3) $rn = 0, \text{st} = \text{st}_0$。
(4) 返回 1。

谕言机 $\mathcal{O}^{\text{Update}(R)}$ 用于更新全局变量 rn 和 st，首先验证上一轮随机数的有效性，若验证通过，则更新状态变量和轮数，具体流程如下。

(1) 若 $\text{VerifyRand}(\text{GP}, \text{st}, R, L) = 0$，则返回 $\perp$。
(2) $x \leftarrow \text{UpdState}(\text{GP}, \text{st}, R)$。
(3) $rn = rn + 1, \text{st} = x$。
(4) 返回 (rn, st)。

谕言机 $\mathcal{O}^{\text{Share}(i,j)}$ 用于计算节点 P_i 向节点 P_j 分发的份额 $s_{i,j}$，其中 $\mathcal{P}$ 为选取的秘密分发者集合，具体流程如下。

(1) 若 $i \notin \mathcal{P}$ 或 $j \in C$，则返回 $\perp$。
(2) $\hat{s}_i \leftarrow \text{Commit}(\text{GP}, \text{st}, i)$。
(3) 解析 $\hat{s}_i = (\hat{s}_{i,1}, \cdots, \hat{s}_{i,j}, \cdots, \hat{s}_{i,n})$。
(4) 返回 $\hat{s}_{i,j}$。

令网络中总节点数为 n，节点集合为 $\mathcal{N} = \{P_1, P_2, \cdots, P_n\}$，其中有 f 个恶意节点。基于上述 3 个谕言机，下面给出伪随机性、唯一性和鲁棒性的形式化定义。

定义 1-31（伪随机性） 如果对于任意概率多项式时间的适应性敌手 $\mathcal{A}$，都存在可忽略函数 $\text{negl}(\cdot)$，使得

$$\text{Adv}_{\Pi,\mathcal{A}}^{\text{PRand}}(\lambda) = |\Pr[\text{PRand}_{\Pi,\mathcal{A}}(\lambda, 0) = 1] - \Pr[\text{PRand}_{\Pi,\mathcal{A}}(\lambda, 1) = 1]| \leq \text{negl}(\lambda),$$

则称交互的分布式随机数生成方案 Π 是 (f, n)-伪随机的，其中 $\text{PRand}_{\Pi,\mathcal{A}}(\kappa, b), b \in \{0, 1\}$ 游戏定义如下。

- 腐化阶段：敌手 $\mathcal{A}$ 选择腐化节点集合 C，且 $|C|\leq f$。
- 初始化：挑战者 $\mathcal{C}$ 执行谕言机 $\mathcal{O}^{\text{Init}(C)}$。
- 问询 1：敌手 $\mathcal{A}$ 询问谕言机 $\mathcal{O}^{\text{Share}(i,j)}$ 和 $\mathcal{O}^{\text{Update}(R)}$，以获得诚实节点 $P_j \in \mathcal{P}\backslash C$ 收到的对于某秘密 s_i 的秘密份额值 $\hat{s}_{i,j}$。
- 挑战：敌手 $\mathcal{A}$ 向挑战者发送满足 $|U|>f$ 的集合 U，以及相应的份额集合 $\{\hat{s}_{i,j}\}_{i\in\mathcal{P}, j\in U\cap C}$。挑战者 $\mathcal{C}$ 计算 $\hat{s}_i \leftarrow \text{Commit}(\text{GP},\text{st}^*,i)$，得到 $\hat{s}'_i = \{\hat{s}_{i,j}\}_{i\in\mathcal{P}, j\in U\cap C}$。挑战者 $\mathcal{C}$ 恢复秘密 $s_i \leftarrow \text{Recovery}(\text{GP},\text{st}^*,\hat{s}'_i)$，其中 $i\in\mathcal{P}$。令 $R^* \leftarrow \text{CombRand}(\text{GP},\text{st}^*,\{s_i\}_{i\in\mathcal{P}})$，若 $b=0$，则令 $\delta=R^*$；若 $b=1$，则令 δ 为随机值。挑战者 $\mathcal{C}$ 进入下一轮 $\text{rn}=\text{rn}^*+1$，并更新状态 $\text{st}\leftarrow\text{UpdState}(\text{GP},\text{st}^*,\delta)$。挑战者 $\mathcal{C}$ 发送 $(\delta,\text{rn},\text{st})$ 给敌手 $\mathcal{A}$。
- 问询 2：敌手 $\mathcal{A}$ 继续询问谕言机 $\mathcal{O}^{\text{Share}(i,j)}$ 和 $\mathcal{O}^{\text{Update}(R)}$，以获得诚实节点 $P_j \in \mathcal{P}\backslash C$ 收到的对于某秘密 s_i 的秘密份额值 $\hat{s}_{i,j}$。
- 猜测：敌手 $\mathcal{A}$ 输出比特 b'。

定义 1-32（唯一性） 如果对于任意概率多项式时间的敌手 $\mathcal{A}$，都存在可忽略函数 $\text{negl}(\cdot)$，使得

$$\text{Adv}_{\Pi,\mathcal{A}}^{\text{Unique}}(\lambda) = \Pr[\text{Unique}_{\Pi,\mathcal{A}}(\lambda)=1] \leq \text{negl}(\lambda),$$

则称交互的分布式随机数生成方案 Π 满足唯一性，其中 $\text{Unique}_{\Pi,\mathcal{A}}(\lambda)$ 游戏定义如下。

- 腐化阶段：敌手 $\mathcal{A}$ 选择腐化节点集合 C，且 $|C|\leq f$。
- 初始化：挑战者 $\mathcal{C}$ 执行谕言机 $\mathcal{O}^{\text{Init}(C)}$。
- 问询：敌手 $\mathcal{A}$ 询问谕言机 $\mathcal{O}^{\text{Share}(i,j)}$ 和 $\mathcal{O}^{\text{Update}(R)}$，以获得诚实节点 $P_j\in\mathcal{P}\backslash C$ 收到的对于某秘密 s_i 的秘密份额值 $\hat{s}_{i,j}$，且不同的敌手收到的问询结果是一致的。
- 挑战：敌手向挑战者发送两个随机数 R 和 R'，若 $R\neq R'$ 且 $\text{VerifyRand}(\text{GP},\text{st}^*,R,L)=\text{VerifyRand}(\text{GP},\text{st}^*,R',L)=1$，则输出 1，否则输出 0。

定义 1-33（鲁棒性） 如果对于任意概率多项式时间的敌手 $\mathcal{A}$，都存在可忽略函数 $\text{negl}(\cdot)$，使得

$$\text{Adv}_{\Pi,\mathcal{A}}^{\text{Robust}}(\lambda) = \Pr[\text{Robust}_{\Pi,\mathcal{A}}(\lambda)=1] \leq \text{negl}(\lambda),$$

则称交互的分布式随机数生成方案 Π 满足鲁棒性，其中 $\text{Robust}_{\Pi,\mathcal{A}}(\lambda)$ 游戏定义如下。

- 腐化阶段：敌手 $\mathcal{A}$ 选择腐化节点集合 C，且 $|C|\leq f$。
- 初始化：挑战者 $\mathcal{C}$ 执行谕言机 $\mathcal{O}^{\text{Init}(C)}$。
- 问询：敌手 $\mathcal{A}$ 询问谕言机 $\mathcal{O}^{\text{Share}(i,j)}$ 和 $\mathcal{O}^{\text{Update}(R)}$，以获得诚实节点 $P_j\in\mathcal{P}\backslash C$ 收到的对于某秘密 s_i 的秘密份额值 $\hat{s}_{i,j}$，且问询一定会收到应答。
- 挑战：敌手向挑战者发送满足 $|U|>f$ 的集合 U，以及相应的份额集合 $\{\hat{s}_{i,j}\}_{i\in\mathcal{P},j\in U\cap C}$。挑战者计算 $\hat{s}_i\leftarrow\text{Commit}(\text{GP},\text{st}^*,i)$，得到 $\hat{s}'_i=\{\hat{s}_{i,j}\}_{i\in\mathcal{P},j\in U\cap C}$。挑战者恢复秘密 $s_i\leftarrow\text{Recovery}(\text{GP},\text{st}^*,\hat{s}'_i)$，其中 $i\in\mathcal{P}$。令 $R^*\leftarrow\text{CombRand}(\text{GP},\text{st}^*,\{s_i\}_{i\in\mathcal{P}})$，若 $R^*\neq\bot$ 且 $\text{VerifyRand}(\text{GP},\text{st}^*,R^*,L)=0$，则输出 1，否则输出 0。

1.8.3 SCRAPE 方案

SCRAPE 是第一个基于公开可验证秘密分享的分布式随机数生成方案，令网络中总节

点数为 n，节点集合为 $\mathcal{N}=\{P_1, P_2, \cdots, P_n\}$，其中有 f 个恶意节点，且满足 $n=2f+1$。SCRAPE 方案 $\Pi_{\text{SCRAPE}}=$（Init, GrpGen, Commit, Recovery, CombRand, VerifyRand, UpdState）由公开可验证密码共享方案 $\Pi_{\text{PVSS}}=$（Setup, Distribute, VerifyShare, Reconstruct）和共识 $\text{Consensus}(P_i, r)$ 构成。需要说明的是，该方案中所有节点都参与秘密分发过程，因此在算法 GrpGen 中，输出的节点子集即原节点集合。另外，该方案中每个节点需要对诚实节点集合达成共识。Π_{SCRAPE} 详细描述如下。

- $\text{GP} \leftarrow \text{Init}(1^\lambda, n, f)$：输入安全参数 λ 的一元表示、总节点数 n 和恶意节点数 f，每个节点 P_i 执行 $(\text{pk}_i, \text{sk}_i) \leftarrow \text{Setup}(1^\lambda)$ 生成公私钥对，输出公共参数 $\text{GP}=\{\text{pk}_i\}_{i \in \mathcal{N}}$。

- $\mathcal{P}^r \leftarrow \text{GrpGen}(\text{GP}, \text{st}_{r-1}, n, f)$：输入公共参数 GP、状态 st_{r-1}、总节点数 n 和恶意节点数 f，选取当前轮 r 下做秘密分发的节点子集 $\mathcal{P}^r \subseteq \mathcal{N}$，其中 $|\mathcal{P}^r|=n$，输出节点子集 $\mathcal{P}^r$。

- $\hat{s}_i^r \leftarrow \text{Commit}(\text{GP}, \text{st}_{r-1}, i)$：输入公共参数 GP、状态 st_{r-1} 和节点 P_i，其中 $i \in \mathcal{P}^r$，节点 P_i 随机选取一个当前轮 r 的秘密值 s_i^r，执行 $(\{\hat{s}_{i,j}^r, \pi_{E_{i,j}}^r\}_{j \in \mathcal{N}}, v_i^r) \leftarrow \text{Distribute}(s_i^r)$ 生成加密份额、证明，以及对秘密值的承诺，令 $\hat{s}_i^r=(\{\hat{s}_{i,j}^r, \pi_{E_{i,j}}^r\}_{j \in \mathcal{N}}, v_i^r)$ 并输出。

- $s_i \leftarrow \text{Recovery}(\text{GP}, \text{st}_{r-1}, \hat{s}_i^r)$：输入公共参数 GP、状态 st_{r-1} 和当前轮 r 某个秘密值对应的解密份额集合 $\hat{s}_i^{r'}=\{s_{i,j}^r, \pi_{D_{i,j}}^r\}_{j \in \mathcal{J}}$，其中 $f < |\mathcal{J}| \leq n$。对于未打开承诺的秘密值，每个节点先验证解密份额是否正确，若 $\text{VerifyShare}(\text{pk}_i, \{s_{i,j}^r, \pi_{D_{i,j}}^r\}_{j \in \mathcal{J}})=1$，则执行 $s_i^r \leftarrow \text{Reconstruct}(\hat{s}_i^r)$ 恢复出原秘密值 s_i^r。每个节点执行 $Q \leftarrow \text{Consensus}(P_i, r)$ 对诚实节点集合 Q 达成共识，并输出诚实节点的秘密值集合 $\mathcal{S}=\{s_i^r\}_{i \in Q}$。

- $R_r \leftarrow \text{CombRand}(\text{GP}, \text{st}_{r-1}, \mathcal{S})$：输入公共参数 GP、状态 st_{r-1} 和已恢复的秘密值集合 $\mathcal{S}=\{s_i^r\}_{i \in Q}$，输出当前轮 r 的随机数 $R_r = \prod_{i \in \mathcal{P}^r} s_i^r$。

- $1/0 \leftarrow \text{VerifyRand}(\text{GP}, \text{st}_{r-1}, R_r, L)$：输入公共参数 GP、状态 st_{r-1}、当前轮 r 的随机数 R_r 和验证辅助信息 L，其中 L 是可变的，若为秘密分发过程，则 $L=(\{\hat{s}_{i,j}^r, \pi_{E_{i,j}}^r\}_{j \in \mathcal{N}}, v_i^r)$；若为秘密恢复过程，则 $L=(\{s_{i,j}^r, \pi_{D_{i,j}}^r\}_{j \in \mathcal{J}})$。若 $\text{VerifyShare}(\text{pk}_i, L)=1$，即 R_r 是正确的，则输出 1，否则输出 0。

- $\text{st}_r \leftarrow \text{UpdState}(\text{GP}, \text{st}_{r-1}, R_r)$：输入公共参数 GP、状态 st_{r-1} 和当前轮 r 的随机数 R_r，表示当前轮已完成随机数生成过程，因此状态更新为 st_r 并输出。

定理 1-13 SCRAPE 方案具有伪随机性、唯一性和鲁棒性。

证明：SCRAPE 方案的伪随机性可以由公开可验收秘密分享方案的秘密不可区分性和多个诚实节点执行秘密分享算法推导出来。因为公开可验收秘密分享方案具有正确性，并且诚实节点通过共识会拥有相同的诚实节点集合（即发送合法秘密值及其承诺的节点），因此最终计算的随机数也是唯一的。因为公开可验收秘密分享方案具有可验证性，若敌手发送错误秘密份额或未打开对秘密值的承诺，诚实节点会丢弃敌手的秘密份额，并与其他诚实节点共同恢复出原秘密，从而保证了随机数的鲁棒性。

1.9 安全多方计算

安全多方计算是高阶密码学的一个分支,为解决数据共享中的数据安全问题提供了很好的解决方案。安全多方计算这一概念最早出现在19世纪80年代,起源于姚期智院士提出的百万富翁问题,即两个百万富翁如何在不告知对方自己拥有多少财产的情况下知道谁更富有。针对这类问题,安全多方计算协议基于密码学工具,可以在无可信第三方的情况下,使多参与方执行联合计算而不泄露各参与方的数据。计算完成后,各参与方除了联合计算结果以及预期可公开的信息外,均不能得到其他参与方的任何输入信息,进而实现数据所有权与使用权的分离。

从20世纪80年代到21世纪初期,学者们致力于研究实现安全多方计算的技术。由于复杂度过高、计算能力有限,这一时期提出的安全多方计算协议大多停留在理论研究阶段。从21世纪初期至今,学者们致力于研究安全多方计算协议的优化方案,以便满足现实应用场景的隐私保护需求。如今,安全多方计算已广泛应用于电子选举、电子竞拍、机器学习、生物医学计算、卫星碰撞检测等场景,且在政务、医疗、金融等领域具有广阔的应用空间。

接下来介绍安全模型、不经意传输协议、姚氏混淆电路协议和GMW协议。

1.9.1 安全模型

安全模型主要包括刻画敌手行为的敌手模型、描述协议安全性质的安全属性及形式化的安全性定义。

1. 敌手模型

在安全多方计算协议中,敌手可能控制一些参与方,通过分析协议执行过程中的交互信息或者破坏协议的执行,试图获取诚实参与方的输入信息,或者致使输出结果出现错误。根据敌手的行为,研究安全多方计算协议使用的假设模型主要是半诚实敌手模型和恶意敌手模型这两种类型。

1)半诚实敌手模型

敌手会遵循协议的流程完成计算,但是敌手会获得所有腐化方的内部状态,并试图根据他所掌握的信息分析得到诚实参与方的私有信息。该模型主要保证协议不能在无意中泄露信息。半诚实的敌手又称诚实但好奇的敌手或消极的敌手。

2)恶意敌手模型

敌手可以以任意的恶意行为破坏协议流程。例如,敌手可能在协议执行的任何位置终止,导致诚实参与方无法获取输出结果。或者,敌手可能随意伪造混淆电路,根据诚实参与方的终止情况推测其输入。该模型主要保证协议能预防各类可能发生的恶意攻击。恶意的敌手又称积极的敌手。

2. 安全属性

通常,安全多方计算协议主要考虑如下安全属性。

(1)**正确性**。在协议执行之后,各参与方都能得到正确的输出结果。

(2)**隐私性**。在协议的执行过程中,各参与方不会获得除输出结果外的任何额外信息。

能获得的关于其他参与方输入的信息只能是由输出结果本身得到的信息。

（3）**输入独立性**。腐化方的输入应独立于诚实参与方的输入。该属性不同于隐私性，虽然不知道诚实参与方的具体输入，但腐化方仍可能在此基础上选择自己的输入。如腐化方可能对诚实参与方的加密输入做延展攻击，得到一个新的有效加密输入。

（4）**保证输出交付**。腐化方不能阻止诚实参与方得到输出结果，即敌手不能通过拒绝服务攻击来中断计算。

（5）**公平性**。当且仅当诚实参与方得到输出结果后，腐化方才能得到输出结果。

一个安全多方计算协议不一定同时满足上述所有的安全属性，而且已有研究证明在有些情况下输出可达性和公平性均无法满足。不同的应用对安全属性有不同的要求，应结合具体场景分析协议所需满足的安全属性。

3. 安全性定义

安全多方计算的安全性通过理想-现实模拟范式定义。在理想世界中，存在一个可信的第三方帮助各参与方做计算。每个参与方都把自己的输入通过完全私有的信道发送给可信第三方，可信第三方计算相应的函数并把结果发送给函数指定的参与方。在此理想世界中，正确性、隐私性和输入独立性均成立。如对于正确性，因为可信第三方不会被腐化，所以他发送给各参与方的输出一定是相应函数正确计算的结果。对于隐私性，因为参与方向可信第三方发消息的信道是完全私有的，且每个参与方收到的唯一消息就是函数的输出结果，故腐化方能获得的关于其他参与方输入的信息只能是由输出结果本身得到的信息。对于输入独立性，在收到任何输出结果之前，所有参与方的输入都已经发送给了可信第三方，故腐化方在选择输入时不知道和诚实参与方输入相关的任何信息，他的输入一定独立于诚实参与方的输入。然而，当敌手腐化一半或一半以上参与方时，通用的安全多方计算协议无法满足输出可达性和公平性。特别地，对于安全两方计算，敌手至少腐化其中一个参与方，故协议无法满足输出可达性和公平性。因此，在理想世界中，允许敌手任意终止计算，以使得诚实参与方无法获得输出结果或在腐化方之后获得输出结果。

在现实世界中，不存在完全可信的第三方，各参与方通过共同执行协议获得函数的输出结果。如果任何敌手能在现实世界中成功地发动一次攻击，那么都存在一个敌手在理想世界中成功地发动一次相同的攻击，则称安全多方计算协议是安全的。因为在理想世界中敌手无法成功地发动攻击，故现实世界中敌手的攻击一定会失败。

下面给出安全多方计算协议在半诚实敌手模型和恶意敌手模型下的形式化安全性定义。

本书重点关注两个参与方的情况，一个安全两方计算协议 π 计算函数 $f:\{0,1\}^* \times \{0,1\}^* \to \{0,1\}^* \times \{0,1\}^*$，其中 $f=(f_1,f_2)$ 且 $f_1,f_2:\{0,1\}^* \times \{0,1\}^* \to \{0,1\}^*$。对于一对输入 (x,y)，函数 f 的输出为 $(f_1(x,y),f_2(x,y))$。一般地，两个参与方分别持有输入 x、y，第一个参与方想要得到 $f_1(x,y)$，第二个参与方想要得到 $f_2(x,y)$。为此，他们共同执行函数 f 对应的安全两方计算协议。令 $\text{view}_1^\pi(x,y,\lambda)$、$\text{view}_2^\pi(x,y,\lambda)$ 分别表示两个参与方在协议执行过程中的视图，其中 λ 为安全参数。令 $\text{output}_1^\pi(x,y,\lambda)$、$\text{output}_2^\pi(x,y,\lambda)$ 分别表示两个参与方的输出，可以通过相应的视图计算得到。令 $\text{output}^\pi(x,y,\lambda) = (\text{output}_1^\pi(x,y,\lambda), \text{output}_2^\pi(x,y,\lambda))$。

在半诚实敌手模型下,通过理想-现实模拟范式定义的安全性等价于通过模拟范式定义的安全性。在模拟范式中,如果能构造一个模拟器 $\mathcal{S}$,其输入某一个参与方的输入和输出,输出一个模拟视图,使得该视图和该参与方的真实视图不可区分,那么协议就不会泄露另一个参与方的输入信息。

定义 1-34(半诚实敌手模型的安全性) 给定一个函数 $f=(f_1,f_2)$ 及安全两方计算协议 π,若存在概率多项式时间的模拟器 $\mathcal{S}_1$、$\mathcal{S}_2$,使得对于任意的 $x,y \in \{0,1\}^* \wedge |x|=|y|$,$\lambda \in \mathbb{N}$,都满足

$$(\mathcal{S}_1(\lambda,x,f_1(x,y)),f(x,y)) \cong (\mathrm{view}_1^\pi(x,y,\lambda),\mathrm{output}^\pi(x,y,\lambda))$$

$$(\mathcal{S}_2(\lambda,y,f_2(x,y)),f(x,y)) \cong (\mathrm{view}_2^\pi(x,y,\lambda),\mathrm{output}^\pi(x,y,\lambda))$$

则称协议 π 在半诚实敌手模型下安全地计算了函数 f。其中,$\cong$ 指被概率多项式时间的算法区分的概率是可忽略的。

在恶意敌手模型下,通过理想-现实模拟范式定义协议的安全性。协议的参与方表示为 P_1,P_2,假设对于 $i,j \in \{1,2\}$,$i \neq j$,P_i 表示被敌手腐化的参与方,P_j 表示诚实参与方。

理想世界中的计算:在理想世界中,对函数 f 的计算过程分为以下几个步骤。

(1) 输入。令 x、y 分别表示 P_1、P_2 的输入,z 表示敌手的辅助输入。

(2) 把输入发送给可信第三方。诚实参与方 P_j 把他收到的输入发送给可信第三方,腐化方 P_i 要么发送终止消息 abort_i,要么发送他收到的输入,要么发送相同长度的其他输入,具体取决于敌手的指令。令 (x',y') 表示两个参与方发送给可信第三方的输入对。

(3) 提前终止。如果可信第三方收到了输入 abort_i,则把 abort_i 发送给所有参与方,计算终止。否则,计算继续执行。

(4) 可信第三方把输出发送给腐化方。可信第三方计算 $f_1(x',y')$,$f_2(x',y')$,把 $f_i(x',y')$ 发送给 P_i。

(5) 敌手指示可信第三方继续或终止。敌手发送 continue 或 abort_i 给可信第三方。如果他发送 continue,则可信第三方把 $f_j(x',y')$ 发送给 P_j;如果他发送 abort_i,则可信第三方把 abort_i 发送给 P_j。

(6) 输出。诚实参与方输出他从可信第三方收到的消息,腐化方输出为空,敌手输出腐化方初始输入的任意概率多项式时间的映射、辅助输入 z 和值 $f_i(x',y')$。

令 $\mathrm{IDEAL}_{f,\mathcal{S}(z),i}(x,y,\lambda)$ 表示诚实参与方和敌手 $\mathcal{S}$ 在理想世界中的输出对。

现实世界中的计算:在现实世界中,敌手控制的腐化方和诚实参与方执行协议 π,令 $\mathrm{REAL}_{\pi,\mathcal{A}(z),i}(x,y,\lambda)$ 表示诚实参与方和敌手 $\mathcal{A}$ 在现实世界中执行协议 π 的输出对。

定义 1-35(恶意敌手模型的安全性) 给定一个函数 $f=(f_1,f_2)$ 及安全两方计算协议 π,如果对于每个现实世界中概率多项式时间的敌手 $\mathcal{A}$,都存在一个理想世界中概率多项式时间的敌手 $\mathcal{S}$,使得对于任意的 $x,y,z \in \{0,1\}^* \wedge |x|=|y|$,$\lambda \in \mathbb{N}$,都满足

$$\mathrm{IDEAL}_{f,\mathcal{S}(z),1}(x,y,\lambda) \cong \mathrm{REAL}_{\pi,\mathcal{A}(z),1}(x,y,\lambda),$$

$$\mathrm{IDEAL}_{f,\mathcal{S}(z),2}(x,y,\lambda) \cong \mathrm{REAL}_{\pi,\mathcal{A}(z),2}(x,y,\lambda),$$

则称协议 π 在恶意敌手模型下安全地计算了函数 f。其中,$\cong$ 指被概率多项式时间的算法区分的概率是可忽略的。

1.9.2 不经意传输协议

不经意传输是安全多方计算协议的重要构造模块。一个 k 选 1 不经意传输协议计算函

数 $\mathcal{F}_{OT}:((x_1,x_2,\cdots,x_k),\sigma)\mapsto(\varepsilon,x_\sigma)$,其中发送方 P_1 持有输入 $(x_1,x_2,\cdots,x_k)$,接收方 P_2 持有输入 $\sigma\in\{1,2,\cdots,k\}$。最终 P_1 输出空串 ε,且无法得到与 σ 相关的任何信息,P_2 输出 x_σ,但无法得到与 $\{x_i\}_{i\in\{1,2,\cdots,k\},i\neq\sigma}$ 相关的任何信息。

下面给出一个 2 选 1 不经意传输协议,协议计算函数 $\mathcal{F}:((x_1,x_2),\sigma)\mapsto(\varepsilon,x_\sigma)$,此处假设 $x_1,x_2\in\{0,1\}$。发送方 P_1 输入 (x_1,x_2),接收方 P_2 输入 $\sigma\in\{1,2\}$。

(1) P_1 从增强陷门置换族中随机选择一个陷门置换 (f,t),其中 f 为置换函数,t 为陷门。P_1 把 f 发送给 P_2。

(2) P_2 从 f 的定义域中选择随机值 v_σ,计算 $w_\sigma=f(v_\sigma)$,接着从 f 的值域中选择随机值 $w_{3-\sigma}$,把 (w_1,w_2) 发送给 P_1。

(3) P_1 利用陷门 t 计算 $v_1=f^{-1}(w_1),v_2=f^{-1}(w_2)$,接着计算 $b_1=B(v_1)\oplus x_1,b_2=B(v_2)\oplus x_2$,其中 $\oplus$ 表示异或运算,B 是 f 的硬核比特。P_1 最终把 (b_1,b_2) 发送给 P_2。

(4) P_2 计算 $x_\sigma=B(v_\sigma)\oplus b_\sigma$,并输出 x_σ。

定理 1-14 假设 (f,t) 是从增强陷门置换族中随机选择的陷门置换,则上述 2 选 1 不经意传输协议在半诚实敌手模型下安全地计算了函数 $\mathcal{F}$。

假设 $x_1,x_2,\cdots,x_k\in\{0,1\}$,上述 2 选 1 不经意传输协议可以自然地扩展为在半诚实敌手模型下安全的 k 选 1 不经意传输协议。

(1) P_1 从增强陷门置换族中随机选择一个陷门置换 (f,t),其中 f 为置换函数,t 为陷门。P_1 把 f 发送给 P_2。

(2) P_2 从 f 的定义域中选择随机值 v_σ,计算 $w_\sigma=f(v_\sigma)$,接着从 f 的值域中选择随机值 $\{w_i\}_{i\in\{1,2,\cdots,k\},i\neq\sigma}$,把 $(w_1,w_2,\cdots,w_k)$ 发送给 P_1。

(3) 对于 $i\in\{1,2,\cdots,k\}$,P_1 利用陷门 t 计算 $v_i=f^{-1}(w_i)$,接着计算 $b_i=B(v_i)\oplus x_i$,其中 $\oplus$ 表示异或运算,B 是 f 的硬核比特。P_1 最终把 $(b_1,b_2,\cdots,b_k)$ 发送给 P_2。

(4) P_2 计算 $x_\sigma=B(v_\sigma)\oplus b_\sigma$,并输出 x_σ。

由于 $w_1,w_2,\cdots,w_k$ 都具有相同的分布,故 P_1 无法得到与 σ 相关的任何信息。由于 P_2 不知道陷门 t,故他只能算出 x_σ,而无法得到与 $\{x_i\}_{i\in\{1,2,\cdots,k\},i\neq\sigma}$ 相关的任何信息。

1.9.3 姚氏混淆电路协议

姚氏混淆电路协议是第一个能在半诚实敌手模型下安全地计算任意函数的两方协议,该协议的执行轮数是常数,当表示函数的布尔电路的规模较小时,协议变得十分高效。

令 f 表示一个确定性的函数,x,y 分别为协议中两个参与方的输入,假设他们最终得到相同的输出 $f(x,y)$。姚氏混淆电路协议把函数表示成布尔电路,由 2 进 1 出的布尔门组成,把 $x,y,f(x,y)$ 表示成二进制,使其分别对应电路中的若干导线。在以下描述中,称电路输入导线为接收输入 x,y 的导线,称电路输出导线为承载输出 $f(x,y)$ 的导线,称门输入导线为电路中某个门接收输入的导线,称门输出导线为电路中某个门承载输出的导线。

在姚氏混淆电路协议中,两个参与方分别被称为混淆方和计算方。混淆方为每条导线指定两个密钥作为导线标签,如对导线 w,指定其导线标签为 k_w^0,k_w^1,分别关联比特 0 和比特 1。这两个导线标签具有一致的分布,故计算方得到其中一个标签后无法推断该标签所关联的比特值。当导线被赋予某个比特值后,称该值关联的导线标签为此导线的激活标签。对于布尔电路中某个门 $g:\{0,1\}\times\{0,1\}\to\{0,1\}$,令 w_1 表示其中一个门输入导线,具

有导线标签 k_1^0, k_1^1, w_2 表示另一个门输入导线，具有导线标签 k_2^0, k_2^1, w_3 表示门输出导线，具有导线标签 k_3^0, k_3^1。为了安全地计算门 g，混淆方穷举所有可能的输入，用输入对应的导线标签加密相应输出对应的导线标签，得到一个加密表，如表 1-4 所示。

表 1-4　布尔门加密表

门输入导线 w_1	门输入导线 w_2	门输出导线 w_3	加　密　输　出
k_1^0	k_2^0	$k_3^{g(0,0)}$	$E_{k_1^0}(E_{k_2^0}(k_3^{g(0,0)}))$
k_1^0	k_2^1	$k_3^{g(0,1)}$	$E_{k_1^0}(E_{k_2^1}(k_3^{g(0,1)}))$
k_1^1	k_2^0	$k_3^{g(1,0)}$	$E_{k_1^1}(E_{k_2^0}(k_3^{g(1,0)}))$
k_1^1	k_2^1	$k_3^{g(1,1)}$	$E_{k_1^1}(E_{k_2^1}(k_3^{g(1,1)}))$

对表 1-4 的第 4 列做一个随机置换，并把此列的置换结果称为门 g 的混淆表。给定一组门输入导线标签 k_1^α, k_2^β 和混淆表，计算方可以解密得到门输出导线标签 $k_3^{g(\alpha,\beta)}$，同时，由于不知道其他可能的门输入导线标签且混淆表经过了随机置换，计算方无法解密得到 $k_3^{g(\alpha,1-\beta)}, k_3^{g(1-\alpha,\beta)}, k_3^{g(1-\alpha,1-\beta)}$，无法得知 $\alpha, \beta, g(\alpha, \beta)$ 的具体值。

针对整个布尔电路，混淆方为每个布尔门都生成一个混淆表，同时为电路输出导线生成一个解码表，用于指明该类导线标签所关联的比特值。对于混淆方的输入 x 所对应的导线，混淆方直接把相应的导线激活标签发送给计算方。对于计算方的输入 y 所对应的每条导线，混淆方和计算方分别作为发送方和接收方，执行 2 选 1 不经意传输协议，使计算方得到相应的导线激活标签。由不经意传输协议的正确性和隐私性，混淆方无法得知计算方选择了导线的哪一个导线标签作为激活标签，同时计算方无法得知未激活标签的任何信息。给定输入 x, y 对应的激活标签后，计算方便可根据布尔电路的拓扑结构及各布尔门的混淆表，计算得到电路输出导线的激活标签，然后根据解码表即可得到电路输出导线所承载的比特值，进而得到 $f(x,y)$。计算方最终把计算结果 $f(x,y)$ 发送给混淆方。在上述过程中，混淆方除不经意传输协议本身和最终输出外，未接收任何消息，故无法获得除计算结果外的任何额外信息。除电路输出导线外，计算方无法同时得到同一条导线的两个导线标签，且无法知道导线激活标签和导线值的对应关系，故也无法获得除计算结果外的任何额外信息。

下面给出姚氏混淆电路协议的完整表述。协议计算函数 $f: \{0,1\}^n \times \{0,1\}^n \to \{0,1\}^n$，用布尔电路等价表示函数 f。混淆方拥有输入 $x \in \{0,1\}^n$，计算方拥有输入 $y \in \{0,1\}^n$。

(1) 混淆方根据布尔电路生成各门的混淆表及电路输出导线的解码表，发送给计算方。

(2) 令 $w_1, w_2, \cdots, w_n$ 表示输入 x 对应的导线，具体取值分别为 $x_1, x_2, \cdots, x_n$，混淆方直接把相应的导线激活标签 $k_1^{x_1}, k_2^{x_2}, \cdots, k_n^{x_n}$ 发送给计算方。令 $w_{n+1}, w_{n+2}, \cdots, w_{2n}$ 表示输入 y 对应的导线，具体取值分别为 $y_1, y_2, \cdots, y_n$。对于 $i \in \{1, 2, \cdots, n\}$，混淆方和计算方分别以 (k_{n+i}^0, k_{n+i}^1) 和 y_i 为输入，执行 2 选 1 不经意传输协议。最终，计算方得到所有电路输入导线的激活标签。

(3) 计算方利用电路输入导线的激活标签、混淆表和解码表，根据布尔电路的拓扑结构做计算，最终得到输出 $f(x,y)$，并把 $f(x,y)$ 发送给混淆方。

定理 1-15　假设 2 选 1 不经意传输协议在半诚实敌手模型下是安全的，加密方案选择明文攻击是安全的，则上述姚氏混淆电路协议在半诚实敌手模型下安全地计算了函数 f。

1.9.4 GMW 协议

1987 年，Goldreich、Micali 和 Wigderson 首次提出半诚实敌手模型假设下的安全多方计算协议，即 GMW 协议。该协议基于秘密分享技术实现，参与方数量为两个及两个以上，可以实现由与门、非门和异或门组成的布尔电路的计算，参与方利用加法秘密分享技术将个人持有的门输入划分为多个份额分享给其他参与方，异或门和非门的输出份额可以本地计算得到，与门计算中的交叉相乘的部分由所有参与方利用 OT 协议获得。基于承诺和零知识证明等技术，该协议还可以实现恶意敌手模型下的安全性。本节主要介绍在半诚实敌手模型下安全的两方 GMW 协议。

GMW 协议把函数表示成布尔电路。任意布尔电路都能等价转换成只包含异或门和与门的电路，为不失一般性，本节主要考虑这两个布尔门。假设布尔门 $g:\{0,1\}\times\{0,1\}\rightarrow\{0,1\}$ 的两个输入导线和输出导线分别取值为 x,y,z，则 $z=g(x,y)$。GMW 协议的核心思想是把每条输入导线的值都通过加法秘密分享的方式分成两个份额，两个参与方 P_1 和 P_2 各持有一个份额，共同完成布尔门的计算，计算后双方分别得到输出导线值的秘密份额。每个参与方持有的秘密份额都不会泄露导线值的任何信息，同时对门的求值过程也不会泄露任何额外信息。具体地，对于输入 x，选择随机比特 r 并令其为 x 的一个秘密份额，记为 x_1，计算 x 的另一个秘密份额 $x_2=x\oplus r$，可知 $x=x_1\oplus x_2$。以同样的方式生成输入 y 的两个秘密份额 y_1,y_2，满足 $y=y_1\oplus y_2$。假设 P_1 持有 x_1,y_1，P_2 持有 x_2,y_2，他们共同计算布尔门 g，最终 P_1 会得到输出 z 的一个秘密份额 z_1，P_2 会得到 z 的另一个秘密份额 z_2，满足 $z=z_1\oplus z_2$。

P_1 和 P_2 根据自己持有的秘密份额和电路的拓扑结构，逐门对电路求值，最终得到电路输出导线的秘密份额。针对异或门，P_1 计算 $z_1=x_1\oplus y_1$，P_2 计算 $z_2=x_2\oplus y_2$，可以验证 $z_1\oplus z_2=x_1\oplus y_1\oplus x_2\oplus y_2=(x_1\oplus x_2)\oplus(y_1\oplus y_2)=x\oplus y=z$，即这样计算的 z_1,z_2 正好是输出 z 的两个秘密份额。

针对与门，P_1 只持有 x_1,y_1，而不知道 P_2 的秘密份额 x_2,y_2，为了安全地得到输出的秘密份额，P_1 猜测 x_2,y_2 的 4 种可能结果，计算相应的输出份额，并作为发送方和 P_2 执行 4 选 1-OT 协议。P_2 作为 OT 协议的接收方，根据 x_2,y_2 的取值选择正确的输出份额。由 OT 协议的隐私性，P_1 无法知道 x_2,y_2 的具体取值，且 P_2 无法知道未选择的输出份额的任何信息。具体地，定义 $S_{x_1,y_1}(x_2,y_2)=(x_1\oplus x_2)\wedge(y_1\oplus y_2)$，$P_1$ 选择随机比特 r，计算

$$r\oplus S_{x_1,y_1}(0,0), r\oplus S_{x_1,y_1}(0,1), r\oplus S_{x_1,y_1}(1,0), r\oplus S_{x_1,y_1}(1,1),$$

以此作为输入和 P_2 执行 4 选 1-OT 协议。假设 $x_2=y_2=0$，则 P_2 执行协议后获得 $r\oplus S_{x_1,y_1}(0,0)$，这个值和 P_1 持有的 r 正好构成与门输出的两个秘密份额。

针对整个布尔电路，P_1 和 P_2 逐门求值后会各自得到电路输出导线的秘密份额，他们分别把秘密份额发送给对方，并各自计算得到电路的输出。

下面给出协议的完整表述。协议计算函数 $f:\{0,1\}^n\times\{0,1\}^n\rightarrow\{0,1\}^n$，用布尔电路等价表示函数 f。假设 P_1 和 P_2 各自拥有 n 条输入导线的值，分别记作 $x^1,x^2,\cdots,x^n;y^1,y^2,\cdots,y^n$。

(1) P_1 和 P_2 各自把拥有的输入比特做加法秘密分享，自己留有一个份额并把另一个份额发送给对方。具体地，对于 $i\in\{1,2,\cdots,n\}$，P_1 选择随机比特 r_x^i，令份额 $x_1^i=r_x^i$，份额

$x_2^i = r_x^i \oplus x^i$，满足 $x^i = x_1^i \oplus x_2^i$；P_2 选择随机比特 r_y^i，令份额 $y_1^i = r_y^i$，份额 $y_2^i = r_y^i \oplus y^i$，满足 $y^i = y_1^i \oplus y_2^i$。

(2) P_1 和 P_2 逐门对电路求值。对于异或门，他们各自利用持有的门输入导线份额计算门输出导线份额。对于与门，他们通过执行 4 选 1-OT 协议安全地得到各自的门输出导线份额。

(3) P_1 和 P_2 最终各自得到电路输出导线的秘密份额。他们分别把这些份额发送给对方，然后各自恢复出电路的输出值。

定理 1-16 假设 4 选 1 不经意传输协议在半诚实敌手模型下是安全的，则上述 GMW 协议在半诚实敌手模型下安全地计算了函数 f。

1.10 注释与参考文献

Rogaway 和 Shrimpton 在文献[1]中详细总结了密码学哈希算法的安全属性及关系。

Diffie 和 Hellman 在文献[2]中首次引入了公钥加密的概念，但没有给出具体构造。Rivest、Shamir 和 Adleman 在文献[3]中首次提出了一个具体的公钥加密方案。Koblitz 在文献[4]中和 Miller 在文献[5]中分别提出基于椭圆曲线群的公钥加密方案。公钥加密方案的安全性定义主要参考 Boneh 和 Shoup 的书籍[6]。

数字签名方案的安全性定义主要参考 Katz 的书籍[7]，该书籍对数字签名方案做了非常全面且详尽的总结。

Brown 在文献[8]中证明了 ECDSA 在通用群模型下具有 EUF-CMA 安全性。但 Stern 等在文献[9]中指出 Brown 的证明存在问题，他的证明可以推出 ECDSA 是强不可伪造的，而 ECDSA 不可能是强不可伪造的。

Chaum 和 Heyst 在文献[11]中首次提出群签名的概念，给出了具体方案构造，并证明方案满足匿名性和可追踪性。群签名的定义主要参考文献[12]。群签名方案的不可伪造性和抗共谋性可参考文献[13]，不可诬陷性可参考文献[14]。Bellare、Micciancio 和 Warinschi 在文献[12]提出完全匿名性和完全可追踪性两个概念，本章对这两个安全属性的定义主要参考这篇文献，给出的群签名方案也来自该文献。

Rivest、Shamir 和 Tauman 在文献[15]中首次提出环签名的概念。环签名方案的定义、安全属性定义和方案构造主要参考文献[16]。

Chaum 在文献[17]中首次提出盲签名的概念。盲签名的定义和安全属性定义主要参考文献[18]。Schnorr 签名方案的详细内容可参考文献[19]。

Desmedt 在文献[20]中首次提出门限签名的概念。门限签名的定义和方案构造主要参考文献[21]。BLS 签名方案由 Boneh、Lynn 和 Shacham[22]提出。

Itakura 和 Nakamura 在文献[23]中首次提出多签名的概念。基于 RSA 的多签名方案可参考文献[24-26]，基于 BLS 的多签名方案可参考文献[21,27-28]，基于 Schnorr 的多签名方案可参考文献[29-31]。多签名方案的定义和构造主要参考文献[21]，多签名方案的安全属性定义主要参考文献[32]。

Boneh 在文献[33]中首次提出聚合签名的概念，定义了安全属性，并给出了聚合签名方案的具体构造。

Goldwasser、Micali 和 Rackoff 在文献[34]中首次提出零知识证明的概念。零知识证明的基本定义和范围证明协议主要参考文献[35]。算术电路可满足性证明协议主要参考文献[36]。

Shamir[37] 和 Blakley[38] 分别独立地提出秘密分享的概念。Feldman 在文献[39]中首次提出可验证秘密分享的概念。Stadler 在文献[40]中提出公开可验证秘密分享的概念,对该方案份额验证过程的优化参考文献[41]。Cachin 等在文献[42]中提出异步可验证秘密分享的概念。Kokoris Kogias 等在文献[43]中提出高门限值的异步可验证秘密分享的概念。给出的 HAVSS 方案来自文献[44]。

交互的分布式随机数生成方案的基本定义和安全性定义参考文献[45]。关于 SCRAPE 方案的更多细节,可参考原始文献[41]。

安全多方计算的安全模型定义主要参考文献[46]。给出的 2 选 1 不经意传输协议参考文献[47],k 选 1 不经意传输协议来自文献[48]。姚氏混淆电路协议最早见于文献[49],该协议的完整表述主要参考文献[50]。GMW 协议最早见于文献[51],该协议的完整表述主要参考文献[48]。

1.11 本章习题

1. 如果哈希算法的定义不包含密钥空间,其是否还具有抗碰撞性?为什么?
2. 证明:若哈希函数具有强抗碰撞性,那么一定也具有弱抗碰撞性。
3. 若默克尔树的叶子节点数目不固定,那它是否还具有抗碰撞性?若是,请给出理由;若否,请给出一种碰撞。
4. 为什么若一个公钥加密方案是语义安全的,那么它一定是选择明文攻击安全的?为什么选择密文攻击安全是比选择明文攻击安全更强的安全属性?
5. 证明:基于 DDH 假设,ECC 加密方案是选择明文攻击安全的。为什么该方案不是选择密文攻击安全的?请简要说明。
6. 请列举数字签名方案和公钥加密方案的区别与联系。
7. ECDSA 签名方案是否具有 SUF-CMA 安全性?为什么?
8. 请列举群签名方案和环签名方案的区别与联系。
9. 许多签名方案都可转换成盲签名方案,试给出一个基于 BLS 签名的盲签名方案,并说明其安全性。
10. 请列举门限签名方案和多签名方案的区别与联系。
11. 聚合签名方案有若干不同的构造,试给出一个基于 Schnorr 签名方案的聚合签名方案,并说明其安全性。
12. 请给出 3 字节序列 01100011 00011001 01010011 的 Base58 编码结果。
13. 在零知识证明的零知识属性定义中,为什么要求模拟器运行多项式时间?如果允许它运行指数时间,会有什么问题?
14. 1.6.2 节给出的范围证明协议可证明一个秘密值 v 属于范围 $[0, 2^k-1]$。基于该协议,试设计一个范围证明协议来证明秘密值 v 属于范围 $[A,B]$,其中 A、B 是任意正整数,且 $A<B$。

15. 试分析 1.6.3 节给出的 BCCGP16 协议的完备性。
16. BCCGP16 协议中的内积论证协议是否需要具备零知识性?为什么?
17. 针对 Shamir 秘密分享方案,令 $a \in \mathbb{Z}_q$ 表示一个公开值,对于 $i=1,2,\cdots,n$,计算 $z_i = ay_i$。证明:$(x_1,z_1),(x_2,z_2),\cdots,(x_n,z_n)$ 是对秘密 as 的 n 个有效份额。
18. 请举例说明在哪些场景下,安全多方计算协议无法满足输出可达性和公平性,并解释原因。
19. 试通过理想-现实模拟范式,给出安全多方计算协议在半诚实敌手模型下的形式化安全性定义。
20. 证明不经意传输协议相关的定理 1-14。
21. 证明姚式混淆电路协议相关的定理 1-15。
22. 证明 GMW 协议相关的定理 1-16。

第 2 章 分布式系统

分布式系统是区块链的基础,通常使用若干独立的计算机系统完成用户的任务,而保证数据在多个计算机系统间的一致性问题是分布式系统能正常工作的前提。本章将以分布式系统中的一致性问题为出发点,介绍一致性问题的解决方案及相关的原理,以此作为学习区块链的基础。

2.1 分布式系统架构

21 世纪的生活对网络服务的依赖性越来越大,而网络服务已经极大地改变了社会结构。从视频会议、股票交易、网络银行到各种社交网络,基于网络的服务发挥着主导作用。网络提供了基本的通信连接,而建立在这些网络上的各种服务是分布式系统的例子,分布式系统正在深刻影响人们的日常生活。

本节主要介绍分布式系统架构,为后文正式介绍分布式系统的原理做铺垫。接下来依次介绍分布式系统、网络模型和故障模型。

2.1.1 分布式系统

分布式系统是由物理位置分散的多台计算机组成的系统,这些计算机通过网络通信,为了完成共同的任务而协同工作。通常,当单台计算机的处理能力无法满足日益增长的计算、存储任务或者稳定性需求,而且提升硬件代价十分高时,才需要考虑分布式系统。分布式系统可以使用多台计算机完成单台计算机无法完成的任务,并且通常单台计算机的故障不会影响服务的运转,因此可以提高整体系统的稳定性。本章在接下来的部分以节点指代分布式系统中的计算机。一个分布式系统通常有下面几个特征。

1. 多进程

系统由一个以上的进程组成。这些进程可以是系统进程,也可以是用户进程,但每个进程应该由一个独立的线程控制,并且拥有独立的地址空间。在区块链的分布式系统中,节点可以看作进程的一对一的容器,即每个节点维护一个进程。后面的描述也将互换使用这两个名词。

2. 进程间通信

进程之间使用消息通信,消息通过信道从一个进程传输到另一个进程,而消息传输的具体延迟取决于信道的物理特性。

3. 共同的目标

进程必须相互协作以达到一个共同的目标。考虑两个进程 P 和 Q，假设 P 对一组给定的 x 值计算 $f(x)=x^2$，而 Q 将一组数字乘以 π，如果这种行为没有明确的意义，那么 (P, Q) 不是分布式系统，因为 P 和 Q 之间没有互动；相反，如果上述行为是为了共同计算一个半径为 x 的圆的面积，那么 (P, Q) 就代表了一个有意义的分布式系统。同样，如果一组卖家公布了产品的成本，而一组买家发布商品意愿购买清单以及愿意支付的价格，那么单独看，买家和卖家都不是有意义的分布式系统。但当它们通过互联网耦合到一个拍卖系统中时，它就成为一个有意义的分布式系统。

上面提到的特征是一个分布式系统最基本的特征，此处仅强调了在逻辑上分布式计算可能具备的最简单特征，却没有考虑整个系统对进程间合作的执行控制，也没有考虑其中涉及的安全问题。

在过去几十年中，分布式系统获得了广泛的应用。第一个例子是硬件和软件资源共享。计算机 A 的用户可能想使用与计算机 B 连接的高级激光打印机，或者计算机 B 的用户可能需要计算机 C 的一些额外磁盘空间来存储一个大文件。在一个工作站网络中，工作站 A 可能想使用工作站 B 和 C 的闲置计算能力，以提高某个特定计算的速度。就像共享文档一样，它可以让用户利用云计算的能力，使用文字编辑、电子表格和演示文稿等应用，而无须在本地计算机上安装这些应用软件。包括云计算在内的资源共享本质上是将用户或组织的计算基础设施外包给数据中心，而这些中心允许成千上万的客户通过互联网分享它们的计算资源，并以可承受的成本高效执行计算。

另一个例子是容错容灾。单处理器或围绕单一中心节点建立的系统，在处理器出现故障时容易完全崩溃。分布式系统通过使用适当的容错设计有可能弥补这一缺陷，即当一部分进程发生故障时，其余的进程会接管故障进程的任务，并保持系统服务的运行。例如，在分布式容错系统中，3 个功能相同的节点被用来执行相同的计算，正确的结果由多数节点投票决定。节点在预定的时间间隔内例行检查彼此，允许自动检测、诊断和最终恢复故障。显而易见，这种容错设计会导致整体性能下降，特别是当一部分节点故障或信道瘫痪时，但对于一些关键服务（如金融系统）的用户来说，他们愿意为了稳定性而对系统性能的部分下降进行妥协。因此，分布式系统的容错容灾的能力也是其得到广泛应用的一个重要原因。

分布式系统的具体特征和实际部署场景千变万化，为了方便对其描述，本章依托模型展开讨论。一个模型是一个系统的抽象视图，通过对分布式系统建模，我们可以在忽略许多细节的情况下快速了解分布式系统的特征以及其中的关键问题。但这并不意味着这些细节是不重要的，只是不在本章的讨论范围内。因此，当讨论一个多进程的分布式系统时，本章不会描述运行这些进程的处理器的类型，或者物理内存的特性，或者消息的比特在特定通道上的传输速度。使用抽象模型主要为了强调进程在网络上的行为，以及系统并发或交错执行的状态。分布式系统的进程模型研究中有如下两类重要的模型，2.1.2 节和 2.1.3 节会逐一介绍其形式化的定义。

（1）**网络模型**。网络模型描述了节点之间如何保证通信，例如同步网络模型保证了正确节点间的通信始终能在一个确定的延迟上界内送达。

（2）**故障模型**。故障模型定义了分布式系统运行过程中,节点可能发生故障的情况。即使发生了这种故障情况,分布式系统仍然能正常运行,但是无法保证在更坏的故障情况下,分布式系统也能正常运行。

2.1.2 网络模型

为了描述网络模型,这里使用一个有向图 $G=(V,E)$ 表示一个分布式系统,其中 V 是一组节点,E 是连接节点之间的边。

每个节点维护一个进程,每条边对应一对进程之间的通信信道,即节点之间的通信是点对点的。例如,(i,j) 表示任何两个节点 i,j 之间的通信信道。下面描述一个可靠信道（Reliable Channel）模型,其建立于以下3个公理之上。

公理 2-1 发送方发送的每条信息都会被接收方收到,而接收方收到的每条信息都是由系统中某个发送方发送的。

公理 2-2 每个信息都有一个任意的但有限的传输延迟。

公理 2-3 每个信道都是一个先进先出的信道。

值得注意的是,可靠信道不能描述分布式系统中所有的网络模型,这些公理不一定对所有分布式系统都是正确的,但是在本章节中涉及的所有分布式系统或协议都假设存在可靠信道。下面对这些公理进行澄清。

公理 2-1 排除了信息的丢失和虚假信息的接收。当信道不可靠时,可能在数据链路或传输层被违反。恢复丢失的信息是链路和传输层协议的一个重要功能。

在公理 2-2 中,没有预定的传播延迟上限是异步通道的一个重要特征。在现实中,根据信道的性质和发送方与接收方之间的距离,有时可以规定传播延迟的上限。例如,考虑一个安置在小房间内的系统,让信号直接沿着电线从一个进程传播到另一个进程。假设电信号的传播速度最小为1m/ns,因此在房间内20m的链路上的传播延迟显然不会超过20ns。然而,如果一个系统的正确操作取决于传播延迟的上限,那么当链路的长度增加到300m时,同一系统的正确性可能会受到影响。简言之,只有那些面向任意但有限传输延迟设计的系统会继续表现正确。因此,延迟不敏感度能增加系统的鲁棒性和普适性。

公理 2-3 描述的情况是,如果 x 和 y 是一个进程 P 向另一个进程 Q 发送的两个消息,并且 x 在 y 之前发送,那么 x 在 y 之前会被 Q 收到。在实际的系统中,这一公理不一定满足,因为数据包可能在接收端不按顺序到达。为了使模型变得适用,有必要假设存在一个服务层,其在数据包交付给接收进程之前对其重新排序。

分布式系统的网络模型主要分为同步网络和异步网络。广义的同步概念是基于发送方和接收方保持同步的时钟,并以严格的时间关系执行行动。而异步概念则是指发送方和接收方完全不依靠时钟通信。此外,还存在一种部分同步模型,它是同步网络模型到异步网络模型的一个过渡,不依赖发送方和接收方之间时钟的精确同步,但对信道的传输时延上限具有一定的约束。本部分只重点介绍基于同步网络的系统特征,如下所示。

（1）**同步时钟**。在一个具有同步时钟的系统中,每个进程的本地时钟都显示相同的时间。一组独立的本地时钟的读表数往往会发生漂移,而且这种差异会随着时间的推移而增大。即使是原子钟,漂移也是可能的,尽管这种漂移的程度比用普通电气元件设计的时钟之间的漂移小得多。由于现实情况下时钟不可能完全同步,因此同步时钟的概念可以弱化,即本地时钟与实际漂移量有一个已知的上限。

（2）**同步进程**。一个同步系统以同步的方式执行指令，即在每一步操作中，所有进程都执行一组明确的指令。然而，在现实生活中，在处理器上运行的进程经常会因为中断的发生而频繁出现故障。因此，中断服务程序在两个连续指令的执行之间引入了不确定的延迟，使得外界看来，指令执行速度是不可预测的，没有明显的下限。反过来说，当一个进程的指令执行速度有一个已知的下界，即指令的执行时间存在已知的上界时，则这个进程称为同步进程。

（3）**同步信道**。当信道上的消息传播延迟有一个已知的上限时，该信道被称为同步信道，有时也被称为有界延时信道。

（4）**同步通信**。在同步通信中，发送方只有在接收方准备好接收信息时才发送信息，反之亦然。当通信是异步的时，发送方和接收方之间没有互相协商的机制。例如，编号为 i 的消息发送者并不关心它所发送的前一个编号为 $i-1$ 的消息是否已经被收到，这种类型的发送操作也被称为非阻塞式发送操作。在阻塞式发送中，只有当接收方发出准备接收该消息的信号时，才会发送该消息。和发送操作类似，接收操作也可以是阻塞的或非阻塞的。在阻塞式接收中，一个进程无限期地等待接收它所期待的来自发送方的消息。如果接收操作是非阻塞的，那么一个进程就会转移到下一个任务，以防预期的消息还没有到达。

如图 2-1 所示，客户端和服务器的时钟存在漂移量上限，这是由同步时钟所保证的。当客户端发送指令 1 到服务器时，服务器会在有限的时间内接收到指令 1，这满足了同步信道的要求。服务器收到指令后会对指令进行处理，处理时间因指令而异，但是考虑到指令执行的速度有一个明确的下界，所以处理时间存在一个上界，这满足了同步进程的要求。最后，指令 1 和指令 2 分别由同一个客户端依次发送给服务器，那么服务端对两条指令的响应情况也应该是依次的，这满足了同步通信的要求。

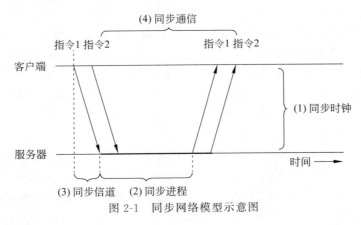

图 2-1　同步网络模型示意图

2.1.3　故障模型

故障是一种意外行为的表现，而容错是一种机制，用于在故障发生后掩盖或恢复系统的预期行为。由于各行各业越来越依赖计算机执行任务，因此对容错性或可靠性的关注急剧增加。另外，系统规模的扩大也间接导致故障数量的增加。硬件技术的进步可以使单个组件更加可靠，但它不能完全消除它们。糟糕的系统设计和行为模式也会导致故障发生。

从历史上看,故障的模型与系统规范中的抽象程度有关。一个系统级的硬件设计者可能将硬件的任何预期之外或错误的行为视为故障。例如,电源电压的下降或者由于闪电或雨造成的无线电干扰,可以通过扰乱系统状态而造成瞬时故障,但不会对硬件系统造成任何永久性损害。从一个进程传播到另一个进程的信息可能在传输中丢失。最后,即使硬件没有故障,软件也可能由于代码损坏、系统入侵、系统规格的不当或意外变化、环境变化或人为错误而失效。

故障是任何系统的一部分,几乎无法完全避免,真正的问题是故障的频率和后果。对可靠计算机的真正兴趣是从太空探索时期开始的,在那时的场景下,故障的成本高得令人难以接受。之后,计算机在金融界、核反应堆、空中交通管制、航空电子设备以及医疗设备等关键系统中广泛使用,重新激发了人们对系统容错研究的兴趣。接下来描述几种主要的故障类型,它们覆盖了分布式系统中设计的大多数故障模型。

(1)**崩溃故障**。当一个进程永久性地停止执行其行动时,它就会发生崩溃故障,这通常是一个不可逆的变化。这种故障还存在一种可逆的变体,即一个进程可以在有限的时间内假死,然后恢复运行,或者它可以被修复,这样的故障被称为打盹故障。

在同步模型系统中,可以用超时检测崩溃故障。例如,进程可以通过周期性地广播一个心跳信号,表示自己还是活跃的。当其他正确的进程未能在预定的超时时间内收到心跳信号时,就会得出该进程已经崩溃的结论。

大多数的容错算法被设计为只处理崩溃故障,然而在实际的系统中,处理器的内部故障可能不会导致进程停止。为了简化问题的讨论,我们进一步引入两个假设:①当崩溃发生时,处理器停止程序的执行;②易失性存储的内部状态被不可挽回地丢失。这也被称为崩溃-停止模型。

(2)**遗漏故障**。考虑一个发送方进程向一个接收方进程发送一连串的消息,如果接收方没有收到发送方发送的一个或多个消息,就会发生遗漏故障。在现实生活中,这可能是由传输链路的故障或由于介质的特性引起的。例如,路由器中有限的缓冲容量会导致一些通信系统丢弃数据包。在无线通信中,当物理层发生碰撞或接收节点移出范围时,信息会丢失。处理遗漏故障的技术构成了网络研究的一个核心领域。

(3)**瞬态故障**。瞬态故障以一种任意的方式扰乱全局状态。诱发这种故障的因素可能是暂时性的,如电力浪涌、机械冲击、闪电等,但它可能对全局状态产生持久的影响。事实上,当通道状态被扰动时,遗漏故障是瞬态故障的特殊情况。

(4)**软件故障**。软件故障包括以下几种:①编码错误或人为错误。一个真实的例子是在1999年9月23日,美国宇航局(NASA)因为没有使用适当的参数单位而失去了价值1.25亿美元的火星轨道器航天器,这是因为一个工程团队在程序中使用了公制单位,而另一个使用英制单位,结果航天器导航失败,进而导致其在大气中燃烧。②内存泄漏。这种故障的表现形式是物理内存未被正确释放,并且往往会诱发崩溃故障。具体来讲,如果进程未能释放分配给它们的全部物理内存,那么随着时间的推移,这将会不断占用可用物理内存,当可用物理内存低于应用程序所需的最小值时,系统就会崩溃。

(5)**临时故障**。实时系统要求在特定时间内完成行动。当这个期限没有被满足时,就会发生临时故障。像软件故障一样,临时故障也会导致其他类型的故障行为。

(6)**拜占庭式故障**。拜占庭式故障代表了所有故障模型中最弱的一种,它允许任意一种错误行为,包括进程的恶意行为。下面是一个具体的例子,假设进程 i 将一个局部变量的值 x 广播给其他节点,其他进程收到的值可能包含以下几种情况。

① 两个不同的邻居进程 j 和 k 收到值 x 和 y,其中 $x \neq y$。
② 每个邻居进程都收到一个值 z,其中 $z \neq x$。
③ 一个或多个邻居进程没有收到来自进程 i 的任何数据。

上面提到的这些杂乱无章的故障的一些可能原因如下:①进程 i 使用了不正确或被植入恶意程序的软件;②进程 i 与其邻居进程的连接链路全部或部分中断;③硬件同步问题,即假设每个邻居进程都连接到相同的总线上,并读取进程 i 发出的变量 x 的相同副本,但由于时钟不是完全同步的,它们可能不会在同一时间准确读取 x 的值,如果 x 的值随时间变化,那么不同邻居进程可能从进程 i 那里收到不同的 x 值。

有些故障是可重复的,而有些则是不可重复的。由不正确的软件引起的故障通常是可重复的,而那些由于瞬时硬件故障或由于竞赛条件引起的故障可能不是这样,因此在调试过程中不会被发现。

2.2 分布式共识

分布式系统中一个基本问题是如何在存在故障进程的情况下保障系统的可用性。这往往需要协调进程达成共识,或者就计算过程中需要的一些数据值达成一致。在大规模分布式系统中,共享数据的一致性模型往往难以有效实现。分布式共识恰恰是实现一致性的一种主要方法,例如,同意以何种顺序向数据库提交哪些事务、节点之间的状态机复制等。本部分将在 2.2.1 节共识问题中介绍。除了分布式节点间的共识,以客户端为中心的一致性模型形成一个特殊的类别,它专注从单个客户端的角度看一致性。以客户端为中心的一致性模型将在 2.2.2 节讨论。最后,在 2.2.3 节举例说明分布式共识。

2.2.1 共识问题

共识问题是分布式系统的核心问题之一,而在没有故障的情况下,共识问题的解决方案是平凡的,本节只介绍在有故障情况下的分布式共识。这个问题可以表述如下:一个分布式系统包含 n 个进程 $\{0,1,2,\cdots,n-1\}$,每个进程都有一个初始值。共识问题是要设计一种算法,使得尽管有故障发生,但进程最终会对一个不可撤销的最终决策值达成共识,同时还要满足以下 3 个属性。

(1) **可终止性**(Termination):在有限时间内能达成共识。
(2) **一致性**(Consistency):诚实节点最终输出的结果是相同的。
(3) **有效性**(Validity):决策的结果必须是某个进程的初始值。

可终止性和一致性的保证是不难理解的。而有效性则是增加了一种理智的检查,决策值应该反映所有人的初始值,否则共识协议就失去了意义。例如,将决策值固定为某个特定的值。另外,最终决策的不可撤销也很重要:如果小明在网上买了 100 股上市公司的股票,并且在股票经纪人系统中得到确认,那么即使经纪人的计算机被海啸摧毁,小明也应该能去任何其他经纪人那里卖出这些股票。

对于具体的分布式系统而言,以上3个条件并非要全部严格满足。在某些情况下,近似一致被认为是足够的。例如,物理时钟同步总是允许两个时钟读数之间的差异小于一个较小的偏移。协议的有效性并没有规定最终的决定值是否必须由多数人投票选择。在实践中可以在上述3个条件内对协议目标进行微调。

2.2.2 客户端一致性

前面的共识问题考虑的是服务器节点之间对同一数据达成共识的过程,在有些文献中也被叫作面向数据的一致性。但是,从客户端的角度考虑,客户端不应该关心服务器节点是否达成一致,换句话说,客户端使用分布式系统应该同使用单机系统的体验一致。然而,这个目标是很难达成的,例如两个不同的用户,对同一分布式系统的不同节点中的相同对象同时执行更改操作,这必然需要一定时间达成一致。而且,一个用户的更改操作必然会导致另一个用户的更改操作失败。综上,从客户端的角度看,需要考虑一些更弱的面向客户端的一致性模型。

面向客户端的一致性模型可以使用下面的记号描述。令 x_i 表示对象 x 的第 i 个版本。版本 x_i 是一系列写操作共同导致的结果,写操作表示为 $W(x_i)$。通过一个写操作,对象 x 从版本 x_i 变为版本 x_j,则称 x_j 是 x_i 的后续版本,同时这个写操作可以表示为 $W(x_i;x_j)$。同样,读操作可以表示为 $R(x_i)$,意思是读取了对象 x 的第 i 个版本。

1. 单调读

如果一个进程读取了版本 x_i 的数据,任何在此之后的对对象 x 执行的读操作,都会返回相同的值或者 x_i 后面的版本,那么就说这个分布式系统提供了单调读。换句话说,单调读保证了如果一个进程已经看到了版本 x_i,那么任何进程都不可能看到比 x_i 更早的版本。

举一个单调读的例子,考虑一个分布式电子邮件数据库。在这样的数据库中,每个用户的邮箱可能以分布式的方式被复制在多台服务器上,所谓邮箱则是这些服务器组成的整体向外提供的服务。当新的邮件来临时,它可以被插入系统中的任何服务器的数据库中,而邮件在服务器间的复制是以一种懒惰的方式传播的,即只有当一个服务器需要某些数据的一致性时,这些数据才会被传播到该服务器。假设一个用户通过北京的服务器阅读他的邮件,并且不对邮件执行任何修改、删除等操作,当用户通过上海的服务器并再次打开他的邮箱时,单调的阅读一致性保证了在北京的邮箱中的邮件在上海打开时也会出现在邮箱中。

这里需要注意的是,写操作是可以并行执行的,即两次写操作所处的时间互相重叠,那么实际上它们没有严格的先后顺序。图2-2描述了这种情况。图 2-2(a)在执行 $W(x_1)$ 和 $W(x_2)$ 后,此时 x 的版本中 x_2 是 x_1 的后续版本,所以两次读操作符合单调读的一致性。而图 2-2(b)中 $W(x_1)$ 和 $W(x_2)$ 是并发执行的,即在两次写操作结束后,无法确定 x_2 和 x_1 的先后顺序。此时两次读操作无法满足单调读的要求。

2. 单调写

如果一个进程对数据对象 x 执行写操作,该写操作一定比这一进程后续的写操作返回的早,那么就说这个分布式系统提供了单调写。如果存在两个由同一个进程发起的连续写操作 $W(x_i)$ 和 $W(x_j)$,那么无论 $W(x_j)$ 何时产生作用,最终得到的版本一定是 x_j。换句话说,对于一个进程而言,任何写操作都必须等待之前所有的写操作都已经完成后才能执行,

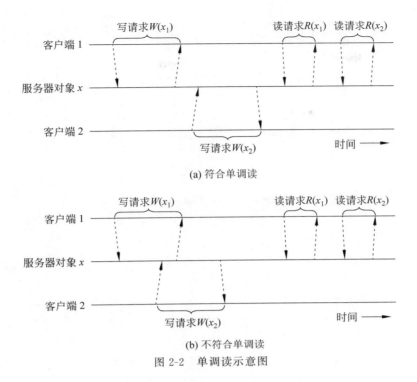

(a) 符合单调读

(b) 不符合单调读

图 2-2 单调读示意图

这可以确保这次写操作总是在最新的版本上执行。

当每个写操作完全覆盖了 x 的当前值时,更新 x 就没有必要了。然而,写操作往往只对一个数据项的部分状态执行操作。例如,考虑一个软件库,在很多情况下,更新这样一个库是通过替换一个或多个函数完成的,从而产生下一个版本。通过单调的写法一致性,可以保证如果在库的副本上更新,所有之前的更新将被首先执行。因此,可以确保产生的库确实成为最新的版本,并且包括库的所有先前版本的更新。

如图 2-3 所示,在图 2-3(a)中,客户端 1 首先执行写操作 $W(x_1)$,然后执行写操作 $W(x_3)$。在这两次写操作过程中,客户端 2 执行写操作 $W(x_2)$ 以修改对象 x 的版本。单调写要求客户端 1 在执行第二次写操作时,应该了解对象 x 当前版本已经变为 x_2。然而,在图 2-3(b)中,客户端 1 在执行第二次写操作时,$W(x_1)$ 和 $W(x_2)$ 的先后执行顺序还未确定,$W(x_3)$ 与 $W(x_1)$ 并行执行,这违反了单调写的要求。

3. 写后读

如果一个进程对数据对象 x 执行的写操作总是能被此进程的后续的读操作认同,就说这个分布式系统提供了写后读。换句话说,无论何时当相同进程执行读操作时,之前所有的写操作均应该已经完成。

一个例子是在更新网络文件并随后查看其效果时,有时会遇到缺乏写后读一致性的问题。更新操作通常是通过一个标准的编辑器或文字处理器执行的,也许是作为内容管理系统的一部分嵌入的,然后将新版本保存在网络服务器共享的文件系统中。用户的网络浏览器访问同一文件,可能在本地网络服务器请求之后。然而,一旦该文件被读取,服务器或浏览器通常会缓存一个本地副本,供后续访问使用。因此,当网页被更新时,如果浏览器或服

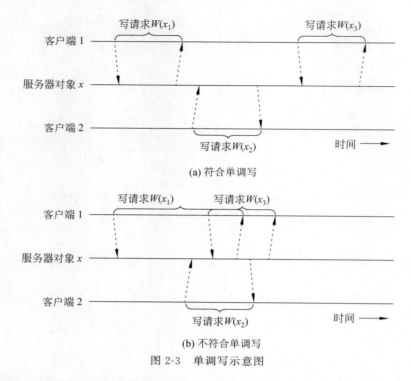

(a) 符合单调写

(b) 不符合单调写

图 2-3 单调写示意图

务器返回缓存的副本,而不是原始文件,用户将看不到效果。写后读的一致性可以保证,如果编辑器和浏览器被集成到一个程序中,当网页被更新时,缓存就会失效,这样更新后的文件就会被读取并显示出来。

更新密码时也会出现类似的效果。例如,要进入网络上的数字图书馆,通常需要有一个附带密码的账户。然而,更改密码可能需要一些时间才能生效,结果是用户在几分钟内可能无法进入图书馆。造成这种延迟的原因是,一个单独的服务器被用来管理密码,随后可能需要一些时间将(加密的)密码传播到构成图书馆的各服务器上。

如图 2-4 所示,在图 2-4(a)中,客户端 1 的读操作在写操作之后完成。在两次操作中,客户端 2 的写操作改变了对象 x 的版本。但是,当客户端 1 读取到 x_2 时,$W(x_1)$ 已经完成,所以满足写后读的要求。在图 2-4(b)中,客户端 1 处于读操作时,写请求 $W(x_1)$ 还未执行完成,此时就违反了写后读的要求。

4. 读后写

如果一个进程的读操作总是能被后续的写操作认同,就说这个分布式系统提供了读后写。换句话说,任何写操作都基于对象 x 的最新可读取的副本。

一个例子是网络新闻的用户在看到原始文章后,才能看到对文章的评论信息。假设一个用户首先阅读了一篇文章,然后他可以通过发布一个评论做出回应。其中,只读文章的用户无须要求任何特定一致性模型。读后写保证了对文章的评论只有在文章本身也存储在本地副本中时才会被存储。

如图 2-5 所示,在图 2-5(a)中,客户端 2 读取对象 x_1 后,需要等待 $W(x_1)$ 完成后,才能执行 $W(x_2)$ 的写操作,这符合读后写。然而,在图 2-5(b)中,客户端 2 没有等待写请求的完

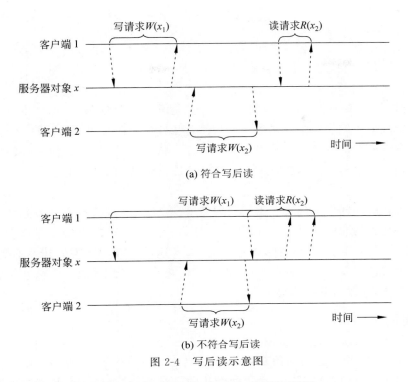

图 2-4　写后读示意图

成,提前与 $W(x_1)$ 并行地执行了写请求,这违背了读后写的原则。

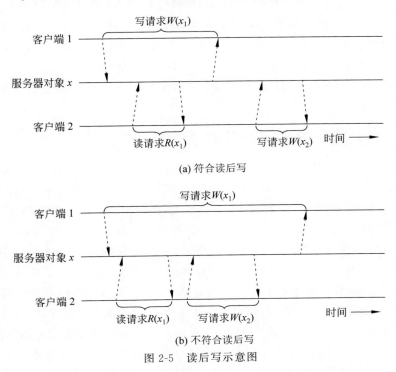

图 2-5　读后写示意图

5. 可序列化

可序列化用来保持数据对象处于一致的状态，它与数据库事务的隔离属性有关。假设系统中存在一个时间表，记录了事务执行的起止时间，那么可序列化意味着存在一个与之等价的完全串行的时间表。

进一步讲，如果每个事务本身是正确的，即满足某些完整性条件，那么由这些事务的任何串行执行组成的时间表都是正确的。"串行"意味着事务在时间上不重叠，不能相互干扰，即彼此之间存在完全的隔离。如果事务之间不存在依赖关系，那么任何事务的顺序都是合法的。因此，一个由任何执行任务组成的时间表是正确的，它等同于这些事务的任何串行执行。

不可序列化的时间表可能会产生错误的结果。众所周知的例子是用钱借入和贷出账户的交易。如果相关的时间表是不可序列化的，那么钱的总和可能不会被保留下来。钱可能消失，或者凭空产生。之所以会导致上述情况，或者违反保存中所需的其他不变性，是因为一个交易在永久性的写入数据库前，其数据可能会被另一个意外插入的消息所影响。如果保持了可序列化，这种情况就不会发生。

6. 可线性化

在一个分布式系统中，进程可以同时访问一个共享对象。多个进程访问一个对象，可能出现如下情况：当一个进程访问该对象时，另一个进程改变了它的内容。使系统可线性化是解决这个问题的一种办法。在一个可线性化的系统中，尽管在一个共享对象上的操作是重叠的，但每个操作看起来都是瞬间发生的。可线性化是一个强有力的正确性条件，它限制了当一个对象被多个进程并发访问时可能出现的输出。它是一个安全属性，确保操作不会以意外或不可预测的方式完成。

可线性化是在可序列化的基础上保证交易时间表中每个交易存在一个可线性化时间点。在客户端看来，任何一个交易都在可线性化时间点瞬间完成，而交易与交易之间则按照可线性化时间点排序。

2.2.3 共识算法举例——Raft

为了更好地解释共识问题，这里举经典算法 Raft 的例子，它可以令多个节点就客户端的指令达成共识并维护一致的状态。在该算法的场景中，系统中的每个节点运行一个状态机服务，并且这些状态机会产生同样的状态副本，因此即使有一些节点崩溃了，整个系统还能继续执行。因此，该算法主要在分布式系统中被用于解决有关容错的问题。

状态机本身持有一个确定的状态转移函数，该函数接收输入指令，完成状态机在不同状态之间的转移并输出一个结果给客户端。在系统运行的初始阶段，状态机被设置成一个初始化的特殊状态。随着不断读取来自客户端的指令，状态机循环执行状态转移函数。因为状态转移函数是确定性的，所以对于任意两个相同状态转移函数的状态机，如果它们自初始化状态开始接收的输入指令序列是相同的，那么它们所到达的状态必然是相同的。

如图 2-6 所示，复制状态机是通过复制指令日志实现的。每一台服务器保存着一份指令日志，指令日志中包含一系列的命令，状态机会按顺序执行这些命令。因为每一台计算机的状态机都是确定的，所以每个状态机的状态都是相同的，执行的命令是相同的，最后的执行结果也是一样的。

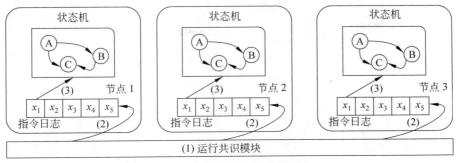

图 2-6 复制状态机示意图

如何保证复制日志一致就是共识算法的工作了。在一台服务器上，一致性模块接收客户端的命令并且把命令加入它的日志中。它和其他服务器共用共识模块，以确保每个日志最终包含相同序列的请求，即使有一些服务器死机了。一旦这些命令被正确复制，每台服务器的状态机都会按同样的顺序执行它们，然后将结果返回给客户端。最终，这些节点看起来就像一台可靠的状态机。

Raft 是一种用于管理复制状态机的复制日志的共识算法。Raft 首先通过选举一个特定的领导者来实现共识，然后让领导者完全负责管理复制的日志。领导者接收来自客户端的日志条目，将其复制到其他节点上，并告诉节点何时可以安全地将日志条目应用到本地状态机。领导者可以简化对复制日志的管理。例如，领导者可以决定在日志中放置新条目的位置，而不需要咨询其他节点，并且数据以一种简单的方式从领导者流向其他节点。一个领导者可能会失败或与其他节点断开连接，在这种情况下，会选出一个新的领导者。

Raft 算法的主要流程包括两部分：第一部分是领导者选举算法，领导者可以保证系统始终是可用的，当一个现存的领导者崩溃时，需要立刻选举出另一个新的领导者；第二部分是日志复制算法，领导者接收来自客户端的日志，然后通过广播日志使得其他节点的日志与领导者日志相同。本部分首先介绍节点状态和任期两个概念，然后分别就领导者选举算法和日志复制算法解释 Raft 的工作流程。

1. 节点状态

在 Raft 算法中，每个节点都处于 3 种状态之一：领导者、追随者或候选者。正常运行情况下，只有一个领导者，其他所有的节点都是追随者。追随者是被动的，它们自己不发出任何请求，只是对领导者和候选人的请求做出回应。领导者处理所有客户端的请求（如果客户端将交易发送给追随者，追随者将其重定向到领导者）。候选者是被用来选举的一个新的领导者，选举算法将在下方的领导者选举算法部分给出。图 2-7 显示了这些状态和它们的转换；下面讨论这些转换。

2. 任期

如图 2-8 所示，Raft 将时间划分为任意长度的任期。任期用连续的整数编号。每个任期以选举开始，其中一个或多个候选者试图成为领导者。如果一个候选者在选举中获胜，那么他将在接下来的任期内担任领导者。在某些情况下，选举的结果是分裂的，即不会有任何

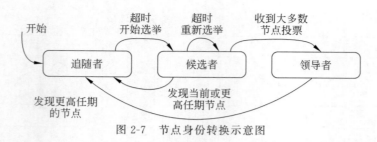

图 2-7 节点身份转换示意图

节点成为领导者,那么节点会很快进入新的任期重新选举。Raft 确保在一个给定的任期内最多只有一个领导者。

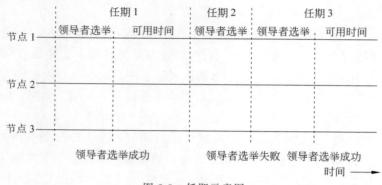

图 2-8 任期示意图

3. 领导者选举算法

Raft 使用心跳机制触发领导者选举。当服务器启动时,它们的默认状态是追随者。只要服务器收到来自领导者或候选人的有效心跳包,它就一直处于跟随者状态。如图 2-9 所示,领导者定期向所有追随者发送心跳,以维持其权威。每个追随者维护一个本地时钟,并设定选举超时时间。如果追随者在选举超时时间内没有收到任何心跳包,就认为没有可靠的领导者,并运行领导者选举算法以选择新的领导者。

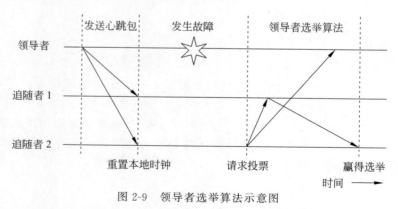

图 2-9 领导者选举算法示意图

为了开始选举,追随者增加它的当前任期并过渡到候选状态。然后,它为自己投票,并向集群中的每个其他节点发出请求投票命令,该请求表示为希望其他节点可以为自己投票。

候选者等待下面 3 种情况之一：①自己赢得选举；②其他节点赢得选举；③没有节点赢得选举。下面分别讨论上述 3 种情况。

(1) **自己赢得选举**。如果一个候选人在同一任期内获得了整个集群中大多数服务器（一半以上）的投票，那么它就赢得了选举。每台服务器在给定任期内最多为一名候选人投票，以先来后到为原则。少数服从多数的原则保证了最多只有一名候选人能在某一任期内赢得选举。一旦一名候选人在选举中获胜，它就成为领导者。然后，它向所有其他服务器发送心跳信息，以建立其权威。

(2) **其他节点赢得选举**。在等待投票的过程中，候选人可能会收到另一台服务器的心跳包，声称自己是领导者。如果领导者的任期至少与候选人的当前任期一样大，那么候选人就会承认领导者是合法的，并返回到跟随者状态。如果心跳包中的任期比候选者当前的任期小，那么候选者拒绝心跳包，继续处于候选状态。

(3) **没有节点赢得选举**。如果许多追随者同时成为候选人，票数可能被分割，因此没有候选人会获得很多票数。当这种情况发生时，每名候选人都会超时，并通过增加其任期和启动新一轮的请求投票开始新的选举。然而，如果没有额外的措施，分裂的投票可能无限期地重复。Raft 使用随机的选举超时时间，以避免节点同时争当候选者，从而减少分裂票。具体来讲，选举超时时间是从一个固定的时间间隔中随机选择的（如 150～300ms），这就分散了节点触发领导人选举算法的时间。所以，在大多数情况下，只有第一个触发超时的节点会声称自己是候选者，随后它可以顺利赢得选举，并发送心跳包以建立权威。同时，每名候选者在选举开始时重新设定其选举超时时间，并等待超时过后再开始下一次选举，这减小了在新的选举中再次出现分裂票的可能性。

因为每个节点赢得一个任期内的领导者选举算法需要大多数节点的投票，而每个节点在一个任期内最多只能向一个其他节点投票，所以在任何一个任期内最多只有一个领导者，这保证了协议的一致性。

4. 日志复制算法

一旦一个领导者被选出，它就开始为客户请求提供服务。每个客户请求都包含一个需要由状态机执行的命令。领导者将该命令作为一个新的条目附加到它的日志中，然后向其他每台服务器并行地发出增补条目命令来复制该条目。当条目被安全复制后，领导者将条目应用于其状态机，并将执行结果返回给客户端。如果跟随者崩溃或运行缓慢，或者网络数据包丢失，领导者会无限期地重试增补条目，直到所有跟随者最终存储所有日志条目。每个日志条目都存储了一个状态机命令、一个领导者收到该条目时的任期编号和一个整数索引。任期编号被用来检测日志之间的不一致，而整数索引用于识别它在日志中的位置。

领导者决定何时将日志条目应用于状态机是安全的。Raft 保证已经提交的条目是持久的，最终会被所有可用的状态机执行。一旦创建该条目的领导者将其复制到大多数节点上，该日志条目就会被提交，这也会使得领导者日志中所有之前的条目被提交，包括之前领导者创建的条目。一旦跟随者得知一个日志条目被提交，它就会按日志顺序将该条目应用到它的本地状态机。

Raft 日志机制保证了日志在不同服务器上保持高度的一致性。这不仅简化了系统的行为，使其更具可预测性，而且是确保安全的重要组成部分。Raft 维护以下属性。

(1) 如果不同节点的日志中的两个条目具有相同的索引和任期,那么这两个条目是相同的;

(2) 如果不同节点的日志中的两个条目具有相同的索引和任期,那么所有在该条目前面的条目都是相同的。

下面对这两个属性进行简单分析。首先考虑领导者正常运行的情况,即领导者在一个给定的任期中最多创建一个具有给定日志索引的条目,并且日志条目永远不会改变它们在日志中的位置,这使得第一个属性得到满足。而第二个属性由增补条目执行的简单一致性检查来保证:当发送增补条目时,领导者在其日志中包含紧接新条目之前的条目的索引和任期,如果跟随者在其日志中没有找到具有相同索引和任期的条目,那么它将拒绝新条目。因此,每当增补条目成功返回时,领导者知道追随者的日志与自己的日志在新条目之前是相同的。在正常运行期间,领导者和追随者的日志显然会始终保持一致。

然而,当领导者发生崩溃时,可能会短暂出现日志不一致的情况,如旧的领导者可能没有完全复制其日志中的所有条目,并且这些不一致会在一系列领导者和追随者的崩溃中加剧,日志中缺失和不一致的条目也可能跨越多个任期。在 Raft 中,领导者强迫追随者以自己的日志为标准处理这种不一致的情况。这意味着,追随者日志中的冲突条目将被领导者日志中的条目覆盖。为了使追随者的日志与自己的日志保持一致,必须找到最新的一致的日志条目的位置,然后删除追随者日志中该位置之后的任何条目,并将该位置之后领导者的所有条目发送给追随者。所有这些动作都是为了响应增补条目所执行的一致性检查而发生的。

如图 2-10 所示,领导者在任期 4 内向追随者复制第 5 个日志条目。如果追随者与领导者的日志不同,则会找到两个日志一致的最新条目,即追随者 2 的第 4 个日志条目,删除第 4 个条目之后所有的条目,再复制来自领导者的条目。

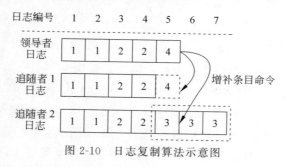

图 2-10　日志复制算法示意图

有了这种机制,一个新的领导者被选举出后不需要额外的算法来保证跟随者的日志与自己的日志一致。它只需正常发送增补条目,而追随者的日志会一致性检查自动收敛。此外,一个领导者永远不会覆盖或删除自己日志中的条目。

2.3　FLP 原理与 CAP 原理

FLP 原理是分布式系统理论中最重要的结果之一,由 Fischer、Lynch 和 Patterson 于 1985 年发表。FLP 原理明确对异步网络模型中分布式进程可能实现的目标设定了上限,从而解决了在分布式系统中一直存在的争议。为了解释 FLP 原理,首先介绍 FLP 原理的内容,并给出简要证明,然后介绍 CAP 原理,它是 FLP 原理的一个解决方案。

2.3.1 FLP 原理

定理 2-1(FLP 原理) 在网络可靠但允许节点故障(即使只有一个)的异步网络系统中,不存在一个可以解决一致性问题的确定性共识算法。

本节接下来使用图论的语言证明 FLP 原理。为了证明 FLP 原理,首先考虑定义如下的模型。在分布式系统中,存在 N 个节点($N \geqslant 2$),这 N 个节点中至少可以容忍一个节点故障。这里的故障是指崩溃故障。节点之间是通过发送消息来通信的,记为 (p, m),其中 p 是指消息的接收节点,m 是指消息的内容。注意,消息中没有标记消息的发送者,这是因为在 FLP 原理的证明中,不需要体现消息的发送者。或者说,所有节点的行为可以看作一个循环执行,在每次循环中,首先接收一个消息,然后执行一些行为,例如更新本地状态或者发送消息。配置则是指所有节点的状态集合。

对于节点间的消息发送,拟定有一个全局的消息缓存集合。如果一个节点向 p 发送消息 m,就向队列中加入消息 (p, m)。如果一个节点 p 想要接收消息,就在集合中查找是否有发送给 p 的消息 $(p, \cdot)$。如果集合中没有相应的消息,那么节点 p 会收到一个空消息。如果集合中存在多个发送给 p 的消息,节点 p 都有概率随机获得其中一个,也有可能获得空消息。这种做法是为了模拟在异步网络中,发送给某个节点的消息最终一定会到达。

尽管节点运行的共识算法是并行的,但是可能存在一个编排,使得整个共识过程按照某个串行消息序列运行。具体来说,编排一个消息的列表,根据这个消息的列表运行对应节点的共识协议。接下来,首先假设在这样的模型中存在一个可以解决一致性问题的确定性共识算法,然后给出两个定理,最终推出与上述假设相悖的结论。

定理 2-2 运行共识算法后,达成一致后的配置不确定性取决于在共识算法开始时的配置。

证明:为了证明定理,首先假设达成一致后的配置确定性取决于在共识算法开始时的配置,然后推导出与之相悖的结论。考虑一个分布式系统中仅包含 3 个节点 p_1、p_2、p_3。这 3 个节点的状态分别只能是 0 或者 1。根据共识协议的一致性(在 2.2.1 节中介绍),共识算法运行完成,节点达成一致后的状态必须相同,即要么是配置 $\{1,1,1\}$,要么是配置 $\{0,0,0\}$,注意配置是所有节点状态的集合。对这两种情况分别使用 C_1 配置和 C_0 配置表示。也就是说,共识算法完成后,系统的配置必须是 C_1 或者 C_0。

根据共识协议的有效性,如果协议开始时系统的配置是 C_1 或者 C_0,那么协议的最终配置一定是 C_1 或者 C_0。现在遍历系统初始配置(2^3 种情况),可以形成一个列表,如表 2-1 所示。表 2-1 中每个紧挨着的行都仅有一个节点的初始状态不同。容易发现,一定存在两个相邻的初始配置 B_1 和 B_0,仅是节点 p 的初始状态不同,而它们的最终配置分别是 C_1 和 C_0。例如,在表 2-1 中,最终配置标记为 * 的两行,它们只有节点 p_2 的初始配置不同。

而分布式系统应该容忍至少一个节点的故障,假设节点 p 在协议执行的开始时间立刻失效。那么,B_1 和 B_0 应该采取相同的确定性算法运行共识协议,最终得到的状态应该相同。这形成了一个悖论,从而证明本定理。

表 2-1　初始配置与最终配置对照表

初始配置			最终配置
p_1	p_2	p_3	
0	0	0	C_0
0	0	1	$C_{\{0,1\}}$ *
0	1	1	$C_{\{0,1\}}$ *
0	1	0	$C_{\{0,1\}}$
1	1	0	$C_{\{0,1\}}$
1	0	0	$C_{\{0,1\}}$
1	0	1	$C_{\{0,1\}}$
1	1	1	C_1

回顾上面的证明,定理 2-2 也可以换一种表述,即共识算法的最终配置不仅取决于初始配置,还取决于协议运行过程中节点的失效情况和网络的状态(体现为消息的传递)。而在某些情况下,例如初始配置是 C_1 状态时,最终配置是固定的。现在通过语言区分这两种情况,那些只能达成固定的最终配置的初始配置称为 1-确定的配置或者 0-确定的配置,而那些需要通过运行决定的则称为不确定的配置。

定理 2-3　如果一个协议从不确定的配置 C 开始,并有一条消息 e 适用于该配置。令 $\mathcal{D}$ 是一个配置的集合,其包含所有以消息 e 结束的中间配置,那么 $\mathcal{D}$ 一定包含了不确定的配置。

定理 2-3 是为了证明可以通过延迟消息 e,改变最终配置是 1-确定的配置还是 0-确定的配置。这增加了无限循环将随之而来的可能性,协议将永远保持不确定的状态。证明定理 2-3 后,将结合定理 2-2,给出 FLP 定理的最终证明。

类似于证明定理 2-2,假设 $\mathcal{D}$ 中不包含未决定的配置。首先,证明 $\mathcal{D}$ 包含了 1-确定的配置和 0-确定的配置。令 $E_i(i=0,1)$ 是从初始配置 C 转换成的 0-确定的配置和 1-确定的配置(因为 C 是不确定的配置)。考虑 E_0,如果它尚未收到 e,令 F_0 是 E_0 接收 e 后的状态。如果它已经接收 e,令 F_0 是 E_0 刚刚接收 e 的状态,如图 2-11 所示。

考虑 E_0 在 F_0 之前,因为 E_0 是 0-确定的配置,所以 F_0 也一定是 0-确定的配置;考虑 E_0 在 F_0 之后,F_0 必然不能是 1-确定的配置,又因为 $\mathcal{D}$ 中不包含未决定的配置,所以 F_0 必须是 0-确定的配置。综上,$\mathcal{D}$ 中至少包含 0-确定的配置。

同理,可以证明 $\mathcal{D}$ 中至少包含 1-确定的配置。至此,证明了 $\mathcal{D}$ 一定包含 1-确定的配置和 0-确定的配置。

使用类似于定理 2-2 中列表的方法,可以找到一对"紧邻"的状态 C_1 和 C_2,而且 C_2 是通过 C_1 在接收消息 e' 后转换而来的,如图 2-12 所示。

现在考虑 $e'=(p',m')$,存在以下两种情况。

(1) 如果 $p \neq p'$,即分隔它们的消息是发送给不同接收者的,那么实际上调换 e 和 e' 会得到相同的结果。这是因为在异步网络模型中,只要不同节点观察到的事件顺序相同,它们就应该表现出相同的行为。此时会出现悖论,因为 C_1 和 D_0 有不同的确定配置。

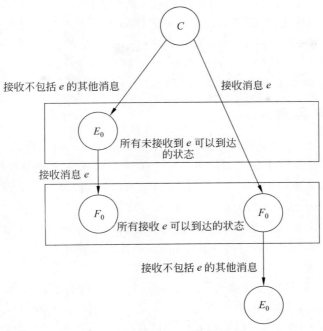

图 2-11 定理 2-3 证明示意图

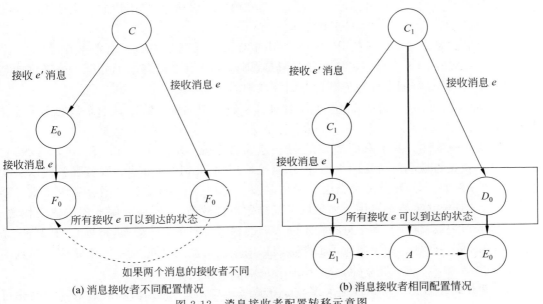

(a) 消息接收者不同配置情况　　(b) 消息接收者相同配置情况

图 2-12 消息接收者配置转移示意图

（2）如果 $p=p'$，即分隔它们的消息是发送给相同接收者的，那么可以令 p 立即失效。共识协议应该可以容忍仅节点 p 失效的情况。此时确定性的算法会导致 C_0 运行的结果和 D_0 以及 D_1 完全相同，然而 D_0 和 D_1 分别有不同的确定配置，这也会出现类似的悖论。

通过一系列的证明，现在可以否定之前的假设，即 $\mathcal{D}$ 中不包含未决定的配置，从而使定理 2-3 得到证明。

综合定理2-2和定理2-3,一个共识协议输入的配置可以是一个未决定的配置,而在协议运行过程中,一个消息的延迟将未决定的配置推向另一个未决定的配置。这种情况可以通过不断的延迟消息永远持续下去,永远不会产生一个决定的配置。因此,在网络可靠但允许节点故障(即便只有一个)的异步模型系统中,不存在一个可以解决一致性问题的确定性共识算法。由此,定理2-1得证。

2.3.2 CAP原理

CAP原理源于计算机科学家埃里克·布鲁尔(Eric Brewer)提出的一个猜想,该猜想在2000年分布式计算原理研讨会上被提出。这个关于分布式系统中属性限制的原理也被称为布鲁尔定理。2002年,麻省理工学院的塞思·吉尔伯特(Seth Gilbert)和南希·林奇(Nancy Lynch)证明了这个猜想,从而将其确立为定理。

CAP原理是指分布式系统无法同时确保一致性(Consistency)、可用性(Availability)和分区容忍性(Partition),因而设计分布式系统时,往往需要弱化对某个特性的需求。下面详细解释一致性、可用性和分区容忍性。

(1) **一致性**。无论客户端连接到系统上的哪个节点,所有客户端都可以看到相同的最新写入系统的数据。这意味着,如果节点上发生了写入操作,则应将其复制到所有副本。每当用户连接到系统时,他们都可以看到相同的信息。然而,拥有一个能即时和全局保持一致性的系统几乎是不可能的。因此,目标是使这种转换足够快,使其几乎不被察觉。

(2) **可用性**。无论用户是读取还是写入,即使操作不成功,来自用户的每个请求也应获得系统的响应。

(3) **分区容忍性**。分区是指分布式系统中节点之间的通信中断。这意味着,如果一个节点无法从系统中的另一个节点接收任何消息,则两个节点之间有一个分区。分区可能是由于网络故障、服务器崩溃或任何其他原因造成的。

CAP原理认为,分布式系统最多只能保证3项特性中的两项特性。下面举例说明各种情况的现实例子。

(1) **弱化一致性**。一个众所周知的例子是域名系统(Domain Name System,DNS)。域名服务器负责将域名解析为网络地址,并侧重可用性和分区容忍性。域名服务器以层次的形式组织,例如,本地域名服务器会向根域名服务器进行DNS查询并缓存。由于服务器数量众多,该系统几乎始终可用。如果域名服务器出现故障,上层域名服务器将取而代之。即便根服务器失效,也存在多个分布在不同大洲的根域名服务器。但是,根据CAP原理,无法保证DNS的一致性。如果修改了DNS条目,则可能需要几天时间才能将修改传递到不同系统层次结构下的域名服务器,并对所有客户端都可见。

(2) **弱化可用性**。高可用性是大多数分布式系统中最重要的属性之一,这就是弱化可用性的分布式系统在实践中很少使用的原因。然而,这样的系统在金融部门特别有价值。银行应用程序需要能可靠地从账户中借记和转账资金,它们依赖于一致性和分区容错性来防止记账错误,即使在数据流量中断的情况下,也是如此。

(3) **弱化分区容忍性**。基于关系数据库模型的数据库管理系统是一个很好的例子。这些数据库系统的主要特点是高度一致性,并努力实现尽可能高的可用性级别,这些分布式数据库一般都在同一个机房或者同一个网络下,所以分区容忍性显得不那么重要。

这里非正式使用一个例子简单地证明在可用性和分区容忍性满足的情况下,一致性无法满足。尽管这个例子并不严谨,但是足够表述其中的含义。假设系统中存在两个服务器 G_1 和 G_2 以及一个客户端 C。客户端 C 可以以读或者写的形式分别访问服务器 G_1 和 G_2。服务器会正确地响应客户端 C。初始时,两个服务器本地的值都是 v_0,如图 2-13(a)所示。

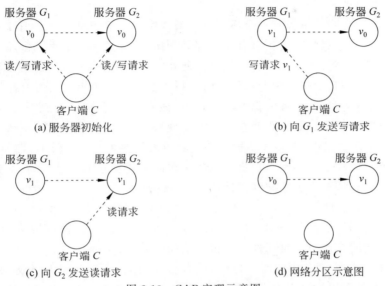

图 2-13 CAP 定理示意图

一致性可以表达为客户端 C 看待两个服务器时总是相同的。例如,客户端首先向服务器 G_1 发送一个写请求。收到成功的确认消息后,向服务器 G_2 发送一个读请求,如图 2-13(b)所示。如果读请求的结果与写请求中的值相同,则可以说两个服务器是一致的,如图 2-13(c)所示。可用性是对一致性的补充,它要求两个服务器接收到客户端的请求后,一定会给出请求的结果,无论是否成功。而分区容忍性则要求即便 G_1 和 G_2 无法完成通信的情况下,也需满足上述两个属性。如果两个服务器无法通信,G_2 甚至无法获知写请求中的值,所以无法同时满足可用性和一致性的要求,如图 2-13(d)所示。

2.4 ACID 原理与 BASE 原理

ACID 原理一般用来描述数据库中事务需要遵守的一致性需求,同时付出可用性的代价。与 ACID 原理相对的一个原理是 BASE 原理。BASE 原理面向大型高可用分布式系统,主张牺牲对一致性的追求,而实现最终一致性,来换取一定的可用性。ACID 和 BASE 在英文中分别是"酸"和"碱",看似对立,实则是对 CAP 三属性的不同取舍。

2.4.1 ACID 原理

为了更好地解释 ACID 原理,举一个转账的例子表明 ACID 原理中各种性质在实际情况中是如何起作用的。小明早上醒来,决定从他北京的储蓄账户中转出 2000 元到他上海的储蓄账户中。他登录到家里的计算机,执行转账,该转账被转换为以下两个操作的序列。

(1) 从北京的储蓄账户 199239 中提取 2000 元。

(2) 将上述款项存入上海的储蓄账户 676231。

第二天,他打算用上海的储蓄账户中的资金支付房租。不幸的是,他发现他的余额不足以支付。而且,他发现 2000 元从他的北京账户中被扣除,但由于上海的服务器故障,因此没有钱存入他的上海储蓄账户。

上述情况表明小明的事务有一个不理想的最终结果。事务是一个必须以原子方式进行的服务器操作序列,这意味着要么所有操作都必须执行,要么一个都不执行。小明使用的银行操作违反了交易的原子性(Atomicity)属性。此外。它还违反了一个一致性(Consistency)属性,即在转账操作期间,他账户中的总资金将保持不变。当一个事务的所有操作都成功完成并且状态被适当更新时,该事务就提交了。否则,该事务就会中止,这意味着不会发生任何变化,旧的状态将被保留。如果小明在前一天发现账户中金额已经转移,那么这个例子违背了持久性(Durability)属性,已经成功提交的交易应该是持久不会失效的,即便系统故障,也不会丢失。除此之外,如果小明发现事务发生失败而重新发起事务,那么新发起的事务不能被旧的事务影响,这需要事务之间隔离性(Isolation)的保证。

ACID,代表原子性(Atomicity)、一致性(Consistency)、隔离性(Isolation)、持久性(Durability)4 种属性的缩写。具体来说,ACID 原理描述了分布式数据存储系统需要满足的一致性需求,同时允许付出可用性的代价。下面简要解释各属性。

(1) **原子性**。一个事务中的所有操作,或者全部完成,或者全部不完成,不会在中间某个环节结束。事务在执行过程中发生错误,会被回滚到事务开始前的状态,就像此事务从来没有执行过一样,即事务不可分割、不可约简。

(2) **一致性**。在事务执行前后,数据库的状态是一致的和完整的,无中间状态,即只能处于成功事务提交后的状态。

(3) **隔离性**。各种事务可以并发执行,但彼此之间互相不影响。隔离性可以防止多个事务并发执行时由于交叉执行而导致数据不一致。

(4) **持久性**。状态的改变是持久的,不会失效。事务处理结束后,对数据的修改就是永久的,即便系统故障,也不会丢失。

所有事务表现出的第一个关键属性是原子性,保证了每个事务要么完全发生,要么根本不发生,如果发生,也是在一个不可分割的、瞬间的行动中发生。当一个事务正在执行时,其他事务无论是否参与了当前事务,都不能看到任何中间状态。

第二个属性刻画事务的一致性,假设系统存在一些必须始终保持的不变量,如果它们在交易前保持,那么在交易后也会保持。例如,在一个银行系统中,一个关键的不变量是货币守恒定律。每次内部转账后,银行里的钱数必须与转账前相同,但在交易过程中的短暂时刻,这一不变性可能被违反。然而,这种违反在交易之外是不可见的。

第三个属性是隔离性,意味着事务是孤立的或可串行的。如果两个或更多的事务同时运行,对它们中的每一个进程和其他进程来说,最终的结果看起来就像所有的事务以某种(与系统有关的)顺序连续执行。

第四个属性是说事务是持久的。一旦一个事务提交,无论发生什么,该事务都会继续执行,其结果是永久性的。提交事务后产生任何故障,都不能撤销结果或导致结果丢失。

事务是可以嵌套的,一个嵌套的事务是由若干子事务构成的。事务的嵌套关系是一种树形结构：由顶层事务分叉出一些子事务，而每个子事务又可分叉出自己的子事务。子事务引起了一个微妙但重要的问题。想象一下，一个事务平行地启动了几个子事务，其中一个提交了，使其结果对父事务可见。进一步计算后，父事务中止了，将整个系统恢复到顶层事务开始之前的状态。因此，提交的子事务的结果还是必须被撤销。因此，上面提到的持久性只适用于顶层事务。

由于事务可以任意嵌套，因此需要相当多的管理操作来保证事务正确运行。当任何事务或子事务开始时，从概念上讲，它被赋予了整个系统中所有数据的一个私有副本，可供它随意操纵。如果它放弃了，它的私有副本就会消失，就像它从未存在过一样。如果它提交了，它的私有副本就会取代父事务的位置。因此，如果一个子事务提交了，后来又启动了一个新的子事务，第二个子事务会看到第一个子事务产生的结果。同样，如果一个封闭的（更高级别的）事务中止了，它的所有底层子事务也必须中止。

嵌套事务在分布式系统中很重要，因为它提供了一种将事务分布在多台机器上的自然方法，遵循原始事务工作的逻辑划分。例如，一个事务需要预订 3 个不同航班的旅行计划，在逻辑上可以被分成 3 个子事务。这些子事务中的每一个都可以单独管理，并独立于其他两个。

2.4.2 BASE 原理

如果说 ACID 原理为容忍分区的数据库提供了一致性选择，那么 BASE 原理则是一种采取基本可用、软状态并且最终一致（Basically Available, Soft-Sate and Eventually Consistent，BASE）的策略，这与 ACID 原理是截然相反的。具体来讲，ACID 原理是悲观的，在每个操作结束时强制保持一致性，而 BASE 原理是乐观的，接受数据库的一致性将处于变化状态。虽然这听起来可能奇怪，但在现实中，它是可以接受的。BASE 原理的可用性是通过支持部分故障而不发生完全的系统故障实现的。例如，如果用户被划分到 5 个数据库服务器上，单个用户数据库故障只影响 20% 的用户。下面简要解释 BASE 原理中的各属性。

（1）**基本可用**（Basically Available）。分布式系统出现故障时，系统允许损失部分可用性，即保证核心功能或者当前最重要的功能可用。对于用户来说，他们当前最关注的功能或者最常用的功能的可用性将会得到保证，但是其他功能会被削弱。

（2）**软状态**（Soft-Sate）。允许系统数据存在中间状态，但不会影响系统的整体可用性，即允许不同节点的副本之间存在暂时的不一致情况。

（3）**最终一致**（Eventually Consistent）。系统中数据副本最终能一致，而不需要实时保证数据副本一致。例如，银行系统中的非实时转账操作，允许 24 小时内用户账户的状态在转账前后是不一致的，但 24 小时后账户数据必须正确。

进程在多大程度上真正以并发方式运行，以及在多大程度上需要保证一致性，可能有所不同。许多例子表明，并发性只是以一种有限的形式出现。例如，在许多数据库系统中，大多数进程几乎不执行更新操作，它们大多是从数据库中读取数据，只有一个或极少数进程执行更新操作，这表明 BASE 原理在这种情况下适用。在具体的分布式系统设计中，ACID 原理和 BASE 原理可能会混合使用。

2.5 注释与参考文献

本章内容中,分布式系统架构的知识主要参考 Tinetti 的文献[52],关于更详细的分布式系统的模型、架构和经典算法,均可查阅此文献。

分布式共识协议的共识问题和客户端一致性问题主要参考 van Steen 和 Tanenbaum 所著的书籍[53],关于更详细的共识问题的介绍和定义,均可查阅此书籍。

Raft 共识协议主要参考 Ongaro 和 Ousterhout 的文献[54]和 Howard 等的文献[55],关于更详细的 PBFT 的实现、工程优化和可理解性的实验,可以参考此文献。

FLP 原理的知识主要参考 Fischer、Lynch 和 Paterson 的文献[56]以及 Borowsky 和 Gafni 的文献[57],关于更详细的 FLP 原理的严格证明,可以参考此文献。

CAP 原理的知识主要参考 Gilbert 和 Lynch 的文献[58],关于更详细的 CAP 原理的描述、证明和实例,可以参考此文献。

ACID 原理的知识主要参考 Haerder 和 Reuter 的文献[59],该文献主要研究面向事务的数据库恢复机制,详细描述了 ACID 的基本原理。

BASE 原理的知识主要参考 Vogels 的文献[60]。

2.6 本章习题

1. 分布式系统的特征有哪些?请简要概述。
2. 互联网已广泛应用在人们的日常生活中,这种网络更接近哪种网络模型?为什么?
3. 在异步网络模型和同步网络模型的过渡中存在哪些部分同步的网络模型?请查阅资料后简要概述。
4. 二元共识问题是指节点初始值只能为 0 或者 1 的情况下的共识问题,解决一个二元共识问题是否比解决一个平凡的共识问题难?请简要概述。
5. 崩溃-停止模型下的共识算法能否完全解决崩溃故障模型下的共识问题?如果不能,请简要说明原因。
6. 在 Raft 共识协议运行过程中,同一任期内是否可能存在两个领导者同时当选?如果不能,请简要说明原因。
7. 在 Raft 共识协议运行过程中,是否可能同时存在两个领导者?如果可能,请简要说明发生这种情况的原因。
8. 在 Raft 共识协议运行过程中,领导者的轮换过程会导致整个系统不可用。如何修改算法,可以尽可能地减少领导者轮换的发生?
9. 结合你对 FLP 原理的理解,简述是否可能设计异步网络模型下的共识算法。
10. 请简述 ACID 与 BASE 原理的异同,并举例说明它们分别适用于哪些分布式系统。

第 3 章 经典分布式共识

经典分布式共识是一类在授权网络中实现节点间的状态机复制的机制，主要适用于分布式数据库系统。这类共识机制基于拜占庭将军问题，能容忍一定比例的拜占庭错误，因此又被称为拜占庭容错协议。3.1 节介绍拜占庭将军问题和口头消息算法，并从网络模型的角度对经典分布式共识机制进行分类；3.2 节介绍同步网络模型下的 Dolev-Strong 协议，并展示如何基于该协议构造状态机复制协议；3.3 节详细介绍实用拜占庭容错协议，包括概述、常规构造、垃圾回收、视图转换、协议分析 5 部分；3.4 节介绍半同步网络模型下的 HotStuff 协议，包括概述、基础 HotStuff、链接 HotStuff、协议分析 4 部分；3.5 节介绍异步网络模型下的 HoneyBadger 协议；3.6 节则是本章内容的注释。

3.1 背景介绍

本节主要介绍经典分布式共识的相关背景知识。3.1.1 节介绍并分析分布式系统中经典的拜占庭将军问题，给出了解决该问题的口头消息算法。3.1.2 节给出了拜占庭容错的定义，总结了同步、半同步、异步网络模型下的相关协议特性，对实用的拜占庭容错协议进行了分类。

3.1.1 拜占庭将军问题

在一个分布式计算机系统中，不同的节点通过消息的传递维持系统状态的一致性和活性，而其中一个或多个节点可能会因自身故障或遭受恶意攻击而发生错误，它们会向系统中的其他组件发送冲突的信息，从而导致整个分布式系统失去一致性或活性。一个可靠的分布式计算机系统必须有能力应对这种情况，即系统中存在一定比例的恶意节点的情况下，仍然能保证系统中的其他节点正常运行。为了便于解释和解决上述的分布式系统一致性问题，1982 年 Lamport、Shostak 和 Pease 三位科学家提出一个虚构的抽象模型——拜占庭将军问题。

如图 3-1 所示，在一次战争中，拜占庭帝国

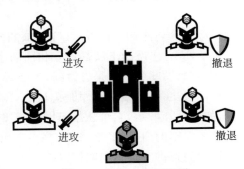

图 3-1 拜占庭将军问题

的将军们(系统中的多个节点)各率领一支军队准备进攻一座城池,他们在地理上是分开的,只能通过可靠信使来传递消息。由于围攻的城池守军非常强大,各位将军必须通过投票达成一致策略,即所有军队要么一起进攻,要么一起撤退,否则将造成严重后果。每位将军基于战场环境做出理性判断,并进攻或者撤退,然后通过信使将投票结果传达给其他将军,每位将军的投票结果可能不同。收集到所有其他将军的消息后,每位将军统计共同投票结果,进而决定进攻或者撤退。但是,由于可能存在叛徒(即恶意节点),他们会竭力扰乱他人,使不同的将军最终采取不同的行动策略。

事实上,在不采取任何容错机制的情况下,只需一个叛徒就可扰乱忠诚将军的行动计划。例如,围城的将军总共有 5 位,其中 4 位将军是忠诚的,另外 1 位是叛徒。在忠诚将军中有 2 位主张进攻,另外 2 位主张撤退,他们将自己的判断通过信使传递给其他将军。叛徒收到这些消息后,向主战的 2 位将军传达自己主战的意愿,向另外 2 位将军则传达相反的意愿。随后,主张进攻的将军观察到多数将军(3 位)主张进攻,于是决定进攻;同样,主张撤退的将军则观察到多数将军(3 位)主张撤退,于是决定撤退。最终,叛徒成功扰乱了忠诚将军的作战计划。

那么,如何解决拜占庭将军问题呢?即如何设计一种机制,保证忠诚将军可以达成一致?下面对需求进一步分析。首先可以将其规约成如下两个条件。

条件 A:所有忠诚将军必须达成相同的行动计划。

条件 B:当只有少数人是叛徒的时候,忠诚将军不会采纳一个糟糕的计划。

条件 A 很容易理解,问题在于如何解读条件 B,什么样的计划算作一个糟糕的计划呢?假设 $v(i)$ 代表第 i 个将军发送的消息。收集到所有其他将军发送的消息后,每个将军根据信息 $v(1),v(2),\cdots,v(n)$ 拟定作战计划(n 代表将军的总数)。假定忠诚将军采用少数服从多数的策略,在这种情况下,只有当持两种意见的忠诚将军数目几乎相同时,少数的叛徒才能影响最终的结果。这时可以认为,只要忠诚将军的行动一致,无论是进攻还是撤退,都算不上是糟糕的计划。那么,问题的关键就变为每个忠诚将军决策时所使用的 $v(1)$,$v(2),\cdots,v(n)$ 必须是一致的。因此,上述两个条件可以进一步规约如下。

(1) 任意两个忠诚将军使用相同的 $v(i)$ 值。

(2) 如果第 i 个将军是忠诚的,那么其他忠诚将军必须使用他发送的值作为 $v(i)$ 的值。

如果第 i 个将军是忠诚的,很显然他发给其他任何将军的 $v(i)$ 值都是相同的,条件 1 和条件 2 很容易满足;但是,当第 i 个将军是叛徒时,他很可能向两个将军发送不同的 $v(i)$ 值,这时就要求忠诚将军能通过协商进而针对 $v(i)$ 达成一致。现在将拜占庭将军问题修改成如下形式。

一个发令将军向他的 $n-1$ 个下属将军发送命令,使得

IC1:所有忠诚的下属都遵守相同的命令。

IC2:如果发令将军是忠诚的,那么每个忠诚的下属必须遵守他发出的命令。

可以看出,如果发令将军是忠诚的,IC1 可以通过 IC2 推导出来。但发令将军并不一定忠诚,如图 3-2 所示,它可能给不同的下属将军发送不同的命令,因此下属将军之间就需要协商发令将军的命令,最终采取一个一致的命令(可能与收到的命令不同)。

最初的拜占庭将军问题可以看成由 n 个该形式的子问题组成,每个将军分别作为相应子问题的发令将军,向其他将军发送 $v(i)$。很显然,这两个问题是等价的,如果能解决该形

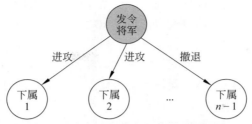

图 3-2 修改后的拜占庭将军问题场景

式的拜占庭将军问题,也自然能解决最初的拜占庭将军问题。上述的拜占庭将军问题的难处在于:如果将军只能发送口头消息,除非有超过三分之二的将军是忠诚的,否则该问题无解。口头消息是指消息的传递需要满足如下假设:

A1. 每条发送的消息都能被正确投递。

A2. 消息接收者知道消息的发送者是谁。

A3. 消息的缺失可以被检测出来。

A1 保证了消息无法被伪造,而且能被正确传输,A2 保证了消息源实体认证,A3 使得叛徒无法通过不发送消息来阻碍决定,这种假设和正常情况下计算机之间的消息传输类似。

下面将问题最简化,如果只有 3 个将军,其中一个是叛徒,那么此时就无解。为了方便理解,只考虑发送的消息是"进攻"还是"撤退"。首先看图 3-3(a),发令将军是忠诚的并且向其他下属将军发送"进攻"命令。但是下属 2 是一个叛徒,他对下属 1 说,他收到了一个"撤退"命令。如果要保证 IC2 满足,下属 1 必须遵守命令去进攻。再考虑图 3-3(b)展示的另一种情况,发令将军是叛徒,发送了"进攻"命令给下属 1,但是给下属 2 发送的是"撤退"命令。下属 1 不知道谁是叛徒,同时他也无法判断发令将军发送给下属 2 的命令到底是什么。因此,对于下属 1 来说,这两种情况下他自己收到的消息是完全相同的。如果叛徒总在说谎,对于下属 1 来说就无法区分这两种情况,所以无论如何,他都必须选择遵守进攻命令。

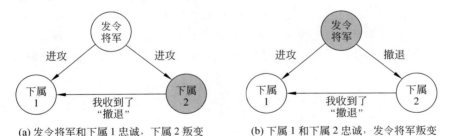

(a) 发令将军和下属 1 忠诚,下属 2 叛变 　　(b) 下属 1 和下属 2 忠诚,发令将军叛变

图 3-3 两个忠诚将军,一个叛徒的场景分析

同理,下属 2 无论如何都必须遵守撤退的命令,这样就发现条件 IC1 无法满足,可以推出,3 个将军中有一个是叛徒的时候,该问题无解。利用这个结论,可以推导出当有 f 个叛徒,而总将军数小于 $3f+1$ 时,该问题无解,该证明在此不详细展开。

3.1.2 使用口头消息的解

根据上面的推导,可以知道使用口头消息时对于一个含有 f 个叛徒的拜占庭将军问题,至少有 $3f+1$ 个将军才可解。现在给出一个具体方案——口头消息(Oral Message,

OM)协议 $OM(f)$,其中 f 是非负整数。该协议由递归算法组成,每层递归均由一个发令将军通过口头消息向其他下属发送命令。可以证明,对于 $3f+1$ 或者更多将军,$OM(f)$ 解决了拜占庭将军问题。

在给出协议的具体算法前,需要先约定下属的默认命令。因为如果发令将军是叛徒,那么他可能不发送任何命令,但下属必须得到一个命令以制订作战计划,所以约定每个将军初始时使用撤退(RETREAT)作为默认命令。

此外,还需要定义一个投票函数 majority$(v_1,v_2,\cdots,v_n)$:考虑在函数的 n 项输入中,如果某一个值占半数以上,则函数输出为该值,否则输出默认值 RETREAT。

下面采用递归定义的形式,分别介绍 $OM(0)$ 和 $OM(f)$ 内容。

1. 算法 OM(0)

(1) 发令将军将他的命令发送给每个下属。

(2) 每个下属使用他从发令将军那收到的命令,如果没有收到,则默认使用 RETREAT。

2. 算法 OM(f)

(1) 发令将军将他的命令发送给每个下属。

(2) 对于任意下属 i,v_i 代表其从发令将军处收到的值,如果没有收到,则采用 RETREAT。下属 i 扮演算法 $OM(f-1)$ 中的发令将军,并采用该算法将值 v_i 发送给其余的 $n-2$ 个下属。

(3) 对于任意下属 i 以及任意的 $j\neq i$,让 v_j 代表下属 i 从步骤(2)的算法 $OM(f-1)$ 处收到的下属 j 发来的值,如果他没有收到这样的值,就采用 RETREAT。最后,下属 i 采用函数 majority$(v_1,v_2,\cdots,v_{n-1})$ 的值作为输出。

为了直观理解该协议是如何工作的,下面简单考虑 $f=1,n=4$ 的情况,图 3-4 解释了当发令将军发送值 v,下属 3 为叛徒时,下属 2 接收到的消息。在 $OM(1)$ 的第一步,发令将军向所有其他 3 个下属发送值 v。在第二步,下属 1 使用算法 $OM(0)$ 将值 v 发送给下属 2。也是在第二步,下属 3 向下属 2 发送了某个其他值 x。在第三步,下属 2 现在有 $v_1=v_2=v$ 以及 $v_3=x$,因此他会得到正确的值 $v=$ majority(v,v,x)。同理,其他下属也会得到正确的值 v。

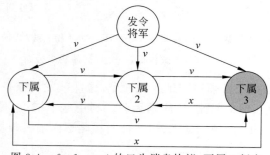

图 3-4 $f=1,n=4$ 的口头消息协议,下属 3 叛变

那么,如果发令将军是叛徒会如何呢? 从图 3-5 可以看出,当发令将军为叛徒时,他可能向 3 个下属分别发送值 x,y,z。不管这 3 个值是否相等,经过第二步的消息交互后,每个

下属最终都会收到相同的 v_i 序列,即每个下属都收到了 $v_1=x, v_2=y, v_3=z$。因此,他们在第三步都能获得相同的值 majority(x,y,z)。

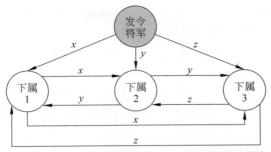

图 3-5　$f=1, n=4$ 的口头消息协议,发令将军叛变

最后简单分析口头消息协议的复杂度。通过前面的算法介绍可以知道:$OM(f)$ 需要经过 $f+1$ 层递归,而在每层递归的又需要调用 $O(n)$ 个下一层的递归函数,因此口头消息协议的复杂度为 $O(n^{f+1})$。

关于口头消息协议的证明以及使用签名消息方式解决拜占庭问题在此不详细展开,感兴趣的读者可以查阅相关参考文献。

3.1.3　拜占庭容错协议及其分类

在分布式系统的协议设计中,安全性和活性是两个非常重要的属性,这两个属性的概念最早由 Lamport 在 1977 年提出。通俗地说,安全性代表"坏的事情永远不会发生",这也是 Lamport 对安全性的简化定义,即无论输入正确与否,协议永远不会产生一个错误的结果。而活性代表"好的事情一定会发生",即只要有正确的输入,协议一定会输出正确的结果。

广义上讲,拜占庭容错(Byzantine Fault Tolerant,BFT)是分布式系统的一种特性,拥有该特性的系统具备解决拜占庭将军等问题的能力,即系统中存在一定比例的恶意节点的情况下可以同时保证安全性和活性。前面提到的口头消息协议,在网络通信可靠、恶意节点数目小于 1/3 的系统中,就可以同时保证安全性和活性,为系统提供拜占庭容错能力,因此将其称为一种拜占庭容错协议。

在拜占庭将军问题提出前,人们已经开始了对拜占庭容错协议的讨论,之后也出现了大量的改进工作,并提出面向不同网络模型的拜占庭容错协议,但大部分协议缺乏实用性。本章后续小节主要关注基于拜占庭将军问题的实用经典分布式共识协议,下面将从网络模型的角度对这些协议分类。

1. 同步网络模型

在同步网络模型中,消息通常按"轮"传播,并且假设当前轮的消息能在下一轮消息发出之前到达。基于这种较强的网络假设,面向同步网络的共识机制可以有较优的容错比例:当系统中的总节点数为 n,拜占庭节点数为 f 时,只需满足 $n>2f$。该条件的本质在于少数服从多数,在同步网络中只需保证诚实节点的数量多于拜占庭节点的数量,即 $n-f>f$。

然而,同步网络依赖时钟同步机制,这种过强的假设在现实环境中往往难以满足,面向同步网络的共识机制在实际应用中可能遇到很多问题。典型的代表方案有 Dolev-Strong、

ESBC、Ouroboros-BFT、Flexible BFT 等。

2. 半同步网络模型

与同步网络模型相比,半同步网络模型的时间假设相对较弱,假设消息传输时延存在上限,但该上限不能作为协议参数使用。由于无法预知消息传输时延上限,面向半同步网络的共识机制不能利用具有确定时间的"轮"设计,安全性也不能依赖任何时间假设。容错比例一般为 $n>3f$。

为了保证活性,面向半同步网络的共识机制中的节点通常会维护一个计时器,一旦出现超时,就会选举新的领导节点,该机制称为视图转换机制。由于半同步网络假设消息传输时延存在上限,因此网络一定能恢复到同步,而一定能选出一个诚实的领导节点,进而保证共识机制的活性。代表方案有 PBFT、SBFT 和 HotStuff 等。

3. 异步网络模型

在异步网络模型中,只保证传输的消息可以最终到达,但消息传输的时延不存在上限,也就是说,敌手可以任意延迟和重排诚实节点的消息。面向异步网络的共识机制不依赖任何时间假设,具有所有模型中最强的鲁棒性,容错比例一般为 $n>3f$。

在异步网络模型下,协议设计相对复杂,安全性和活性均不能依赖时间假设,无法触发视图转换来保证,因此通常利用随机化技术解决,即当协议无法达成共识的时候,借助随机源随机选择一个结果作为输出。代表方案有 HoneyBadger BFT、BEAT 和 Dumbo 等。

3.2 Dolev-Strong 协议

Dolev-Strong 协议是一个运行在同步网络模型下的拜占庭广播(Byzantine Broadcast)协议,解决了拜占庭将军问题。该协议具有多项式级别的通信复杂度,并在运行轮数方面达到了理论下界。该协议于 1983 年被提出,至今仍是同步网络下最优的共识协议之一。

本节将以 Dolev-Strong 协议为例,介绍同步网络模型下的共识协议。3.2.1 节介绍同步网络下的共识问题,3.2.2 节介绍 Dolev-Strong 拜占庭广播协议,3.2.3 节给出基于 Dolev-Strong 的拜占庭协定协议,3.2.4 节给出基于 Dolev-Strong 的状态机复制协议。

3.2.1 同步网络下的共识问题

在分布式系统中,共识是一个被广泛使用的概念,通常指多个节点就某个事情达成一致。在同步网络模型下,根据不同的应用场景,常见的共识问题包括拜占庭广播、拜占庭协定和状态机复制,下面将详细介绍这 3 类问题。

在拜占庭广播问题中,分布式系统中的一个节点被指定为发送者,其向系统输入某个数值 v,所有诚实节点应当能全体一致地输出该数值,如图 3-6 所示。

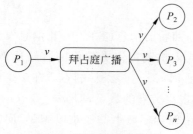

图 3-6 拜占庭广播问题

定义 3-1(拜占庭广播,Byzantine Broadcast) 如果一个协议满足以下 3 个性质,则称该协议安全地解决了拜占庭广播问题。

(1) **一致性**。若一个诚实节点输出数值 v,另一个

诚实节点输出数值 v'，那么 $v=v'$。

(2) **可终止性**。所有诚实节点最终都会输出一个数值并终止协议。

(3) **有效性**。若发送者是诚实的且输入 v，那么所有诚实节点最终都能输出数值 v。

有效性指若拜占庭广播被正确执行，则必然会得到正确的结果。一致性刻画的是即使发送者是恶意的，若诚实节点有输出，则必然输出一致。可终止性保证了不管发生什么情况，协议必然结束，诚实节点必然得到输出。

在拜占庭协定问题中，分布式系统中的 n 个节点分别向系统中输入某个数值 $v_i \in V$，其中 V 是某个全局已知的集合，所有诚实节点应当最终输出同一个数值，如图 3-7 所示。

定义 3-2（**拜占庭协定，Byzantine Agreement**） 如果一个协议满足以下 3 个性质，则称该协议安全解决了拜占庭协定问题。

(1) **一致性**。若一个诚实节点输出数值 v，另一个诚实节点输出数值 v'，那么 $v=v'$。

(2) **可终止性**。所有诚实节点最终都会输出一个属于集合 V 的数值并终止协议。

(3) **有效性**。若所有诚实节点具有相同的输入 v，那么最终输出的数值为 v。

有效性刻画了诚实节点在输入一致的情况下，拜占庭协定输出的正确性。一致性刻画的是即使诚实节点的输入不一致，若诚实节点有输出，则必然输出一致。可终止性保证了不管发生什么情况，协议必然结束，诚实节点必然得到输出。

拜占庭广播和拜占庭协定均是最基本的共识问题，而状态机复制问题则更接近建立一个分布式系统。在状态机复制问题中，每个节点维护一个本地状态并从客户端接收操作指令，所有诚实节点均需对来自客户端的操作指令达成一致后更新本地状态，从而使全局状态保持一致，即完成状态机复制，最后向客户端返回操作执行结果，如图 3-8 所示。

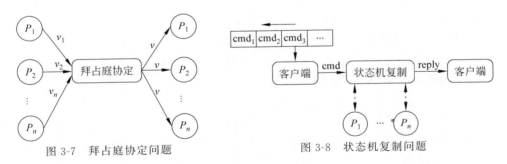

图 3-7 拜占庭协定问题　　　　图 3-8 状态机复制问题

定义 3-3（**状态机复制，State Machine Replication**） 如果一个协议满足以下两个性质，则称该协议安全解决了状态机复制问题。

(1) **安全性**。任意两个诚实节点以相同的顺序执行相同的操作指令序列。

(2) **活性**。对于每个客户端的操作指令，诚实节点最终都会返回执行结果。

3.1.3 节给出了对安全性和活性的广义理解，具体到状态机复制协议中，安全性刻画的是即使存在恶意节点和敌手，只要诚实节点具有相同的初始状态，那么诚实节点的状态总是一致的，而活性保证了恶意节点不能阻碍诚实节点的状态更新。

上述安全属性与拜占庭协定类似，例如，安全性对应一致性和有效性，活性对应可终止性。然而，状态机复制与拜占庭协定有很大区别。首先，拜占庭协定针对的是单一数值的共识问题，而状态机复制针对的是数值序列的共识问题；其次，状态机复制协议的设计往往更面向工程,具有客户端等实体,而客户端并不直接参与协议共识,只发送操作指令和接收执行结果,因此每次需要从 $f+1$ 个节点接收才能确认结果的正确性;最后,状态机复制的共识对象由上层应用决定,往往是有意义的消息或操作指令,需要执行有效性检验,例如检查是否具有客户端的签名、序列号是否合法等。

3.2.2 Dolev-Strong 拜占庭广播协议

Dolev-Strong 拜占庭广播协议依赖于公钥基础设施,即可以通过数字签名验证签名者的身份。在介绍具体协议流程之前,先引入一个可信消息的概念。若一条消息在第 r 轮具有 r 个不同节点的签名且其中一个为发送者节点的签名,则该消息称为可信消息。此外,约定某个符号(如$\perp$)为协议执行错误时的输出,该符号不能作为发送者的输入,包含该符号的消息不是可信消息。记节点 P_i 关于数值 v 的签名为 $\langle v \rangle_{\sigma_i}$。

下面介绍 Dolev-Strong 拜占庭广播协议的执行流程。

(1) 在第 1 轮,发送者 P_1 计算输入 v 的签名,广播消息 $(v, \langle v \rangle_{\sigma_1})$ 给所有节点。

(2) 在第 r 轮($r < f+1$),若节点 P_i 收到一条可信消息 $(v, \langle v \rangle_{\sigma_1}, \langle v \rangle_{\sigma_2}, \cdots, \langle v \rangle_{\sigma_r})$ 且该消息是首次收到的关于数值 v 的可信消息,那么:

① 若本地的集合 V 为空,则将 v 加入集合 V 中。之后在该可信消息的基础上加入自己的数字签名,并将新的消息在第 $r+1$ 轮发送给那些还未对此消息签名的节点。

② 若 $|V|=1$,则在该可信消息的基础上加入自己的数字签名,并将新的消息在第 $r+1$ 轮发送给那些还未对此消息签名的节点,之后直接输出错误信息并退出协议。

(3) 在第 $f+1$ 轮,若节点 P_i 收到一条可信消息 $(v, \langle v \rangle_{\sigma_1}, \langle v \rangle_{\sigma_2}, \cdots, \langle v \rangle_{\sigma_{f+1}})$ 且该消息是首次收到的关于数值 v 的可信消息,那么:

① 若本地的集合 V 为空,则将 v 加入集合 V。

② 若 $|V|=1$,则直接输出错误信息并退出协议。

(4) $f+1$ 轮结束后,每个(未退出协议的)节点检查自己的本地集合 V:

① 若本地的集合 V 为空,则输出默认值 0。

② 若 $|V|=1$,则输出其中唯一的元素。

为了更好地理解 Dolev-Strong 拜占庭广播协议的原理,下面以一个 $n=4, f=2$ 的分布式系统为例,解释协议执行过程中 3 种典型的场景。如图 3-9 所示,图中仅体现了有效的可信消息的传递情况,采用简略的形式表述(如 v_{12} 代表可信消息 $(v, \langle v \rangle_{\sigma_1}, \langle v \rangle_{\sigma_2})$),场景采用实线划分,轮采用虚线划分,每个场景中协议执行 3 轮结束。

(1) 场景 1 中,发送者 P_1 和接收者 P_3 是诚实的,接收者 P_2 和 P_4 是恶意的。

① 第 1 轮,P_1 将消息 $(v, \langle v \rangle_{\sigma_1})$ 发送给所有节点,P_3 将 v 加入集合 V 中。

② 第 2 轮,P_3 向 P_2 和 P_4 发送消息 $(v, \langle v \rangle_{\sigma_1}, \langle v \rangle_{\sigma_3})$,而 P_2 和 P_4 无法伪造关于另一数值的 v' 的发送者的签名 $\langle v' \rangle_{\sigma_1}$,选择不发送任何消息。

③ 第 3 轮,没有任何有效的消息传递。

④ 最终,P_3 输出 v。

由此可见,在发送者诚实的情况下,恶意接收者无法使诚实接收者输出错误的数值。

(2) 场景 2 中,接收者 P_2 和 P_3 是诚实的,发送者 P_1 和接收者 P_4 是恶意的。

① 第 1 轮,P_1 向 P_2 发送消息 $(v, \langle v \rangle_{\sigma_1})$,向 P_3 发送消息 $(v', \langle v' \rangle_{\sigma_1})$,$P_2$ 和 P_3 分别

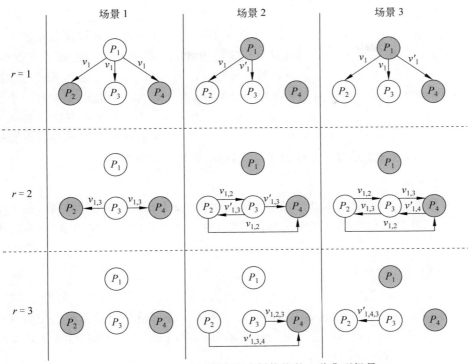

图 3-9 Dolev-Strong 拜占庭广播协议的 3 种典型场景

将 v 和 v' 加入本地集合 V 中。

② 第 2 轮,P_2 向 P_3 和 P_4 发送消息 $(v, \langle v \rangle_{\sigma_1}, \langle v \rangle_{\sigma_2})$,$P_3$ 向 P_2 和 P_4 发送消息 $(v', \langle v' \rangle_{\sigma_1}, \langle v' \rangle_{\sigma_3})$,$P_2$ 和 P_3 分别将 v' 和 v 加入本地集合 V 中。

③ 第 3 轮,P_2 向 P_4 发送消息 $(v', \langle v' \rangle_{\sigma_1}, \langle v' \rangle_{\sigma_3}, \langle v' \rangle_{\sigma_4})$,$P_3$ 向 P_4 发送消息 $(v, \langle v \rangle_{\sigma_1}, \langle v \rangle_{\sigma_2}, \langle v \rangle_{\sigma_3})$。

④ 最终,P_2 和 P_3 均输出错误信息并退出协议。

由此可见,在发送者恶意且向诚实接收者发送不同数值的情况下,诚实发送者在第 2 轮即可通过消息交换发现发送者的恶意行为。

(3) 场景 3 中,接收者 P_2 和 P_3 是诚实的,发送者 P_1 和接收者 P_4 是恶意的。

① 第 1 轮,P_1 向 P_2 和 P_3 发送消息 $(v, \langle v \rangle_{\sigma_1})$,向 P_4 发送消息 $(v', \langle v' \rangle_{\sigma_1})$,$P_2$ 和 P_3 将 v 加入本地集合 V 中。

② 第 2 轮,P_2 向 P_3 和 P_4 发送消息 $(v, \langle v \rangle_{\sigma_1}, \langle v \rangle_{\sigma_2})$,$P_3$ 向 P_2 和 P_4 发送消息 $(v, \langle v \rangle_{\sigma_1}, \langle v \rangle_{\sigma_2})$,而 P_4 仅向 P_3 发送消息 $(v', \langle v' \rangle_{\sigma_1}, \langle v' \rangle_{\sigma_4})$,$P_3$ 将 v' 加入本地集合 V 中。

③ 第 3 轮,P_3 向 P_2 发送消息 $(v', \langle v' \rangle_{\sigma_1}, \langle v' \rangle_{\sigma_4}, \langle v' \rangle_{\sigma_3})$,$P_2$ 将 v' 加入本地集合 V 中。

④ 最终,P_2 和 P_3 均输出错误信息并退出协议。

不同于场景 2,在场景 3 中发送者改变了作恶策略,并不直接向诚实接收者发送不同的数值,而是令恶意接收者在第 2 轮中选择性发送冲突的消息。即便如此,在第 3 轮,所有诚实接收者也能通过消息交换发现这种恶意行为。

下面分析 Dolev-Strong 拜占庭广播协议是否满足安全属性及其复杂度。

1. 一致性

若在第 r 轮($r<f+1$)诚实节点 P_i 收到一条可信消息并将其中的数值 v 加入了本地集合 V 中,那么在第 $r+1$ 轮其广播的消息一定会被其他未收到此数值的诚实节点收到,因此所有诚实节点的本地集合中一定包含数值 v;此外,若在第 $f+1$ 轮诚实节点 P_i 收到一条可信消息并将其中的数值 v 加入了本地集合 V 中,那么该可信消息中至少有一个签名来自诚实节点,即至少有一个诚实节点广播了包含数值 v 的消息,因此所有诚实节点一定也会将数值 v 加入自己的本地集合 V 中。综上,$f+1$ 轮后,所有诚实节点都将具有相同的本地集合 V,或一致地输出错误信息退出了协议,即一致性得到满足。

2. 可终止性

在同步网络中,每一轮的时间间隔均为确定性的,设为 Δ。根据协议流程,每个节点执行 $f+1$ 轮后,即等待 $(f+1)\Delta$ 的时长后,一定会输出一个数值或错误信息(视为输出的一种),因此可终止性得到满足。

3. 有效性

当发送者节点是诚实节点且输入为 v 时,在第 1 轮每个节点收到的可信消息均为 $(v,\sigma_1(v))$,因为恶意节点无法伪造签名,即敌手无法伪造一条可信消息 $(v',\sigma_1(v'))$,其中 $v\neq v'$。所以之后每一轮的可信消息均只能包含 $\sigma_1(v)$,进而每个节点的本地集合 V 存在且只存在数值 v,即有效性得到满足。

4. 时间复杂度与通信复杂度

在时间复杂度方面,最差情况下每个节点均需等待 $f+1$ 轮才能结束协议,因此时间复杂度为 $O(f)$ 轮。在通信复杂度方面,每个节点最多执行两次广播,因此消息复杂度为 $O(n^2)$,而每条消息最多包含 $f+1$ 个数字签名,因此通信复杂度为 $O(fn^2)$。

5. 容错能力

在一致性、可终止性和有效性分析中,并未约束恶意节点比例,因此协议的容错能力不存在上限。排除 $f=n$ 和 $f=n-1$ 这两种无意义的情况后,一般认为 Dolev-Strong 拜占庭广播协议的容错比例为 $f<n-1$。

3.2.3 基于 Dolev-Strong 的拜占庭协定协议

在同步网络模型下,拜占庭广播协议和拜占庭协定协议其实可以相互规约。下面给出一个通过拜占庭广播协议实现拜占庭协定协议的方法。

如图 3-10 所示,每个节点将自己的输入 v_i 通过拜占庭广播协议广播给其他节点,随后每个节点对自身收到的序列使用投票函数 $majority(v_1,v_2,\cdots,v_n)$,选择出现次数最多的数值作为最终的共识值。将这种规约方法应用到 Dolev-Strong 协议之上,便可以得到一个拜占庭协定协议。

需要强调的是,在 3.2.2 节中提到 Dolev-Strong 拜占庭广播协议的容错比例为 $f<n-1$,然而,在拜占庭协定协议的构造中,majority 函数遵循少数服从多数原则,为了保证拜占庭协定协议的有效性,需要使诚实节点占大多数,因此这里容错比例为 $2f<n$。

在 3.2.2 节中证明了 Dolev-Strong 方案的安全性,因此这里将拜占庭广播协议视为一

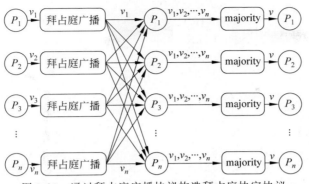

图 3-10 通过拜占庭广播协议构造拜占庭协定协议

个黑盒组件,即假设其满足自身的一致性、可终止性和有效性。下面采用规约的方法分析该拜占庭广播协议构造方案是否满足安全属性。

1. 一致性

根据拜占庭广播协议的一致性,每个诚实节点从同一个拜占庭广播实例收到的输出均是一致的,即在等待所有的拜占庭广播实例结束后,每个诚实节点均拥有一致的输出序列 $(v_1, v_2, \cdots, v_n)$。而投票函数是一个确定性算法,因此每个节点均能得到一致的输出。

2. 可终止性

拜占庭协定协议的可终止性可以规约至拜占庭广播协议的可终止性,因为每个拜占庭广播实例均可终止,因而由有限数量的拜占庭广播组件构成的协议一定也满足可终止性。

3. 有效性

当每个诚实节点的输入均为数值 v 时,显然关于 v 的票数要多于恶意节点的输入票数 $(n-f>f)$,因此每个诚实节点的输出一定为 v。

3.2.4 基于 Dolev-Strong 的状态机复制协议

正如 3.2.1 节所述,拜占庭协定针对的是单一数值的共识问题,状态机复制针对的是数值序列的共识问题,那么可以通过串行执行拜占庭协定协议来实现一个简单的状态机复制协议,其构造方法如下。

如图 3-11 所示,客户端在每个周期将操作请求发送给所有节点,所有节点将收到的请求输入拜占庭协定协议中,节点对操作请求达成一致共识后更新本地状态并返回给客户端执行结果。客户端收到来自各节点的相同的执行结果后,便可以发送下一周期的操作请求,如此循环往复即可。

可以证明,状态机复制协议的容错上限为 $2f<n$。此处的拜占庭协定协议可以采用 3.2.3 节的方法基于 Dolev-Strong 拜占庭广播协议实现,此时状态机复制协议的容错比例继承自拜占庭协定协议,即 $2f<n$,可以达到理论最优的容错比例。

这里将拜占庭协定协议视为一个黑盒组件,即假设其满足自身的一致性、可终止性和有效性。下面采用规约的方法证明该状态机复制协议构造方案的安全性和活性。

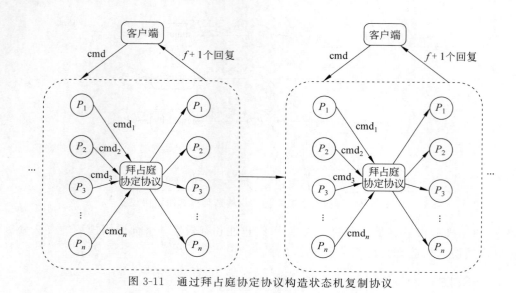

图 3-11 通过拜占庭协定协议构造状态机复制协议

1. 安全性

在每个周期,根据拜占庭协定协议的一致性,每个诚实节点均会执行相同的操作指令,又因为拜占庭协定协议实例是串行执行的,所以每个节点执行操作指令的顺序也是一致的,安全性得到满足。

2. 活性

状态机复制协议的活性可以规约至拜占庭协定协议的可终止性,因为每个周期中的拜占庭协定协议均是可终止的,所以对于每次客户端的请求,诚实节点都会返回执行结果,活性得到满足。

3.3 PBFT 协议

PBFT 协议的全称为实用拜占庭容错(Practical Byzantine Fault Tolerance)协议,该协议首次将半同步网络模型下解决拜占庭将军问题的通信复杂度由指数级别降到多项式级别,使得拜占庭容错协议在区块链或其他分布式系统中应用成为可能。目前,PBFT 协议普遍被应用为联盟链的共识机制。

本节将具体介绍 PBFT 协议。3.3.1 节概述 PBFT 协议的场景建模以及主要机制。3.3.2 节介绍 PBFT 协议在主节点正常工作时的常规构造。3.3.3 节介绍稳定检查点的概念以及垃圾回收机制。3.3.4 节介绍防止主节点作恶的视图转换机制。3.3.5 节对 PBFT 协议的安全性、活性以及通信复杂度进行分析。

3.3.1 概述

PBFT 协议是一种状态机复制协议,不同于虚构的拜占庭将军问题,该应用场景的建模更具体:在一个有 n 个节点的分布式系统中,每个节点都是一个状态复制机,其中 f 个节点为恶意节点,这些节点从客户端接收操作请求,更新自己的节点状态。如果各诚实节点的初始状态相同,且对操作请求的处理是确定性的,那么只要保证各诚实节点以能一致的顺序接收到一致的操作请求,即可实现全局状态的复制,这与解决拜占庭将军问题本质上是相同的。$n>3f$ 时,PBFT 协议可以保证上述系统的安全性和活性。

PBFT 协议采用主备份机制,以视图为单位运转,每个视图存在唯一的主节点(约定视图 v 的主节点为第 $v \bmod n$ 个节点),其余节点为从节点。主节点负责驱动共识,将来自客户端的请求排序,按序发送给从节点,全局一致性主要依赖主节点对操作请求的排序和分发。

但是,当主节点是恶意节点时,它可能会给不同的请求编上相同的序号,或者不去分配序号,或者让相邻的序号不连续。因此,从节点应当有职责主动检查这些序号的合法性,并能通过超时机制检测到主节点是否已经停止工作。当出现这些异常情况时,这些从节点就会按照序号选择新的节点担任主节点,以保证系统的活性。更换主节点后便进入一个新的视图。通常将主节点的轮替过程称为视图转换。

3.3.2 常规构造

首先介绍主节点为诚实节点时 PBFT 协议的常规构造。如图 3-12 所示,该构造可分为 5 个阶段,分别是请求阶段、预准备阶段、准备阶段、承诺阶段和应答阶段。其中,预准备阶段和准备阶段保证了当前视图中来自客户端的操作请求具有一致的顺序,而准备阶段和承诺阶段则保证了被执行的请求在跨视图的过程中也具有一致的顺序。

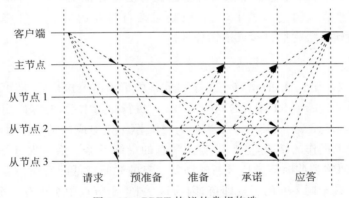

图 3-12 PBFT 协议的常规构造

每个节点维护的状态包括两方面:一是消息日志,包含节点已经接收或者发送的消息;二是视图状态,表示节点当前所处视图的编号。下面具体介绍 5 个阶段的协议流程。

1. 请求阶段

在这一阶段中,客户端将一条自身的请求消息 $m=\langle \text{REQUEST},o,t,c \rangle_{\sigma_c}$ 上传至包括主节点和从节点的全网节点。其中 o 是操作请求,t 是时间戳,c 是客户端的编号,σ_c 代表这条消息被客户端 c 签名。客户端的请求完全按照时间戳排序,即后面提交的请求的时间戳一定比前面的大。

2. 预准备阶段

主节点 P 收到来自客户端的请求 $m=\langle \text{REQUEST},o,t,c \rangle_{\sigma_c}$ 后,验证该消息的合法性,

验证通过后就给消息 m 分配一个序列号 n，向所有的从节点广播预准备消息 $\langle$PRE-PREPARE$,v,n,D(m)\rangle_{\sigma_p}$，并且将这条消息插入日志中。其中 v 是主节点此时的视图号，$D(m)$ 是请求消息 m 的哈希值，σ_p 代表这条消息被主节点签名。

3. 准备阶段

节点 i 收到主节点 P 发送的预准备消息 $\langle$PRE-PREPARE$,v,n,D(m)\rangle_{\sigma_p}$ 后需要对其进行如下验证。

（1）v 为当前视图号。
（2）$n\in[h,H]$，h 和 H 分别为可用序列号的上下界（将在 3.3.3 节详细讨论）。
（3）针对视图号 v 和序列号 n，没有收到过包含其他消息哈希值的预准备消息。
（4）消息日志中包含哈希值 $D(m)$ 对应的消息 m。

若验证无误，节点 i 向其他节点广播一条准备消息 $\langle$PREPARE$,v,n,D(m),i\rangle_{\sigma_i}$，并将这条消息和收到的预准备消息插入消息日志中。其中 i 是该从节点的编号，σ_i 代表这条消息被节点 i 签名。同时，收集来自其他节点的准备消息并插入消息日志中，当其收到包括自身在内的 $2f+1$ 条包含相同 $v,n,D(m)$ 的准备消息时，将它们打包成准备凭证。

4. 承诺阶段

节点 i 在形成准备凭证后广播一条承诺消息 $\langle$COMMIT$,v,n,D(m),i\rangle_{\sigma_i}$，并将这条消息插入消息日志中。承诺消息是节点对自己已拥有准备凭证的声明。同时，收集来自其他节点的承诺消息并插入消息日志中，当其收到包括自身在内的 $2f+1$ 条包含相同 $v,n,D(m)$ 的承诺消息时，将它们打包成承诺凭证。

5. 应答阶段

节点 i 在形成承诺凭证，且所有小于序列号 n 的请求已经执行后，即可执行关于视图号 v 和序列号 n 的请求 $m=\langle$REQUEST$,o,t,c\rangle_{\sigma_c}$。执行完请求后，向客户端 c 发送一个应答消息 $\langle$REPLY$,v,t,c,i,r\rangle_{\sigma_i}$，其中 v 是当前的视图号，t 是对应的请求的时间戳，i 是节点的编号，r 是执行请求操作的结果，客户端确认消息的最终承诺。为了保证语义准确，节点会在之后的运行中忽略那些时间戳比最新的回复消息的时间戳低的请求。客户端 c 等待来自 $f+1$ 个节点的包含相同 t,r 的答复即可，因为这 $f+1$ 个节点中至少有一个是诚实的，所以可以保证答复的一定是正确的状态。

3.3.3 垃圾回收

在常规构造的共识过程中，相关消息会存储在消息日志中，这是为了在视图转换时能恢复部分消息以保证安全性，然而其中很多陈旧的消息对应的请求已经被大部分诚实节点执行了，不会在视图转换过程中用到。为了防止消息日志无限制地增长，节点必须能知道哪些消息的请求已经是无用的，并将这部分消息从消息日志中清除。

在这里首先引入稳定检查点的概念。当节点 i 执行序列号为 n 的请求后，它可以向其他节点广播一条检查点消息 $\langle$CHECKPOINT$,n,d,i\rangle_{\sigma_i}$，其中 d 为节点当前状态的哈希值。同时，每个节点收集来自其他节点的检查点消息并插入消息日志中，当其收到包括自身在内的 $2f+1$ 条包含相同 n,d 的检查点消息时，将其打包成稳定检查点凭证，这些消息的序列

号 n 就被称为一个稳定检查点。

如图 3-13 所示,拥有关于序列号 n 的稳定检查点凭证后,所有小于或等于该序列号的预准备、准备、承诺消息,以及小于该序列号的检查点消息均可以从消息日志中清除,并且不再接收。这样做是否安全呢？换句话说,如果某些节点还未运行到稳定检查点所在的状态,它们如何跟上步伐同步到最新状态呢？事实上,稳定检查点凭证保证了至少有 $f+1$ 个诚实节点已经执行完序列号为 n 的请求,那么这些落后的节点一定可以找到一个诚实节点为其直接传输稳定检查点所在的状态,并且可以通过稳定检查点凭证证明其正确性。

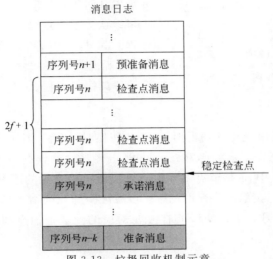

图 3-13 垃圾回收机制示意

理论上,节点每执行完一个操作请求,就可以发送一条检查点消息,以确认一次稳定检查点,但是这会带来很大的开销。因此,通常约定每执行完一定数量(如 $k=100$ 条)的操作请求后进行一次稳定检查点的确认,如图 3-14 所示。

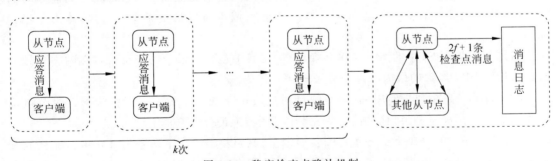

图 3-14 稳定检查点确认机制

在介绍常规构造时提到,可用序列号 n 具有一定的上下界（h 和 H）,这两个变量的更新也是基于稳定检查点的。可用序列号 n 的下界 h 等于最后一个稳定检查点的序列号,上界 $H=h+L$。其中 L 为预先设定的序列号空间大小,它要设置得足够大,否则序列号可能会在下一个稳定检查点到来之前被耗尽,造成共识的停滞。如果每执行 100 条操作请求执行一次稳定检查点同步,那么 L 推荐设置为 200。

3.3.4 视图转换

3.3.2 节介绍的常规构造指主节点正常工作的情况,当主节点作恶或者出现其他问题导致不能及时处理数据请求时,从节点会触发视图转换流程并执行主节点的轮替。此处存在一个超时检测机制:当节点收到一个客户端请求时启动一个计时器,在相应请求被执行时停止计时并重置计时器,如果等待时间超过某个界限,节点可以认为主节点出现了故障,并触发视图转换流程。如图 3-15 所示,视图转换流程包括触发阶段、新视图阶段和恢复阶段,下面具体介绍 3 个阶段的协议流程。

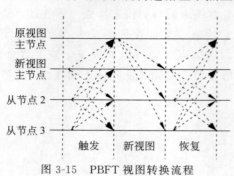

图 3-15 PBFT 视图转换流程

1. 触发阶段

当节点 i 决定触发由视图 v 到视图 $v+1$ 的转换时,便会向所有节点广播一条视图转换消息 $\langle \text{VIEW-CHANGE}, v+1, n, \mathcal{C}, \mathcal{P}, i \rangle_{\sigma_i}$,并停止接收除检查点消息、视图转换消息、新视图以外的其他消息。其中,n 是节点 i 所知的最新稳定检查点的序列号,$\mathcal{C}$ 是相应的稳定检查点凭证,$\mathcal{P}$ 包含了那些在稳定检查点之后已形成准备凭证的请求的相关消息。具体来讲,$\mathcal{P} = \{\mathcal{P}_m\}$,而 $\mathcal{P}_m$ 是序列号大于 n 的请求消息 m 对应的预准备消息和准备凭证的集合,不包含请求消息 m 本身。

2. 新视图阶段

当视图 $v+1$ 的主节点 P 收到 $2f+1$ 条合法的视图转换消息后,便会向所有节点广播一条新视图消息 $\langle \text{NEW-VIEW}, v+1, \mathcal{V}, \mathcal{O} \rangle_{\sigma_p}$。其中,$\mathcal{V}$ 为主节点 P 收到的所有合法视图转换消息集合,$\mathcal{O}$ 是主节点 P 驱动新视图的一系列预准备消息集合,为了保证不同视图间的一致性,这些预准备消息必须继承上一视图中已形成准备凭证的消息,$\mathcal{O}$ 的具体构造步骤如下。

(1) 主节点检查 $\mathcal{V}$ 中的所有视图转换消息,记其中包含的最新的稳定检查点的序列号为 $\min_s$,以及其中 $\mathcal{P}$ 包含的最大的准备凭证的序列号为 $\max_s$。

(2) 为了保证序列号使用的连续性,针对从 $\min_s$ 到 $\max_s$ 的每一个序列号 n,主节点均需要构造一条预准备消息,构造的依据是 $\mathcal{V}$ 中视图转换消息的 $\mathcal{P}$ 集合。

(3) 如果在 $\mathcal{V}$ 中存在至少一条视图转换消息,其 $\mathcal{P}$ 集合包含序列号为 n 的 $\mathcal{P}_m$,那么取其中视图号最大的 $\mathcal{P}_m$,记其中包含的预准备消息为 $\langle \text{PRE-PREPARE}, v', n, D(m) \rangle_{\sigma_p}$,主节点构造的新预准备消息为 $\langle \text{PRE-PREPARE}, v+1, n, D(m) \rangle_{\sigma_p}$。

(4) 否则,表明视图转换消息中没有与序列号 n 对应的形成准备凭证的消息,那么主节点构造的新预准备消息为 $\langle \text{PRE-PREPARE}, v+1, n, D(\text{null}) \rangle_{\sigma_p}$,其中,$D(\text{null})$ 是一个特殊请求 null 的哈希值,在共识过程中 null 被正常处理,但节点在执行时会将其忽略。

3. 恢复阶段

主节点发送新视图消息之后,如果发现 $\min_s$ 大于自己最新的稳定检查点,则将 $\min_s$ 相应的稳定检查点凭证插入自己的消息日志中,并将自己的稳定检查点更新为 $\min_s$。当从节点收到主节点发来的新视图消息后,验证其合法性,验证通过后也对自己的稳定检查点执行相同的检查和更新。

需要说明的是,在此过程中节点(包括主节点和从节点)可能缺失更新状态所必需的消息,因此需要向其他节点寻求帮助。在介绍垃圾回收时已经提到,这些落后的节点一定可以找到一个诚实节点帮助其更新状态至稳定检查点。这些节点完成对稳定检查点的同步后,即可按照常规构造中介绍的协议流程,对 $\mathcal{O}$ 中序列号为 $\min_s$ 到 $\max_s$ 的请求作出共识。至此,系统完成了由视图 v 向视图 $v+1$ 的转换。

3.3.5 协议分析

1. 安全性

安全性在 PBFT 协议中意味着所有实体的复制操作要满足线性化要求,即整个分布式系统的行为就像中心化系统集中式依次执行操作一样。证明 PBFT 协议的安全性只需要证明所有节点都能在本地执行同一个请求序列。下面仅证明恶意节点数量最大时的安全性,即 $n=3f+1$ 的情况,而 $n>3f+1$ 时的安全性证明很容易由此规约得到,因此不再赘述。

首先证明,预准备阶段和准备阶段保证了当前视图中来自客户端的操作请求具有一致的顺序。证明的关键在于,对于同一视图 v 和同一序列号 n,任意两个节点的准备凭证都是一致的。假设节点 i 生成了关于 $(v,n,D(m))$ 的准备凭证,节点 j 生成了关于 $(v,n,D(m'))$ 的准备凭证,那么有 $f+1$ 个诚实节点发送了准备消息 $\langle \text{PREPARE},v,n,id,D(m) \rangle_{\sigma_{id}}$,同理,有 $f+1$ 个诚实节点发送了准备消息 $\langle \text{PREPARE},v,n,id,D(m') \rangle_{\sigma_{id}}$。因为每个诚实节点只会发送一条视图为 v、序列号为 n 的准备消息,所以若 $D(m) \neq D(m')$,系统中至少存在 $2(f+1)>2f+1$ 个诚实节点,出现矛盾。因此 $D(m)=D(m')$,由哈希函数的抗碰撞性,推出 $m=m'$。因此,准备凭证保证了在视图 v 中,序列号 n 被唯一分配给了请求消息 m。进而证得,预准备阶段和准备阶段保证了当前视图中来自客户端的操作请求具有一致的顺序。

接下来证明,准备阶段和承诺阶段则保证了被执行的请求在跨视图的过程中也具有一致的顺序。通过前面常规构造的介绍可以知道,诚实节点只会执行那些形成了承诺凭证的请求。假设某一承诺凭证是关于 $(v,n,D(m))$ 的,该承诺打包了来自至少 $f+1$ 个诚实节点的承诺消息,即至少有 $f+1$ 个诚实节点已经生成关于 $(v,n,D(m))$ 的准备凭证,设这些诚实节点的集合为 R_1。接下来分析在跨视图过程中哪些消息会被传递至下一视图。在新视图的主节点发送的新视图消息中的集合 $\mathcal{V}$,由来自 $2f+1$ 个节点的视图转换消息组成,其中有至少 $f+1$ 条视图转换消息来自诚实节点,设这些诚实节点的集合为 R_2。因为 $|R_1|+|R_2|>2f+2>2f+1$,所以这两个集合一定存在交集。再结合新视图消息中的集合 $\mathcal{O}$ 的构造可知,对于任一形成承诺凭证的请求,如果该请求的序列号 n 大于稳定检查点 $\min_s$,那么它一定会被传递下一视图,且具有相同的序列号。进而证得,准备阶段和承诺阶段保证了被执行的请求在跨视图的过程中也具有一致的顺序。

综上所述,证明了 PBFT 协议的安全性。

2. 活性

作为一种确定性协议,若 PBFT 协议不依赖时间假设保证安全性,则必须依赖时间假设保证活性,否则就违反了 FLP 原理。在 PBFT 中,活性意味着客户端最终一定会收到它们请求的回复。为了保证活性,当节点无法执行一个请求的时候,它们必须进入一个新的视图中。同时,视图变更也需要合理控制,只在需要时才执行,否则视图频繁变更会影响系统的活性。这就需要保证以下两点。

(1) 让有至少 $2f+1$ 个诚实节点处于同一视图的状态尽可能长时间保持。

(2) 每次视图变更时,超时检测机制的时间间隔需要快速增长,如以指数形式增长。

为了达到上述两个目的,PBFT 用了以下 3 种方法。

(1) 为了防止视图变更太快,当一个节点发送视图号为 $v+1$ 的视图转换消息后,在等待接收 $2f+1$ 个视图转换消息时,会同时启动定时器,其超时时间设置为 T。如果该节点没有在 T 时间内收到一个有效的新视图消息,或者说在 T 时间内没有执行任何新视图中的请求,则会触发视图号为 $v+2$ 的视图变更。此时,算法会调整超时时间间隔,将其设置为原来的 2 倍,即 $2T$。

(2) 节点除通过超时检测机制发送视图转换消息外,当其接收到来自 $f+1$ 个不同节点的有效视图转换消息,且消息中的目标视图大于节点当前视图时,也会触发节点发送视图转换消息。这可以防止节点过晚启动视图转换流程。

(3) 恶意节点无法通过故意发送视图转换消息频繁触发视图转换,从而干扰系统的运行。因为所有恶意节点最多只能发送 f 条视图转换消息,达不到 $f+1$ 条的触发条件。当然,如果主节点是恶意节点,它可以很容易使系统进入视图转换流程(例如,长时间发送任何请求消息),但是因为恶意节点最多只有 f 个,连续的视图转换最多是 f 个,之后主节点一定会由正常节点担任,系统便可以正常共识,进而恢复活性。

基于以上规则,只要消息延迟增长的速度不超过超时间隔增长的速度(指数级),那么系统就可以保证活性。综上所述,证明了 PBFT 协议的活性。

3. 通信复杂度

对 PBFT 协议的通信复杂度分析主要考虑协议中数字签名的数量(签名复杂度),而非协议中消息的数量(消息复杂度)或者具体的比特数量(比特复杂度)。原因有 3 个:第一,与消息复杂度相比,签名复杂度更能体现通信开销,例如 $O(n^2)$ 条包含 $O(n)$ 个签名的消息与 $O(n)$ 条包含 $O(n^2)$ 个签名的消息的通信量是类似的;第二,协议涉及的消息中,包含时间戳、视图号、序列号等单调递增的变量,对于长期运行的系统而言,难以限定这些变量的长度,因此很难通过比特复杂度评估整个协议的通信复杂度;第三,从每个节点的本地计算量的角度考虑,数字签名的生成和验证是协议中计算量最大的操作步骤,因此数字签名的复杂度一定程度上也体现了协议的计算复杂度。在下面的分析中,通信复杂度仅指签名的复杂度。

在 PBFT 协议常规构造的预准备、准备、承诺 3 个阶段中,每个节点需要广播相应的消息预准备、准备、承诺消息,这部分的消息复杂度为 $O(n^2)$,又因为每条消息均包含一个发送者的数字签名,因此通信复杂度也为 $O(n^2)$。

PBFT 协议的主要通信开销集中在视图转换流程。在触发阶段,每条视图转换消息包含一个稳定检查点及其凭证,而稳定检查点凭证由 $2f+1$ 条签名消息组成,因此每条视图转换消息的通信复杂度为 $O(n)$。在新视图阶段,新主节点构造的新视图消息包含至少 $2f+1$ 条视图转换消息,因此新视图消息的通信复杂度为 $O(n^2)$,主节点需要将该消息广播给所有从节点,因此该阶段的总通信复杂度为 $O(n^3)$。

此外,在分析 PBFT 协议的活性时提到,连续的视图转换最多有 f 次,即最坏的情况下每执行 f 次视图转换才会共识成功一次,所以 PBFT 协议总的通信复杂度为 $O(n^2+fn^3)=O(fn^3)$。

3.4 HotStuff 协议

HotStuff 协议是在 PBFT 协议基础上的一次重要改进,首次在半同步网络模型下实现了具有线性通信复杂度的拜占庭容错协议,缓解了当节点规模增大时性能骤减的问题,并给出了共识算法流水线化的方案。

本节将具体介绍 HotStuff 协议的流程和安全性分析。3.4.1 节概述 HotStuff 协议的 3 种形式以及改进思想;3.4.2 节介绍基础 HotStuff 协议的具体构造;3.4.3 节介绍流水线化的思想和链接 HotStuff 的具体构造;3.4.4 节对 HotStuff 协议的安全性、活性以及通信复杂度进行分析。

3.4.1 概述

HotStuff 协议共有 3 种形式,分别为基础 HotStuff 协议、链接 HotStuff 协议和事件驱动 HotStuff 协议。其中,基础 HotStuff 协议是 HotStuff 协议的基础版本,链接 HotStuff 协议实现了共识的流水线化,而事件驱动 HotStuff 协议提供了工程实现上的便利,提出 Pacemaker 将链接 HotStuff 协议的安全性和活性解耦。本节将具体介绍基础 HotStuff 协议和链接 HotStuff 协议。

与 PBFT 协议相比,HotStuff 协议的首个重要改进是使用门限签名技术,压缩常规协议流程中的消息凭证,使每个阶段的通信复杂度降为 $O(n)$ 个签名。在 PBFT 协议中,凭证由 $2f+1$ 条签名消息组成,例如在准备阶段,每个节点广播自己的准备消息后,需要收集 $2f+1$ 条来自不同节点的准备消息以组成准备凭证,通信开销为 $O(n^2)$ 个签名,生成的凭证大小为 $O(n)$ 个签名。而在 HotStuff 协议中使用了 $(2f+1,n)$-门限签名技术,每个节点只需将签名份额发送给主节点,主节点收集到 $2f+1$ 个合法签名份额后,利用签名重构算法即可恢复出完整的签名,并将该签名作为凭证。

另一方面,HotStuff 协议额外引入一阶段的凭证,大大简化了视图转换流程。同时,这也使得各阶段协议同质化,可以将所有消息类型化简为一个带有门限签名的通用消息,实现多共识实例的流水线并行,提升系统的性能。

3.4.2 基础 HotStuff 协议

基础 HotStuff 协议采用单视图单共识模式,以单调递增的方式持续切换视图,每个视图仅对一个区块达成共识,而一个区块可以包含多个操作请求。另外,由视图主节点收集来自客户端的操作请求并在共识完成后对客户端应答,后续省略了请求阶段和应答阶段。

如图 3-16 所示,协议共包括 4 个阶段:准备(Prepare)阶段、预承诺(Pre-commit)阶段、承诺(Commit)阶段和决定(Decide)阶段,下面具体介绍各阶段。

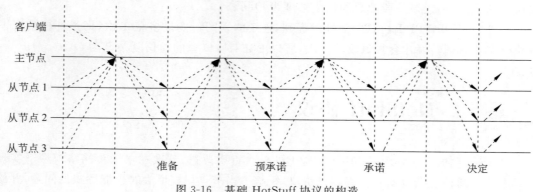

图 3-16 基础 HotStuff 协议的构造

1. 准备阶段

主节点收集来自上一视图的新视图消息来驱动当前视图,每条新视图消息包含发送节点本地视图号最高的准备凭证 prepareQC。主节点收集到来自 $2f+1$ 节点的新视图消息后,选择其中视图号最高的 prepareQC 记为 highQC。随后,主节点打包新的区块作为 highQC 对应区块的后继区块,即当前视图的操作请求提案 curProposal。最后,主节点构造准备消息(PREPARE,curView,curProposal,highQC)广播给其他所有节点,其中 curView 为当前的视图号。

从节点收到来自主节点的准备消息后,首先验证该消息中的 curProposal 是否为 highQC 对应区块的后继区块以及 curView 是否与自己所处视图相同,随后检查该消息是否满足以下两个条件之一。

(1) curProposal 是本地锁定凭证 lockedQC 对应区块的后继区块。

(2) highQC 的视图号高于本地锁定凭证 lockedQC 的视图号。

若满足上述两个条件之一,则生成相应的门限签名份额,将其作为投票附在 PREPARE-VOTE 消息中发送给主节点。

2. 预承诺阶段

主节点收集到 $2f+1$ 个来自不同节点的合法 PREPARE-VOTE 消息后,聚合其中的签名得到完整签名,记为 prepareQC。然后,主节点构造预承诺消息(PRE-COMMIT,curView,prepareQC)并广播给其他所有节点。

从节点收到来自主节点的预承诺消息后,验证该消息中的 prepareQC 的合法性以及 curView 是否与自己所处视图相同。验证通过后,生成相应的门限签名份额,将其作为投票附在 PRE-COMMIT-VOTE 消息中发送给主节点,并更新本地的 prepareQC 变量。

3. 承诺阶段

主节点收集到 $2f+1$ 个来自不同节点的合法 PRE-COMMIT-VOTE 消息后,聚合其中的签名得到完整签名值,记为 pre-commitQC。然后主节点构造承诺消息(COMMIT, curView,pre-commitQC)并广播给其他所有节点。

从节点收到来自主节点的承诺消息后,验证该消息中的 pre-commitQC 的合法性以及 curView 是否与自己所处视图相同。验证通过后,生成相应的门限签名份额,将其作为投票附在 COMMIT-VOTE 消息中发送给主节点,并更新本地的 lockedQC 变量为 pre-commitQC。

4. 决定阶段

领导节点收集到 $2f+1$ 个来自不同节点的合法 COMMIT-VOTE 消息后,将聚合其中的签名得到完整签名值,记为 commitQC。然后主节点构造决定消息(DECIDE,curView,commitQC)并广播给其他所有节点。

包括主节点在内的所有节点收到决定消息后,验证该消息中的 commitQC 的合法性以及 curView 是否与自己所处视图相同。验证通过后,执行 commitQC 对应的请求。根据本地最新的 prepareQC 构造新视图消息(NEW-VIEW,curView,prepareQC),发送给下一视图的主节点,随后递增视图号,开启新的共识实例。

基础 HotStuff 协议具有与 PBFT 类似的超时检测机制:当节点收到一个客户端请求时启动一个计时器,相应请求被执行时停止计时并重置计时器,如果等待时间超过了某个界限,则将其称为超时事件。若在上述 4 个阶段中出现了超时事件,则立刻停止接收本轮视图的任何消息,并根据 prepareQC 生成新视图消息,发送给新的主节点。

3.4.3 链接 HotStuff 协议

基础 HotStuff 协议的各阶段都有高度相似的消息结构和通信流程,均为主节点聚合签名、广播签名消息,从节点计算签名份额、广播投票消息。因此,在链接 HotStuff 协议中简化和复用了这些同质化的阶段。

具体来讲,在链接 HotStuff 协议中,主节点广播准备消息后,收集 $2f+1$ 个对应其准备消息的投票签名份额,将这些签名聚合得到完整签名,这里将其记为通用凭证 genericQC,而非准备凭证 prepareQC,之后主节点将 genericQC 传递给下一视图的主节点。与基础 HotStuff 不同的是,下一视图的主节点收到 genericQC 后,并不进入预承诺阶段,而是直接启动下一个视图,在新视图的准备阶段广播新的操作请求提案,其他节点再就新的准备消息进行投票签名。换言之,视图 $v+1$ 的准备阶段相当于视图 v 的预承诺阶段,视图 $v+2$ 的准备阶段相当于视图 $v+1$ 的预承诺阶段以及视图 v 的承诺阶段。

为了更好地解释链接 HotStuff 协议中一次视图转换与基础 HotStuff 协议中各阶段的对应关系,下面举一个具体的例子。如图 3-17 所示,对于操作请求 cmd_1 而言,视图 v_1、v_2、v_3 分别相当于其在基础 HotStuff 协议中的准备阶段、预承诺阶段和承诺阶段,在视图 v_4 之后该操作请求被确认,即节点可以执行该操作请求。同理,对于操作请求 cmd_2 而言,视图 v_2、v_3、v_4 分别相当于在基础 HotStuff 协议中的准备阶段、预承诺阶段和承诺阶段,在视图 v_5 之后该操作请求被确认。其他请求在这些视图转换中也经历不同的阶段,执行类似流水线式的共识。

然而,由于主节点可能作恶,实际情况可能并不会如图 3-17 所示那样。如果当前视图主节点广播了冲突的提案或者停止工作,使得新的提案无法聚合成通用凭证,那么下一视图

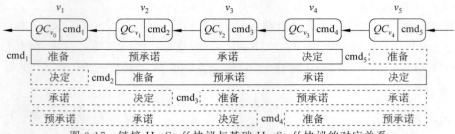

图 3-17　链接 HotStuff 协议与基础 HotStuff 协议的对应关系

的主节点将跳过这一提案，使用现有已知的最高通用凭证，并在打包新的区块之前连接一个空区块，以保证新区块的高度与其视图号一致，如图 3-18 所示，在视图 v_5 中并未产生新的区块，因此视图 v_6 的主节点在其打包的新区块前连接一个空区块后广播出去，并且该消息的通用凭证为关于 cmd_4 的聚合签名。

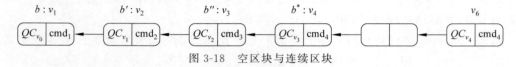

图 3-18　空区块与连续区块

如果一个区块中的通用凭证是对其前一区块的确认，那么称之为 1-chain。同理，若在一个区块后面没有空区块的情况下，连续产生了 k 个区块，就称这一段连续的区块是对该区块的 k-chain。如图 3-18 所示，区块 b 构成了 3-chain，区块 b' 构成了 2-chain，区块 b'' 构成了 1-chain。当节点收到一个有效的通用凭证消息后，会执行检查：

(1) 若有区块构成了 1-chain，相当于进入了预承诺阶段，更新本地 prepareQC 变量。

(2) 若有区块构成了 2-chain，相当于进入了承诺阶段，更新本地 lockedQC 变量。

(3) 若有区块构成了 3-chain，相当于进入了决定阶段，执行相应的操作请求。

因此，在链接 HotStuff 协议中实际上只存在两种消息：一种是从节点发往主节点的新视图消息，该消息同时还承担了基础 HotStuff 协议中投票签名的作用；另一种是由主节点聚合签名份额后构造的通用凭证消息，从节点收到一个通用凭证消息后，通过"一证多用"更新不同操作请求对应的本地变量 prepareQC 与 lockedQC。

综上，经流水线化改进后的链接 HotStuff 协议，形式更为简洁，如图 3-19 所示，仅包含两阶段协议交互，具体流程如下。

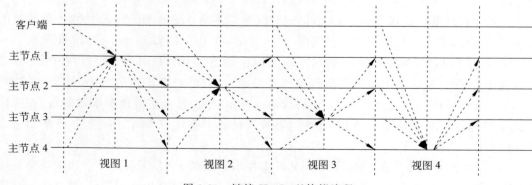

图 3-19　链接 HotStuff 协议流程

1. 主节点提案

当前视图的主节点等待 $2f+1$ 个来自不同节点的包含签名份额的新视图消息,随后将这 $2f+1$ 个签名份额聚合成完整的门限签名,并生成通用凭证genericQC。此外,主节点还将检查收到的所有包含准备凭证的新视图消息,选择其中视图号最高的记为highQC,如果highQC的视图号大于genericQC的视图号,则将genericQC更新为highQC。最后,主节点将通用凭证和新的区块组成通用凭证消息广播给其他所有节点。

2. 从节点投票

收到主节点的通用凭证消息后,从节点验证消息中的genericQC是否合法,若验证通过,则更新本地的prepareQC和lockedQC变量,并执行相当于获得了commitQC的区块中的请求。最后,该节点生成相应的投票签名份额,构造新视图消息发送给下一个视图的主节点。

如果在协议执行的任一阶段出现超时事件,则直接向下一视图的主节点广播新视图消息。而这类新视图消息与正常的新视图消息不同,不包括投票签名份额,取而代之的是本地的准备凭证prepareQC变量。

综上,改进版本的协议简化了消息类型,并通过通用凭证的复用,使得各阶段可以以流水线的形式并行运行。

3.4.4 协议分析

本节主要分析基础HotStuff协议的安全性、活性以及通信复杂度。关于链接HotStuff协议的协议分析与基础HotStuff协议类似,具体细节读者可查阅相关参考文献。

1. 安全性

下面仅证明恶意节点数量最大时的安全性,即 $n=3f+1$ 的情况。对于 $n>3f+1$ 情况的安全性证明,很容易由此规约得到,因此不再赘述。

首先证明,对于同一类型的两个凭证 QC_1 和 QC_2,它们不可能拥有相同的视图号。采用反证法,先假设 QC_1 和 QC_2 的视图号相同。因为一个有效的凭证由来自 $2f+1$ 个节点的投票签名份额聚合而成,如果同时存在有效的 QC_1 和 QC_2,就代表有至少一个诚实节点在同一视图中针对同一类凭证投了两次票。而诚实节点一定会正确执行协议,因此这种情况是不可能的,得证。

由上述证明可以得到一个很直接的结论,即在同一视图中不会有两个冲突的区块得到确认。因为一个区块得到确认必须生成有效的承诺凭证commitQC,根据前面的证明,显然一个视图中不会存在两个有效的承诺凭证。那么,接下来如果要证明基础HotStuff协议的安全性,只需要再证明:在不同视图中不会有两个冲突的区块得到确认。

假设在视图 v_1 和 v_2 中 ($v_1<v_2$) 分别存在两个冲突的 $commitQC_1$ 和 $commitQC_2$。那么,在视图 v_1 和 v_2 之间一定存在一个最小的视图 v_s,满足 $v_1<v_s\leqslant v_2$ 且在视图 v_s 生成了有效的 $prepareQC_2$。下面讨论 $prepareQC_2$ 究竟能否生成。在视图 v_s 中,该区块被广播后,节点会检查是否满足以下两条规则之一。

(1) curProposal 是否为本地锁定凭证lockedQC对应区块的后继区块。

(2) highQC的视图号高于本地锁定凭证lockedQC的视图号。

首先，因为该提案的区块与 v_1 中确认的区块冲突，所以规则(1)显然不满足。另外，如果满足规则(2)，就证明 highQC 对应的区块一定是 v_1 中确认的区块的同一分支，否则就代表存在一个视图 $v_{s'}$，满足 $v_1 < v_{s'} < v_s \leqslant v_2$ 且在视图 $v_{s'}$ 生成了冲突的 prepareQC，这与视图 v_s 的最小性矛盾。并且该区块一定是 highQC 的后继区块，因此若满足规则(2)，该区块一定是 v_1 中确认的区块的同一分支。又因为在 v_1 中生成了有效的 commitQC$_1$，表明有至少 $f+1$ 个诚实节点均更新了本地的 lockedQC，所以至少有 $f+1$ 个诚实节点无法通过上述检测，从而拒绝为该区块提供投票签名份额，因此有效的 prepareQC$_2$ 无法生成。由此证明，在不同视图中，不会有两个冲突的区块得到确认。

综上，无论是在同一视图还是在不同视图，都不会有两个冲突的区块得到确认，因此基础 HotStuff 协议的安全性得到证明。

2. 活性

在证明基础 HotStuff 协议的活性之前，首先介绍该协议的半同步模型的一个重要定义：全局稳定时间(Global Stabilization Time，GST)事件。在半同步模型中，GST 事件发生后，可以保证消息传输的时延具有一定的上界。

根据协议流程可知，每个视图的共识的完成所需传输的消息数量是有限的，而在 GST 事件之后，消息传输的时延具有上界，因此存在一个共识达成所需的最大时间间隔 T_f。换言之，在视图主节点正常工作，所有诚实节点处于当前视图的时间不少于 T_f 的情况下，共识一定会达成。

因此，可以利用该特性设计如下超时检测机制：节点进入一个新视图时，均会设定一个超时检测器，如果在限定时间内没有完成共识，那么节点就会将下一次的超时检测器的等待间隔翻倍。因为该时间间隔呈指数级别增长，因此在 GST 事件之后，所有的诚实节点的等待间隔至少有 T_f 的重叠。此时，当轮转到诚实节点担任主节点的情况时，共识一定能完成。

综上，基础 HotStuff 协议的活性得到证明。

3. 通信复杂度

与 PBFT 协议的通信复杂度分析相同，对基础 HotStuff 协议的通信复杂度分析也使用其签名复杂度衡量。在基础 HotStuff 协议中，无论是主节点常规共识流程还是视图转换阶段，仅涉及从节点与主节点之间的通信交互，消息复杂度均为 $O(n)$ 个签名。每个从节点发送的消息仅包含一个签名份额或者一个凭证，主节点发送的消息包含一个凭证，而基于门限签名技术，每个凭证也为一个聚合签名，因此每个阶段的通信复杂度均为 $O(n)$ 个签名。此外，与 PBFT 协议类似，连续的视图转换最多会有 f 个，即最坏情况下每执行 f 次视图转换才会共识成功一次，所以最坏情况下基础 HotStuff 协议总的通信复杂度为 $O(fn)$ 个签名。

3.5 HoneyBadger 协议

HoneyBadger 协议是首个实用的异步拜占庭容错共识协议，这类协议又被称为异步原子广播，即能在异步网络环境下保证交易、状态等消息广播的原子性，因而很容易被用于实现状态机复制协议。

在本章中,首先介绍实现 HoneyBadger 协议的几种子协议,包括 3.5.1 节的异步可靠广播、3.5.2 节的异步二元协定。3.5.3 节介绍如何利用异步可靠广播和异步二元协定实现异步公共子集,3.5.4 节介绍如何将异步原子广播规约至异步公共子集,给出 HoneyBadger 协议具体实现方法。

3.5.1 异步可靠广播

异步可靠广播协议最早由 Bracha 于 1987 年提出,考虑如下问题:在一个异步分布式系统中存在 n 个节点,其中一个节点被指定为发送者,在 f 个节点可能是恶意节点的情况下(包括发送者),如何使所有节点能全体一致地收到发送者广播的数值。该问题属于拜占庭广播问题在异步网络模型下的变体。

定义 3-4(异步可靠广播,Asychronous Reliable Broadcast) 如果一个协议在异步网络模型下满足以下性质,那么称其为异步可靠广播协议。

(1) **一致性**。若一个诚实节点输出数值 v,另一个诚实节点输出数值 v',那么 $v=v'$。

(2) **整体性**。若一个诚实节点输出一个数值,那么每个诚实节点最终都输出一个数值。

(3) **有效性**。若发送者是诚实的且输入 v,那么所有诚实节点最终都能输出数值 v。

Bracha 给出了一个通信复杂度为 $O(n^2|v|)$ 的协议,其容错比例为 $3f+1 \leqslant n$。如图 3-20 所示,该方案分为 3 个阶段:广播(Propose)阶段、回声(Echo)阶段和准备(Prepare)阶段。下面具体介绍协议流程。

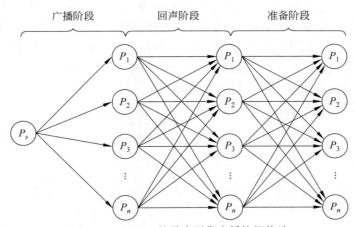

图 3-20 Bracha 的异步可靠广播协议构造

(1) **广播阶段**。节点 P_s 为发送者,构造提案消息(PROPOSE,v)并将其广播给其他节点。

(2) **回声阶段**。每个节点收到来自发送者节点 P_s 的提案消息后,构造包含提案值 v 的回声消息(ECHO,v)并将其广播出去。

(3) **准备阶段**。若节点收到 $2f+1$ 条包含同一提案值 v 的回声消息且没有发送过准备消息,则构造包含提案值 v 的准备消息(READY,v)并将其广播出去;此外,若节点收到 $f+1$ 条包含同一提案值 v 的准备消息且没有发送过准备消息,也会构造相应的准备消息并广播。

(4) 输出阶段。当节点收到 $2f+1$ 条包含同一提案值 v 的准备消息后,输出 v。

接下来分析 Bracha 的异步可靠广播协议的安全性,其中关于有效性的分析比较直观,下面主要分析一致性和整体性。

1. 一致性

若一个诚实节点输出数值 v,那么其一定收到了 $2f+1$ 条包含 v 的准备消息,其中至少 $f+1$ 条来自诚实节点,这些诚实节点中,至少有一个在回声阶段收到了 $2f+1$ 条关于提案值 v 的回声消息,那么就不可能存在 $2f+1$ 条关于另一提案值 v' 的回声消息,进而所有诚实节点均不会广播关于提案值 v' 的准备消息。因此,其他诚实节点不会输出提案值 v',即保证了一致性。

2. 整体性

若一个诚实节点输出数值 v,那么其一定收到了 $2f+1$ 条包含 v 的准备消息,其中至少 $f+1$ 条来自诚实节点,根据协议流程,所有诚实节点都会构造和广播准备消息,因此所有诚实节点都能输出 v,从而保证了整体性。

不难看出,Bracha 的异步可靠广播协议包含两轮全节点广播,消息复杂度为 $O(n^2)$,每条消息均包含一个提案值 v,因此通信复杂度为 $O(n^2|v|)$,该协议形式简单但并非最优。2005 年,Cachin 和 Tessaro 使用纠错码和默克尔树承诺改进了 Bracha 的工作,给出了通信复杂度为 $O(n^2|v|+\lambda n^2 \log n)$ 的 AVID 协议,其中 λ 为安全参数的大小,这也是 HoneyBadger 协议中采用的方案,具体协议流程可参阅相关文献。

根据 FLP 原理,在异步网络中不存在确定性的共识协议能同时保证一致性和活性。而异步可靠广播协议是一种确定性协议,不能解决异步共识问题。为了便于理解,下面将以该协议为例,分析为何确定性协议在异步网络中不能同时保证一致性和活性。

如图 3-21 所示,假设系统中共有 4 个节点,P_1 为发送者,P_1、P_2、P_3 为接收者。当 P_1 是恶意节点时,可能会出现以下两种情况。

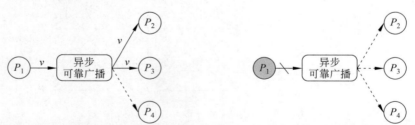

(a) 所有节点均诚实,但敌手恶意延缓发往节点 P_4 的消息　　(b) P_1 是恶意节点,未向协议中输入任何数值

图 3-21　发送者是恶意节点时可靠广播协议的两种情况

第一种情况保证活性而无一致性。如图 3-21(a) 所示,P_1 是诚实节点,以 v 为输入调用可靠广播协议实例。敌手恶意阻塞网络中所有发往节点 P_4 的消息,除此之外不做任何恶意行为。之后某一时刻,节点 P_2 和 P_3 均得到可靠广播协议的输出 v,节点 P_4 并未得到输出。根据可靠广播协议的一致性和整体性,敌手将所有发往节点 P_4 的消息送达后,节点 P_4 最终也能得到一致的输出 v,然而事实上这部分等待的时间没有上限。

第二种情况保证一致性而无活性。如图 3-21(b) 所示,P_1 是恶意节点,没有向协议中输入任何数值。显然,此时节点 P_1、P_2、P_3、P_4 永远也无法获得任何输出。在异步网络中,敌手可以延迟消息任意长的时间,所以在节点 P_4 的视角,其无法区分这两种情况。若节点 P_4 等待一段时间后选择退出协议,那么它可能处在如图 3-21(a)所示的系统状态,P_2 和 P_3 已经输出 v,系统便失去了一致性。若节点 P_4 选择一直等待可靠广播协议的输出,那么它可能处在如图 3-21(b)所示的系统状态,会永远等待下去,系统便失去了活性。

综上,可靠广播协议在异步网络环境下并不能直接解决共识问题,但是它是众多异步共识协议的重要组成部分。

3.5.2 异步二元协定

异步二元协定是最早被研究的共识问题之一,旨在使异步分布式系统中的所有节点对某个二元值达成一致的共识。在协议执行前每个节点提出一个二元值 $b \in \{0,1\}$,协议结束后所有节点能输出同一个二元值。

定义 3-5(异步二元协定,**Asynchronous Binary Agreement**) 如果一个协议在异步网络模型下满足以下性质,就称其为异步二元协定协议。

(1) **一致性**。若一个诚实节点输出 b,另一个诚实节点输出 b',那么 $b = b'$。

(2) **可终止性**。若每个诚实节点都提出一个二元值,那么所有节点最终都能得到输出。

(3) **有效性**。若一个诚实节点输出 b,那么 b 至少由一个诚实节点提出。

3.5.1 节提到,异步可靠广播协议是一种确定性协议,不能同时保证一致性和活性,而异步二元协定协议中的可终止性就是一种活性属性,因此这类协议通常为随机化协议,通过引入分布式随机数生成技术来规避 FLP 不可能性。

HoneyBadger 协议中使用的异步二元协定协议是 Mostéfaoui、Moumen 和 Raynal 提出的 MMR14 方案,容错比例为 $f < n/3$,通信复杂度为 $O(n^2)$。MMR14 中首先定义了一种二元广播协议(Binary Value Broadcast),该广播可以保证任何仅由恶意节点提出的二元值不会被诚实节点接受,且被 $f+1$ 个诚实节点提出的二元值一定会被所有诚实节点接受。其协议流程如下。

(1) 每个节点首先将自己的提案值 b 通过二元数值消息(B-VAL,b)广播出去。

(2) 若节点收到 $f+1$ 条包含同一二元值 b 的二元数值消息且没有广播过关于 b 的二元数值消息,则构造(B-VAL,b)并将其广播出去。

(3) 若节点收到了 $2f+1$ 条包含同一二元值 b 的二元数值消息,则决定接受二元值 b 并将其加入自己的集合 bin_values 中。

关于该二元广播协议的相关性质的证明分析较为直观,这里不再赘述。下面简要介绍如何基于二元广播协议,构造 MMR14 异步二元协定协议。如图 3-22 所示,MMR14 主要包括 3 个阶段:初始值广播阶段、辅助值广播阶段和决定阶段,具体协议流程如下。

1. 初始值广播阶段

每个节点本地维护一个预估变量 est,其初始值为提案值,即 est=b。节点首先通过二元广播协议将 est 广播出去,等待二元广播协议输出的 bin_values 集合不为空后,进入下一阶段。

2. 辅助值广播阶段

节点选择本地 bin_values 集合中某个二元值作为辅助值,记为 ω,随后构造辅助消息

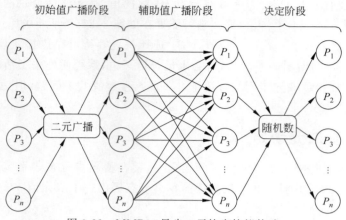

图 3-22　MMR14 异步二元协定协议构造

(AUX,ω) 并将其广播出去。节点收到一条辅助消息后,检查其中包含的二元值是否属于自己的本地 bin_values 集合。当节点收集到来自 $n-f$ 个不同节点所广播的合法的辅助消息后,将这些辅助消息中包含的二元值存入 values 集合,进入下一阶段。

3. 决定阶段

节点首先从分布式随机数生成组件中获取本轮的随机数 $s\in\{0,1\}$,随后检查 values 集合:如果 values 中包含两个二元值,则将预估变量 est 赋值为随机数 s,否则保持不变。如果 values 中仅包含一个二元值且与随机数 s 相等,则直接决定输出 s,否则继续执行下一轮协议。

下面对 MMR14 的安全属性进行简要分析。初始值广播阶段主要是通过二元广播协议交换每个节点的初始值,根据对二元广播协议的介绍,本阶段可以保证每个节点的本地的 bin_values 集合中不包含仅由恶意节点广播的二元值,满足了有效性定义。在辅助值广播阶段中,如果一个节点的 values 集合中仅包含一个二元值 b,那么 b 一定也存在于其他节点的 values 集合中,即其他节点的 values 集合要么为 $\{b\}$,要么为 $\{b,\bar{b}\}$。因此,对于那些 values 集合仅包含一个二元值 b 的节点而言,如果决定阶段的随机数 $s=b$,就可以判定 b 是最终的共识值,因为其他没有在本轮决定的诚实节点其一定会取 $s=b$ 作为下一轮的预估值,从而满足了一致性定义。每轮中随机数 $s=b$ 的概率为 $1/2$,那么协议执行 r 轮仍未达成共识的概率为 $(1/2)^r$,因此随着轮数的增加,共识达成的概率将逐渐逼近 1,即满足了可终止性定义。

3.5.3　异步公共子集

异步公共子集是一类更强的异步共识协议,旨在使节点对所有节点输入的子集达成一致。在异步公共子集协议中,每个节点输入一个数值 v,最终每个节点都输出一个相同的集合,其中包含了至少 $n-f$ 个节点的输入。

定义 3-6(**异步公共子集**,Asynchronous Common Subset)　如果一个协议在异步网络模型下满足以下性质,那么称其为异步公共子集协议。

(1) **一致性**。若一个诚实节点输出集合 V,另一个诚实节点输出集合 V',那么 $V=V'$。

(2) **整体性**。若每个诚实节点都输入一个数值,那么所有节点都能得到输出。

(3) **有效性**。若集合 V 是一个诚实节点的输出,那么 $|V| \geqslant n-f$ 且包含至少 $n-2f$ 个诚实节点的输入。

HoneyBadger 协议中使用的异步公共子集协议(记为 HoneyBadger-ACS)由 n 个并行的异步可靠广播实例和异步二元协定实例组合而成,其协议构造如图 3-23 所示。首先,节点 P_i 将自己的提案值 v_i 通过第 i 个异步可靠广播实例广播出去,同时从其他异步可靠广播实例中接收其他节点广播的提案值。系统中存在 f 个恶意节点,其可以实施各种恶意行为(如不发送任何消息),因此只能保证有 $n-f$ 个提案值可以被成功广播。同时,在异步网络中,节点间的网络情况不一,消息可能被延迟、重排,不同节点收到提案值的顺序也可能不同,因此诚实节点间必须就最终输出的公共子集 V 中包含哪些节点的提案达成一致。

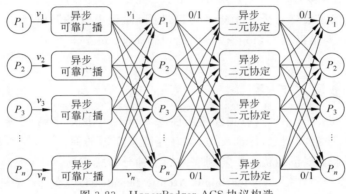

图 3-23 HoneyBadger-ACS 协议构造

该协议中使用异步二元协定投票完成上述选择。当节点收到第 i 个异步可靠广播实例中广播的提案值后,则向第 i 个异步二元协定实例中输入 1,表明自己支持将第 i 个节点的提案值加入最终输出的公共子集 V 中。当有 $n-f$ 个异步二元协定实例输出 1 后,则向其余的实例中投 0。最后,待所有异步二元协定实例完成后,将输出为 1 的异步二元协定实例对应的异步可靠广播实例的输出(即对应节点的提案值)加入 V 中。

下面分析 HoneyBadger-ACS 协议的一致性、整体性、有效性和复杂度。

1. 一致性

根据异步二元协定的一致性,对于每个异步二元协定实例,每个节点都能收到一致的二元值,因此节点间能就选择哪些节点的提案值达成一致。此外,根据异步二元协定有效性,若异步二元协定输出 1,则表明至少有一个诚实节点输入为 1,即至少有一个诚实节点收到了对应异步可靠广播的输出,结合异步可靠广播的一致性和整体性,所有节点最终都能得到一致的提案值。因此,所有节点都能得到一致的公共子集 V。综上,协议满足一致性。

2. 整体性和有效性

若每个诚实节点都向协议中输入提案值,那么至少有 $n-f$ 个异步可靠广播协议可以完成,也就是说,至少有 $n-f$ 个异步二元协定实例会输出 1。因此,公共子集 V 至少包含 $n-f$ 个提案值,又因为恶意节点的个数为 f,所以 V 中至少包含 $n-2f$ 个诚实节点的提案值。综上,协议满足整体性和有效性。

3. 复杂度

首先分析通信复杂度。HoneyBadger-ACS 协议中使用的异步可靠广播协议为 AVID 协议,其通信复杂度为 $O(n|v|+\lambda n^2\log n)$,其中 $|v|$ 为提案值的大小,λ 为安全参数的大小,那么 n 个并行实例总的通信复杂度为 $O(n^2|v|+\lambda n^3\log n)$。而异步二元协定 MMR14 的通信复杂度不超过 $O(\lambda n^2)$,n 个并行实例总的通信复杂度不超过 $O(\lambda n^3)$。因此,HoneyBadger-ACS 协议总的通信复杂度为 $O(n^2|v|+\lambda n^3\log n)$。

下面分析时间复杂度。因为在异步网络中消息传输时延没有上限,因此通常使用异步交互轮数评估异步协议的时间性能。HoneyBadger-ACS 协议中使用的异步可靠广播协议和异步二元协定协议的时间复杂度均为 $O(1)$,即只有常数级别的异步轮数。然而,HoneyBadger-ACS 协议中存在 n 个并行的异步二元协定实例,每个节点需要等待所有实例运行完成后,才能确定最终的公共子集。可以证明,在异步网络下执行 n 个并行的异步二元协定实例的时间复杂度为 $O(\log n)$。因此,HoneyBadger-ACS 协议总的时间复杂度为 $O(\log n)$。

3.5.4 异步原子广播

异步原子广播协议是一种具有很强通用性的异步共识协议,旨在使异步网络中的分布式节点以相同的次序接收消息,保证交易、状态等消息广播的原子性,使所有节点维护一致的消息日志,可用来实现包括状态机复制在内的多种分布式应用。

定义 3-7(异步原子广播,Asynchronous Atomic Broadcast) 如果一个协议在异步网络模型下满足以下性质,就称其为异步原子广播协议。

(1) **一致性**。若一个诚实节点输出消息 m,另一个诚实节点输出消息 m',那么 $m=m'$。

(2) **全序性**。若任意两个诚实节点输出的消息序列分别为 $m_1,m_2,\cdots,m_j$ 和 $m'_1,m'_2,\cdots,m'_{j'}$,那么对于 $i\leqslant\min(j,j')$,有 $m_i=m'_i$。

(3) **审查弹性**。如果一条消息 m 被提交进 $n-f$ 个诚实节点的缓冲区,那么它最终一定会被所有节点输出。

在异步原子广播的应用场景中,通常每个节点维护一个输入缓冲区以存放待处理的消息,这些消息由上层应用的客户端提交。一种简单的异步原子广播协议实现方法为:每个节点选取缓冲区中的第一个消息,将其作为异步公共子集的输入,等待异步公共子集的输出后,将其插入子集的消息日志中。

然而,这样的实现方法具有较大的通信开销,为了保证审查弹性,客户端通常将每条消息提交至所有节点的缓冲区中,因此每个节点向异步公共子集协议输入的消息大概率是重复的,最差情况下执行一轮异步公共子集实例仅能向消息日志中增加一条消息,而由此带来的通信开销为 $O(n^2|m|+\lambda n^3\log n)$。换言之,即便忽略复杂度中的 $\lambda n^3\log n$ 项,原子广播一条消息的通信开销至少也是 $O(n^2)$ 级别。

HoneyBadger 协议中采用随机批处理的方式使用异步公共子集,每个节点不再将单条消息输入进异步公共子集,而是输入消息的批处理集。假设所有节点总的批处理集大小为 B,那么,在每轮中,每个节点首先从本地缓冲区的前 B 个消息中随机选择 B/n 条,将其打包成批处理集,输入异步公共子集中。

然而，上述随机化批处理技术会使协议丧失审查弹性。因为每个节点提交的消息大概率均不相同，敌手可以通过审查消息的内容阻碍特定的消息从异步公共子集中输出，具体来讲，敌手可以审查并针对性剔除 $O(Bf/n)$ 条来自诚实节点的消息。为了解决这一问题，HoneyBadger 协议中采用了门限加密技术，每个节点在打包批处理集之后，使用门限加密公钥对其加密，将批处理集的密文输入进异步公共子集协议中。待收到异步公共子集的输出后，广播门限解密份额，对其中的批处理集密文执行门限解密，最后再将解密后的消息以字典序插入消息日志中。

如图 3-24 所示，结合随机化批处理技术、门限加密技术和异步公共子集协议，便构成了 HoneyBadger 异步原子广播协议，具体协议流程如下。

（1）节点从本地缓冲区的前 B 个消息中随机选择 B/n 条，将其打包成批处理集 m。
（2）使用 $(f+1,n)$ 门限加密方案加密批处理集，得到密文 c。
（3）将密文 c 输入异步公共子集协议中。
（4）等待收到异步公共子集的输出集合 C，对于 C 中的每个密文 c，执行以下步骤。
① 计算关于 c 的解密份额 s，并将其广播出去。
② 收到至少 $f+1$ 个关于 c 的有效解密份额后，使用门限解密算法解密出明文 m'，并将其插入集合 M 中。
（5）对集合 M 中的消息按字典序排序后，插入本地消息日志中。

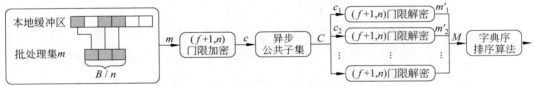

图 3-24　HoneyBadger 异步原子广播协议构造

下面分析 HoneyBadger 异步原子广播协议的一致性、全序性、通信复杂度和审查弹性。

1. 一致性和全序性

HoneyBadger 异步原子广播协议的一致性和全序性主要由异步公共子集协议的一致性规约而来。首先，异步公共子集协议保证了每个节点收到的集合 C 的一致性，而门限加密方案的正确性又保证了对相同密文的解密一定可以得到相同的明文，因此一致性得到保证。此外，对集合 M 采用确定性的排序算法（按字典序），保证了协议的全序性。

2. 通信复杂度

HoneyBadger 异步原子广播协议采用了随机化批处理技术，每个节点向异步公共子集中输入的消息大概率是不同的，异步公共子集输出的消息数量为 $O(B(n-f)/n)=O(B)$，更具体一点，这些消息中来自诚实节点的不同消息数量至少为 $B/4$，证明细节可参阅相关文献。换言之，向消息日志中增加 $O(B)$ 条消息的通信开销为 $O(nB+\lambda n^3 \log n)$，并且当批处理集大小 $B>\lambda n^2 \log n$ 时，可以认为 HoneyBadger 协议实现了线性的通信复杂度，$\lambda n^3 \log n$ 项的冗余通信开销被均摊到 $O(B)$ 条消息之上。

3. 审查弹性

在假设门限加密方案的安全性的前提下，敌手无法根据密文得知每个节点的批处理集的消息内容,因此敌手无法审查其中的消息。在通信复杂度的分析中可以知道每轮输出的不同的消息数量至少为 $B/4$。因此,若一条交易被提交进 $n-f$ 个诚实节点的缓冲区,在常数个协议轮后,它一定会被所有诚实节点输出。

3.6 注释与参考文献

拜占庭将军问题和口头消息的知识主要参考 Lampor、Shostak 和 Pease 的文献[61],关于拜占庭将军问题的不可能性的证明、口头消息协议的证明和签名消息算法的具体流程均可查阅此文献。

Dolev-Strong 协议的知识主要参考 Dolev 和 Strong 的文献[62],关于同步网络模型下共识协议执行轮数的理论下界等相关知识也可查阅此文献。

PBFT 协议的知识主要参考 Castro 和 Liskov 的文献[63],关于 PBFT 协议的主动恢复机制和工程实现等相关知识可查阅后续的改进版本[64]。

HotStuff 协议的知识主要参考 Yin 等的文献[65],关于该协议的具体实现细节和详细证明均可查阅此文献。

HoneyBadger 协议的知识主要参考 Miller 等的文献[66],关于对 HoneyBadger 协议的改进可查阅 Guo 等的文献[67]。

Bracha 异步可靠广播协议的具体细节可查阅文献[68]。

AVID 异步可靠广播协议的具体细节可查阅 Cachin 和 Tessaro 的文献[69]。

MMR14 异步二元协定协议的具体细节可查阅 Mostéfaoui、Moumen 和 Raynal 的文献[70]。

3.7 本章习题

1. 判断以下服务器特性是否满足同步网络模型假设。
(1) 服务器 A 返回请求结果的时间永远不会超过 3 周。
(2) 服务器 B 返回请求结果的时间通常是 1 分钟。

2. 口头消息协议属于哪种(同步/半同步/异步)共识协议?为什么?

3. 在同步网络模型下,试给出基于拜占庭广播协议实现拜占庭协定协议的方法,以及基于拜占庭协定协议实现拜占庭广播协议的方法,并证明其满足相应的安全属性。这两种规约方法是否适用于异步网络模型?为什么?

4. 在介绍 Dolev-Strong 协议时,默认节点间为全连通网络,在非全连通网络中能否实现一个拜占庭广播协议?若能,试给出网络中必需的通信链路数量的理论下界。

5. Dolev-Strong 协议的执行与恶意节点个数 f 有关。如果在协议执行前不知道具体的恶意节点个数,该如何初始化该参数?能否将 f 设定为 $n-2$?

6. 针对以下两种 Dolev-Strong 协议不安全的实现,设计尽可能高效的攻击。
(1) 接收消息时,未检查消息中是否包含来自发送者节点的签名。
(2) 使用不安全的数字签名算法,敌手可以轻易伪造签名。

7. 试证明：当 $2f \geq n$ 时，不存在任何拜占庭协定协议。

8. 在半同步共识协议中，响应性是一个重要的性质，指当诚实节点担任主节点时，共识达成所需要的时间依赖于网络实际的消息延迟，而非已知的消息延迟上限。试分析 PBFT 协议与 HotStuff 协议是否满足响应性。

9. 3.3.5 节证明了 PBFT 协议在半同步网络模型下的安全性与活性。在异步网络模型下这两条性质能否得到保证？若能，请给出理由；否则，请给出一种攻击方法。

10. 如果精简 PBFT 协议，去除视图转换流程的协议交互，当出现超时事件时直接进入下一视图等待下一视图主节点的消息，能否保证安全性与活性？试分析并给出理由。

11. 下列哪些性质属于安全性？哪些性质属于活性？
（1）任意两个诚实节点的输出均相同。
（2）任意诚实节点得到输出，那么所有诚实节点最终都会输出。
（3）若所有诚实节点均有正确的输入，那么所有诚实节点一定能得到输出。
（4）若所有诚实节点均有正确的输入，那么任意诚实节点的输出一定是正确的。

12. 异步可靠广播协议与同步网络下的拜占庭广播协议具有相似的安全属性，试比较两种协议的安全属性的差异，并说明造成其中差异的原因。

13. 3.5.1 节证明了 Bracha 可靠广播协议的一致性和整体性，试证明其有效性。

14. 关于异步二元协定协议的有效性表述，通常有两种形式："若一个诚实节点输出 b，那么 b 至少由一个诚实节点提出"；"若所有诚实节点输入 b，那么任意诚实节点的输出一定为 b"。这两种形式的表述是否等价？如果将 b 的取值从二元扩展到多元，是否仍然等价？

15. 异步一致性广播协议是一种异步可靠广播协议的变体，其仅保证一致性和有效性，而不保证整体性。如果将 HoneyBadger-ACS 协议中的异步可靠广播替换为异步一致性广播是否安全？若安全，请给出证明；否则，请给出一种攻击方法。

16. 本章介绍的半同步/异步共识的容错比例均为 $3f < n$。在半同步/同步模型下，是否存在容错能力更强的共识协议？请给出理由。

17. 在异步网络中，协议的时间效率通常用异步通信轮的数量衡量。已知异步可靠广播协议和异步二元协定协议的时间复杂度为 $O(1)$ 轮，试分析 3.5.3 节介绍的 HoneyBadger-ACS 协议的时间复杂度。

18. HoneyBadger-ACS 协议在时间复杂度方面是否有进一步优化的空间？试给出一种具有更低时间复杂度的异步公共子集协议方案。

19. 在 HoneyBadger 原子广播协议中，如果每个节点不采用随机选取的方法打包批处理集，而是固定选取本地缓冲区的前 B/n 条消息打包，会有什么影响？

20. 本章主要介绍了能容忍一定比例恶意节点的拜占庭容错共识协议，在经典分布式共识领域还有一类故障容错共识协议，请从安全性、容错能力和协议性能等方面比较这两类协议的优缺点。

第 4 章 比 特 币

本章介绍比特币的基本概念与运行原理,4.1 节介绍比特币中的密钥和地址,4.2 节介绍比特币钱包的种类和标准,4.3 节介绍比特币交易的基本过程,4.4 节介绍比特币点对点网络的结构,4.5 节介绍区块的基本构造,4.6 节介绍挖矿和共识协议,4.7 节介绍隔离见证技术。

4.1 密钥和地址

本节介绍比特币私钥、公钥以及地址的生成方式与相互关系,并介绍常见的编码格式和密钥格式。

4.1.1 地址

比特币采用非对称加密机制,每个比特币钱包包含多个密钥对,每个密钥对包含一个私钥和一个公钥。私钥是一个随机选取的随机数,用于创建比特币交易的签名,私钥存储在比特币钱包内,而不会在网络上公开,持有私钥的用户能控制整个账户,因此私钥必须始终保密;除此之外,私钥也必须备份以防意外丢失,因为私钥一旦丢失就无法恢复,对应账户内的资金也会全部丢失。而公钥由私钥通过椭圆曲线乘法计算得到,该计算过程是单向的,可由式(4-1)表示:

$$K = k \times G \tag{4-1}$$

其中,K 是用户的公钥,k 是用户的私钥,G 是一个随机常数,称为生成点。用户的公钥是公开的,任何人都能通过公钥验证该用户的交易签名的合法性。

比特币地址通常代表了交易的收款方。传统的纸质支票使用抽象的名称作为资金的接收者,接收既可以是账户的持有人,也可以是公司、机构等。相对于传统的纸质支票,比特币系统使用地址作为抽象的资金接收者,这个地址一般代表对应公私钥对的持有者,也可以代表一些其他的付款脚本(如付款到脚本哈希,见 4.3.5 节),使得交易更加灵活。比特币地址可以通过公钥计算单向哈希函数而得,因此常常有人将公钥和地址的概念相互混淆。用于将公钥转换成地址的算法是安全哈希函数和 RACE 原始完整性校验信息摘要(RIPEMD),目前常用的是 SHA256 和 RIPEMD160 函数。如式(4-2)所示,首先对公钥 K 计算 SHA256 哈希函数,再执行 RIPEMD160 哈希函数即可得到比特币地址 A。

$$A = \text{RIPEMD160}(\text{SHA256}(K)) \tag{4-2}$$

但上述得到的比特币地址并不是最终的地址,要得到最终的地址,还需要对 A 进行编码处理。比特币地址常用的编码方式为"Base58Check"(参考 1.5.1 节),该编码方式使用 58 个字符和校验码增强可读性,避免歧义以及避免地址输入和转录时的错误。由公钥转换为地址的完整过程如图 4-1 所示。

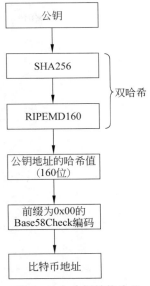

图 4-1 由公钥转换为地址的完整过程

其中,哈希运算执行了两次迭代,这与针对 SHA1 的生日攻击有关,SHA1 在 2005 年被部分攻破,并且在 2017 年年初被实际攻击成功,而预防生日攻击最常用的方法是执行两次迭代。尽管目前针对 SHA256 的成功攻击还未出现,但是由于 SHA256 的设计类似于 SHA1,使用双哈希可能会提高算法的安全性。而比特币公钥-地址转换协议使用的 RIPEMD 算法能产生较短的哈希值,并且结合了两种算法的安全性,能在保障安全性的同时使比特币地址更短。

Base58 编码就是从 Base64 编码(26 个小写字母,26 个大写字母,10 个数字和符号'+'、'/',共 64 个字符)中去掉容易误读的数字 0,字母 O,字母 1,字母 I 和符号'+'、'/',刚好还剩 58 个,再加上生成的校验和头部的版本号,成为新的编码格式。为了进一步防止输入错误或转录错误,Base58Check 在 Base58 的基础上加入了校验码。校验码是根据需要编码的数据的哈希值得到的,长度为 4 字节,添加在需要编码的数据尾部。数据转录时,系统会先计算原始数据的校验码并将计算结果与数据中自带的校验码对比,当二者相等时,说明数据转录没有出现错误。使用 Base58Check 编码格式前,首先需要在数据的头部添加一个称为"版本字节"的前缀,这个前缀用来明确需要编码的数据类型。之后,对添加前缀后的数据执行两次 SHA256 运算,如式(4-3)所示。

$$Checksum = \text{SHA256}(\text{SHA256}(Prefix + Data)) \tag{4-3}$$

两次哈希运算后会得到长度为 32 字节的哈希值。哈希值的前 4 字节即错误检查的校验码,将校验码添加到尾部后即完成了一次 Base58Check 编码。Base58Check 的编码过程如图 4-2 所示。

在编码前加入的前缀与当前的加密货币的种类或区块链的种类有关,例如比特币主网络的前缀是 0x00,而比特币测试网络的前缀是 0x6f。这样,在执行完 Base58 编码后,二者得到的最终地址的第一位分别是"1"和"m 或 n",因此在比特币主网络中,所有地址的第一位都是"1"。

4.1.2 密钥

比特币的私钥可分为压缩格式私钥与非压缩格式私钥两种。非压缩格式私钥包括 Raw、Hex 和钱包导入格式(Wallet Import Format,WIF),它们都能表示同一个私钥,仅仅是表现的形式不同,三者在不同的情况下被使用,并且能互相转换。Raw 格式即原始的二进制格式,Hex 格式是由 Raw 格式转换而来的十六进制格式,二者主要在软件的内部使用,

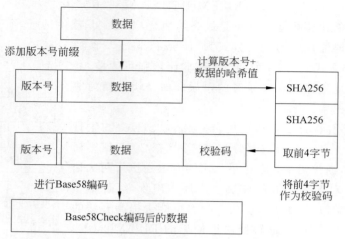

图 4-2 Base58Check 的编码过程

很少展示给用户。WIF 常用于在钱包之间导入/导出密钥，并且经常以私钥的二维码形式显示出来，并展示给用户。从 Hex 格式的私钥转换为 WIF 的私钥的过程与公钥转换为地址的过程类似，即先在 Hex 格式的私钥头部添加一个前缀表示类型，然后对这串数据执行两次 SHA256 计算，并取结果的前 4 字节作为校验和，将校验和添加至数据的尾部并执行 Base58 编码即可得到 WIF 的私钥。

压缩格式私钥并不像字面的意思是将非压缩格式私钥压缩，它的作用体现在对公钥的压缩效果上。对于 Hex 格式的私钥而言，压缩格式私钥仅在非压缩格式私钥后增加了一个字节"01"（实际在 Hex 格式下压缩私钥反而比非压缩私钥长 1 字节）；当二者执行 Base58Check 编码后，WIF 的私钥会变为 WIF-压缩格式的私钥，二者的区别在于 WIF 的私钥以"5"开头，而 WIF-压缩格式的私钥以"K"或"L"开头。

比特币的公钥是由私钥通过椭圆曲线乘法计算而得的，因此每个公钥能使用椭圆曲线上的坐标值(x,y)表示并使用前缀区分不同的公钥格式，因此在比特币中，公钥表示为"前缀$+x+y$"。公钥的格式与私钥类似，也分为压缩格式公钥与非压缩格式公钥两种，通过前缀区分。

非压缩格式公钥的前缀为 04，长度为 8+256+256 共 520 比特，消息内容较长，存储和传输的开销较大，因此可以通过简化公钥长度的方式降低计算量，提高交易的速度。由于公钥由椭圆曲线上的坐标点表示，而椭圆曲线的方程又是已知的，因此只要有横坐标 x，就能求出相应的纵坐标 y，这样就能只用 x 表示公钥，使公钥长度缩短了将近一半。由于椭圆曲线关于横坐标轴对称，同一个 x 值对应两个互为相反数的 y 值，需要使用不同的前缀标识，因此压缩格式公钥的前缀有 02 和 03 两种。如果 y 是偶数，则使用 02 作为前缀；如果 y 是奇数，则使用 03 作为前缀。这样，用 8+256 共 264 比特就可以表示一个公钥。

由于同一私钥计算出的公钥可以有压缩与非压缩两种格式，进而从两种格式的公钥计算出的地址也不同，这就会导致同一私钥会生成两个不同的地址，这在比特币中是不被允许的。这一问题的解决方法就是区分私钥，即约定压缩格式的私钥只能生成压缩格式的公钥，非压缩格式的私钥只能生成非压缩格式的公钥，二者不能混淆。实际使用时，较新的钱包会使用压缩格式的私钥并产生相应的公钥和地址，旧的钱包则继续使用非压缩格式的私钥，保证了私钥、公钥与地址一一对应。通过上述描述，能看出压缩与非压缩指的是公钥的长度是否被压缩,而私钥的压缩或非压缩格式仅用于区别,而不是指长度被压缩。实际上,压缩格式私钥要比非压缩格式私钥长1字节。

4.1.3 高级密钥和地址

1. 加密私钥

用户的私钥必须保密,但是保密性与易用性二者又时常相互矛盾。此外,为了防止私钥丢失,用户还必须对密钥备份,这使得私钥的保密变得更加困难。对于这些问题,用户可以采用对私钥加密的方式实施备份和转移,提高私钥的安全性。在比特币改进提议(Bitcoin Improvement Proposals,BIP)中,BIP-38是一种常见的密钥加密标准,该标准使用一个复杂的口令对私钥执行高级加密标准加密后,再对加密结果执行Base58Check编码,最终得到前缀为6P的加密私钥。经常使用BIP-38加密的情况是纸质钱包,即用户在使用强口令执行加密后,将加密私钥备份在纸质介质上,能得到很好的安全效果。

2. 付款到脚本哈希和多重签名地址

付款到脚本哈希(Pay-to-Script Hash,P2SH)指定的交易的收款人是脚本的地址,而不是具体的用户,该脚本描述了一些规则和条件,必须满足这些规则条件才能花费对应的比特币资金。不同于传统的交易只需要一个公钥的哈希值以及对应私钥的签名作为证明,P2SH交易的要求由脚本指定,计算方法如式(4-4)所示。

$$scripthash = RIPEMD160(SHA256(script)) \tag{4-4}$$

最终产生的脚本哈希前缀为5,经过Base58Check编码后前缀为3。目前,P2SH最常见的应用是多重签名地址,特点是该地址确认一笔交易需要多个签名的确认,也被称为M-N多重签名地址,其中N是总的私钥数量,M是需要的签名数量。

3. 二维码形式的地址

比特币WIF和WIF压缩格式的私钥地址可以进一步转换成二维码的格式,用于冷备份或私钥的导入和导出。二维码格式的优点是避免了用户在输入过程中产生输入错误,并且二维码具有15%~30%的容错等级,能避免私钥发生转录错误或备份内容丢失。

4.2 钱包

与真实世界中的钱包不同,比特币中的钱包不包含比特币,用户的比特币以交易输出的形式被记录在区块链中,钱包起着管理密钥和地址,以及对交易签名的作用。广义上,比特币的钱包指的是应用的用户界面,更具体地讲,比特币钱包代表存储了用户密钥的数据结构,本节提到的钱包的含义为后者,可以被视为一种钥匙串。

本节介绍两种不同的钱包结构,这两种结构可根据密钥之间是否相互关联来划分。第一种是随机性(非确定性)钱包,钱包中的每个密钥都是相互独立的;第二种是确定性钱包,钱包中的密钥由一个主密钥作为种子计算而得,只要保留主密钥,就能将其他所有密钥还原出来。最常用的确定性钱包是采用树状结构的分层确定性钱包。除介绍比特币钱包的发展过程与分类外,本节还初步介绍钱包产业的标准。

4.2.1 随机钱包与确定性钱包

在最初的比特币客户端中,钱包只是许多随机生成的私钥的集合。举例来说,早期版本的比特币客户端最开始会生成 100 个随机的私钥,并且能根据需求生成更多的私钥。为了提高交易的隐私性,用户每次交易的地址应该互不相同,也就是说,每个私钥只能用于一次交易,这意味着钱包需要生成大量的私钥。为了保障财产安全,用户需要经常备份私钥。这些随机密钥之间是互不相关的,意味着用户需要备份每一个私钥,进而使得钱包的管理、备份和导出都变得十分烦琐。

确定性钱包中的所有私钥都由一个主密钥作为种子通过单向哈希函数计算而得,其中主密钥是随机生成的数字。在确定性钱包中,主密钥用来恢复后来生成的密钥,因此,执行密钥备份和恢复时,只需备份主密钥就能保障所有密钥的安全性。同样,密钥导入或导出时,确定性钱包执行的操作也要比随机钱包简单许多。

4.2.2 分层确定性钱包

设计确定性钱包的目的是让密钥能很容易地从一个作为种子的主密钥生成出来,而分层确定性钱包是确定性钱包的一种更高级的形式,这种钱包中的密钥以树状结构生成并存储,每个父密钥都能衍生出多个子密钥,子密钥可以继续衍生,经过几轮密钥生成后,其树状结构如图 4-3 所示。

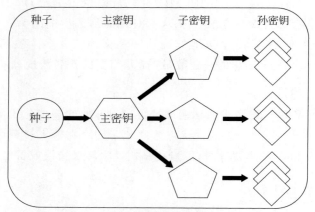

图 4-3 分层确定性钱包的树状结构

分层确定性钱包主要有两个优势。①树状结构可用于表达特定的组织含义,例如某一个分支的密钥可用于收取款项,另一分支的密钥可用于支出。树状的分支也可用于企业,企业可以将不同的分支分配给不同的部门或子公司。②用户能创建一系列的公钥而无须访问相应的私钥,在非硬化导出的情况下,可以通过父公钥导出子公钥,这使得分层确定性钱包能用于不安全的服务器或者只接收比特币的环境中。公钥不需要提前准备或衍生,因此服务器也没有能用于花费比特币的私钥。

4.2.3 钱包产业标准

随着比特币钱包的发展日渐成熟,相关的工业标准也逐渐被制定出来,以增强比特币钱包的兼容性、易用性、安全性和灵活性,其中常见的标准有 4 种:基于 BIP-39 的助记词标准、基于 BIP-32 的分层确定性钱包标准、基于 BIP-43 的多用途分层确定性钱包标准和基于 BIP-44 的多币种多账户钱包标准。这些标准目前已被大多数的硬件和软件比特币钱包所接受,使得这些钱包之间相互兼容,用户将助记词从一个钱包导入另一个钱包,就能恢复其全部的密钥、地址和交易记录。

1. 基于 BIP-39 的助记词标准

分层确定性钱包易于管理多个密钥和地址,但仍需要管理种子。如果使用一串单词生成种子,其易用性会变得更强,因为单词相对于随机数字序列而言更容易记忆、导入和导出。这一串被称为助记词的单词序列从 2048 个常用单词中随机选出,被用作种子的随机数。首次创建钱包时向用户展示 12~24 个单词的序列,这些单词就是钱包的备份,能用于恢复钱包中的所有密钥。BIP-39 标准定义了这种由助记词生成种子的方式,如今大多数的比特币钱包都使用了这一标准,用户可以使用助记词在不同的软件和硬件之间进行钱包账户的导入、导出、备份和恢复。助记词支持多种语言,不一定必须是英语单词,表 4-1 展示了助记词与种子的对应关系。助记词是由钱包随机选择并展示给用户的。由于程序的随机性比人主观选择的随机性更好,因此助记词更加安全。

表 4-1 助记词与种子的对应关系

助记词	photo click enforce struggle creek devote vendor deer cabbage surround impose surround
种 子	9eeded6f75873672113d651e875bee627349c05b4db7c569ab207c1b60f4f5f25e25a0e05adb3a2beacdeae7cfd3c65c810abcc2153fa0088b01d34653d646a0
助记词	泡离差搬备局诺型回刷末刷
种 子	8eefa1b4a98a602180a46b82b5a2ff58dd26573ad94e581e357d09f670f9866db84094a19951c5ededb18cd5195bce3380148e5f332ff1e70a6632e44fb364da

2. 基于 BIP-32 的分层确定性钱包标准

BIP-32 标准定义了由种子衍生出分层确定性钱包的过程。种子是一个 128/256/512 位的随机数,它通过上文中的助记词产生。分层确定性钱包中的每个密钥都由根部的种子衍生出来,只要简单地传输生成种子时产生的助记符,就能轻松备份、恢复、导入和导出包含多个密钥的分层确定性钱包。

下面介绍按照 BIP-32 标准由种子衍生出钱包的过程,如图 4-4 所示。首先,根部的种子通过 HMAC-SHA512 算法执行哈希运算,得到的哈希值用于创建主私钥(m),主私钥通过上文介绍的椭圆曲线乘法生成对应的主密钥($M = m \times G$),同时该过程会生成一个链代码(c)。生成主密钥后,分层确定性钱包使用子密钥派生函数从父密钥衍生出子密钥,该函数包括父密钥、链代码和索引号 3 部分,其中链代码用于引入确定性随机数据,因此在仅知道一个子密钥和索引号的情况下不能导出其他子密钥。

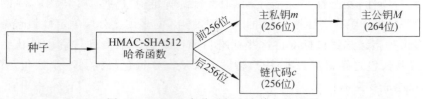

图 4-4　BIP-32 由种子衍生出钱包的过程

3. 基于 BIP-43 的多用途分层确定性钱包标准和基于 BIP-44 的多币种多账户钱包标准

分层确定性钱包具有极大的可扩展性,每个父密钥能衍生出 40 亿个子密钥,而每个子密钥能继续衍生出 40 亿个孙密钥,并且能衍生无数代。因此,整个钱包的树状结构可能会变得非常庞大,在钱包内部索引就会变得十分困难。

BIP-43 和 BIP-44 标准为分层确定性钱包的复杂结构提供了解决方案。BIP-43 使用第一个子分支作为树状结构的"目的"标识符,索引为"m/purpose'/",该索引方式通过定义密钥的目的对树状结构进行分类。例如,分支"m/i'/"代表了同一目的的密钥,该目的由索引号"i"标识。其中"'"表示这一步是硬导出,不能由父公钥推出子公钥。

BIP-44 在 BIP-32 和 BIP-43 基础上增加了多币种、多账户的功能,作为 BIP-43 下的一个特殊的目的索引"m/44'/"。BIP-44 提出了 5 层的路径建议"m/purpose'/coin_type'/account'/change/address_index"。第一层的"目的"(purpose)值为 44;第二层表示加密货币的类型,使钱包支持多种货币类型,目前支持的货币种类有比特币、比特币测试链与莱特币;第三层表示"账户",它允许用户将同一个钱包分为不同子账户;第四层表示"找零",有两个分支,分别表示创建接收支付的地址和创建找零的地址;第五层表示具有上述功能的第几个子密钥。BIP-44 的规则极大地扩展了分层确定性钱包的功能,用户只需要保存一个种子,就能控制多币种、多账户的钱包。

4.3 交易

交易是比特币系统中最重要的部分,比特币系统其他部分的设计初衷就是使得交易能被创建、传播和验证,并最终被添加进全球的分布式账本中。交易是对参与者之间的价值转移进行编码的数据结构,每一笔交易都是比特币区块链中的公共条目。本节从交易的输入与输出两方面介绍交易的结构、交易费用及其计算方式,此外还初步介绍了交易脚本及语言和部分高级交易脚本。

4.3.1 交易输出

每笔比特币交易都会产生输出,这些输出以未花费交易输出(Unspent Transaction Outputs,UTXO)的形式被记录在比特币分布式账本上,并且可以被未来的交易使用。UTXO 由区块链中的每个全节点的比特币客户端所跟踪,新的交易只能花费这些 UTXO 中的一个或多个。每笔交易的输出都由两部分组成——一定数量的比特币和决定花费这些比特币的条件的密码学问题,其中密码学问题也被称为锁定脚本、见证脚本或脚本公钥。

1. 未花费交易输出

构成交易的基本模块是交易输出,这是一个不可分割的比特币合集,被记录在区块链上并被整个比特币网络识别为有效,其中可花费的输出称为未花费交易输出。通常所说的用户钱包收到比特币,实际上是指钱包检测到一个能使用自己的密钥花费的 UTXO,用户的余额即用户的钱包能花费的 UTXO 的总和,这些 UTXO 可以分散在多个交易和多个区块中。

交易的输出是不可分割的,其最小单位为"1 聪",即 0.00000001 个比特币,任何交易的输出都必须是 1 聪的整数倍,一笔未使用的交易输出只能由另一笔交易完全消耗。假设用户 Alice 有一个价值 20 比特币的 UTXO,而她只需花费 1 比特币,那么 Alice 创建的交易必须花费整个 UTXO 并产生两个输出,其中一个给收款方支付 1 比特币,另一个 19 比特币的 UTXO 则回到 Alice 的钱包中,即 UTXO 必须被交易完全消耗并且只能在交易中完成修改。比特币的交易本质上就是消耗先前获得的未使用的 UTXO,并创建可以被未来交易消耗的 UTXO。此外,比特币系统允许多种花费 UTXO 的方式,既可以使用多个较小的 UTXO 组合花费,也可以花费大于交易金额的单个 UTXO。

2. Coinbase 交易

每个区块的第一笔交易被称为 Coinbase 交易,有时也被称为创币交易。该交易由挖矿过程中获胜的矿工创建,并且创造新的比特币给矿工,作为挖矿成功的奖励。Coinbase 交易不消耗 UTXO,它的输入被称为 Coinbase,由此在挖矿过程中实现了货币创造。

3. 交易输出序列化

当交易在网络中传输或在各种应用之间交换时,它们会被序列化。序列化是指将交易数据结构转换成用来通过网络传输、执行哈希运算或存储在磁盘上的字节流过程。序列化常应用于对数据结构编码,以便通过网络传输或存储在文件中。交易输出的序列化格式如表 4-2 所示。将交易从字节流形式转换为数据结构形式的过程称为逆序列化或者交易解析。大多数的比特币库和框架都不会在内部将交易存储为字节流,因为这样的话每次访问单个字段都需要复杂的解析。为了增加便利性和可读性,比特币库在内部以数据结构的形式存储交易。

表 4-2 交易输出的序列化格式

大小	字段	说明
8 字节	总量	以聪为单位的比特币金额
1~9 字节(可变)	锁定脚本尺寸	用字节表示的锁定脚本的长度
大小可变	锁定脚本	定义花费输出所需条件的脚本

4.3.2 交易输入

交易输入能识别哪一个 UTXO 将被花费,并通过解锁脚本给出该 UTXO 的所有权的证明。为了创建一个交易,钱包首先从它所控制的 UTXO 中选择出价值高于交易金额的部分,这可能是一个或多个 UTXO。对于每个将要在支付中被花费的 UTXO,钱包会创建一个交易输入,该输入指向 UTXO 并使用解锁脚本将其解锁。当交易在网络上传播时,交易输入也需要执行序列化,编码成字节流。交易输入的序列化格式如表 4-3 所示。

表 4-3 交易输入的序列化格式

大小	字段	说明
32 字节	交易哈希值	指向包含待花费 UTXO 交易的指针
4 字节	输出索引	待花费 UTXO 的索引
1~9 字节(可变)	解锁脚本尺寸	用字节表示的解锁脚本的长度
大小可变	解锁脚本	满足 UTXO 解锁条件的脚本
4 字节	序列号	用于锁定时间或禁用

4.3.3 交易费用

比特币区块链中的大多数交易都包含交易费用,这是为了补偿矿工对交易网络提供的服务而支付的。交易费用自身也作为一种安全机制,防止攻击者发起泛洪攻击,因为这一行为在经济上是不可行的。本节介绍交易费用的过程,大多数钱包能自动计算并涵盖交易费用,但是如果以编程的形式构建交易,就需要手动计算和添加交易费用。交易费用作为将交易打包放进下一个区块的激励,通过少量增加每笔交易的成本能起到防止系统被滥用的作用。交易费用最终由在区块上挖矿并将交易打包进区块的矿工获得。

交易费用是根据交易的大小(以千字节为单位)计算的,而不是以交易的比特币的价值计算。交易费用的多少会影响交易被确认的优先级,矿工会根据包括交易费用在内的许多标准确定交易处理的优先顺序。一般来讲,矿工倾向选择交易费用较高的交易打包进区块,而交易费用较少的交易就可能被延迟处理。交易费用不是强制性的,无交易费用的交易最终也会被处理,但是优先级要低于包含交易费用的交易。

随着时间的推移,交易费用的计算方式及其对交易优先顺序的影响也发生了变化。起初,交易费用是固定的,并且在整个网络中保持不变。之后,交易费用的结构被放松并开始受市场力量(即网络容量和交易量)的影响。自 2016 年年初以来,比特币的容量限制已经导致交易之间产生了竞争,这导致交易费用变得更高,零费用或非常低费用的交易很少被矿工处理,有些时候甚至不会在网络上传播。

在 Bitcoin Core 客户端软件中,交易费用策略由 minrelaytxfee 选项设置。默认情况下 minrelaytxfee 是 0.000001 比特币/千字节,因此费用低于 0.00001 比特币的交易被视为免费,只有在内存池中有空间时才会被处理;否则这些交易会被丢弃。比特币节点可以通过调整 minrelaytxfee 的值来覆盖默认的交易费用策略。

事实上,交易的数据结构中没有费用字段,交易的费用隐含在输入总和与输出总和之间的差值中,从输入总和中减去输出总和所剩余的比特币就是矿工收取的交易费用。因此,用户在构建交易时必须考虑交易的输入值,或者将超出部分的输出发送给自己的钱包,以免向矿工支付过高的费用。

4.3.4 交易脚本及语言

比特币交易的脚本语言被称为脚本,是一种基于堆栈的执行语言,类似于 Forth。前文中提到的 UTXO 的锁定脚本和解锁脚本都使用这种语言编写,执行交易验证时,锁定脚本与解锁脚本同时执行,以验证交易的合法性。脚本是一种比较简单的语言,并且能在硬件上执行。当前大多数交易采用的都是"向 Bob 的地址支付"的形式,这种形式的脚本被称为付款到公钥哈希(Pay-to-Public-Key-Hash,P2PKH)。但是,比特币脚本不仅具有这些简单的功能,还能实现更加复杂的工作,例如,编写锁定脚本来规定各种复杂的条件等。本节将介绍比特币脚本的基本组成部分,并说明锁定脚本如何描述支付所满足的条件,解锁脚本如何满足这些条件。

1. 图灵不完备性

比特币脚本支持很多运算符,但在一个重要的方面做出了限制,即没有循环或复杂的流控制功能。这使得比特币脚本丧失了图灵完备性,但是意味着脚本具有有限的复杂性和可预测的执行时间。这一特性确保了比特币脚本不能用于创建无限循环或其他形式的"逻辑炸弹",因为这些逻辑炸弹有可能被嵌入交易中而导致针对比特币网络的拒绝服务攻击。比特币网络中的每一笔交易都由网络中的每个完整节点验证,图灵不完备性可以防止这一交易验证机制被用作漏洞。比特币交易的脚本语言是无状态的,脚本在被执行之前没有状态,在执行结束之后也不会保存状态,因此,执行脚本所需的所有信息都包含在脚本中。此外,脚本的运行是可预测的,同一脚本能在任何系统中以相同的方式执行,如果脚本在一个节点上得到验证,那么这个脚本在所有节点上都会得到验证,进而意味着有效的交易在整个网络中都是有效的,这种可预测性是比特币网络的一个重要优势。

2. 锁定脚本和解锁脚本

比特币交易的验证依赖于锁定脚本和解锁脚本的执行。锁定脚本描述了花费输出必须满足的条件,通常包含公钥或比特币地址,因此被称为 scriptPubKey。解锁脚本是一种用于满足锁定脚本设置的条件的脚本,目的是使输出被花费。大多数解锁脚本都包含用户的钱包或由用户的私钥产生的数字签名,因此被称为 scriptSig。但锁定脚本与解锁脚本的含义可以更加广泛,锁定脚本不一定必须含有公钥,解锁脚本也不一定必须含有签名。

每个比特币节点都通过执行锁定和解锁脚本的方式验证交易。每个输入都包含一个解锁脚本,并引用以前存在的 UTXO。验证程序将复制解锁脚本,检索输入引用的 UTXO,并从该 UTXO 复制锁定脚本,然后按顺序执行解锁和锁定脚本。如果解锁脚本满足锁定脚本条件,则输入有效。UTXO 永久记录在区块链中,因此是不变的,并且不受在新的交易中被引用失败的影响。只有正确满足输出条件的有效交易,才会将输出视为已花费并从未使用的交易输出集合中删除。

比特币脚本是基于堆栈的语言,使用的数据结构为堆栈。堆栈允许推入和弹出操作。堆栈的操作只能用于堆栈中最顶层的记录,推入操作能在堆栈顶部添加一个记录,弹出操作能从堆栈中删除顶部的一个记录。脚本语言在执行脚本的过程中从栈顶到栈底处理每个记录。

一般来讲,锁定脚本按顺序包含以下操作或字段:复制栈顶元素、对栈顶元素做哈希运算、公钥哈希值、判断栈顶元素是否与给定值相等、检查栈顶签名;解锁脚本包含签名和公钥两个字段。如图 4-5 所示,在执行锁定脚本与解锁脚本时,首先将解锁脚本的两字段按顺序压入栈,然后执行锁定脚本中的复制栈顶元素,并对栈顶的公钥做哈希运算,与给定的公钥哈希比较确认是否相等,若相等,则消去后栈中剩余签名和公钥,再执行签名验证操作。

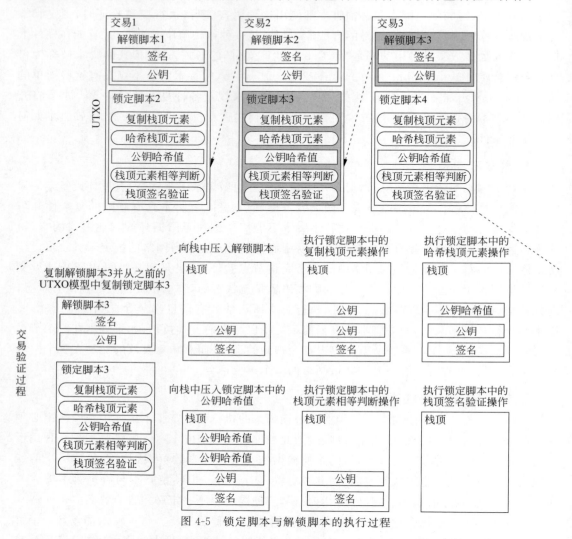

图 4-5 锁定脚本与解锁脚本的执行过程

在最初的比特币客户端中,解锁脚本和锁定脚本被连接起来并按顺序执行。但是,这一方式存在安全漏洞,即格式错误的解锁脚本会将数据推入堆栈并破坏锁定脚本。因此,在 2010 年后的比特币客户端中,解锁脚本与锁定脚本被分别执行,并在两次执行之间传递堆栈。具体过程为:客户端执行解锁脚本,如果解锁脚本执行过程正确,则复制主堆栈并执行锁定脚本;如果从解锁脚本复制的堆栈数据执行锁定脚本的结果为真,则解锁脚本满足了锁定脚本的条件,输入的 UTXO 就能被花费。

3. P2PKH 和 SIGHASH

比特币网络上的大多数交易都是由 P2PKH 脚本锁定输出,输出脚本将输出锁定为公钥的哈希,即比特币地址。P2PKH 锁定的输出能通过由私钥生成的数字签名解锁,因此只有当解锁脚本含有来自收款人私钥的有效签名时,锁定脚本的运行结果才为真。

在比特币网络中,数字签名应用于交易本身,意味着签名者对特定交易的承诺。在最简单的情况下,签名应用于整个交易,对交易的输入、输出和所有字段做出承诺。事实上,签名还能灵活应用于交易中的部分数据,这在很多场景下都非常实用。

比特币签名使用 SIGHASH 标识标记交易中的哪一部分包含在由私钥签名的哈希中,每个签名都有一个 SIGHASH 标识。每个交易的输入在其解锁脚本中都有可能包含签名,因此包含多个输入的交易可能含带有不同 SIGHASH 的签名。

4.3.5 高级交易脚本

4.3.4 节介绍了比特币交易的基本要素和常见的交易脚本,本节介绍更高级的脚本,以及如何利用这些脚本构造具有复杂条件的交易。

1. 多签名脚本

多签名脚本为比特币交易设定了条件,脚本中记录了 N 个公钥,当参与方提供其中至少 M 个公钥的签名后,交易就能解锁,这种模式也被称为 (M,N) 模式,其中 N 为脚本中记录的公钥的总数,M 为解锁交易所需的签名数量的阈值。多签名脚本的标准中限制脚本中记录的公钥数量最多为 15 个,即多签名脚本的范围是 $(1,1)$ 到 $(15,15)$。

2. P2SH 脚本

多签名脚本功能强大,能一定程度上防止比特币被窃取,但是多签名的缺点是使用麻烦,用户在交易前必须将此脚本发送给交易的所有参与者,并且生成的交易大小是普通交易的 5 倍,而交易费用与交易大小一般正相关,因此支付给多签名的地址时复杂的锁定脚本会造成交易费用的增加。付款到脚本哈希(Pay to Script Hash,P2SH)能解决这一问题,在 P2SH 中,锁定脚本仅包含一个哈希值,而具体的解锁条件包含在兑换脚本中。换言之,在多签名脚本中,解锁条件由交易发送方通过解锁脚本设定,而在 P2SH 中,解锁条件由交易接收方通过兑换脚本设定,发送方仅需将锁定脚本设定为兑换脚本的哈希值,接收方在花费 UTXO 时,需要同时提供兑换脚本和解锁脚本。

从表 4-4 和表 4-5 中能看出,使用 P2SH 时锁定脚本不会详细说明使用输出所需要的复杂条件,而是在兑换脚本中说明。锁定脚本中包含兑换脚本的哈希值,而兑换脚本将在之后显示,这一模式将交易费用和交易复杂度的成本从交易的发送方转移到交易的接收方。

表 4-4 不使用 P2SH 的复杂脚本

锁定脚本	公钥1 公钥2 公钥3 公钥4 公钥5 检查多签名
解锁脚本	签名1 签名2

表 4-5 使用 P2SH 的复杂脚本

兑换脚本	公钥1 公钥2 公钥3 公钥4 公钥5 检查多签名
锁定脚本	兑换脚本的哈希值
解锁脚本	签名1 签名2

BIP-13 中定义了 P2SH 能将脚本的哈希值编码为地址。与比特币地址相同，P2SH 地址是 20 字节的 Base58Check 编码，P2SH 地址脚本哈希前缀是"5"，Base58Check 编码的地址前缀是"3"。P2SH 地址是一类特殊的地址，但是用户能向这一地址支付比特币。并且由于 P2SH 地址将复杂的脚本隐藏了起来，因此付款人不会看到脚本。

相比于直接使用复杂的锁定脚本，P2SH 有以下几个优点。

（1）交易中的复杂脚本被简短的哈希值替代，交易的体积变得更小。

（2）脚本能编码为地址，付款人和收款人的钱包不需要额外处理。

（3）P2SH 将复杂脚本的数据存储负担从输出（UTXO 集）中转移到输入（区块链上存储的数据）中。

（4）P2SH 将复杂脚本的数据存储负担从当前时间（支付时）转移到未来的时间（输出被花费时）。

（5）P2SH 将复杂脚本的交易费用从收款人转移到付款人，付款人必须提供复杂的兑换脚本才能完成交易。

在比特币核心 0.9.2 版本之前，P2SH 仅限于标准类型的比特币交易，这意味着在交易中呈现的兑换脚本只能是标准类型（P2PK、P2PKH 或多签名）之一，但不包含 RETURN 和 P2SH。从比特币核心的 0.9.2 版本开始，P2SH 交易可以包含任何有效的脚本，使得 P2SH 的标准变得更加灵活，并允许许多新颖或复杂的交易类型。

3. RETURN

区块链作为带时间戳的比特币分布式账本，其功能不仅只有支付，还有许多潜在用途。开发人员已经开始尝试使用交易脚本语言将系统的安全性和灵活性应用在数字公证服务、股份证明，以及智能合约等应用上。早期将比特币脚本语言用于这些应用的尝试都是在区块链上记录数据的交易输出，例如，将文件的数字指纹记录在区块链上，那么任何人都能通过该交易确定文件的存在证明。

使用比特币区块链记录与比特币无关的数据是一个具有争议的主题，许多开发人员认为这是对区块链的滥用，会导致区块链变得臃肿，并使那些运行完整比特币节点的用户承担额外的数据存储成本。而另一部分支持者则认为这种应用是对区块链的强大功能的证明。

非支付目的的交易使用自由格式的 20 字节字段作为目的地址，由于地址用于数据且不对应私钥，因此也不会生成可使用的 UTXO，这是一种假付款，并且会造成 UTXO 数据库的内容永久增加。比特币核心客户端的 0.9 版本通过引入 RETURN 运算符实现了应用与数据存储之间的妥协。RETURN 允许开发人员将 80 字节的非支付数据添加到交易的输出中，但是与生成假的 UTXO 不同，RETURN 运算符创建一个明确的可验证不可消费输出，该输出不会存储在 UTXO 集中，因此也不会增加 UTXO 存储池的容量和用户的负担。

由于 RETURN 运算符创建的是一个明确的可验证不可消费输出，因此不存在与之对应的解锁脚本能花费该输出。RETURN 的意义在于用户不需要将比特币花费在锁定的输出中，因此 RETURN 通常是比特币金额为零的输出。如果用户将比特币花费在 RETURN 的输出中，那么这些比特币会永远丢失（即销毁）。如果 RETURN 被引用为某个交易的输入，那么在脚本执行的过程中，脚本验证引擎会终止脚本的执行并将交易标记为无效，这也是 RETURN 运算符的实质作用。

4. 时间锁

时间锁(TimeLocks)是对交易或输出的限制,只允许在某个时间点后支付。交易锁定时间是比特币最初就有的时间锁功能,用于设计交易级别,其字段位于交易的数据结构中。交易锁定时间在比特币核心代码库中使用的变量名称为 nLockTime,大多数交易将该变量设置为 0 以指示交易立即传播和执行。如果 nLockTime 的值不为 0 且低于 5 亿,则将其解释为区块高度,这意味着该交易打包在指定的区块之前无效。如果变量值大于 5 亿,则将其解释为 UNIX 时间戳,并且该交易在时间戳指定的时间之前无效。指定未来区块或时间的交易必须由初始系统保存,并且只有在生效之后才会传输到比特币网络。如果在指定的 nLockTime 之前将交易传输到网络,则交易将会被第一个节点判定为无效,并且不会被中继到其他节点。

交易锁定时间存在一个限制,即该机制尽管能使交易在未来才能花费输出,但是不能防止在未来的时刻到达之前用户将同一输入锁定到另一笔交易中。也就是说,在交易指定时间到达之前,对应的输入存在被二次支付的可能,在这种情况下,指定时间到达后这个交易便成为无效交易。为了避免此问题,可以把约束放在交易的输出 UTXO 上,使得上链交易的输出在未来一段时间后才能被使用,这就是检查锁定时间验证(Check Lock Time Verify,CLTV)。

CLTV 是一种新形式的时间锁,于 2015 年被引入比特币区块链,它在脚本语言中添加了一个名为 CHECKLOCKTIMEVERIFY 的运算符。与 nLockTime 是交易级别的时间锁不同,CLTV 是与输出相关的时间锁,通过在兑换脚本中添加 CLTV 运算符,输出就会受到限制,只能在指定时间过后使用,这使得时间锁的应用方式具有更大的灵活性。CLTV 不能替换 nLockTime,只能限制特定的 UTXO,使得这些 UTXO 只能在将 nLockTime 设置为更大或相等的数值的未来交易中使用。

nLockTime 和 CLTV 都是绝对时间锁,因为二者都指定了一个绝对的时间点。与绝对时间锁不同的是相对时间锁,它在一定的时延之后解锁,时延的起点是该时间锁所在脚本得到确认的时间。相对时间锁的作用在于允许两个或多个相互依赖的交易保持在链外,同时对一个交易施加时间约束,该约束取决于另一笔交易被确认后所经过的时间。也就是说,直到 UTXO 被记录在区块链上时,相对时间锁的时钟才开始计数。

相对时间锁是使用交易级别的特征和脚本级的操作码实现的,这一点与绝对时间锁相同。交易级的相对时间锁通过 nSequence 的共识规则实现,nSequence 是每笔交易的输入中设置的字段,脚本级相对时间锁则使用 CHECKSEQUENCEVERIFY 操作码实现。

4.4 比特币网络

比特币采用的是点对点的网络架构,这意味参与网络的计算机彼此对等且地位相同,所有节点共同承担了提供网络服务带来的负担。节点在网络中以一种扁平化的拓扑结构相互连接,不存在层次结构。点对点网络中的所有节点同时提供并享受网络的服务,具有灵活性、分散性和开放性。比特币被设计为一个点对点现金系统,网络架构既是其核心特征的反映,也是其架构基础,比特币只能通过扁平、分散的点对点共识网络实现和维护,因此比特币网络这一术语指的就是运行比特币点对点协议的节点集合。比特币网络除采用点对点协议外,还使用其他协议,如用于采矿的 Stratum 协议以及轻量级或移动钱包等。这些附加协议由使用比特币点对点协议访问比特币网络的网关路由服务器提供,然后将该网络扩展到运行其他协议的节点。

本节介绍比特币网络的基本概念,包括网络中节点的种类与功能、网络中继与网络发现的过程,以及简化支付验证节点与布隆过滤器的工作原理。

4.4.1 节点类型

虽然比特币网络中的节点是对等的,但可能会根据支持的功能而承担不同的角色。比特币节点是路由、区块链数据库、挖矿和钱包这 4 种功能的集合。所有节点均参与网络的路由功能,验证并传播交易和区块,发现并维护与对等节点的连接。

全节点负责维护区块链的完整性并保存整个区块链的副本,可以独立验证任何交易,具有区块链节点的所有功能,如图 4-6 所示。与全节点不同,部分节点仅维护区块链的子集,并使用称为简化支付验证(Simplified Payment Verification,SPV)的方法验证交易,这些节点称为 SPV 节点或轻量级节点。挖矿节点通过运行专用硬件相互竞争来创建新区块。一部分挖矿节点也是全节点,保存了区块链的完整副本,而另一部分挖矿节点是在矿池中参与挖矿的轻量级节点,并依赖矿池服务器构成一个全节点。用户的钱包可能也是全节点的一部分,桌面端的比特币客户端通常就是全节点,另一部分运行在资源受限设备(如智能手机等)上的钱包则常为 SPV 节点。图 4-7 列出了除全节点外其他常见节点的种类和功能。

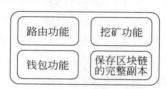

图 4-6 全节点的功能

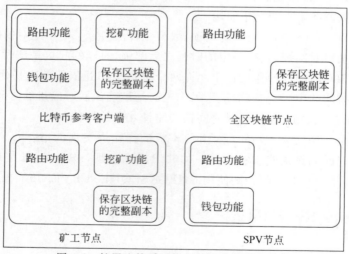

图 4-7 扩展比特币网络中的节点种类和功能

4.4.2 中继网络

尽管比特币网络能满足各种节点的一般需求,但是对挖矿节点的特殊需求而言,网络具有很高的延迟。比特币的矿工通过解决工作量证明问题来扩展区块链,这是一种时间敏感的竞争。在这种竞争中,因为网络延迟与利润直接相关,比特币矿工必须尽量缩短获胜区块开始传播至下一轮挖矿开始之间的时间。

比特币中继网络是一种尝试最小化矿工之间块传输延迟的网络,最初于 2015 年创建,旨在实现矿工之间快速同步。最初的比特币中继网络在 2016 年被更换为高速互联网比特币中继引擎,这是一个基于用户数据报协议的中继网络,用于中继节点网络中的区块,进一步减少了数据的传输量,且降低了网络延迟。高速互联网比特币中继引擎不是比特币点对点网络的替代品,而是一种覆盖网络,在具有特殊需求的节点之间提供额外的连接。

4.4.3 网络发现

当一个新节点加入点对点网络时,它必须首先发现网络上的其他比特币节点。而要开始此过程,新节点必须至少发现网络上的一个现有节点并连接到该节点。该节点的地理位置是无关紧要的,因为比特币网络拓扑没有按照地理位置定义,所以新节点可以随机选择任何现有的比特币节点。

为了连接到已知的现有节点,新节点首先要建立 TCP 连接,端口通常为 8333。建立连接后,节点将通过发送包含基本识别信息的版本消息启动"握手"。接收版本消息的节点将通过检查发送节点的 nVersion 报告判断该节点是否兼容,如果该发送方节点是能够兼容的,则接收节点将确认版本消息并发送 verack 消息建立连接。节点建立连接的握手过程如图 4-8 所示。

新节点有多种方法可以发现对等节点。一种主要的方法是使用多个 DNS 种子查询 DNS。DNS 种子是指提供有关比特币节点 IP 地址列表的 DNS 服务器,这些服务器能提供稳定比特币监听节点的静态 IP 地址表,同时需要保证 DNS 种子的分配不至于使得整个系统趋于中心化。比特币核心客户端包含 5 种不同类型的 DNS 种子,在新节点加入时保障可靠的初始引导。另一种方法是为了解网络信息的新节点直接提供至少一个比特币节点的 IP 地址,以便其之后进一步建立连接。

一旦建立了一个或多个连接,新节点将向其邻居发送包含自己 IP 地址的 addr 消息。反过来,邻居也会将 addr 消息转发给它们的邻居,确保新连接的节点能与更多节点连接并保障连接的质量。此外,新连接的节点可以将 getaddr 消息发送给邻居,要求邻居返回其他节点的 IP 地址列表。这样,新节点就可以连接到现有节点,并在网络上广播其存在,以供其他节点发现。地址发现协议的过程如图 4-9 所示。

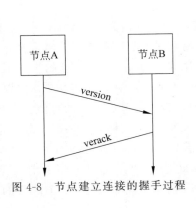

图 4-8 节点建立连接的握手过程

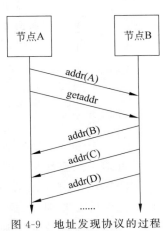

图 4-9 地址发现协议的过程

一个节点必须连接到几个不同的对等节点,以便建立连接到比特币网络的不同路径。由于节点会不断加入和退出,因此路径是不稳定的,节点必须持续发现新的节点,以防止原有的连接丢失,同时也能为其他新节点的加入提供引导。如果一条连接上没有了流量,节点将定期发送消息以维持连接;如果一条连接超过 90 分钟没有通信,就可以假定该节点已断开连接,并开始寻找新的对等节点。上述路径调整机制可根据需要动态调整网络,进而实现对资源的充分利用。

4.4.4　全节点和 SPV 节点

全节点维护了完整区块链,并保存有区块链的完整副本。全节点连接到对等节点后,第一件事就是尝试构建一个完整的区块链,新节点必须下载数十万个区块来与网络同步。同步区块链的过程从版本消息开始,因为消息中包含 BestHeight 值,即节点当前本地区块链的高度。一个节点可以从其对等节点中得到版本消息,了解双方各自的区块数量,并与自己的区块数量比较。之后,对等节点将交换 getblocks 消息,该消息包含本地区块链上的顶部区块的哈希值。具有较长区块链的节点能识别出对方节点缺少的是哪些区块,通过 inv 消息(即目录消息)传递其本地区块链的前 500 个区块的哈希值,这样可以快速帮助同步节点找到共同拥有的最后一个区块。缺少这些区块的节点将会通过发送 getdata 消息请求传输区块链,并通过接收到的 inv 消息的哈希值检验。

这种将本地区块链与对等节点区块链比较的情况也会发生在节点离线的情况下,无论节点离线了多久,缺少了多少区块,通过目录同步都能将本地的区块链补充完整。图 4-10 显示了目录同步和区块传播的过程。

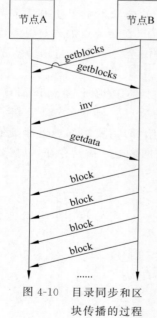

图 4-10　目录同步和区块传播的过程

除全节点外,许多运行在资源受限的设备上的节点不能存储完整的区块链。对于这种设备,节点可以使用 SPV 的方法,因此这类客户端也被称为 SPV 客户端。随着比特币使用率的增加,SPV 节点逐渐成为比特币节点最常见的形式。

SPV 节点仅下载区块头部,而不下载每个块中包含的具体交易,二者的大小相差近千倍。SPV 节点不存储网络中的全部交易,意味着无法独立验证交易,因此使用了特殊的方法来验证交易,该方法依赖于对等节点按需提供区块链的部分视图,具体方法参见 4.5.2 节。

SPV 节点通过接收一系列消息可以证明一个交易存在,但无法获知是否有交易缺失,敌手可能故意将一个消息隐藏起来。这一漏洞能被用来发动对 SPV 节点的拒绝服务攻击或双花攻击,为了防止出现这一情况,SPV 节点需要随机连接到多个节点,以增加其与诚实节点连接的可能性。但是,这种随机连接也意味着节点容易受到网络分区攻击或女巫攻击。对于大多数实际用途而言,连接性良好的 SPV 节点具有足够强的安全性,可以满足日常应用需要。

由于 SPV 节点只需要同步区块头部信息,因此使用的是 getheaders 消息,而不是 getblocks 消息。响应的对等节点将通过单个 headers 消息发送最多 2000 个区块的头部信息,该过程与全节点同步完整区块的过程相同。同时,SPV 节点还在节点的连接上设置过滤器,以过滤对等节点发送的未来区块的信息。SPV 节点也能使用 getdata 消息请求信息,对等节点会响应包含了交易信息的 tx 消息。SPV 节点同步区块头部信息的过程如图 4-11 所示。

由于 SPV 节点需要检索特定交易以便有选择地验证,在此过程中也会产生隐私风险。与收集每个块内所有交易的全节点不同,SPV 节点对特定数据的请求可能会无意中显示其钱包中的地址。因此,在引入 SPV 节点后不久,比特币开发人员添加了一个名为布隆过滤器的功能,以解决 SPV 节点的隐私风险。布隆过滤器允许节点通过随机模式而不是固定模式接收交易的子集,从而不泄露节点关注的钱包地址。

图 4-11　SPV 节点同步区块头部信息的过程

4.4.5　布隆过滤器

布隆过滤器是一种概率搜索过滤器,无须精确指定就能描绘所需搜索模式,在表达搜索模式的同时实现隐私保护。SPV 节点使用这种方式向对等节点查询交易,并且能以模糊的方式描述其要查询的地址、密钥或交易,从而达到保护隐私的目的。

布隆过滤器允许 SPV 节点改变精度来调整搜索模式,当条件更加具体时,搜索的结果更加准确,但代价是可能会泄露 SPV 节点想要搜索的交易;当条件不具体时,搜索的结果更加不准确,结果中会包含许多与 SPV 节点无关的交易,但能更好地保护隐私。

布隆过滤器由 N 个二进制数字和 M 个哈希函数组成,其中哈希函数的输出始终为一个 1 和 N 之间的数字,对应二进制数字数组的位数。哈希函数的输出是确定性的,因此使用布隆过滤器的任何节点都将始终使用相同的哈希函数并针对特定的输入获得相同的输出。改变数组的长度与哈希函数的数量可以调整布隆过滤器,进而调节过滤结果的准确度和隐私性。

布隆过滤器的初始化状态是所有的二进制数组都设为 0,定义布隆过滤器的输入被称为模式,在比特币中模式一般被定义为交易、地址或密钥等。将模式 A 添加进布隆过滤器时,依次使用 M 个哈希函数对该模式执行哈希运算,每个哈希函数都会输出一个 1 到 N 之间的数字,将二进制数组中的对应位设置为 1 就能记录该哈希函数的输出。每个哈希函数都对应数组中的一位,因此数组中共有 M 个比特变为 1,通过这种方式,搜索模式就能被记录在布隆过滤器中。

添加第二个模式 B 的过程与添加模式 A 的过程完全相同,通过哈希函数依次对第二个模式执行哈希运算,并通过将对应位设置为 1 来记录结果。当添加有多个模式时,哈希运算的结果可能会重复,在这种情况下,仍将该位设置为 1。重复位出现的次数越多,布隆过滤器的精度就越低,这就是布隆过滤器是概率数据结构的原因。过滤器的精度取决于添加的模式的数量、二进制数组的大小与哈希函数的数量。更大的数组与更多的哈希函数意味着过滤器能以更高的精度记录更多的模式,相反,较小的数组或较少的哈希函数只能记录更少的模式,精确度也更低。图 4-12 描述了布隆过滤器添加模式 A 与模式 B 的运行过程。

验证某个模式是否被记录在布隆过滤器中的方法是依次对模式作哈希运算,并在二进

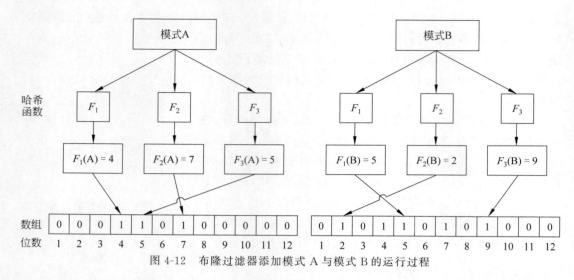

图 4-12 布隆过滤器添加模式 A 与模式 B 的运行过程

制数组中验证哈希结果。如果由哈希结果索引的数组的值均为 1，那么该模式有可能被记录在布隆过滤器中，但这些数组位记录的也可能是其他模式。相反，如果该模式的哈希结果索引的数组位为 0，则证明该模式一定没有被记录在布隆过滤器中。因此，在布隆过滤器中，肯定的结果是概率性的，而否定的结果是确定性的。图 4-13 描述了在布隆过滤器中验证模式 C 与模式 D 的运行过程，其中模式 C 有可能被记录在布隆过滤器中，模式 D 则一定没有被记录在布隆过滤器中。

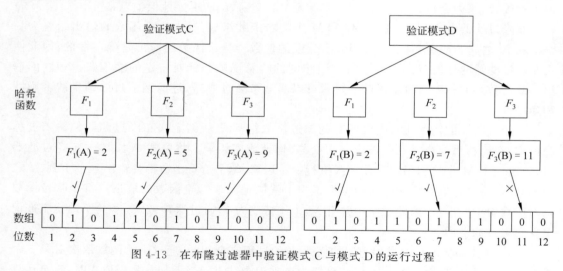

图 4-13 在布隆过滤器中验证模式 C 与模式 D 的运行过程

SPV 节点使用布隆过滤器从对等节点接收交易和区块，由于性能限制，SPV 节点仅接收其感兴趣的交易、地址和密钥，而不需要其他的无关交易信息。生成交易时，SPV 节点首先将布隆过滤器初始化，此时过滤器不记录任何模式。其次，SPV 节点将列出所有其感兴趣的交易、地址和密钥，该过程通过从钱包中提取交易的 ID 完成。然后，SPV 节点将这些信息添加到布隆过滤器中，如果这些模式存在于交易中，那么过滤器就能匹配成功，而不会暴露模式本身。在过滤器设置完成之后，SPV 节点将向对等节点发送 filterload 消息，该消息包含了要在连接中使用的布隆过滤器。在对等节点上,每个交易都会经过过滤器的检查。过滤器在查找匹配的过程中会检查交易 ID、交易输出的锁定脚本的部分数据(密钥和哈希值)、交易的输入和输入签名的部分数据。通过检查这些数据,布隆过滤器能匹配公钥哈希值、脚本、OP_RETURN 值、签名中的公钥、智能合约或复杂脚本中的数据。

4.5 区块

区块是构成区块链的基本单位。本节介绍区块的基本结构、区块内交易的链接方式和测试区块链的相关概念。

4.5.1 区块结构和区块头部

区块由头部、元数据以及一长串的交易组成,如表 4-6 所示。在一个区块中,头部的大小是 80 字节,每个区块平均包含超过 500 条交易,每条交易的平均大小为 250 字节,因此交易占据区块的主要容量,完整区块的大小是区块头部的 1000 倍。

表 4-6 区块的结构

大 小	字 段	说 明
4 字节	区块大小	区块的大小,以字节为单位
80 字节	区块头部	区块头部的字段
1~9 字节(可变)	交易数量	区块中包含交易的数量
大小可变	交易	区块中包含的交易

区块头部包含 3 组区块元数据。第一组是对上一个区块的哈希值的引用,该部分的作用是将本区块与上一个区块连接起来。第二组元数据是时间戳、难度目标和随机数 Nonce,该部分与竞争挖矿有关。第三组元数据是默克尔树的根部数据,用于有效汇总区块中的全部交易。区块头部的结构如表 4-7 所示。

表 4-7 区块头部的结构

大 小	字 段	说 明
4 字节	版本号	用于标识软件和协议更新的版本号
32 字节	上一个区块的哈希值	对区块链中上一个区块的引用
32 字节	默克尔树根	区块中由交易组成的默克尔树根的哈希值
4 字节	时间戳	区块创建的时间(以秒为单位)
4 字节	难度目标	工作量证明算法的难度目标
4 字节	Nonce	工作量证明算法中使用的计数器

区块的哈希值是一个区块的主要标识符,通过对块头执行两次 SHA256 哈希而产生,哈希值的大小为 32 字节,被称为块哈希或块头哈希。块哈希能唯一地标识区块,并且任何

独立的节点都可以通过简单地对块头执行哈希运算而被导出。

识别区块的第二种方法是通过区块在区块链中的位置,也称为块高度,创世区块的块高度为 0。引用块哈希或块高度这两种方式都能识别区块,两种方式识别的结果相同。

区块链中的第一个区块被称为创世区块,从区块链中的任意一个区块开始追溯,都能追溯到创世区块。新节点必须保有区块链中的至少一个区块,因为创世区块在比特币客户端中被静态编码,不能被改变。每个节点都知道创世区块的哈希值和结构、区块的创建时间甚至是内部的交易。因此,每个节点都有区块链的起点,这个起点是安全的,并且能用于构建可信区块链。

4.5.2 区块链和默克尔树

比特币的全节点从创世区块开始维护区块链的本地原始副本。随着新区块的发现并被添加到链上,区块链的本地副本也会不断更新。当节点从网络接收到新增区块时,它将验证这些区块并将其链接到本地区块链。建立链接时,节点会检查新区块的块头并且查找块头中包含的上一个区块的哈希值。区块链的结构如图 4-14 所示。

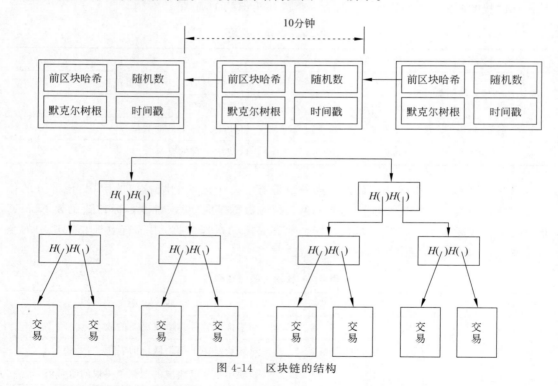

图 4-14　区块链的结构

比特币节点使用默克尔树汇总区块中的交易,产生整个交易集的数字指纹,从而提供验证交易存在性的有效方式。默克尔树的构建过程是对区块的哈希值执行递归,直到只有一个哈希,这个哈希值被称为默克尔树的根。构建默克尔树的过程中使用的加密哈希算法是两次 SHA256 算法。当 N 个数据元素在默克尔树中哈希汇总时,节点可以检查任意一个元素是否包含在树中,该过程的计算量最多只有 $2 \times \log_2 N$,因此这种数据结构是非常高效的。

默克尔树是自下而上构建的,在下面的例子中,本书会从 4 条交易 A、B、C、D 开始,它们构成了默克尔树的树叶。如图 4-15 所示，交易的内容不存储在默克尔树中，被存储的是它们的哈希值，哈希值由两次 SHA256 计算而来，如式(4-5)所示。

$$H_A = \text{SHA256}(\text{SHA256}(A)) \tag{4-5}$$

然后，将上面生成的哈希值两两连接，由父节点汇总。例如，要构造父节点 H_{AB}，需要将子节点 H_A 和 H_B 的两个 32 字节长的哈希值连接起来创建一个 64 字节的字符串，再对该字符串双重哈希就能得到父节点的哈希值，如式(4-6)所示。

$$H_{AB} = \text{SHA256}(\text{SHA256}(H_A + H_B)) \tag{4-6}$$

该过程会一直持续，直到默克尔树的顶部只有一个节点，该节点就是默克尔树的根。如图 4-15 所示，根部的 32 字节汇总了 4 条交易的所有数据。

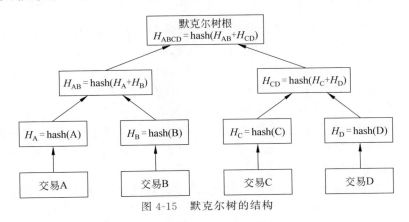

图 4-15　默克尔树的结构

上述例子中，交易的个数为偶数。当交易的数量为奇数时，由于默克尔树为二叉树，因此需要复制最后一条交易以创造偶数个叶子节点。这一过程称为平衡树，如图 4-16 所示。

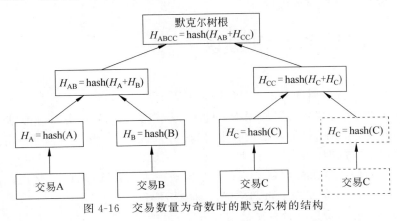

图 4-16　交易数量为奇数时的默克尔树的结构

从上述 4 条交易的简单例子开始，这种构建方法能推广至任意大小的树。无论一个区块中的交易的数量为多少，最终汇总出的默克尔树的根的大小总是 32 字节。

当需要证明特定交易包含在区块中时，节点只需要产生 $\log_2 N$ 个 32 字节的哈希值，就能构建出特定交易链接到默克尔树根的路径。由于计算量以对数速度增长，随着交易数量的增加，默克尔树这一数据结构的优点也更加明显，因此，默克尔树被 SPV 节点广泛使用。SPV 节点不存储全部交易，也不会下载完整区块，相反，SPV 节点只会下载块头。因此，为了验证区块中是否包含交易，SPV 节点使用默克尔路径执行验证。考虑一个 SPV 节点，其对某个地址的收款交易感兴趣。SPV 节点首先会在其与对等节点的连接上建立布隆过滤器，将接受的交易限制为仅包含感兴趣的地址的交易。当对等节点看到与布隆过滤器匹配的交易时，其将使用 Merkleblock 消息发送相应的交易区块，消息中包含了块头以及将交易链接到默克尔树根的默克尔路径。SPV 节点就能通过块头确定区块位置，并使用默克尔路径验证交易是否包含在区块中。交易与默克尔树根之间的链接以及区块与创世区块之间的链接能证明交易是否存在。通过这种交易验证方式，SPV 节点需要接收的消息大小远远小于一个完整区块的大小。

4.5.3 测试区块链

在比特币主链之外，还存在其他的比特币区块链用于测试，被称为比特币测试链，目前常用的比特币测试链主要有 Testnet、Segnet 和 Regtest 3 种。

Testnet 是用于测试目的的测试区块链。Testnet 功能齐全，拥有钱包、挖矿等主链上的全部功能。测试链的比特币没有任何价值，并且在测试链上挖矿的难度非常低。测试链的意义在于为任何发布于比特币主链上的软件提供了一个开发与测试环境，能保护开发人员免于遭受错误导致的损失。尽管测试链上的比特币没有价值，但仍有人在测试链上恶意挖矿，使得普通人在测试链上挖矿的难度变高。因此，测试区块链会不时地从创世区块重新启动，将整个区块链重置。

Segnet 是 2016 年比特币推出的一个特殊用途的测试网络，用于帮助开发人员开发和测试隔离见证（segwit）功能。目前，隔离见证功能已被添加进 Testnet，Segnet 不再使用。

Regtest 代表回归测试的意思，允许用户创建本地区块链。与 Testnet 不同，Regtest 的作用是作为本地测试的封闭系统运行。Regtest 中的创世区块由用户在本地创建，用户可以将其他节点添加进网络，也可以仅使用单个节点执行测试。

4.6 挖矿和共识协议

挖矿一词来源于贵金属的采矿，在区块链中表示创造新的比特币。在比特币中，挖矿能获得奖励来作为激励。但是，挖矿的根本目的不是获取奖励或者创造比特币，挖矿是比特币系统的一种自我保护机制，目的是在没有中央权威的情况下实现全网范围内的共识。比特币的创造过程以固定的时间和递减的速度运行，在区块链中，平均每 10 分钟生成一个区块，随之会创造出全新的比特币。而每 210 000 个区块或大约每 4 年，每个区块产出的比特币会下降 50%，直到 2140 年左右不再产生任何新的比特币。

创造比特币与交易费是一种挖矿的激励方案，目的是使矿工的行为有利于保护网络的安全。矿工通过挖矿过程验证交易并将其记录在区块链上，被添加到区块链上的交易被认为是已经被确认过的交易。本节首先将挖矿作为比特币的供应机制进行介绍，之后会分析挖矿最重要的作用——保障比特币安全的分布式共识机制。

4.6.1 分布式共识

4.5 节介绍了区块链这一全球性公共分布式账本，但是网络中的用户并不是全部互相信任的。传统的支付系统依赖于信任模型,该信任模型具有提供清算服务的中央权限,能验证和清除所有交易。但是,比特币没有中央权威,因此比特币中每个完整节点都会存储一个区块链的完整副本,该副本能作为权威记录来加以信任,区块链也由网络中的节点独立组成。网络中的节点通过不安全的信道传输信息,得出的结论却是相同的,并能在本地保存相同区块链的副本,这就是比特币网络在没有中央权威情况下实现全球共识的过程。

比特币的分布式共识来自节点上 4 个独立进程的相互作用。

(1) 每个完整节点根据完整的标准列表对每笔交易独立验证。

(2) 通过挖矿将交易独立整合到新的区块中,并通过工作量证明机制计算。

(3) 每个节点独立验证新区块并将区块添加进区块链。

(4) 每个节点通过工作量证明独立选择累计证明数量最多(即最长)的区块链。

4.6.2 交易验证

本书已经介绍过比特币钱包软件通过收集 UTXO,提供合适的解锁脚本,然后生成新输出来创建交易。交易在创建完成之后会被发送到比特币网络中的相邻节点,进而在整个比特币网络中传播。但是,在交易被相邻节点接收之前,接收交易的每个节点首先会对交易验证,以确保只有有效的交易才能在网络上传播,而无效的交易在传播到第一个节点时被丢弃。

网络中的每个节点会维护一个存储交易的交易池或存储池,并根据一个很长的标准列表验证每个交易是否正确,详细情况如下。

(1) 交易的语法和数据结构必须正确。

(2) 交易的输入和输出列表均不为空。

(3) 交易大小小于 MAX_BLOCK_SIZE 字节。

(4) 每个输出值,包括总输出,必须在允许的范围内,即小于 2.1×10^7 比特币,且大于 dust 阈值。

(5) 输入值中没有元素的哈希值为 0 或 $N=-1$ 时,Coinbase 交易不会被中继。

(6) nLockTime 的值等于 INT_MAX,或者 nLockTime 和 NSequence 的值满足 MedianTimePast 的要求。

(7) 交易大小大于或等于 100 字节。

(8) 交易中包含的签名操作数量小于签名操作限制。

(9) 解锁脚本只能推送栈上的数字,锁定脚本必须匹配 isStandard 列表(该标准能拒绝不符合标准的交易)。

(10) 存储池或主链上的区块中存在相匹配的交易。

(11) 对于每个输入,如果引用的输出存在于存储池中任何其他交易的输出中,则必须拒绝该交易。

(12) 对于每个输入,都要在存储池和主链查询引用的输出交易。如果有任何输入缺少对应的输出交易,则该交易为孤立交易,将会被添加进孤立交易池。

(13) 对于每个输入,如果引用的输出交易是 Coinbase 输出,则该输入必须至少具有 COINBASE_MATURITY(100)确认。

(14) 使用被引用的输出交易获取输入值,检查每个输入值及其总和是否在允许范围内

（小于 $2.1×10^7$ 比特币,大于 0）。

(15) 如果输入值之和小于输出值之和,则拒绝该交易。

(16) 拒绝交易费用过低的交易。

(17) 每个输入的解锁脚本必须根据相应输出的锁定脚本执行验证。

比特币核心软件中详细规定了这些条件,这些条件可能会随着时间的推移而改变,例如,加强条件以对抗新的攻击方式,或者放宽要求以允许更多类型的交易。

4.6.3 交易入块

比特币网络中的所有节点都会侦听网络中传播的新区块,但是对于矿工节点而言,这些新区块还有其他意义。矿工之间的竞争以新区块的产生而告终,新的区块标志着胜利者的产生,同时这也是新一轮挖矿竞争开始的标志。

在验证交易之后,比特币节点会将这些交易添加到交易池中,交易在交易池中等待被添加到区块里。矿工节点会维护一个本地的区块链副本,当交易产生时,节点会侦听网络中传播的交易,在尝试挖矿的同时,还会侦听其他节点新挖掘的区块。挖矿节点会将交易存储在交易池中,当它接收到新产生的区块时,节点会将区块内的交易与内存池中的交易相比较,并删除新区块中已经包含了的交易,交易池中剩余的交易仍处于未被确认的状态,等待被添加进新的区块中。在对新区块挖矿时,挖矿节点构造的一个新的空区块,称为候选块。候选块不是有效的区块,因为它不包含有效的工作证明。只有当矿工成功找到工作量证明算法的解时,该区块才变为有效。

每个区块中的第一个交易是一个特殊的交易,被称为 Coinbase 交易,该交易由创建该区块的矿工节点生成,包含了对挖矿工作的奖励,奖励包含 Coinbase 奖励（即新创造的比特币）与区块内交易的交易费用的总和。Coinbase 交易与普通交易不同,交易以 Coinbase 作为输入,而不需要未消耗的 UTXO 作为输入,能够创造比特币,交易的输出即创建该区块的矿工的地址。

构建 Coinbase 交易时,矿工节点首先要通过区块中全部交易的输入和输出计算交易费用的总额,如式(4-7)所示。

$$\mathrm{TotalFees} = \mathrm{Sum}(\mathrm{Inputs}) - \mathrm{Sum}(\mathrm{Outputs}) \qquad (4\text{-}7)$$

矿工节点根据当前的区块高度计算最新块的挖矿奖励,奖励从比特币创世时的 50 比特币开始,每 210 000 个区块减少一半,预计到 2140 年全部比特币,共 2 099 999 997 690 000 聪,将发行完毕。比特币越来越少的发行量能形成通货紧缩的效果,是比特币"保值"的原因之一。Coinbase 交易具有特殊的结构,它不需要未消耗的 UTXO 作为输出。Coinbase 交易的输入格式如表 4-8 所示。

表 4-8 Coinbase 交易的输入格式

大　　小	字　　段	说　　明
32 字节	交易的哈希值	所有位都为 0,不是交易的哈希引用
4 字节	输出索引	所有位都为 1,即 0xFFFFFFFF
1~9 字节(可变)	Coinbase 数据大小	Coinbase 数据的长度,范围为 2~100 字节

续表

大小	字段	说明
长度可变	Coinbase 数据	用于额外 Nonce 和挖矿标签的随机数，必须以区块高度开头
4 字节	序列号	被设置为 0xFFFFFFFF

在 Coinbase 交易中，前两个字段用于表示"不引用 UTXO"。不同于交易的哈希值，第一个字段的 32 字节全部被设置为 0，输出索引字段的 4 字节被设置为 0xFFFFFFFF。Coinbase 交易没有解锁脚本字段，该部分由 Coinbase 数据替代，Coinbase 的数据长度在 2～100 字节。除最开始的几字节外，其余的 Coinbase 数据可以被矿工随意设置为任何数据。在创世区块中，中本聪在 Coinbase 数据中添加文本"The Times 03 / Jan / 2009 Chancellor on brink of second bailout for banks"作为日期的证明。目前，矿工通常在 Coinbase 数据中添加额外的 Nonce 值和挖矿池的标识。

Coinbase 最开始的几字节过去也是任意的，但是之后根据 BIP-34 的规定，第 2 版的区块（区块的 version 字段被设置为 2）必须包含区块高度索引来作为 Coinbase 字段开始的推入操作。

4.6.4 挖矿

挖矿节点在挖矿时需要构造候选块，通过硬件设备找到使该块有效的工作量证明算法的解，这一过程就是挖矿的过程。简单地说，挖矿的过程就是对区块块头重复哈希，每次更改一个参数，直到生成的哈希值与特定的目标匹配时，挖矿才能成功。比特币挖矿的过程中使用的哈希函数是 SHA256 哈希函数，哈希函数生成的结果无法预测，矿工也不能创造出能生成特定哈希值的方法。因此，哈希函数的这一特性意味着要想生成的哈希值与目标结果匹配，唯一的方法是反复尝试，随机修改输入参数，直到出现与目标匹配的哈希值。

对于 SHA256 算法，无论输入的大小如何，输出的长度均为 256 位。哈希函数的抗碰撞攻击特性，意味着找到产生相同结果的两个不同输入在计算意义上是不可行的。哈希函数中用作变量的数字称为 Nonce，用于改变哈希函数的输出。即使两个不同的输入值之间只相差一位，生成的哈希值也是完全不同的，换言之，哈希函数具有很好的随机性。

PoW 算法中的目标指的是一个阈值，与区块头中的目标字段相关。例如，假设目标值为 0x0100000000000000000000000000000000000000000000000000000000000000，当哈希函数生成的结果小于该阈值时，即认为找到了 PoW 算法的解。由于加密哈希函数近似满足均匀随机分布，因此矿工每次哈希运算的结果满足上述目标的概率为 1/4。比特币系统通过调整 PoW 算法的目标来调整挖矿的难度，目标越小，挖矿的难度越高。同样，矿工也可以根据算法的目标预估成功所需的工作量，通过利用哈希函数的安全特性，比特币挖矿的成功率完全取决于矿工拥有的算力。

矿工在运行比特币工作量证明时，首先会构造一个候选块并计算该区块块头的哈希值，检验其是否达到算法的目标。如果哈希值不小于目标，则矿工将修改随机数（通常将 Nonce 值加 1）并再次尝试，直到网络中出现满足条件的 Nonce 值。由于特定输入执行哈希运算后的结果是不变的，因此任何人都能验证上述 Nonce 值的正确性。

在表 4-7 中,可以看出区块块头中存在难度目标字段。该字段将 PoW 算法的目标表示为系数/指数格式,即字段中的前两个十六进制数代表指数,而后面 6 个十六进制数代表系数。使用这种表示方式计算难度的式(4-8)为

$$\text{target} = \text{coefficient} \times 2^{(8 \times (\text{exponent}-3))} \tag{4-8}$$

比特币平均每 10 分钟生成一个新的区块,这保障了货币发行的速率和交易结算的速度。由于新区块的生成速度需要保持稳定,而矿工的计算能力是不断提升的,因此必须不断地调节挖矿的难度,使得新区块的产生速度稳定在 10 分钟,而调节的方法是修改区块块头的目标字段。比特币系统规定,每生成 2016 个区块,所有节点都要重新调整 PoW 算法的目标,调整的方法是将最后 2016 个区块挖矿所花费的时间与其预期的 20 160 分钟比较,计算实际时间与期望时间的比例,然后按该比例对目标进行调整。该过程可以简单地解释为:如果网络挖到新区块的时间比 10 分钟更少,那么工作量证明的难度就会增加;反之,如果网络挖到新区块的时间比 10 分钟多,那么工作量证明的难度就会降低。难度目标调整的公式(4-9)如下。

$$\text{NewTarget} = \text{OldTarget} \times \frac{\text{前 2016 个区块时间}}{20\ 160\ \text{分钟}} \tag{4-9}$$

为了避免难度的变化幅度过大,每次目标调整的幅度不能超过 1/4。如果由公式计算出的目标的变化幅度超过原目标的 1/4,那么该次调整的幅度将会被限制在 1/4,进一步的调整将在下一次进行。通过上述描述,能看出目标与交易的数量、交易的比特币的价值是无关的,这也意味着哈希的计算能力或与之相关的电力消耗也与交易无关,这一机制使得比特币的安全性不会随着计算能力的提高而受到威胁。

4.6.5 区块验证

当网络中的某个节点成功挖到区块后,节点会向网络中的其他节点广播,这些节点会接收、验证并传播新区块,同时也会将新区块添加到自己保存的区块链副本的顶部。当节点接收到新区块并验证其正确性后,它们就会放弃对该块挖矿,并开始计算下一个区块。

当新区块在网络中传播时,网络中的每个节点都会独立对其验证,只有得到正确验证的区块,才能被节点继续传播下去,这保证了网络中只会传播有效块。诚实的矿工能将他们的区块添加进区块链中,从而获得奖励;而不诚实的矿工的区块则会被区块链拒绝,浪费执行 PoW 计算时所消耗的算力,造成资源和经济上的损失。

当节点收到一个新区块时,将会根据一定的标准验证该区块的正确性,验证过程依据的标准如下所示。

(1) 区块的数据结构在语法上有效。
(2) 区块块头的哈希值小于目标值(符合工作量证明算法的要求)。
(3) 区块的时间戳小于未来的两小时(允许一定的误差)。
(4) 区块的大小在可接受的范围内。
(5) 第一笔交易是 Coinbase 交易,并且其他所有交易都不是。
(6) 区块中的所有交易都是有效的,并通过了上文所述检验标准的检验。

上述区块验证的过程使得矿工必须诚实挖矿,才能最大化地保障自身的利益。如果矿工广播了假的区块,那么这个区块将不会通过网络中其他节点的验证,进而导致该区块被拒

绝,矿工在挖矿时消耗的时间与电力都会被浪费。

比特币分布式共识机制的最后一步是将区块组合成链并选择具有最多工作量证明的区块链。对于区块链中的节点而言,一旦验证完新区块,节点就会尝试将新区块链接到现有的区块链。因此,区块链中会存在3种区块:连接到主区块链的区块、连接到从主链分叉出的支链的区块,以及区块链上没有已知父节点的孤块,如图4-17所示。比特币网络中可能同时存在多条区块链,而主链是其中包含的工作量证明最多的一条区块链,通常情况下,它也是包含最多区块的区块链。主链上可能会产生分叉,如果分叉出的支链的长度超过主链的长度,该支链就会取代之前的区块链成为新的主链。

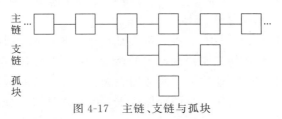

图 4-17　主链、支链与孤块

4.6.6　矿池

1. 算力与 Coinbase Nonce

比特币挖矿的算力指的是矿工计算哈希函数的能力,随着比特币热度的提升,整个比特币网络的算力以指数速度增长。在比特币诞生之初还没有专门的矿工与矿池,用户主要使用 CPU 挖矿;2010—2011 年,开始有矿工使用 GPU 阵列和 FPGA 阵列挖矿,因为这些设备具有高效的并行计算能力,挖矿效率也更高;从 2013 年开始,出现了专用于 SHA256 计算的 ASIC 芯片,挖矿效率进一步提高,比特币网络的算力也进一步增强。

上文介绍了比特币网络使用哈希函数中的 Nonce 值作为变量,使加密哈希函数的输出近似为均匀随机分布。在早期的挖矿过程中,矿工通过不断地改变 Nonce 值,就能挖掘出新的区块。但是,随着比特币网络算力的增加,挖矿的难度也随之加大,矿工经常会遇到即使遍历了全部的 40 亿个 Nonce 值,也无法挖掘出正确区块的情况。这一问题可以通过更新区块的时间戳解决,由于时间戳是块头的一部分,更改时间戳将使对块头的哈希运算得到不同的结果。然而,一旦挖矿硬件的算力超过 4GH/s,该方案也会变得不再可行,因为到那时 Nonce 值会在小于 1s 的时间内耗尽,更改时间戳也不能解决问题。而当前的 ASIC 挖矿设备的算力已经超过 100 TH/s,也就意味着块头中需要一个新的变量,因此最新的解决方案是使用 Coinbase 交易作为额外的 Nonce 值的来源,由于 Coinbase 交易能够存储 2~100 字节的数据,因此该空间可以为额外的 Nonce 值提供空间,以允许矿工在更大的范围内查找有效区块。由于 Coinbase 交易包含在默克尔树中,因此 Coinbase 交易中 Nonce 值的更改也会导致默克尔树根的更改。目前,Coinbase 交易中的 Nonce 空间为 8 字节,再加上原有的 4 字节的 Nonce,比特币网络能承受每秒 2^{96} 次哈希运算的算力,而不需要更改时间戳。当矿工的算力超过该数值时,比特币网络可以采用更新时间戳或继续扩大 Nonce 空间的方式扩大挖矿范围,确保网络的安全性和稳定性不受威胁。

2. 矿池管理

随着比特币网络算力的不断增强，矿工的竞争也逐渐变得激烈，独立的矿工已经很难挖掘出新的区块，因此矿工们开始合作挖矿，将分散的算力聚集起来形成矿池，矿池中的矿工合作挖矿，得到的奖励也共同分享。成功挖矿所奖励的比特币会支付给矿池的地址，当矿池账户中的比特币达到某个阈值后，矿池服务器会向参与的矿工付款。在矿池中挖矿的矿工会将 PoW 的计算分开，矿池为矿工设定了比 PoW 更加容易的目标，矿工每次达到目标都会赚取一定的份额，份额与矿工的算力成正比，矿池服务器也会按照矿工获得的份额分配比特币。在矿池中挖矿的矿工每次成功挖矿后分得的奖励远远少于独自挖矿的矿工，但是收入更加稳定，而且能减少不确定性。

矿池的运行需要管理人员维护，管理人员会从矿池的挖矿收入中收取一定的费用。挖矿时，矿池服务器会运行挖矿协议来协调矿工的活动，同时矿池还会连接到比特币全节点，能直接访问区块链的完整副本，这样矿池服务器就能代表矿工检验区块和交易的正确性，从而减轻矿工的负担，为矿工节省了大量的存储成本。除此之外，矿池服务器还需要维护运行在节点上的比特币软件，防止由于缺乏维护或缺乏资源而导致停机，避免矿工的损失。通过管理人员管理矿池时，可能会出现作弊的情况，管理人员可能会恶意地将有效的区块无效化，或者窃取其他矿工的比特币。此外，集中式的矿池一旦服务器故障或受到攻击，矿池内的所有矿工都无法挖矿。为了解决上述问题，一种新的矿池挖矿方案——P2Pool 被提出，该方案采用了点对点的分布式矿池，而不再需要中心节点。

4.6.7 分叉

1. 硬分叉

上文介绍了比特币区块链可能会短暂地产生分叉，这是比特币网络正常运行的一部分，在产生分叉后的几个区块的时间内，产生分叉的区块链会重新收敛为一条。

但是，在另一种情况下，区块链会永久地分裂成为两条链，这种情况就是共识规则发生变化或者社区发生分歧，产生的分叉被称为硬分叉。硬分叉产生的两条区块链不会收敛，而是独立发展。当网络的一部分节点运行的共识机制与另一部分节点不同时，就会产生硬分叉，因此硬分叉能用于改变共识规则。在产生硬分叉之后，任何未采用新共识机制的节点会被转移到单独的区块链上，并且无法与新的区块链兼容。图 4-18 描述了硬分叉的原理。

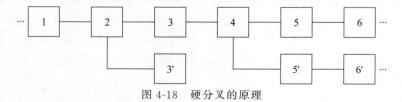

图 4-18 硬分叉的原理

在区块高度为 2 的区块处，区块链产生了一次分叉，但是随着新区块被挖掘出来，区块链重新收敛为一条，分叉的区块变为无效。在区块高度为 4 的区块处，区块链产生了硬分叉，两条区块链独自发展。硬分叉对区块链的稳定性会造成一定的风险，因为分叉时算力不是平分的，硬分叉可能导致少部分的节点留在算力较少的一条区块链上。

2. 软分叉

由于硬分叉具有很大的风险,因此并非所有的共识规则改变都会导致硬分叉,只有那些前向不兼容的共识更改才会导致硬分叉。软分叉是一个与硬分叉相对的概念,指的是对共识规则的前向兼容的更改,允许使用旧共识规则的节点与新规则兼容运行,准确地说,软分叉不是分叉,不会造成区块链数量的增加。由于软分叉具有前向兼容的特性,遵循新的共识规则的交易和区块也必须在旧规则下有效,反之亦然,因此软分叉只能用于约束共识规则。

然而,软分叉同样具有一定的风险。首先,软分叉在技术上比硬分叉更加复杂,因此可能带来技术难题,增加软件维护的成本。其次,未修改的客户端无视新的共识规则,因此它们不会使用改进后的规则对交易验证,这会导致对交易的验证条件过于宽松。此外,由于会产生额外的共识约束,因此软分叉是不可逆转的,如果软分叉在应用后被取消,那么新规则下创建的交易可能导致旧规则下的资金损失。

实际上,分叉的定义在学术界和工业界都存在一些分歧,定义分叉类型时应当分情况讨论,如讨论新的和旧的区块链协议对于新的和旧的区块结构的兼容关系。一般而言,倾向认为兼容性较好的分叉为软分叉,兼容性较差的分叉为硬分叉。

4.7 隔离见证

隔离见证技术是为了解决比特币区块容量不足、交易速度过慢的问题而提出的,是链下扩容的基础,具有一定的链上扩容的效果。关于隔离技术,有许多历史上的争议和讨论,本节仅初步介绍隔离见证技术,具体包括隔离见证技术提出的背景以及运行原理。

4.7.1 提出背景

比特币自 2008 年以来,受到越来越多的关注。随着比特币的广泛使用,比特币设计之初的一些缺陷逐渐显露出来,其中非常严重的缺陷是区块链容量不足。

图 4-19 中,纵坐标最上方是区块容量上限 1MB(数据来源:bitinfocharts.com)。从 2012 年开始,平均区块大小不断增加。在 2016 年中旬左右,区块容量已经接近上限。这意味着有些交易将不能及时被收集到区块中,交易双方需要等待更长的时间确认交易。如果交易频次继续增高而区块容量保持不变,那么一些交易可能永远也不能入块。因此,这一问题将会严重影响比特币的使用体验。

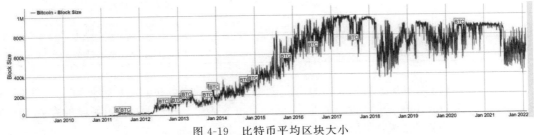

图 4-19 比特币平均区块大小

4.7.2 交易结构

在当前的比特币交易中存在一个问题,交易数据与签名数据存在于同一数据结构中。而签名数据具有延展性,即可以在不知道私钥的情况下,改变签名值,使其依然能验证通过。值得注意的是,这个过程中被签名内容不会改变,即不能通过这种方式篡改交易输出。虽然签名数据的延展性不会导致交易数据被篡改,但是交易 ID 是整个交易的双哈希,既包含交易数据,又包含签名数据,签名的延展性导致交易 ID 不是唯一确定的。而每项交易都会指向其前一项交易的输出,因此基于未确认交易的所有交易都是不安全的。为解决这个问题,隔离见证将签名数据从交易中撤出,将签名放入被称为见证的数据结构中。表 4-9 指出了原始的交易数据结构。隔离见证提出一种新的交易数据结构,如表 4-10 所示。

表 4-9 原始的交易数据结构

名 称	大小/字节	数据类型	描 述
nVersion	4	int32_t	本次交易的格式版本
txin_count	1+	var_int	交易输入数量
txins	41+	txin[]	交易输入数据列表
txout_count	1+	var_int	交易输出数量
txouts	9+	txouts[]	交易输出数据列表
nLockTime	4	uint32_t	在此时间点之前交易不可入块

表 4-10 支持隔离见证的交易数据结构

名 称	大小/字节	数据类型	描 述
nVersion	4	int32_t	本次交易的格式版本
marker	1	char	必须是 0
flag	1	char	必须是非 0
txin_count	1+	var_int	交易输入数量
txins	41+	txin[]	交易输入数据列表
txout_count	1+	var_int	交易输出数量
txouts	9+	txouts[]	交易输出数据列表
script_witnesses	1+	script_witnesses[]	见证数据以字节数据存储
nLockTime	4	uint32_t	在此时间点之前交易不可入块

新的交易数据结构和旧的版本有几个区别。首先,在 nVersion 字段后面加入一个内容为 0x00 的字节(marker 字段)和一个非 0 字节(flag 字段)。由于 marker 字段的存在,旧节点将忽略本次交易,支持隔离见证的新节点可以看到并且验证这些内容。

一个交易将具有两个 ID,其中交易 ID 依然和原来一致,是以下内容序列化的双哈希:

[nVersion][txins][txouts][nLockTime]

另外定义见证 ID，其为以下新结构序列化后的双哈希：

[nVersion][marker][flag][txins][txouts][witness][nLockTime]

和旧版本不同的是，签名数据已经从 txins 中取出，放在见证中，因此交易 ID 不会具有延展性，是唯一的。

由于区块头部和新加入的见证结构无关，这意味着见证不会被区块链保护，需要将见证加入当前结构以达到保护见证的目的。为保证通过软分叉完成，考虑每一个区块的第一项交易必须是一项 Coinbase 交易，用于将挖矿奖励发送给矿工指定的地址，可以将见证数据通过默克尔树整理，并将默克尔树根部放入 Coinbase 交易中。Coinbase 中包含了如下输出脚本（前 6 字节为 0x6a24aa21a9ed）：

（1）操作符 OP_RETURN，即 0x6a。
（2）指令"其后 36 字节入栈"，即 0x24。
（3）指代头部，即 0xaa21a9ed。
（4）双哈希（见证默克尔树根部哈希和保留值）。

当见证数据被改动，Coinbase 交易 ID 会改变，从而导致交易梅克尔树根部改变，最终影响到区块哈希值，因此区块链可以保证见证数据不被篡改。BIP141 至 BIP144 通过软分叉实现隔离见证，可以保证交易 ID 是唯一确定的。

4.7.3 区块扩容

隔离见证可以提高区块的实际大小。因为签名（图 4-20 中的黑色部分）从交易中提出，放入见证数据之中，而旧的节点看不到这部分数据，这意味着它们能看到的部分相对较少（减少图 4-20 中黑色部分，即图 4-21 中灰色部分），那么保证旧节点看到的区块小于 1MB 的同时，区块可以包含更多的交易，新节点识别的实际大小也大于 1MB。

图 4-20 未加入隔离见证时区块中的交易

实际部署中，隔离见证本身对于区块链的扩容效果不易确定，因为对于不同类型的交易，提升效果是不同的，因此需要先计算出隔离见证对各种常见交易的空间节约效果，再结合当前网络中各种交易的比例，计算出最终结果。

隔离见证技术通过软分叉实现，这要求新节点产生的区块对旧节点而言依然是有效的，即交易有效的条件比更新前更加严格。在大部分节点部署更新之后（隔离见证要求 95% 节点支持），更新会激活。这种情况下区块链不会出现分裂，大部分节点会沿着正确的链工作，即使是少部分未更新的节点，也会跟随在最长链上工作（和硬分叉不同，软分叉后主链对旧节点来说是有效的）。

软分叉通常通过 BIP9 提供的方式投票部署。区块头部的版本字段被解释为比特向量，每一位都可用于一种新特性的标志位。隔离见证占用第一个比特位。如果矿工将产出区块的版本第一比特位设定为 1，代表其投票支持隔离见证的激活，否则代表反对。如果一段时间内支持隔离见证的区块超过 95%，就意味着网络中 95% 的算力投票支持隔离见证，新特性随之激活。主链投票从 2016 年 11 月 15 日凌晨起，到 2017 年 11 月 15 日截止。如果截止时间前未获得足够支持,投票结束,版本字段投票位收回。隔离见证的投票与激活过程是开发者提议,矿工算力投票表决。

经过社区广泛的讨论和开发后,隔离见证于2017年8月24日正式通过比特币网络升级激活。自推出以来,隔离见证交易占比逐渐提升。在2024年1月1日的交易中,隔离见证交易占比为97.8%。隔离见证的引入理论上可以使比特币网络的交易吞吐量增加大约一倍。而对于升级到隔离见证的用户来说,在相同交易费用市场条件下,其交易费用能降低约41%。

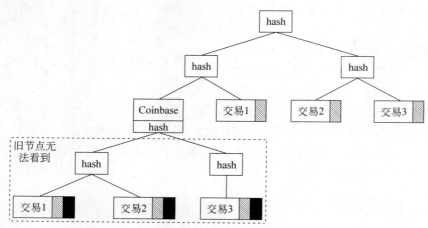

图 4-21　软分叉加入隔离见证后区块中的交易

4.8　注释与参考文献

4.1～4.4节中的密钥、地址、钱包、交易和比特币网络部分主要参考文献[71],该书介绍了比特币的基本原理。

4.5～4.6节区块、挖矿和共识协议部分主要参考文献[72],该书介绍了区块链的基本概念和运行原理。

4.7节中隔离见证部分主要参考文献[72-73],该文献详细阐述了隔离见证技术的研究背景与工作原理。

本章列举的比特币相关数据均截至2021年1月。

4.9　本章习题

1. 比特币钱包的密钥存储方式有哪些,其优缺点分别是什么?
2. 如何设计一个安全的支持分布式密钥管理的钱包?
3. 区块中哪些字节可以用来作为难度调节机制使用?请对比使用不同字节段时挖矿的效率。
4. 请简述一笔交易被用户提出后,在比特币系统里的执行流程,至少需要包括交易的提出、交易的执行、区块的共识等内容。

5. 请调研默克尔树技术的应用,并动手实现一个简单的默克尔树,要求该树能对数据块内容以及数据块下标进行验证。

6. 请调研当前比特币区块链中使用隔离见证的交易情况。

7. 请调研当前算力分布情况、主要矿池分布情况。

8. 结合第 5 题的结果,请分析目前的矿池对比特币系统带来的风险与收益。

9. 通过总结归纳比特币区块链,对比分析区块链系统相比于传统系统具备哪些优势以及劣势?

第 5 章 以 太 坊

　　以太坊是一个支持智能合约功能的公有链平台。本章将主要介绍以太坊平台，5.1 节介绍以太坊区块链的整体结构，5.2 节介绍以太坊密钥与地址，5.3 节介绍以太坊钱包，5.4 节介绍以太坊交易与 Gas，5.5 节介绍以太坊中的智能合约，5.6 节介绍以太坊虚拟机（EVM），5.7 节介绍以太坊共识协议。

5.1 区块链的整体结构

　　以太坊的区块链结构与比特币类似，但做了一些改进，如图 5-1 所示。以太坊区块中主要包含上一区块的哈希值、随机数、当前时间戳和叔区块的哈希值。叔区块指的是之前的矿

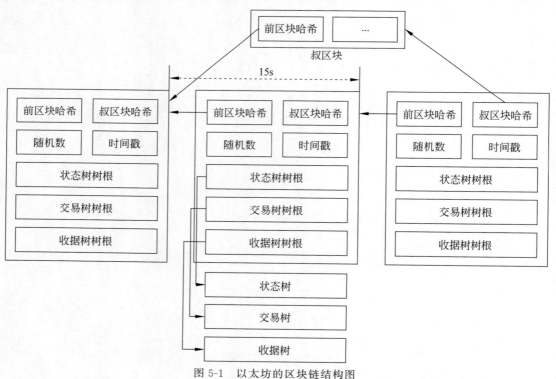

图 5-1　以太坊的区块链结构图

工挖到的主链之外的孤块。换句话说,一个区块的叔区块是该区块的父区块的父区块的子区块,同时又不能是自己的父区块。为了提高叔区块的利用率,矿工若引用叔区块,可以获得叔区块引用奖励。与比特币相比,以太坊的区块间隔仅为 15s,较易产生分叉,叔区块引用机制可以看作一种缓解分叉问题的措施。另外,以太坊区块中还包含了 3 棵默克尔 Patricia 树,分别是状态树、交易树和收据树,这 3 棵树的树根存储在区块的头部。

5.2 密钥与地址

以太坊使用非对称加密创建公私密钥对,公钥由私钥派生而来,大多数以太坊钱包工具将私钥和公钥作为密钥对存储在一起。公钥和私钥共同表示以太坊账户,公钥提供可公开访问的账户地址,私钥提供对账户的私有控制权。私钥通过作为创建数字签名所需的唯一信息控制账户和签署交易,以使用账户中的资金。另外,数字签名还用于验证合约的所有者或使用者。当一个交易被用户发送到以太坊网络以转移资金或与智能合约交互时,这个交易需要包含一个与该以太坊地址对应的数字签名。任何人都可以通过检查数字签名的正确性验证交易是否有效,这种验证完全不涉及私钥。

以太坊有两种不同类型的账户,即外部账户和合约账户,如表 5-1 所示。外部账户是由公钥生成且由私钥控制的账户,用来发送交易和存储以太币。合约账户是由外部账户通过交易创建的,不受私钥控制,而受合约代码控制。每当合约账户收到一条交易消息时,其合约代码被交易输入的参数调用执行。

表 5-1 外部账户和合约账户对比

账户类型	外部账户	合约账户
地址	Hash(公钥)	Hash(外部账户地址+交易)
余额	账户余额,表明该账户控制的以太币的数量	
控制权	私钥	合约代码
代码	无	合约代码受交易或其他合约消息调用而执行

5.3 钱包

在以太坊中,钱包具有多个含义。广义地讲,钱包指的是软件应用程序,是以太坊的主要用户界面。钱包负责控制对用户资金的访问,管理密钥和地址,追踪余额以及创建和签署交易。此外,一些以太坊钱包还可以与智能合约执行交互,如 ERC20 令牌。狭义地讲,钱包是指用于存储和管理用户密钥的系统,每个钱包都有一个密钥管理系统,一些钱包甚至仅有密钥管理功能,而无其他额外功能。本节将以太坊钱包定义为以太坊私钥的存储器及私钥的管理系统。对以太坊的一个常见误解是,以太坊钱包中包含以太币或代币。事实上,钱包里只有私钥,而以太币或其他代币被记录在以太坊区块链上。用户可以使用钱包中的私钥创建和签署交易,以控制区块链上的以太币或代币转账。

对于传统银行业的中心化系统,用户账户里的余额只有用户本人和银行能看到,只要银行相信用户想转移资金,用户就可以发起交易;而对于以太坊这样的去中心化区块链平台,所有人都能在不知道账户所有者的前提下看到一个账户里的以太币余额。而且,用户若想转移资金,必须对交易数字签名,让所有人相信该用户要转移资金。此外,如果用户不再想使用当前的钱包,用户可以将以太币从当前的钱包转移到另一个钱包。

设计者设计钱包时要考虑的一个关键问题是易用性和隐私保护之间的权衡。最简单的以太坊钱包只包含一个私钥和一个地址。然而,这样的钱包设计方案是用户的隐私噩梦,因为任何人都可以轻松追踪和关联属于同一用户的所有交易。用户为每个交易使用一个新密钥是保护隐私的最佳方法,但这样做,钱包会非常不方便管理。设计者很难在易用性和隐私保护之间找到最佳的平衡,这也是良好的钱包设计至关重要的原因。

以太坊钱包主要有两种类型,区别在于钱包中的密钥是否相互关联。第一种类型是不确定性钱包,其中每个密钥都是由不同的随机数独立生成的。这些密钥之间彼此不相关。第二种类型的钱包是确定性钱包,其中所有密钥都派生于一个主密钥,这个主密钥称为种子。确定性钱包中的所有密钥都是相互关联的,只要用户保存好种子密钥,则可以重新生成所有密钥。为了使确定性钱包能防范数据丢失事故,种子密钥通常被编码为单词列表,用户可以记录下这个单词列表,以便在发生事故时找回钱包。这些单词列表被称为钱包的助记词。当然,如果用户的记忆码被其他人获得,则其他人也可以重新创建该用户的钱包,从而控制该用户的以太币和智能合约。因此,用户要非常小心地保管记忆码。

5.4 交易与 Gas

交易是由外部账户产生的包含签名的消息,在以太坊网络上传输,并被记录在以太坊区块链上。在以太坊中,交易还有另一种含义,那就是能触发状态变化或触发智能合约在以太坊虚拟机(Ethereum Virtual Machine,EVM)中执行的唯一事物。读者可以把以太坊看作一个全局状态机,则交易可以改变该状态机的状态。智能合约不能自动触发,相应地,以太坊不能自动运行,一切改变都源自交易。接下来,5.4.1 节介绍以太坊交易结构,5.4.2 节介绍以太坊交易计数 Nonce,5.4.3 节介绍以太坊中的 Gas,5.4.4 节介绍以太坊交易传播机制。

5.4.1 交易结构

交易以序列化的形式在以太坊网络上传输,接收到交易后客户端和应用程序使用自己的内部数据结构将其存储在内存中,可能还会使用交易中不存在的元数据对交易加以修饰。网络序列化是交易的唯一标准形式。一个以太坊交易是一个序列化的二进制消息,交易格式如图 5-2 所示。

其中,From 和 To 分别指交易的发送地址和接收地址。Value 指的是要发送到目的地址的以太币数量。Data 指的是交易可能包含的智能合约代码。Gas 是用来衡量一笔交易所消耗的计算资源的基本单位。以太坊节点执行一笔交易所需的计算步骤越多、越复杂,则交易消耗 Gas 越多。Gas Limit 指的是交易发起人愿意为该交易支付的最大 Gas 数量,需要发送者在广播交易时设置。Gas Price 指的是交易发起人愿意为每单位 Gas 支付的以太

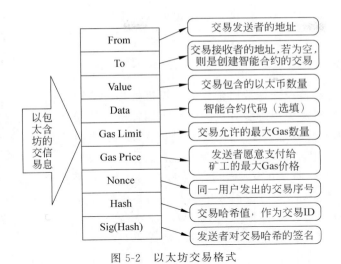

图 5-2 以太坊交易格式

币数量,用户创建交易时可以自己设定任意大小的 Gas 价格。Nonce 指的是同一用户发出的交易序号,用于防止重放攻击。Hash 指的是交易的哈希值,作为交易的 ID。Sig(Hash) 指的是广播交易的外部账户对交易的 ECDSA 数字签名。

5.4.2 交易计数 Nonce

这里的 Nonce 和比特币中用来寻找合适哈希的 Nonce 功能不同,以太坊中使用 Nonce 字段作为交易的唯一标识。每发起一笔交易,Nonce 就加 1。因此,对于外部账户而言,Nonce 代表发送该交易的账户总共产生的交易数量;而对于合约账户而言,Nonce 代表由该账户创建的合约数量。下面两个案例可以帮助读者理解 Nonce 的含义及作用。

案例一:Alice 希望产生两笔交易,分别需要支付 6 个以太币(记为交易 A)和 8 个以太币(记为交易 B)。Alice 首先对交易 A 签名和广播,再对交易 B 签名和广播。遗憾的是,Alice 的账户只包含 10 个以太币。因此,以太坊网络中的其他用户不能同时接收这两个交易。读者可能认为,因为 Alice 先发送的是交易 A,所以交易 A 会通过验证,交易 B 会被网络中的节点拒绝。然而,在以太坊的去中心化网络中,节点可能按任何一种顺序接收这两个交易。因此,可以肯定的是,网络中一些节点先接收到交易 A,而另一些节点先接收到交易 B。如果没有 Nonce,节点就会随机选择接收一个交易,拒绝另一个交易。然而,交易是包含 Nonce 的,Alice 先产生的交易 A 将具有 1 个 Nonce(如 3),而后产生的交易 B 具有下一个 Nonce(如 4)。因此,一个节点即使先收到交易 B,也不会立刻处理,而是等到该节点处理完 Nonce 值为 3 的交易 A 后,再处理交易 B。

案例二:Bob 有一个包含 100 个以太币的账户,他找到了一个愿意接收以太币付款的商家,想购买一个 2 个以太币的商品。Bob 签署了 1 个交易,将 2 个以太币从 Bob 的账户发送到商家的账户,然后将其广播到以太坊网络。假设交易中没有 Nonce 字段,任何人只要在以太坊网络上看到 Bob 的交易,只要复制和粘贴 Bob 的原始交易并将其重新广播到以太坊网络,就可以一次又一次地重播交易,直到 Bob 所有的以太币都被取出。交易的 Nonce 值确保了即使用户多次将相同数量的以太币发送到相同地址,每个交易也是唯一的。因此,以太坊通过将递增的 Nonce 作为交易的一部分,保证了任何人都不可能复制 Bob 的付款。

总之，Nonce 可以起到对交易排序并防止重放攻击的作用，对以太坊这种基于账户的共识而言是十分重要的。

5.4.3 Gas

在以太坊中，交易将被全球数以千计的计算机处理，开放式的、图灵完备的计算模型需要某种形式的度量，以避免拒绝服务攻击或大量消耗资源的交易。以太坊使用 Gas 控制交易可以使用的资源数。顾名思义，Gas 是驱动以太坊执行交易的燃料，其不等同于以太币，而是一种单独的虚拟货币，有自己对以太币的汇率。

以太坊交易与 Gas 有关的第一个重要字段是 Gas 价格，表示交易发起者愿意为每单位 Gas 支付的以太币数量（以太坊钱包客户端默认的 Gas 价格是 0.000000001ETC/Gas）。价格一般以 Wei/Gas 单位度量（$1ETC = 10^{18} Wei$）。以太坊钱包可以调整交易的 Gas 价格，Gas 价格越高，交易被确认的速度越快，相反，低优先级的交易可以设定低 Gas 价格。以太坊可接收的最低 Gas 价格是 0，这意味着钱包可以产生没有交易费的交易。这些交易可能永远不会被确认，因为矿工得不到任何报酬，但是以太坊协议中并没有禁止产生 Gas 价格为 0 的交易。读者可以在以太坊区块链上找到一些此类交易成功被包含进区块的实例。

以太坊交易与 Gas 有关的第二个重要字段是 Gas 限制，给出了交易发起者为了完成交易而愿意支付的最大 Gas 数量。如图 5-3 所示，用户创建交易时自己设定任意大小的 Gas 价格后，为交易设置一个合理的最大 Gas 限制，然后广播交易。矿工接收到交易后需要验证交易，记录验证过程中所消耗的 Gas 数量，记为 Gas 消耗。当交易验证成功后，若 Gas 消耗不超过 Gas 限制，则矿工收取 Gas 消耗×Gas 价格的交易费（注意，不是 Gas 价格×Gas 最大限制），并接收该交易；如果在交易还未验证完毕时，矿工消耗的 Gas 数量已经达到 Gas 限制，则矿工收取 Gas 限制×Gas 价格的交易费，并放弃处理该交易。

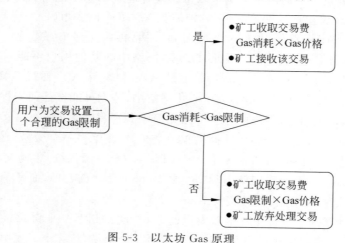

图 5-3 以太坊 Gas 原理

以太坊采用 Gas 机制的主要目的是防止恶意用户发动拒绝服务攻击，如果没有 Gas 限制，以太坊恶意用户可以产生一些需要执行数十亿步的恶意智能合约，验证此类交易将白白消耗极大算力，甚至有限时间内也算不完。Gas 限制使得矿工在验证一个交易之前可以先查看此交易的 Gas 限制，如果该交易的 Gas 限制值过大，超过了验证能力，矿工可以放弃验证此交易，转而验证那些 Gas 限制值不大的交易。

5.4.4 交易传播机制

以太坊客户端是以太坊点对点网络中的节点，组成了网状网络。节点与节点之间地位平等，没有任何网络节点具有特权。本章将使用术语节点指代连接到点对点网络的以太坊客户端。以太坊的交易传播从原始节点创建一个已经被签名的交易开始。原始节点对交易签名，将交易发送给所有与之直接相连的以太坊节点。每个以太坊节点平均至少与其他 13 个节点保持连接，这些节点被称为它的邻居节点。每个邻居节点接收到交易后立即验证交易。如果验证通过，这些邻居节点存储一个副本，并将此交易传播给所有邻居，但是之前发给自己的那个邻居除外。由此，交易从原始节点向外扩散，在网络中像洪水一样扩散，直到网络中的所有节点都拥有该交易的副本。节点可以过滤传播的消息，即选择自己传播哪些交易，但默认情况下，节点会传播接收到的所有有效交易。

一个以太坊交易通常短短几秒钟内会被传播到全球所有以太坊节点。每个节点接收到一个交易后，不可能识别出原始节点，也就是最先发送该交易的节点。传播一个交易的节点可能是该交易的发起者，也可能是该交易的传递者。追踪者要想追踪交易的起源或干扰交易的传播，必须控制大部分以太坊节点。以太坊中矿工节点收集交易，将交易添加到候选区块中，并使用计算机尝试寻找使得该候选区块有效的工作量证明。有效的交易最终将被包含在一个区块中，并被记录在以太坊区块链上。

5.4.5 多重签名交易

如果读者熟悉比特币的脚本功能，就知道用户可以创建一个多重签名（Multisig）账户，其脚本如图 5-4 所示。上半部分是一笔交易的输出脚本，A、B、C 的公钥代表必须提供使用与这 3 个公钥对应的私钥的数字签名；数字 3、2 代表必须提供 3 个签名中的 2 个才能解锁，才能使用本交易输出的比特币。下半部分是另一笔交易的输入脚本，这笔交易的发起人提供了 A、B 的数字签名，故可以解锁上一笔交易输出的比特币，将这些比特币转移到其他账户。以太坊外部账户产生的交易并不提供多重签名功能。但是，以太坊用户可以通过设计智能合约任意地设定签名限制，以掌控以太币和代币的转移。

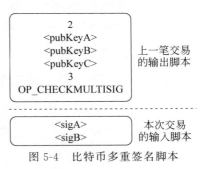

图 5-4 比特币多重签名脚本

为了利用这一功能，以太币必须被转移到被编写了支出条件的"钱包合约"中，其中支出条件指的是钱包合约要求其他用户想花费这些以太币必须提供某些信息，比如多重签名或支出限制（或两者的组合）。例如，假设一个用户想使用多重签名保护以太币，他可以将以太币转移到一个多重签名合约中。每当用户想将这些以太币转移到另一个账户时，所有多重签名合约要求提供签名的用户都需要向合约地址发送交易，从而有效地授权合约执行最终的交易。多重签名合约的安全性主要由多重签名合约代码决定。

5.5 智能合约

密码学家 Nick Szabo 提出了智能合约的概念,将其定义为"一个智能合约是一套以数字形式定义的承诺,包括合约参与方可以在上面执行这些承诺的协议"。其中,承诺指合约参与方同意的权利和义务。在以太坊中,智能合约指代在以太坊虚拟机的上下文中作为以太坊网络协议的一部分而确定性地运行的不可变计算机程序。也就是说,智能合约是一种计算机程序,部署后其代码就无法更改;而且智能合约的执行环境非常有限,仅可以访问自己的状态,调用交易的上下文,以及有关最新区块的一些信息。

5.5.1 节介绍智能合约的生命周期,5.5.2 节介绍构建智能合约所使用的几种高级编程语言,5.5.3 节介绍智能合约的安全性以及可能出现的安全漏洞。

5.5.1 生命周期

智能合约使用高级语言编写,例如 Solidity。但是,为了在以太坊中正常运行,必须将它们编译为在以太坊虚拟机中运行的低级字节码。编译完成后,它们将使用特殊的合约创建交易并部署在以太坊平台上,该交易被发送到特殊合约创建地址(即 0x0)。每个合约都由以太坊地址唯一标识,该地址是作为原始账户和随机数的函数从合约创建交易中获得的。合约的以太坊地址可以作为收件人在交易中使用,将资金发送给合约或者调用合约的函数。需要注意的是,合约创建者在协议级别没有任何特殊权限,不会收到合约账户的私钥。

以太坊合约实际上处于休眠状态,直到交易触发执行,并作为合约调用链的一部分。合约代码虽然不能更改,但合约本身可以删除。执行名为 SELFDESTRUCT 的 EVM 操作码就可以从区块链中删除合约,这种方式不会删除合约的交易历史,因为区块链是不可篡改的。

5.5.2 智能合约的构建

智能合约的高级编程语言包括以下几种。

(1) LLL。一种函数式(声明式)编程语言。这是以太坊采用的第一种高级语言,但现在很少使用。

(2) Serpent。一种过程式(命令式)编程语言,语法类似于 Python,也可用来编写函数式(声明式)代码,但是使用较少。

(3) Solidity。过程式(命令式)编程语言,其语法类似于 JavaScript、C++ 或 Java,是以太坊智能合约最流行、最常用的语言。

(4) Bamboo。一种新开发的语言,具有显式的状态转换,没有迭代流(循环),旨在减少副作用,增加可审核性,很少使用。

(5) Vyper。一种针对以太坊虚拟机的实验性、面向合约的编程语言,具有类似于 Python 的语法。

Vyper 与 Solidity 的区别主要体现在以下 4 方面。

(1) **修饰符**。Solidity 语言使用修饰符执行检查以及在调用函数的上下文中改变智能合约的环境。而 Vyper 取消了修饰符,提高了可审核性和可读性。

(2) 类继承。允许程序员通过从现有软件库获取预先存在的功能、属性和行为来使用预编的代码功能。Solidity 支持多重继承和多态性,但 Vyper 中取消了继承,它认为继承会使代码复杂化,从而产生安全性问题。

(3) 内联汇编。允许 Solidity 通过直接访问 EVM 指令来执行操作,但可读性造成的损失太大,因此 Vyper 不支持内联汇编。

(4) 函数重载。允许程序员编写多个同名函数,具有相同名称且带有不同参数的多个函数定义可能会造成混淆,因此 Vyper 不支持函数重载。

目前而言,Vyper 由于生态较小、功能受限以及疏于维护等原因,其使用范围不如 Solidity 广泛,故目前最主流的智能合约开发语言仍是 Solidity。

5.5.3 智能合约的安全性

编写智能合约时必须考虑安全性。智能合约代码错误会导致高昂的代价且容易被攻击者利用。与其他程序一样,智能合约将完全执行所写的内容,而不管程序员的意图。另外,所有智能合约都是公开的,任何用户都可以通过创建交易与合约进行交互。因此,遵循最佳实践并使用经过良好测试的设计模式至关重要。任何漏洞一旦被利用,都将造成无法恢复的损失。本节将介绍安全性的最佳实践,以及智能合约可能出现的漏洞。

1. 安全性的最佳实践

防御性编程是一种特别适合智能合约的编程风格,具体包含以下几方面。

(1) 简约性。代码越简单,程序出现错误或无法预料的效果的可能性越小。当第一次参与智能合约编程时,开发人员往往试图编写大量代码。相反,智能合约的编程应该追求更少的代码行、更低的复杂性和更少的功能。如果有项目方声称他们的智能合约生成了数千行代码,那么该项目的安全性就该被质疑了。

(2) 重复利用性。编写智能合约时,尽量使用已有的库或合约。在编程人员自己的代码中,应该遵循避免重复代码原则。如果看到任何代码片段不止重复一次,则应该考虑是否可以将其编写为函数或库并重复使用。另外,已经广泛使用和测试的代码可能比编写的任何新代码更安全。安全风险通常大于改进价值。

(3) 代码质量。正如前面提到的,智能合约一经部署,其代码就无法更改;唯一的方法是删除合约,重新建立。因此,合约中每个漏洞都可能导致巨额损失。编程人员应该严格遵循工程和软件开发方法来对待智能合约。

(4) 可读性。智能合约是公开的,每个以太坊用户都可以读取其中的字节码。考虑到这一点,智能合约代码应当清晰易懂。因此,建议使用协作和开源方法在公共场合开发,可以利用开发人员社区的集体智慧,并从开源开发的最高共同点中受益。

(5) 测试覆盖率。智能合约在公共环境中运行,任何人都可以选择任何输入来运行合约。应尽可能测试所有参数,以确保合约在预期范围内并且在允许执行代码之前正确格式化。

2. 智能合约漏洞

本节介绍以太坊智能合约常见的安全漏洞,包括重入漏洞、算术溢出漏洞、异常以太等。

智能合约漏洞概览如表 5-2 所示。

表 5-2　智能合约漏洞概览

漏 洞 名 称	漏 洞 简 介
重入漏洞	攻击者劫持外部调用,强制合约执行更多的代码
算术溢出漏洞	攻击者滥用算术溢出并创建恶意逻辑流
异常以太	攻击者不执行任何代码就能操控以太币
默认可见性	用户错误使用可见性说明导致漏洞
随机数误区	矿工控制交易区块信息的变量
外部合约引用	攻击者利用外部消息调用以掩盖恶意意图
短参数漏洞	攻击者向智能合约传递短编码
未检查返回值	外部调用失败时不检查返回值,但期望交易恢复
提前交易	攻击者利用提前交易创建 GasPrice 更高的交易
审查攻击	攻击者通过操控合约审查逻辑,阻止来自某些地址的交易正常执行
拒绝服务	攻击者把以太币永远锁在合约中
区块时间戳操控	用户错误地使用区块时间戳
构造函数失控	合约名称变化时构造函数名称不变,导致合约攻击
存储指针未初始化	未初始化的本地存储变量导致漏洞
浮点和精度	浮点在 Solidity 中不是整数类型,进而导致漏洞

(1) **重入漏洞**。智能合约的一个特点是能外部调用其他外部合约的代码,而外部调用可能被攻击者劫持,攻击者可以强制合约执行更多的代码,包括回调自身。一个典型的案例是 DAO 攻击,这次攻击就利用了重入攻击。攻击者可以在 fallback() 函数里包含恶意代码的外部地址中构建合约,当合约将以太发送到此地址时,它将调用恶意代码。避免重入漏洞的方法有 3 种。第一种是在向外部合约发送以太时尽可能使用内置 transfer() 函数。第二种技术是确保所有改变状态变量的逻辑在以太被发送(或任何外部调用)之前生效。第三种技术是引入互斥锁,即添加一个状态变量,在代码执行期间锁定合约,防止重入调用。

(2) **算术溢出漏洞**。算术溢出包括算术上溢和算术下溢。当操作需要固定大小的变量来存储超出变量数据类型范围的数字(或数据)时会发生上溢或下溢,即如果将一个数字添加到最大值上,则将从 0 开始向上计数;如果从零减去一个数字,则将从最大数字开始向下计数。这些数字陷阱允许攻击者滥用代码并创建预料之外的逻辑流。目前,防止溢出漏洞的传统技术是使用数学库代替标准数学运算符的加法、减法和乘法(除法除外,因为它不会导致上溢或下溢,EVM 会在除以 0 时执行回滚交易)。

(3) **异常以太**。通常将以太发送给合约时,必须执行 fallback() 函数或合约中定义的其他函数。但是,在异常情况下,合约不执行代码却可以操控以太,这会导致以下攻击,即只有执行代码才能操控以太的合约容易受到强制发送以太攻击。针对此漏洞最常用的防御性编程技术是不变检查。此技术定义了一组不变的度量或参数,并检查它们在单个或多个操作后是否保持不变。特别指出一点，存储在合约中的当前以太币很容易由外部用户操纵。

(4) **默认可见性**。Solidity 中的函数具有可见性说明符，用于决定用户或其他派生合约可否仅在内部或外部调用函数。Solidity 定义了 4 种可见性，包括 external、public、internal、private，默认可见性是 public，即允许用户从外部调用函数。错误使用可见性说明符将导致智能合约产生破坏性漏洞。避免这种漏洞的方法是始终指定合约中所有函数的可见性。

(5) **随机数误区**。区块链上的所有交易都是确定性的状态转换操作，即在以太坊中没有熵或随机性的来源。一些基于赌博的以太坊合约需要不确定性，而区块链是确定性系统，因此不确定性必须来自区块链外部的来源。常见的陷阱是使用未来区块的变量，也就是包含值未知的有关交易块信息的变量，如哈希、时间戳等。而这些变量由矿工控制，并非真正随机的。使用过去或现在的变量可能更具破坏性。另外，使用单个块的变量意味着块中交易的伪随机数都是相同的，因此攻击者可在单个块内执行多次交易。

(6) **外部合约引用**。以太坊的一个好处是能重用代码并与已经部署在网络上的合约交互。因此，通常通过外部调用引用外部合约。这些外部调用可以用一些不明显的方式掩盖恶意意图，因此也成为攻击者可以利用的途径。

(7) **短参数漏洞**。此攻击在与智能合约交互的第三方应用程序上执行。将参数传递给智能合约时，参数将根据应用二进制接口规范编码。编码参数短于预期参数长度时，EVM 将在编码参数的末尾添加 0 以构成预期长度。当第三方应用程序不验证输入时，将会产生问题。为防止这类攻击，一方面，应用程序中的输入参数在发送到区块链之前应执行验证。另一方面，由于填充发生在字符串末尾，因此参数的排序也很重要。

(8) **未检查返回值**。以太坊通常使用 transfer() 将以太发送到外部账户，send() 也可用于此。call() 和 send() 通过返回一个布尔值表明调用是否成功。这些函数都设置了警告：如果外部调用失败，执行这些函数的交易将不会恢复；相反，函数将返回 false()。因此产生了一个常见问题：在外部调用失败时开发人员不检查返回值，但期望交易能恢复。所以，尽可能使用 transfer()，而不是 send()；若使用 send()，则需检查返回值。另外，建议采用回退(withdraw)模式。

(9) **提前交易**。矿工根据交易的 Gas 价格排序来选择矿池中的交易包含在区块中。这是一个潜在的攻击媒介，即攻击者可以从交易中获取数据并以更高的 Gas 价格创建交易。

(10) **审查攻击**。交易执行者可以筛选发起交易的地址，对来自某些地址的交易采用忽略的策略，从而屏蔽这些地址的用户使用区块链系统。

(11) **拒绝服务**。这类攻击非常广泛，基本攻击形式都是让用户短暂地(在某些情形下则是永久地)不可操作合约，可以把以太永远锁在合约中。为预防此类攻击，合约中不应含有可被外部用户操纵的数据结构。

(12) **区块时间戳操控**。区块时间戳用于生成随机数、锁定一段时间内的资金、各种基于时间变更状态的条件语句。矿工可以调整时间戳，如果在智能合约中错误地使用块时间戳，则相当危险。

(13) **构造函数失控**。构造函数是特殊函数，在初始化合约时经常执行关键的任务。在 Solidity 0.4.22 版本之前，构造函数与包含该函数的合约具有相同的名称。在智能合约开发过程中，合约名称变化时，如果构造函数的名称没有改变，它就变成了一个正常的、可调用的函数，显然会产生一些合约攻击。此漏洞在 Solidity 0.4.22 版本之后的编译器中得到了解决。该版本引入了一个构造函数关键字，用该关键字指定构造函数，而不是要求函数的名称与合约名相匹配。

（14）**存储指针未初始化**。EVM 将数据存储在存储器和内存中。函数中的局部变量根据其类型默认存储在存储器或内存中。未初始化的本地存储变量可以指向合约中其他意想不到的存储变量，从而导致有意或无意的漏洞。Solidity 的编译器在发现未初始化的存储变量时会发出警告，开发者在构建智能合约时应该注意这些警告。处理复杂类型数据时，需明确存储位置是内存还是存储器，以确保智能合约按预期运行。

（15）**浮点和精度**。Solidity 0.4.24 版本不支持定点或浮点数，意味着 Solidity 中浮点表示必须是整数类型，如果实现不当会导致一些漏洞。减少此类漏洞的方法是保持正确的精度和操作顺序。另外，定义数字的精度时，将变量转换为更高的精度并执行所有的数学操作，在需要的时候，再转换回所需精度。

5.6 以太坊虚拟机

以太坊协议和操作的核心是以太坊虚拟机（Ethernum Virtual Machine，EVM）。它是一个计算引擎，与 Microsoft .NET Framework 的虚拟机或与其他字节码编译的编程语言的解释器没有太大的不同。本节分为 3 小节介绍 EVM，5.6.1 节主要介绍 EVM 相关指令集、以太坊状态以及合约部署代码，5.6.2 节简要说明准图灵完备。

5.6.1 定义

EVM 即以太坊虚拟机，是以太坊协议和操作的核心，是以太坊管理智能合约部署和执行的核心。两个外部账户之间简单的价值转移交易不需要涉及 EVM，但其他操作则与 EVM 所计算的状态更新有关。EVM 可以看作一个去中心化的全球计算机，包含了数百万可执行对象，每个对象都有自己的永久数据存储。EVM 是一种准图灵完备状态机。之所以称为"准图灵完备"，是因为智能合约所有执行过程的计算总量都受有效 Gas 的数量限制。这样，停机问题就得到了解决，也避免了执行程序永久运行的情况。

EVM 具有基于堆栈的结构，将所有内存中的值存储在堆栈中。它的工作字长为 256 位（主要是为了方便原生哈希和椭圆曲线操作），并具有几个可寻址的数据组件，其中包括一个不可变的程序代码 ROM，该 ROM 装载了智能合约执行的字节码；一个易失性存储器，该易失性存储器的每个位置都明确初始化为 0；一个永久存储器，该永久存储器作为以太坊状态的一部分也初始化为 0。

1. 与现有技术的比较

EVM 在一个较为有限的领域中运行，它只是一个计算引擎，因此提供了计算和存储的抽象，类似于 Java 虚拟机（JVM）。从更高层次的角度看，JVM 旨在提供与底层主机操作系统或硬件无关的运行环境，从而实现各种系统的兼容性。Java 或 Scala（使用 JVM）或 C（使用 .NET）等高级编程语言被编译成各自虚拟机的字节码指令集。同样，EVM 拥有自己的字节码指令集以及相应的执行环境，如内存和栈。EVM 可以执行用高级编程语言（如

LLL、Serpent、Mutan 或 Solidity)编写的智能合约。

EVM 没有调度功能,因为执行顺序是在外部管理的——以太坊客户端通过已验证的区块交易确定哪些智能合约需要执行以及执行顺序。从这个意义上说,以太坊世界计算机是单线程的。EVM 也没有任何系统接口或物理装置可以与之连接。

2. EVM 指令集

EVM 指令集(字节码操作)提供了用户期望的大多数操作,包括算术和按位逻辑运算,执行上下文查询,堆栈、内存和存储访问,控制流程操作,记录、调用和其他操作符。

除典型的字节码操作外,EVM 还可以访问账户信息(如地址和余额)和块信息(如块号和当前的 Gas 价格)。所有操作数都来自堆栈,结果通常会放回堆栈顶部。可用的操作码可分为以下几类:算术运算、堆栈操作、流程操作、系统操作、逻辑运算、环境操作和区块操作。其中,算术操作码指令主要用于堆栈中的算术运算,例如 ADD 表示将前两个堆栈项执行相加运算,MUL 表示将前两个堆栈项执行相乘运算。堆栈操作指令仅对 EVM 的栈执行操作,例如 POP 表示删除堆栈顶部项目,MLOAD 表示从内存中加载一个字。流程操作指令则用于对代码的执行流程执行控制,例如 STOP 表示停止执行代码,PC 表示获取程序计数器的值。系统操作指令用于操作执行程序的系统,例如 CREATE 表示创建一个包含相关代码的新账户,CALL 表示将消息调用到另一账户。逻辑运算指令用于比较和按位逻辑,例如 LT 表示小于所比较的值,GT 表示大于所比较的值。环境操作指令用于处理环境信息,例如 GAS 表示获取可用 Gas,ADDRESS 表示获取当前账户的地址。区块操作则用于访问当前块的信息,例如 BLOCKHASH 表示获取 256 个最近完成的块之一的哈希值,COINBASE 表示获取区块奖励的区块受益人地址。

3. 以太坊状态

EVM 的工作是通过计算有效状态转换来更新以太坊状态,这是由以太坊协议定义的智能合约代码执行的结果。因此,将以太坊描述为基于交易的状态机,这反映了外部参与者(即账户拥有者和矿工)通过创建、接收和执行交易启动状态转换的事实。

以太坊世界状态是以太坊地址到账户的映射。每个以太坊地址代表一个账户,包括以太币余额、Nonce、账户存储以及账户的程序代码。外部账户没有代码和空存储。

当交易使智能合约代码执行时,EVM 和所有正在创建的当前块和正在处理的特定交易相关的信息将被实例化。特别地,ROM 加载调用合约账户的代码,程序计数器设置为零,存储从合约账户存储器中加载,内存设置为零,所有块和环境变量均已设定。执行的 Gas 供应是一个关键变量,其值为交易开始时发送方支付的 Gas 量。随着代码的执行,根据所执行操作的成本减少 Gas 供应。如果在任何时候 Gas 供应减少到零,将返回 Gas 不足异常;此时,代码执行立即停止,交易被遗弃。除非发送方的 Nonce 增加并且其以太币余额减少以向块受益人支付用于执行代码的资源到停止点,否则不对以太坊状态做出任何更改。可以想象,在以太坊世界状态的沙盒副本上运行的 EVM,如果由于某种原因合约执行无法完成,则此沙盒版本将被完全丢弃。但如果合约执行成功完成,则更新真实状态以匹配沙盒版本,包括对被调用合约的存储数据的更改、创建的新合约,以及启动的任何以太币余额的转移。

4. 合约部署代码

在以太坊平台上创建和部署新合约时使用的代码与合约本身的代码之间有重要而微妙

的区别。创建一个新合约需要一个特殊的交易，它的字段设置为特殊的 0x0 地址，其数据字段设置为合约的启动代码。当处理这样的合约创建交易时，新合约账户的代码不是交易的数据字段中的代码。相反，EVM 使用交易的数据字段中的代码对其程序代码 ROM 实例化，然后将部署代码的输出作为新合约账户的代码，这样就可以在部署时使用以太坊世界状态以编程方式初始化新合约，在合约存储中设置值，甚至发布以太币或创建更多的新合约。

离线编译合约时（例如在命令行上使用 solc），可以获得部署字节码或运行时字节码。部署字节码用于新合约账户初始化的各方面，包括新合约实际执行的字节码（即运行时字节码）和基于合约构造函数初始化所有内容的代码。运行时字节码正是调用新合约时执行的字节码，但不包括在部署期间初始化合约所需的字节码。

5.6.2 准图灵完备

图灵完备即系统或编程语言可以运行任何程序，但是可能会引起严重的问题，即一些程序需要永久运行。该问题称为停机问题，即无法通过代码审计判断该程序是否会永久执行，只能在运行后根据实际执行效果进行判断推测。以太坊设计者利用 Gas 得到解决该问题的一种方案，如果程序已经执行了预先指定的最大计算量而尚未结束，则 EVM 停止执行。这使 EVM 具备了准图灵完备性质，在程序于特定计算量内终止的前提下，它可以运行输入的任何程序。此限制在以太坊中不是固定的，用户可以通过支付将其增加到最大值（称为区块 Gas 限制），并且可以达成一致增加该最大值。然而，任何时候都存在这样一个限制，即执行期间消耗过多 Gas 的交易会被终止。

5.7 共识协议

在计算机科学中，共识即在分布式系统中同步状态，从而使分布式系统中的不同参与者最终都同意单个系统范围的状态。共识算法是用于协调安全性和分散性的机制。在区块链中，共识是系统的关键属性，旨在产生一个没有统治者的严格规则体系，权力分散在广泛的参与者网络中。一方面，共识算法让分散在链中的各节点达成一致的意见；另一方面，共识机制中包含了激励机制来促使区块链系统有效运转。本节介绍 3 种常用的共识机制，5.7.1 节描述工作量证明共识机制及其算法，5.7.2 节描述权益证明共识机制及其算法，5.7.3 节简要描述 DPoS 共识机制。

5.7.1 工作量证明共识机制

比特币使用了一种称为工作量证明（Proof of Work，PoW）的共识算法，该算法在确保区块链安全的同时能充分满足去中心化的需求。PoW 共识机制中存在奖励和惩罚，其中奖励是对那些为系统安全做出贡献的人的激励，惩罚即参与挖矿所需的能源成本。如果参与者不遵守规则却获得奖励，他们可能会失去已经花费在挖矿电力上的资金。因此，PoW 共识是风险和回报的谨慎平衡，促使参与者诚实地获取自身利益。

以太坊最初是一种 PoW 区块链，它使用具有相同基本激励系统的 PoW 算法实现相同的基本目标：在实现去中心化控制的同时保护区块链。以太坊的 PoW 算法称为 Ethash。

Ethash 是以太坊采用的 PoW 算法,算法流程如下。

(1) **确定种子**。对于每一个块,首先计算一个种子,该种子只和当前块的信息有关,然后根据种子生成一个 32MB 的随机缓存。

(2) **选取元素**。根据随机缓存生成一个大型数据集,即有向无环图,其初始大小约为 1GB。它是一个完整的搜索空间,挖矿的过程就是从有向无环图中随机选择元素(类似于从比特币挖矿中查找合适 Nonce)再执行哈希运算。由于可以从随机数据集中快速计算有向无环图指定位置的元素,因而能够验证哈希。

有向无环图的大小在初始 1GB 的基础上会继续缓慢线性增长,每个时期更新一次(30000 个块,或大约 125 小时),其目的是使 Ethash PoW 算法依赖于维护大型、频繁访问的数据结构,能够抗 ASIC 矿机。

5.7.2 权益证明共识机制

在引入 PoW 共识机制之前,许多研究人员提出一种由系统权益代替算力决定区块记账权的共识机制,称为权益证明(Proof of Stake,PoS)。以太坊计划的 PoS 算法称为 Casper。PoS 算法通常如下工作:区块链跟踪一组验证者,任何持有区块链基本加密货币的人都可以通过发送一种特殊类型的交易将其以太币锁定到存款中,从而成为验证者。验证者轮流提议并对下一个有效块投票,每个验证者的投票权重取决于权益,即其存款的金额。重要的是,如果权益的有效块被大多数验证者拒绝,则该验证者有可能失去他们的存款。如果块被大多数验证者接收,则验证者会获得与股份成比例的小额奖励。因此,PoS 通过奖励和惩罚制度使验证者诚实行事并遵循共识规则。

PoS 不会让每个人都对新区块挖矿,因此消耗更少的能量,而且更去中心化。但是,如果验证者占据了网络中的大部分权益,那么他就能有效地进行控制,从而通过虚假交易-权益证明算法也需要谨慎选择下一个验证者。

2015 年,Vitalik Buterin 出于优化以太坊电力能耗、提高主链可扩展性等方面的考量,在博客文章中提出了使用 PoS 算法代替 PoW 的以太坊 2.0 构想。2017 年,计划应用于以太坊中的 PoS 算法 Casper 被正式提出,该算法流程如下。首先,验证者押下一定比例的以太作为保证金;然后,验证者开始验证区块,即当发现一个可以被加到链上的区块时,验证者以通过押下赌注来验证它:如果该区块被加到链上,验证者将得到一个跟他们的赌注成比例的奖励;但如果一个验证者试图恶意做无利害关系的事,他的所有权益都会被砍掉。

2018 年,经以太坊研究人员细化后的 Casper 算法白皮书正式发布,该白皮书中介绍了两种处于竞争关系的子算法:采用混合 PoW/PoS 算法的 Casper FFG 和采用纯 PoS 算法的 Casper CBC。Casper FFG 相比于 Casper CBC 结构较为简单,易于实施,采用该算法完成以太坊 2.0 升级面临的风险更低;Casper CBC 则拥有更高的吞吐量与可扩展性,能支持更多的链上功能。

经过一年的并行开发,Vitalik Buterin 最终选用 Casper FFG 作为以太坊 2.0 的共识机制,并启动了信标链作为以太坊 2.0 的核心。另一备选方案 Casper CBC 仍将继续研发,以期应用于未来的以太坊 3.0 中。2022 年 9 月 15 日,原以太坊 1.0 主链与以太坊 2.0 的信标链于区块高度 15 537 393 触发合并,以太坊共识正式从 PoW 转为 PoS。读者可从 10.8 节了解信标链的更多细节。

5.7.3 代理权益证明共识机制

代理权益证明（Delegated Proof of Stake，DPoS）是一种从 PoS 机制演化而来的基于投票选举的共识算法，其基本原理主要是持币者首先通过 PoS 机制在节点中选出几个代表，进一步选出区块生成者，如果生成者不称职，就有可能被投票淘汰。

DPoS 使用一种去中心化的投票机制，并没有彻底消除对信任的需求，而是要确保那些代表整个网络的节点是正确且没有偏见的。每个被签名的区块必须有一个先前区块被可信任节点签名的证明。

DPoS 减少了对确认数量的要求，因此很大程度上改善了以太坊的交易速度。与 PoW 机制信任算力最高节点和 PoS 机制信任最大权益节点相比，DPoS 允许每个节点自主决定授权节点，这些节点轮流记账生成新的区块，因而减少了验证和记账的节点数。DPoS 机制中存在中心化现象，但其中心化是可控的；DPoS 系统中的每个客户端都有能力决定信任谁，而不是信任那些集中最多资源的节点。

5.8 注释与参考文献

以太坊区块链结构、密钥和地址、钱包、智能合约、EVM 以及共识协议的概念与原理参考了文献[74]，该书深入浅出地讲解了以太坊的原理与应用、以太坊智能合约的编写与实战。

交易与 Gas 的概念与原理和以太坊区块链整体结构图参考了文献[75]，该书深入讲解了以太坊架构与核心概念、以太坊智能合约编写与开发案例等关键技术。

5.9 本章习题

1. 调研以太坊的账户模型，简要介绍不同的账户类型包含的字段以及各字段的含义。
2. 梳理以太坊的区块结构以及其中交易的组织形式，简要介绍一个交易在以太坊中的执行过程。
3. 编写一个简单的拍卖智能合约，将其部署在以太坊的测试网络上，并进行实验验证。
4. 了解 Web 3.0 应用，尝试编写一个与习题 3 中编写的合约执行交互的 Web 3.0 程序。
5. 调研以太坊中较为重要的几次更新（如以太坊改进建议 EIP-1559 等），简要介绍更新的原因以及目前带来的好处与可能的弊端。
6. 调研以太坊的发展路线图，简要介绍一两个其发展路线所涉及的关键技术。
7. 2022 年 9 月 15 日，以太坊社区完成了"合并"，以太坊系统将其共识算法由 PoW 迁移至 PoS，请思考 PoW 和 PoS 两种共识协议的异同以及其各自的优劣，谈谈你对合并活动的看法。

第 6 章　联　盟　链

联盟链是由预先选择的多个参与者共同维护管理的区块链网络。与公链不同,联盟链属于授权网络,其参与者通常是企业、组织、政府机构等实体,需要经过身份认证才能进入网络访问特定的数据和功能,这一机制有助于保护参与者及交易的敏感信息,从而维护联盟链内部的稳定性。6.1 节介绍联盟链的历史沿革、联盟链与公链、私链的区别,并引出最经典的联盟链项目 Hyperledger Fabric;6.2 节介绍 Hyperledger Fabric 的网络架构,从初学者的角度阐述 Hyperledger Fabric 的运行方式,各参与方具备的功能和实现方式;6.3 节介绍 Hyperledger Fabric 的重要概念,在 6.2 节的基础上深入阐述网络各部分的实现细节;6.4 节介绍对联盟链的部分改进与应用。

6.1　联盟链介绍

本节主要介绍联盟链的基础知识。6.1.1 节介绍联盟链的历史并给出联盟链的经典定义。6.1.2 节对比联盟链与经典的公链和私链,以精准定位联盟链的特点,6.1.3 节介绍 Hyperledger 的整体执行架构,使读者能对该项目的实现结构具备初步的认知;6.1.4 节介绍 Hyperledger Fabric 中的基本概念,为后续深入了解该子项目提供前置知识支持。

6.1.1　联盟链的提出

比特币的出现为人类提供了一种新的支付和价值存储方式,比特币采用的区块链技术也迎来了高速发展。通常将和比特币类似的区块链称为公链,其特点是网络节点无须许可即可加入,链上交易透明可查,往往通过工作量证明等区块链共识机制激励网络节点打包区块并广播等。对应地,由指定组织制定运行规则并管理、严格控制访问权限,采用经典分布式共识的区块链网络称为私链。随着区块链技术应用到加密货币以外的实际场景,公链暴露出交易速度慢、可拓展性差、隐私性不满足设计需要等固有缺点,而私链的决策和管理过于中心化,也难以满足实际需求。

2015 年 8 月,以太坊创始人 Vitalik 讨论了公链和私链的区别与利弊,并提出联盟链的概念,作为解决上述问题的一种方案。联盟链是由若干组织共同创建和运营的区块链。在联盟链中,参与者共同管理网络和验证交易。联盟链属于许可链,只有特定的个人或组织被允许加入网络以执行访问控制,从而确保敏感信息不外泄。

联盟链融合了公链和私链的优点。联盟链验证交易所需的节点数量较少,在网络规模上更接近私链,因此其吞吐量和可扩展性通常比公链要高;而链上节点不由单个组织控制,在节点关系上更接近公链,因此可以提供比私链更高的安全性和可靠性。总之,联盟链具有部分去中心化、可控性较强、交易速度较快、链上交易不公开的特点。

(1) **部分去中心化**。参与联盟链的组织或节点与不参与共识过程的客户端等网络实体同处一个去中心化的区块链网络中。如果网络中的所有共识节点属于同一个组织或用户,则该区块链网络对于此类用户是中心化的。

(2) **可控性较强**。区块链的不可篡改性是指只有当区块链网络的大部分节点达成共识时,才能更改区块内容。联盟链处于节点数较少的部分信任网络中,对于实际应用中因故上链的错误信息,各节点更容易达成共识并修正。

(3) **交易速度较快**。联盟链多采用经典分布式共识,将区块链共识机制的出块时间调整到一个较低的值,在节点规模较小时通常能达到传统公链数十倍或更高的吞吐量。

(4) **链上交易不公开**。联盟链的链上数据一般仅限于联盟内部用户访问。

自从联盟链概念正式提出以来,面向各种应用场景的联盟链被提出,而且区块链特点各异。其中,Corda 是第一个开源的联盟链项目,由区块链初创公司 R3 于 2016 年 5 月发布,主要用于处理金融和商业领域的复杂交易。Corda 平台的设计使得不同参与组织可以在保护商业机密的同时,共享不同级别的数据和交易信息,并且可以根据实际需求定制和扩展。

6.1.2 联盟链与公链、私链的区别

本节详细介绍联盟链与公链、私链的关系。首先给出公链、联盟链和私链的原始定义。

(1) **公链**。公链是非授权的区块链,代表任何人都能读取链上内容,发送有效的交易并等待该笔交易被打包到区块链上,参与共识过程以确认添加到链上的区块。作为中心化网络的替代品,公链通过加密货币经济学的原理,即工作量证明或权益证明等区块链共识机制,将经济激励和加密验证有机结合起来以保障系统安全。此类区块链通常被认为是高度去中心化的。

(2) **联盟链**。联盟链是授权的区块链,链上内容的访问权限可以事先根据需求灵活确定,如公开数据、公开对区块内容的承诺、开放应用程序接口给公众提供有限的访问、仅运行节点的机构可访问等。此类区块链被认为是部分去中心化的。

(3) **私链**。私链也是访问权限可调的授权区块链,其写入权限被集中在单个组织中。由于私链的应用主要为单一公司内部的数据库管理、审计等,因此私链一般不需要公共可访问性,但需要保障参与者都能对私链的交易和状态进行审计和验证。

表 6-1 列出了公链、联盟链和私链的典型特征,其中联盟链和私链的主要区别在于,联盟链在公链提供的低可信环境和私链的单实体可信环境之间给出了一个中间项,而私链则往往被视为一个附加一定程度公开可审计性的传统中心化系统,因此一定程度上联盟链兼容私链并具有更好的应用前景。

表 6-1 公链、联盟链和私链的典型特征

指标	公链	联盟链	私链
治理类型	采用支持节点动态加入的共识算法	共识由指定参与者组成的集合管理	共识由运行该链的单个组织管理

续表

指　　标	公　　链	联　　盟　　链	私　　链
共识算法	非授权的区块链共识为主（如 PoW、PoS、PoET 等）	授权的传统分布式共识为主（如 PBFT、Tendermint、PoA 等）	
交易验证	任意节点或矿工节点	仅已授权的节点集合	
访问权限	公开访问	公开访问或预先定义可访问节点集合	
不可篡改性	强	较强 多数节点达成共识才可修改	较弱 私链拥有者可回滚区块
吞吐量	$10^1 \sim 10^2$ 笔交易/秒	$10^2 \sim 10^4$ 笔交易/秒	
可扩展性	强	一般（节点数量一般不超过 10^2 个）	
网络架构	高度去中心化网络	部分去中心化网络	分布式网络
典型应用	比特币、以太坊等	Hyperledger、Quorum 等	

相比于公链，联盟链具有交易开销低、隐私性更强、规则修改灵活的优点，适用于验证者已知的应用场景。公链则在用户权益保护上具备优势，适用于网络状况较差，共识节点动态调整的应用场景，两种区块链类型的效益对比如图 6-1 所示。

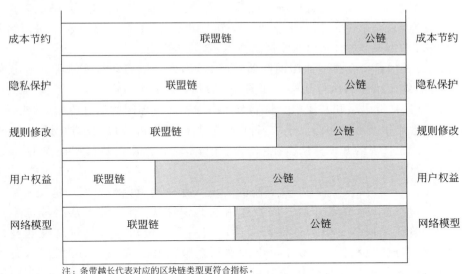

注：条带越长代表对应的区块链类型更符合指标。

图 6-1　联盟链与公链的效益对比图

（1）**成本节约**。联盟链上的区块一般只需要被少量可信任的具备较高处理能力的节点验证，而公链则需要所有节点或数以万计的矿工节点执行验证，因此联盟链的交易吞吐量更高，且无须发行加密货币激励矿工打包交易上链。即使不考虑挖矿带来高昂的能源消耗，公链较联盟链额外存在的交易费用概念也增加了交易发起者的额外成本。

（2）**隐私保护**。联盟链可以设置访问权限控制，使链上信息仅对共识参与方或满足访问条件的用户开放，因此联盟链比公链能提供更好的隐私保护。公链也为参与用户提供匿名性的保护，现方法多为将实际身份映射为加密货币钱包地址或利用混币技术隐藏交易，但是这些技术手段存在较大被溯源的可能性,不能完全保护参与者的隐私。

(3) **规则修改**。由于参与节点较少,因此联盟链可控性更强,具体体现在,可以根据参与组织的实际需求较为容易地更改智能合约的内容,如回滚区块、修改余额等。这一需求在一些需要有一定公信力的组织主持的事项中是必要的,如对破产者的不动产法拍等。公链由于参与节点众多不能轻易修改的规则,而无法应用在此类事项中。

(4) **用户权益**。在联盟链中,不参与共识的普通用户往往无法参与规则的制定,而公链属于非授权网络,能根据规则同等对待每一个接入节点。公链在诞生之初有中立、开放的设计理念,很大程度上削弱了开发者和运行区块链的实体的权力,以从根源保障用户权益。

(5) **网络模型**。联盟链和公链的网络模型不尽相同。联盟链为部分信任的授权网络,验证节点数量较少且身份已知,共识节点一般不能动态加入或退出,网络状况较好时比公链具备明显的性能优势。公链为零信任的非授权网络,任何用户都可以对区块内容执行验证、参与共识,在复杂的网络状况下比联盟链表现出更强的可扩展性。

6.1.3 联盟链框架 Hyperledger 及其执行架构

Hyperledger 是由 Linux 基金会主导的开源区块链技术框架,旨在促进企业间的联合开发与合作。自 2017 年首个子项目 Hyperledger Fabric 发布以来,Hyperledger 旗下项目已广泛应用于金融、医疗、物流、供应链管理等领域,包括 IBM、Intel、华为、腾讯等多家世界一流公司都成为 Hyperledger 的合作企业。本节将以 Hyperledger 及其旗下最出名的子项目 Hyperledger Fabric 为例,介绍联盟链的技术、部署与应用。

Hyperledger 项目旨在打造通用的联盟链平台,因此可以将系统实现原理从具体业务中抽象出来,形成概述性的执行架构。如图 6-2 所示,Hyperledger 将每一个系统内节点的视图细分为用户层、链码层和共识层。依靠节点内和不同主体间的信息传输,该执行架构能有效解耦身份验证和交易排序两大模块,进而支持共识模块可插拔的选用,即 Hyperledger 子项目能任意选用合规的共识算法。在 6.2.3 节中,本书将给出该执行架构在 Hyperledger Fabric 项目中的实例。

在 Hyperledger 的执行架构中,共识流的实现从客户端角色接收到一笔交易后放入缓冲池,并唤起对应的对等节点开始。依照选用的共识算法,对等节点从缓冲池中选择交易并执行身份验证模块。身份认证链码会读取交易并向成员服务提供者发送身份验证和授权请求,只有成功授权的交易才可继续执行后续过程。身份验证通过后,行为主体由对等节点转换为掌握出块权的排序节点。它们将对等节点传入的已认证交易排序,并将结果广播给其他共识节点。与此同时,排序节点运行交易验证链码,再度对交易的正确性和顺序验证,以获取正确交易对应区块。最后,排序节点将区块提交上链,并向对等节点反馈相关信息。

Hyperledger 执行架构的约束较为宽松,留下了大量待改进空间,例如交易的数据结构定义,成员服务提供者确定用户身份的方法,客户端、对等节点、排序节点等网络实体间的关系不同链码的执行主体,排序节点执行交易排序的方法等。接下来将以 Hyperledger Fabric 为例,详细介绍其中的网络架构和身份主体,并详细描述执行架构。

第 6 章 联盟链

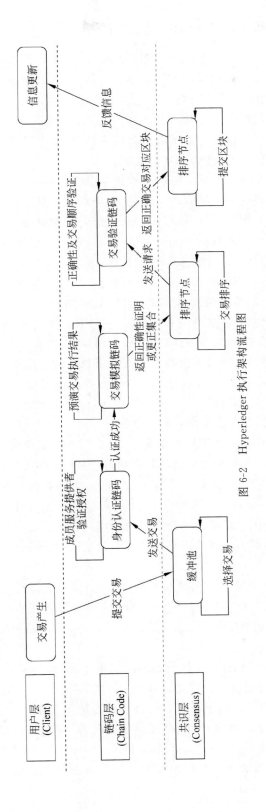

图 6-2 Hyperledger 执行架构流程图

6.1.4　Hyperledger Fabric 基础介绍

Hyperledger Fabric 是具有代表性的联盟链项目，也是许多区块链研究在工程测试时的首选环境。目前国内已在该项目的基础上实现了国密版本改造等生态构建，促进了区块链在产学研各领域的应用推广。总体上看，它是一个由模块化架构支撑的分布式账本解决方案平台，具有高度的弹性、灵活性和可扩展性。它旨在可插拔地接入不同组件，以适应整个经济生态系统的复杂性。各参与方不能匿名接入网络，而是需要通过可信的成员服务提供者进行注册，这也是其作为联盟链的本质特征。

可以用一句话凝练 Hyperledger Fabric 的业务逻辑，即参与者通过成员服务接入认证网络并使用分布式账本登记各自的资产，他们在线上或线下达成交易后会采取设置通道等方式对有关内容进行隐私保护，同时执行链码来记录资产的变化情况，并依靠共识机制保障彼此间账本的一致性。在深入探讨 Hyperledger Fabric 的网络架构前，需要先了解几个基本概念，这将为更好地理解 6.2 节内容提供坚实的基础。

（1）**成员服务**。Hyperledger Fabric 支持所有参与者身份已知的交易网络。在该网络中，公钥基础设施用于生成与参与组织、网络组件、终端用户或客户端应用程序相关联的数字证书，这些数字证书被存储在成员服务提供者中，并被归类为不同的角色。成员服务提供者设置的角色及证书签发设置的身份协同配合，创建通道，使得对交易数据的访问在网络层外还可以从通道层面上控制，适合对隐私和保密需求较高的应用场景。

（2）**账本**。账本是有序且防篡改的记录表，用于存储资产变化的所有信息，是实现可信去中心化数据存储和交易记录机制的基础。参与方会调用链码为提交的每一笔交易生成一组用于描述资产变化情况的键值对，并以创建、更新或删除的形式提交到账本中。在 Hyperledger Fabric 中，每个通道对应一个账本，每个对等节点都会为其所属的每个通道维护一个账本副本。账本由世界状态和交易日志组成，其中世界状态描述了账本在当前时间下的状态，它是账本的数据库，默认使用 LevelDB，也支持能直接使用 JSON 语句查询的 CouchDB；交易日志在 Fabric 中也被称为区块链，它记录了产生当前世界状态的所有交易，是世界状态的更新历史，用于对世界状态进行更新或纠错。总之，账本是世界状态和交易日志的组合，交易日志是通道内所有节点共同维护的链，世界状态则是交易日志对应的便于用户查询的数据库。

（3）**资产**。资产既包括不动产与商品等有形资产，也包括合同与知识产权等无形资产。在 Hyperledger Fabric 中，资产是可以用二进制与 JSON 字符串表示的键值对的集合，它们和交易日志一并被所在通道的账本记录。达成交易后，可使用链码对资产的数量和所属主体进行修改。

（4）**通道**。通道是 Hyperledger 执行架构的基本单元，提供了一种隔离的机制，使得特定的参与方能在其所属的通道中进行交易，而与其他通道中的参与方相互独立，以保证参与方之间的数据隐私和机密性。通道的独立性是指每个通道都拥有独立的链码、维护独立的账本，不同通道之间的交易不会相互干扰，某一通道内的交易对于不在通道内的参与方是不可见的。通道的引入使得 Hyperledger Fabric 能在一个共享的网络中支持多个独立的业务场景，满足了各方对数据隔离和隐私保护的需求。参与方可以灵活地组织和管理自己的交易记录，实现更高的灵活性和安全性。

（5）**隐私保护**。Hyperledger Fabric 的隐私保护共 3 层，在网络层，对参与方的身份认证可以有效隔绝匿名者访问，达成初步的信任；在通道层，开发人员根据实际业务的区别编辑对应链码，通过创建不同的通道筛选与交易相关的参与方并隔离无关者，进而确定每个参与方能访问的通道及对应业务，避免商业竞争对手等非本交易参与方进入并访问内部数据；在数据层，参与方可以使用私有数据集将部分交易信息在逻辑上与通道维系的账本分开，仅对授权的参与方开放访问。此外，Hyperledger Fabric 还支持使用加密算法对链码内的值进行加密，只有持有相应密钥的用户才能对密文解密。

（6）**链码**。链码是定义资产和交易结构的软件代码，是业务逻辑的具体实现方式。链码由对等节点执行，用于执行对账本中世界状态的增加、删除、修改、查询。当链码被调用时，它会读取当前账本中的数据，并根据业务规则执行相应的操作，可能包括修改状态、创建新的资产或执行其他业务逻辑。当链码正确执行后，会产生一组键值对，提交到通道中并应用到所有其他对等节点的账本上。参与方通过链码定义和管理自己的资产，从而确保交易的可追溯性和一致性。同时，链码的部署和执行是可控的，参与方可以根据自身需求管理和更新链码，以适应不同的业务场景和需求。Hyperledger Fabric 中的链码一般采取 Go 语言编写，也支持 Node.js 和 Java 的语法。

（7）**共识**。Hyperledger Fabric 中的共识不仅涉及交易顺序的一致性，而且将概念扩大到了交易的提出、背书、排序、提交等环节，可概述为对构成一个区块的一组交易的正确性进行完整验证。交易被提出后，依靠链码在背书阶段检查静态变量，操作非静态变量对交易的参与实体和相关资产进行检查；在排序阶段调用共识算法对账本状态达成一致，在提交阶段针对双花攻击等经典安全性问题进行额外审查，最终使区块中的交易顺序和交易结果均满足指定的安全策略。

6.2 Hyperledger Fabric 的网络架构

本节主要介绍该项目的网络架构。6.2.1 节介绍网络架构中最重要的组织和通道的概念，并构建了一个实例演示网络搭建；6.2.2 节介绍身份认证与角色分配环节，并描述了成员服务提供者的构成和类别；6.2.3 节和 6.2.4 节分别介绍公开数据和私有数据如何使用排序服务使交易被账本记录。

6.2.1 组织结构与通道建立

在 Hyperledger Fabric 中，参与方被定义为组织，是具有独立身份和角色的行为主体。注册时，成员服务提供者会为组织生成数字证书，只有经过认证的组织才能参与到 Hyperledger Fabric 网络中。

每个 Hyperledger Fabric 组织均包含若干成员对象，包括对等节点、客户端应用程序、排序节点等。对等节点是网络中最基础的参与方，负责维护账本副本，同时也可以额外赋予背书节点和提交节点的权限，用于执行相关链码，并参与到交易背书、提交的过程中，以确保交易的一致性和完整性。客户端应用程序一般是网页应用、移动应用或其他类型的程序，使用 Hyperledger Fabric 提供的软件开发工具包或应用程序编程接口与通道内的对等节点通信,用于发送交易请求、查询账本状态等,以实现与 Hyperledger Fabric 网络的交互和业务逻辑的执行。排序节点维护一个共识服务,根据指定的共识算法对交易进行排序,并将排序后的交易打包成区块,供对等节点进行验证和提交,以确保网络中的所有节点达成共识。

表 6-2 给出了一个 Hyperledger Fabric 网络中的组织结构实例。该网络共涉及 4 个组织,分别为组织 0、组织 1、组织 2 和组织 3,并在加入网络时签署了对应的数字证书 0 至数字证书 3。组织 0 为网络中的各类交易提供排序服务,只有一个节点排序节点 0,且为通道 1 和通道 2 提供排序服务。组织 1 创建了对等节点 1,只参加通道 1 中的交易,并具备背书和提交的权限;为了更方便地调控对等节点 1 的行为,组织 1 创建了客户端应用程序 1,方便用户使用图形化界面控制对等节点 1。组织 2 创建了客户端应用程序 2 和对等节点 2,同时参与通道 1、通道 2 中的交易,对等节点 2 同样作为两通道中的背书节点和提交节点。组织 3 拥有对等节点 3 和客户端应用程序 3,参与通道 2 的交易。

表 6-2 Hyperledger Fabric 网络中的组织结构实例

组织 0			组织 1			组织 2			组织 3		
排序节点 0	通道 1	/	对等节点 1	通道 1	背书节点 是	对等节点 2	通道 1	背书节点 是	对等节点 3	通道 2	/
		/			提交节点 是			提交节点 是			
	通道 2	/					通道 2	背书节点 是			背书节点 是
		/						提交节点 是			提交节点 是
客户端应用程序 0			客户端应用程序 1			客户端应用程序 2			客户端应用程序 3		
数字证书 0			数字证书 1			数字证书 2			数字证书 3		

大多数情况下,多个交易相关的组织共同组成一个通道,在通道上通过链码进行交易,而权限则由最初配置通道时达成一致的策略决定。此外,策略也可随之改变,但会在账本中留下变更记录。

表 6-3 给出了一个 Hyperledger Fabric 网络中的通道结构实例。该实例中,网络共包含通道 1 和通道 2 共两个通道。以通道 1 为例,通道共有链码记为链码 1,通道内所有的背书节点和提交节点应存有链码 1 以保障背书和提交环节能正常进行。通道 1 维系的账本记为账本 1,账本 1 记录了该通道的交易与配置情况。对于通道 1 内的交易,账本记录了当前时刻的世界状态和自账本创建以来的资产变化情况;对于通道 1 本身,账本记录了当前时刻

表 6-3 Hyperledger Fabric 网络中的通道结构实例

通道 1			通道 2		
链码 1			链码 2		
账本 1	交易	世界状态	账本 2	交易	世界状态
		区块链			区块链
	配置	通道配置		配置	通道配置
		历史变更记录			历史变更记录

的通道配置和历史变更记录。每一个通道内的对等节点都会维系一个账本副本,不同通道间的账本内容没有必然关系。特别地,配置和交易是逻辑上的区别,实际部署时,配置信息会被作为特殊的交易记录在账本中,例如通道最初的配置文件在区块链中被记录为最早的创世区块。因此,只要有组织的对等节点保存有通道配置文件,该通道即在逻辑上存在,即使没有其他交易方,也没有任何现存交易。

图 6-3 展示了表 6-2 中的组织按照表 6-3 给出的通道信息配置后的网络拓扑结构。在网络划分中,签发数字证书的各证书签发机构和各客户端应用程序不属于 Hyperledger Fabric 网络,而组织、对等节点、排序节点、账本、链码、配置文件、通道等概念属于 Hyperledger Fabric 网络。以配置文件 1 为例,该文件记录了参与通道 1 的组织为组织 1、组织 2 和组织 0,其中组织 1 的对等节点 1 与客户端应用程序 1、组织 2 的对等节点 2 与客户端应用程序 2 参与通道 1,对等节点 1 和对等节点 2 能在存储账本 1 的副本的同时运行链码 1,具备交易背书和提交的权限;此外,为通道 1 的交易提供排序服务的是组织 0 的排序节点 0,它也保存有属于通道 1 的账本 1 的副本。配置文件 2 记录了类似的内容。

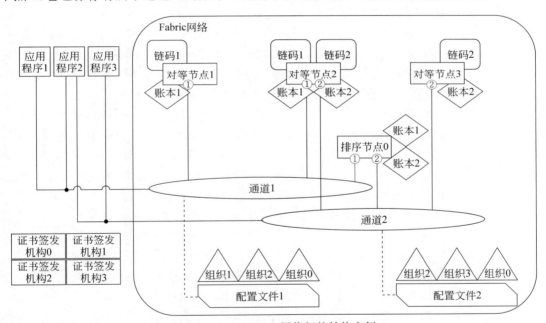

图 6-3　Hyperledger 网络拓扑结构实例

从结果上看,组织 1 能知晓通道 1 的交易,但通道 2 的交易对其透明——事实上,仅根据图 6-3 中的描述,组织 1 甚至不知晓通道 2 的存在。同理,组织 3 也不知晓通道 1 的存在,因为通道是由对应的配置文件生成的,不掌握配置文件,就无法获悉网络中存在的通道总数。组织 2 同时参与通道 1 和通道 2 的交易,因此图 6-3 中的信息对组织 2 是已知的,可以认为该图是由组织 2 的视角生成的。组织 0 提供排序服务,在实践中组织 0 一般由 Hyperledger Fabric 网络管理员等受信任的角色担任,负责维护整个 Hyperledger Fabric 网络中所有通道内部的共识机制正确运行。

6.2.2 身份认证与角色分配

身份是接入网络的行为主体的唯一标识符，广泛应用于验证消息来源的真实性。它通常由数字证书表示，包含了该主体的公钥和其他相关信息。身份验证在区块链网络中十分普遍，每当该行为主体执行特定操作，如提交交易、查询账本，负责处理该操作的其他行为主体就会对其身份进行验证。与之对应的，角色是行为主体在区块链网络中扮演的特定功能或权限的集合。网络的管理者通过为行为主体赋予不同角色，可以仅将一部分权限分配给他们，限制其在网络中的行为。

Hyperledger Fabric 网络中存在大量角色，如对等节点、排序节点、客户端应用程序、网络管理员等。网络中的每一个角色都有一个遵循 X.509 标准格式的数字证书，该证书标记了角色身份，并在本质上决定了这些角色访问网络资源的具体权限。可见，通过结合使用身份和角色的概念实现身份认证和访问控制，确保只有经过授权的参与者能执行特定的操作，并限制他们的权限和行为，从而确保网络的安全性、一致性和角色身份与行为可追溯性。

然而，即使每个角色都拥有数字证书，仍然不能满足 Hyperledger Fabric 网络的需求。第一，由于角色的私钥永远不会公开，因此需要引入一种可以识别并验证身份的机制；第二，如果采取验证数字证书的方法，那么网络内部的成员需要频繁访问外部网络；第三，组织内部也需要以一种更加高效、直接的方式管理各节点的权限。由于每个角色都有其所属的组织，并参与不同的通道交易，因此即使是同一类别的角色，其权限也会由于组织和通道的区别而有所不同，不能简单地根据角色类别定义权限。可见，Hyperledger Fabric 网络需要一个新的组件用于验证身份，提供更灵活的角色与权限配置方案。成员服务提供者即实现该功能的组件，针对公钥基础设施提供的不同类型的可验证身份，决定身份对应的角色，并确立对应的权限。这种将身份转换为角色的能力对 Hyperledger Fabric 网络的运作至关重要，因为它使组织、行为主体和通道能建立成员服务，决定谁可以在上述 3 个层面做什么。

在介绍成员服务提供者前，读者需要了解公钥基础设施。公钥基础设施是实现安全通信和身份验证的关键基础设施，它通过使用 SSL/TLS 加密保护网络通信，是知名的应用层协议 HTTPS 的核心组件。公钥基础设施有四大要素，包括数字证书、公私钥对、证书签发机构和证书吊销列表。在公钥基础设施实例中，证书签发机构是可信的第三方，它为每个合法的用户身份颁发包含公私钥对的数字证书，其他用户可通过证书签发机构在数字证书上的签名验证指定用户的身份。如果签署数字证书的证书签发机构不在验证者本地受信任的证书签发机构列表上，那么验证者将转向为该证书签发机构颁布数字证书的上层证书签发机构，通过证书链的方式执行验证。此外，证书签发机构还维系了所签发证书的一个证书吊销列表，表上记录了因各种原因被撤销的数字证书列表。

在公钥基础设施的基础上，成员服务提供者的设计应满足以下 3 项需求。

（1）成员服务提供者要求组织成员持有由组织信任的证书签发机构颁发的身份，以验证和识别成员的身份。

（2）组织的成员服务提供者应被添加到所参与的通道中，使得组织内的指定成员能访问账本并参与交易等。

（3）成员服务提供者应被网络中定义的背书、提交等策略文件所承认。

在工程实践中，成员服务提供者是一组被添加在网络中的配置文件夹，用来在外部和内部定义角色。和生成代表身份证书的证书签发机构相比,成员服务提供者拥有一份被许可的身份列表。当定义信任域的成员时,通过列出成员身份,或通过确定哪些证书签发机构被授权为成员签发有效身份,成员服务提供者可以确定哪些根证书签发机构和中间证书签发机构可以被接受。在此基础上,为了便于成员服务提供者根据身份确认角色赋予权限,Hyperledger Fabric 鼓励网络参与者使用专门设计的证书签发机构完成注册,并在注册时直接将管理员、对等节点、客户端、排序节点等角色与身份关联起来,而且角色的设置应当符合实际身份,例如,赋予对等节点权限的应当是直接参与通道交易的对等节点等。此外,成员服务提供者还可以识别证书吊销列表。

前文已经提到,成员服务提供者负责在内部和外部定义角色,根据作用域,成员服务提供者分为本地成员服务提供者和通道成员服务提供者。组织内的每个成员都必须定义一个本地成员服务提供者,每个参与通道的组织都必须为参与成员定义一个通道成员服务提供者。同证书签发机构类似,成员服务提供者在网络假设中是可信的,这是因为组织内部应掌握自己的成员信息,因此组织内各成员的本地成员服务提供者应当是一致的;通道是由配置文件定义的,而配置文件包含了通道成员服务提供者文件的指针,因此一个成功搭建的通道,各参与方的通道成员服务提供者也应是一致的。如果一个网络共有 a 个组织和 b 个通道,那么该网络中应有 $a+b$ 个不同的成员服务提供者配置,每个配置拥有的副本基本相同,且副本份数等于组织内的成员数或参与通道的成员数。

本地成员服务提供者定义了一个组织内部的应用程序客户端、对等节点、排序节点等成员的权限,例如,组织内可以操作某节点的网络管理员的身份。特别地,客户端的本地成员服务提供者允许用户以通道成员的身份进行验证;也允许用户作为系统中特定角色的所有者进行验证,例如配置交易的组织管理员等。为了识别本组织的管理者,组织内的每个成员都必须定义本地成员服务提供者,当该成员正在参与某通道内的交易时,组织内的总管理者针对该通道的管理者在通道外部对该成员执行实时操作,进而及时得到本成员的认证许可。考虑到现实世界的一些组织会拥有大量相对独立的二级单位,这些二级单位显然不只是组织中的成员,但是如果将它们都定义为组织,则可能产生歧义或增加管理难度。Hyperledger Fabric 提供了将这些二级单位定义为组织联合体的方法,并通过链式调用的方法访问。组织联合体内部使用了一个成员服务提供者,和普通的组织相同;对应地,为了定义方便,也可以将普通的组织视为只有一个下属组织的组织联合体。需要注意的是,在同一个本地成员服务提供者中,组织本身、组织管理员、成员和对该成员的管理员都应具有相同的可信任的根证书签发机构颁发的证书。

通道成员服务提供者则定义了通道级别的管理和参与权限。通道上的对等节点、排序节点、客户端应用程序等成员共享相同的通道成员服务提供者视图,因此能正确地验证通道参与者。一个组织在加入通道前需要在通道配置中加入一个包含该组织成员信任链的成员服务提供者,否则源自该组织身份的交易将被拒绝。与本地成员服务提供者表示为文件系统上的文件夹结构不同,通道成员服务提供者在通道配置中以指针的形式进行描述,这是由于其实质上已经被各组织的本地成员服务提供者所定义,因此只访问本地副本即可获知信息。如图 6-4 所示,假设组织 1 和组织 2 各有一个节点参与通道中的交易,那么两节点分别在本地文件系统中保存本地成员服务提供者,复制该文件并抄录对方的本地成员服务提供者,将两文件合并为通道成员服务提供者,并存储在本地。尽管通道中的每个成员的文件系统上都有通道成员服务提供者的副本,但在逻辑上,通道成员服务提供者是由通道或网络进行维护的,而不是由单个节点或组织独立拥有。需要注意的是,通道成员服务提供者并不保证包含对应组织的本地成员服务提供者的所有字段,而是仅包含通道运行所需字段。

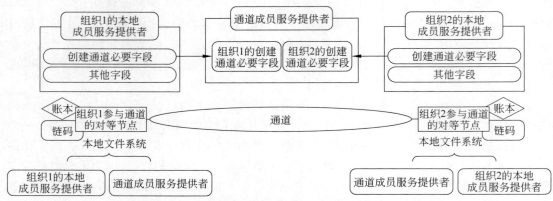

图 6-4 本地成员服务提供者和通道成员服务提供者的关系

由于通道成员服务提供者来自各组织的本地成员服务提供者,因此可以以本地成员服务提供者的配置文件夹为例,分析成员服务提供者的结构字段。图 6-5 展示了本地成员服务提供者的文件结构,共包含 9 个文件或文件夹。

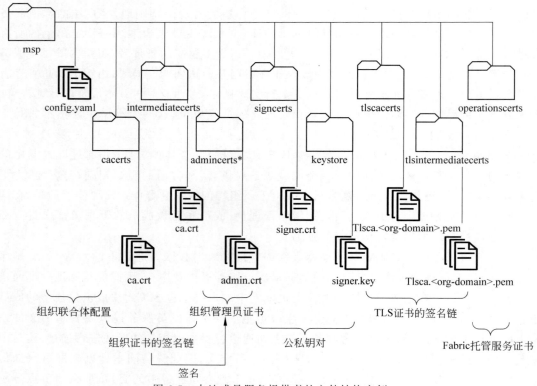

图 6-5 本地成员服务提供者的文件结构实例

(1) **组织单元列表(config.yaml)**:用于启动组织联合体服务并定义可被识别认证的角

色集合,从而配置Hyperledger Fabric中的身份分类功能。

(2) **根证书列表**(cacerts):是整个组织证书信任的基础,是组织信任的根证书签发机构(成员服务提供者代表的组织)的 X.509 证书列表。根证书可以签发中间层证书。

(3) **中间证书列表**(intermediatecerts):此组织信任的是中间证书签发机构的 X.509 证书列表。每个证书都必须由成员服务提供者中信任的一个根证书签发机构签署或由中间证书签发机构签署,只有拥有这些证书才能被系统视为组织成员。

(4) **管理员身份列表**(admincerts):用于定义具有组织管理员角色的参与者,通常为多个 X.509 证书。

(5) **私钥库**(keystore):包含成员自身的私钥,与成员的身份签名相匹配,用于组织成员签署通信数据,以满足交易的认证策略。

(6) **成员身份列表**(signcerts):包含成员自身身份的数字签名列表,主要功能是让组织成员在网络中通信时,能验证其他成员身份。

(7) **TLS 根证书列表**(tlscacerts):包含组织为 TLS 通信所信任的根证书签发机构的 X.509 证书列表。Hyperledger Fabric 通道内的参与成员会不断接收排序节点发送的账本更新信息,该通信过程需要 TLS 的支持,因此本地成员服务提供者需要存储 TLS 证书文件。

(8) **TLS 中间证书列表**(tlsintermediatecerts):包含该组织信任的 TLS 根证书签发机构所签发的中间证书签发机构的 X.509 证书列表。

(9) **托管服务证书列表**(operationscerts):包含启动 Hyperledger Fabric 托管服务所需的证书列表。托管服务是一个组件,通过图形化界面调用应用程序编程接口帮助网络管理员管理和监控网络运行,进而简化了网络配置管理的复杂命令行操作。

对于组织内成员持有的该组织本地成员服务提供者的副本,其私钥库字段一般仅包含自身的私钥;而该组织保存的本地成员服务提供者副本,则包含自身和组织内所有成员的私钥信息。通道成员服务提供者作为共享配置,不包含任何成员的私钥,因此没有私钥库字段,取而代之的是记录被撤销证书的证书吊销列表字段。

6.2.3 排序服务流程

分布式网络的共识协议主要用于保障顺利完成交易排序和区块验证两个过程。在以 Hyperledger Fabric 为代表的典型执行结构中,共识机制被称为排序服务,共分为背书阶段、排序阶段和验证阶段,只有通过这 3 个阶段的交易才能被打包上链。以上阶段中,排序阶段的可插拔性最强,可以选用符合设计要求的各种算法。当研究人员和工程人员讨论 Hyperledger 的共识算法或排序算法时,往往指狭义的排序阶段使用的算法。

实现排序服务时,Hyperledger Fabric 的开发人员通常将其拆分为以下 3 个步骤。

(1) 根据背书节点提供的签名和具体的共识策略,确认将要生成的新区块中所有交易的真实性和正确性。

(2) 不同节点对交易顺序和正确性达成一致,并对所有交易的顺序执行结果达成一致。

(3) 向链码层提供接口,以谓词形式由具体链码验证块中有序交易集的正确性。

如图 6-6 所示,Hyperledger Fabric 中执行共识机制的节点为对等节点和排序节点,各组织将指定的对等节点赋予背书与提交的权限,以实现由签名驱动的背书阶段和由链码判断的验证阶段。中间步骤则由排序节点负责的排序阶段实现,在此阶段开发人员可以选用

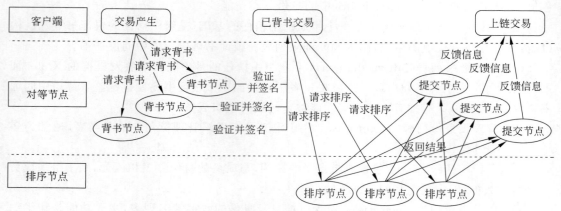

图 6-6 Hyperledger Fabric 的排序服务

默认的 Kafka 共识算法或接入自选的共识算法,以实现不同的安全目标。

实际部署时,Hyperledger Fabric 引入了网关服务的概念。网关服务建立在网络节点上,通过为客户端提供代理,完成收集已背书交易等固定化的步骤(这些操作原本需要客户端软件开发工具包完成),为用户提供简洁的最小化应用程序接口,降低网络的开发管理难度。下面给出这 3 个阶段的详细介绍和实验原理。

1. 提案和背书阶段

(1) **交易提案**。客户端应用程序连接对等节点上的网关服务,提交带有签名的交易提案。客户端可以指定背书节点和背书策略,也可由网关服务代理使用对等节点的默认配置。

(2) **本地提案预执行**。网关服务选择该对等节点或本组织中的另一个对等节点执行交易。选定的节点执行提案中指定的链码,生成一个包含读写集合的提案响应及对该响应的签名,并返回给网关服务。

(3) **交易背书**。网关服务根据链码定义的背书策略,将执行提案所需输入和响应签名发送给背书节点,背书节点的网关服务同样执行交易,并验证所得结果与收到的签名是否一致。若签名验证通过,则为该交易背书并使用自己的私钥签名,和其他有关数据一起发送回提出交易的对等节点。该节点的网关服务收集足够的签名后发回客户端。

当网关服务请求背书节点认证时,所发送的信息一般包括客户端的 ID、所调用链码的 ID、交易负载、时间戳、客户端签名等,还可能包含指定的 Hyperledger Fabric 版本等可选参数。此外,各背书节点收到背书请求后执行交易模拟链码,独立模拟处理交易,除所得结果外,还需根据所设规则验证交易的有效性,例如验证客户端签名是否正确,交易引用的资产是否存在等。

2. 排序阶段

(1) **背书汇总**。根据背书策略,客户端应用程序在背书阶段通过软件开发工具包收集足够多的背书签名,对这些签名进行验证后发送给对等节点的网关服务,并由其转发给排序节点。

(2) **交易排序**。排序节点验证签名,调用共识算法对交易进行排序,将其与已排序的交易打包成区块,然后将区块分发给通道中的所有提交节点进行验证。

总体上,共识算法是排序服务的核心组件,用于确保所有节点在账本中看到的交易顺序是一致的,从而维护整个网络的一致性。共识算法必须满足安全性和活性,才能保证整个网络的一致性。安全性实现的前提是每个节点都有相同的输入序列,其期望的结果是每个节点产生相同的输出。如果节点收到的输入序列相同,每个节点在状态机层面都会发生相同的变化,且算法必须和单节点的系统相同,原子执行每一笔交易。活性意味着如果节点间能正常通信,那么没有故障的节点最终都会收到每笔提交的交易。

3. 验证和提交阶段

(1) **交易验证**。提交节点收到排序节点所打包的区块信息后,检查每笔交易的客户端签名是否与原始交易提案的签名匹配,所有读写集和状态响应是否相等,交易背书是否满足背书策略,同一区块内针对同一主体的多笔交易是否会造成双花等。每个节点分别将区块中的每一笔交易标记为有效或无效,以提交到账本。

(2) **交易上链**。提交节点将排序后的交易区块中的所有有效交易提交到本地账本副本,称为交易上链。交易上链是对通道账本的不可变更新,只有有效交易的结果会更新通道账本的世界状态。

(3) **信息更新**。每个维护本地账本副本的节点向客户端发送带有账本更新证明的提交状态事件,供客户端及时了解交易的状态变化,并作出线上、线下的响应。

需要注意的是,验证阶段的主体是提交节点,它和背书节点同属于对等节点。同一个对等节点可以既是背书节点,又是提交节点,也可以是仅能读取共享的联盟链账本的普通节点。实际配置时,一般会赋予所有对等节点维护本地账本副本的提交节点权限。由于排序阶段已经保证了网络的一致性,因此所有提交节点对块内交易的验证结果和所对应的本地账本副本也是一致的。

6.2.4 随机化数据传播协议与私有数据传播

6.2.3 节介绍了排序服务的一般流程,但在实际应用中,并非所有交易数据都适合上传到账本中。考虑由分销商主导的以下农作物贸易场景:在一个由农民、船运商、分销商、批发商和零售商组成的贸易组织通道中,分销商希望与农民和船运商进行私密交易,不对批发商和零售商披露他的成本价格;与此同时,分销商与批发商和零售商进行私密交易,不对农民和船运商披露他的销售价格。此外,分销商还希望与批发商建立另一个私密交易,使批发的价格较零售低。可见,分销商为了使利润仅自己所知,他不希望任何买入、卖出的价格数据记录在账本中。为了满足这一应用场景,Hyperledger Fabric 引入了私有数据的概念,用于维系不能直接上链的交易数据,以代替会增加额外管理开销的创建多通道做法。

私有数据一般被定义在链码中。为了在账本中记录相关交易,私有数据被要求与数据哈希值组合形成私有数据集,其数据结构如图 6-7 所示。

(1) 实际的私有数据通过随机化数据传播协议点对点地发送给拥有查看权限的组织,并被存储在这些授权组织的私有数据库中,从而能被授权节点的链码所访问。需要注意的是,排序节点对应的组织一定不是授权组织,否则排序节点会将私有数据排序打包上链,与设立这一功能的初衷相悖。

(2) 私有数据的哈希值参与排序服务的全部流程,包括背书、排序、提交等。该哈希值会作为交易的证据,用于状态验证或审计。

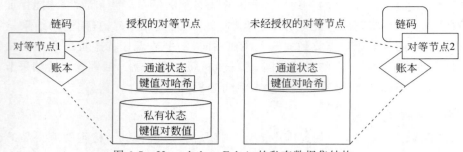

图 6-7 Hyperledger Fabric 的私有数据集结构

通过私有数据集,Hyperledger Fabric 提供了一种灵活的机制,允许在通道上控制和保护特定组织的私有数据,而无须创建额外的通道。这为保护隐私和满足特定业务需求提供了解决方案。

在私有数据的传播过程中,最重要的步骤是运行随机化数据传播协议。随机化数据传播协议是 Hyperledger Fabric 中为私有数据发送定制的点对点数据传播协议,在该协议中,每个通道上的节点都会不断地从多个节点接收当前的账本数据。使用随机化数据传播协议传播的每个消息都被签名,这样可以轻松识别发送伪造消息的恶意参与者,并防止将消息分发给不需要的目标节点。

随机化数据传播协议在 Hyperledger Fabric 网络上主要有 3 个功能。

(1) 在通道上向指定的节点集合传播账本数据。任何与通道上的其他节点数据不同步的节点都会识别出缺失的区块,并通过复制正确的数据同步自己。

(2) 不断发现通道内的新参与成员,识别在线的与离线的成员节点。

(3) 允许新连接的节点通过点对点通信与其他节点保持同步。

对于在背书阶段运行的账本数据同步,随机化数据传播协议同时采用了多播和请求的设计方式。在多播阶段,每个背书节点会根据智能合约维系两个关键字段所需节点数和最大节点数。

所需节点数表示每个背书节点在向客户端返回背书响应之前,必须至少将私有数据成功传播给"所需节点数"个对等节点。该约束将传播作为背书的条件,确保即使背书节点不可用,网络中的对等节点仍然可以获得私有数据。若背书节点赋值所需节点数为 0,则表示不需要传播。尽管后续的最大节点数字段和请求环节同样能保障消息传播,但 Hyperledger Fabric 仍然推荐不将所需节点数设置为 0,以确保私有数据在网络中具有冗余性。

最大节点数表示每个背书节点尝试将私有数据传播给其他对等节点的最大数量。如果某个背书节点将私有数据传播后不可用,未接收到私有数据的对等节点仍然能通过已收到私有数据的对等节点获取数据。如果将该值设置为 0,则私有数据在背书时不会传播,而是在假设背书节点正常运作的前提下,强制所有授权的对等节点使用请求的方式获取私有数据。

显然,在多播阶段当某个背书节点所需节点数设置为 0 时,即使所有背书节点正常运行,该阶段也并不能保障所有授权的对等节点都及时收到了私有数据。因此引入了请求的概念,若某个对等节点未收到私有数据,则会对其他节点发送数据请求,称为拉取数据。收到数据拉取请求后,掌握私有数据的节点会核实该对等节点对应的组织是否满足访问策略,如果满足,则返回对应的私有数据。

请求的实现依赖于随机化数据传播协议中节点更新的功能,该功能依靠锚节点实现。通道,通常会定义至少一个锚节点以确保不同组织中的节点能相互了解对方的存在。此外,为了提高冗余性,建议通道内的每个组织都拥有一个锚节点。

当一个包含锚节点更新的配置块被提交时,其他节点会联系锚节点并从其那里获取关于所有已知节点的信息,因此,从功能性上要求至少每个组织中的一个节点应与锚节点建立联系,使锚节点能了解到通道中的所有节点。例如,参与某通道的组织包含组织1、组织2、组织3,并且定义来自组织1的对等节点1为锚节点。当来自组织2的对等节点2与对等节点1交互时,它会告知对等节点1通道内的所有组织2的节点情况。随后,当来自组织3的对等节点3与对等节点1交互时,对等节点1会根据之前的信息告知对等节点3通道内存在对等节点2等组织2的节点,并更新对等节点3等组织3的节点信息。当节点更新过程执行完毕后,通道内的所有节点建立了一个共同的成员视图,因此组织2中节点和组织3中节点即可直接通信,而不再需要组织1的锚节点协助。

由于随机化数据传播协议通信是在网络配置后持续运行的,且规定各节点要定期了解节点视图,因此通道内建立的成员试图是可更新的,而非静态的。依靠账本数据同步与节点更新,随机化数据传播协议能保障任何新加入通道的节点与通道内其他节点的视图保持一致。因此,概括地讲,随机化数据传播协议实现了高效、安全、可扩展的数据传播,确保了通道内账本的完整性和一致性,同时具备容错能力,可以应对节点故障和网络分区等情况,因此在私有数据的传播中具有重要作用。

最后介绍私有数据的传播过程。

(1) 客户端应用程序向目标对等节点提交提案请求并调用链码读写私有数据,目标对等节点将代表客户端管理交易。客户端应用程序可以指定哪些组织应对提案请求背书,或者可以将背书节点的选择委托给目标对等节点上的网关服务。在后一种情况下,网关将根据私有数据集合的访问权限选择一组背书节点。

(2) 背书节点模拟交易并将私有数据存储在缓存空间中。根据集合策略,它们执行随机化数据传播协议的多播阶段,将私有数据分发给授权的对等节点。

(3) 背书节点将提案响应发送回发起交易的对等节点,该背书响应包含读写集合、公共数据、私有数据的键值哈希,而不包含私有数据本身。

(4) 目标对等节点在将提案响应汇总为交易之前,验证提案响应是否相同,并将交易发送回客户端签名。目标对等节点将包含公有数据和私有数据哈希的交易广播给排序节点,排序节点会将带有私有数据哈希的交易与普通交易一样打包在区块中提交。

(5) 在区块提交时,授权的对等节点会检查本地的缓存空间是否已收到私有数据。如果未收到,则执行随机化数据传播协议的请求阶段,并从另一个授权对等节点获取私有数据。然后,它们将根据公共区块中的哈希验证私有数据,并提交交易和区块。验证提交后,私有数据将移动到它们的私有数据库中,并删除缓存空间中的副本。

6.3 Hyperledger Fabric 的重要概念

6.2 节已经描述了 Hyperledger Fabric 的整体流程，但还有诸多细节需要详细介绍。本节主要介绍整体流程中出现的一些关键概念，包括网络中最关键的实体对等节点、账本的具体结构、控制策略、链码及其工作方式。

6.3.1 对等节点

6.2 节介绍了创建组织与通道、确认身份与角色、将公有数据利用排序服务传播、将私有数据利用随机化数据传播协议保存等内容。诚然，在配置阶段，网络开发人员需要考虑各种类型的实体，但在一个正常运行的 Hyperledger Fabric 网络中，企业往往是通过客户端控制对等节点与其他实体执行交互的。因此，有必要将对等节点与经常伴随这一实体出现的通道、组织、身份、排序节点等概念进行联系与区分，使读者能更清晰地理解对等节点在 Hyperledger Fabric 网络中的作用。

1. 对等节点与通道的关系

对等节点用于存储、处理和传输交易数据，负责维护账本的副本，并参与交易的验证和背书过程。对应地，通道中用于组织通信和交易的机制，通常由一组特定的应用程序和对等节点组成，它们通过加入通道来协作管理和共享账本。

可以将对等节点类比为一个人，并将通道的概念类比为社交圈，一个人可能有多个社交圈，每个圈子参与不同的活动。这些社交圈的参与成员可以像工作与家庭一样大多数时候完全独立，也可以像初中和高中同学一样有一些成员重叠。无论是否有成员重叠，每个社交圈都是一个独立的实体，具有独立的维护成员资格的内部规定，也具有独立的信息共享渠道。

对等节点的工作方式与社交圈中的人类似。一个对等节点可能属于多个通道，并维护每个通道特定的账本和链码；一个对等节点也可能只属于一个通道，因此只需要遵循这一个通道的规则。此外，通道是特定应用程序和对等节点之间通信的路径。如图 6-8 所示，应用程序通过网关服务与对等节点 1 和对等节点 2 进行通信，获取有关账本和链码的信息。

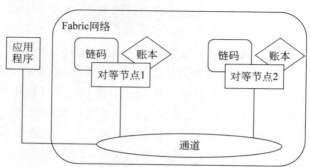

图 6-8　Hyperledger Fabric 的客户端与对等节点通信实例

通道是一个逻辑概念，并不像对等节点一样实际存在，它是由一组物理上存在的对等节点形成的逻辑结构。对等节点提供了对通道的访问和管理途径。

2. 对等节点与组织的关系

在由多个组织共同管理的背景下，对等节点是实现通道内通信的关键组件，是由组织拥有并管理的网络实体。图 6-9 省略了排序节点和证书签发机构等网络实体，展示了一个非常简单的网络部署情况。4 个不同组织拥有 8 个对等节点，其中 5 个节点加入通道（其他对等节点一般会加入其他通道），4 个客户端应用程序通过网关服务连接组织对应的对等节点。

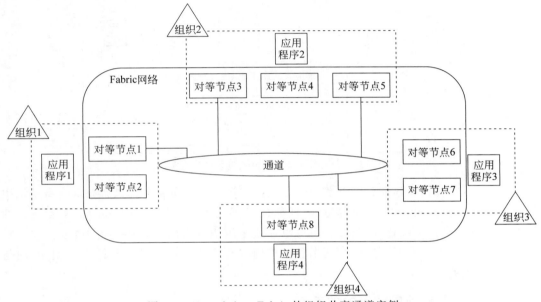

图 6-9　Hyperledger Fabric 的组织共享通道实例

图 6-9 所示的网络结构被称为弱中心化的分布式网络，这是由于除排序服务外，网络中不存在集中的资源。一方面，这意味着如果没有组织将自己的资源贡献给网络，该网络将不会存在；另一方面，网络并不依赖于任何单个组织，即使有部分旧组织及其对等节点离开，或者有部分新组织及其对等节点加入网络中，网络也仍然存在。在实际应用中，每个组织对如何使用账本上的数据都有自主权，尽管所有的对等节点维护的账本副本相同，但每个组织使用的应用程序可能相同，也可能不同，导致在组织之间数据的呈现逻辑可能有所区别。

3. 对等节点与身份的关系

证书签发机构通过颁发数字证书的形式为每个节点确定身份。一般情况下，数字证书由对等节点所属组织的管理员批量申请，并对组织内的不同成员依次下发。本地成员服务提供者会根据身份为该节点确定角色，当该节点连接到一个通道时，通道成员服务提供者也会对其角色、身份、所属组织进行标识。

如图 6-10 所示，组织 1 对应的证书签发机构 1 为其下辖的对等节点 1 颁发数字证书 1，为对等节点 2 颁发数字证书 2。同样，证书签发机构 2 为组织 2 的对等节点 3 颁发数字证书 3，为对等节点 4 颁发数字证书 4。组织 1 的成员服务提供者为持有数字证书 1 的对等节点 1 和持有数字证书 2 的对等节点 2 做身份和角色间的映射标识，组织 2 的成员服务提供者为对等节点 3 和对等节点 4 做映射标识。对等节点 1 和对等节点 4 接入通道,通道成员服务提供者作为逻辑概念包含组织 1 的成员服务提供者和组织 2 的成员服务提供者的主要内容,以便通道内的实体相互认证,并在物理上以副本形式分散存储于对等节点 1 和对等节点 4 本地或集中存储于组织 1 和组织 2 的数据库中。

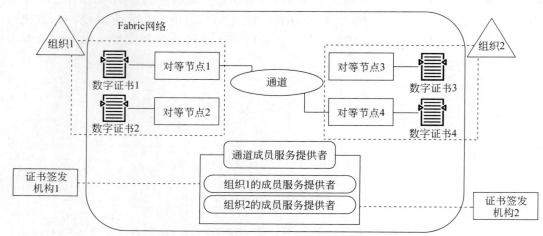

图 6-10　Hyperledger Fabric 的身份签署实例

对等节点与任何实体通信前都需要通过其数字证书和成员服务提供者获取自身及组织的身份。使用身份与区块链网络交互的任何成员都被称为主体(Principle)。需要注意的是,对等节点的身份可以存放于云端,也可以存放于组织拥有的数据中心上,或者存放在对等节点本地。对等节点的所属只与证书签发机构和对应的本地成员服务提供者相关,而与其存储位置无关。

4. 对等节点与排序节点的关系

对等节点和排序节点在一个具体的通道中具备不同的功能,它们相互配合,确保网络的一致性和完整性。对等节点存储账本和智能合约,应用程序通过与对等节点交互来查询和更新账本。然而,对等节点本身不能独自更新账本,而是要依赖排序节点主导的共识过程。排序节点协调账本的更新过程,确保交易的顺序和一致性。它们接收交易请求,排序交易,将交易打包成区块,然后广播给网络中的对等节点。对等节点收到区块后,验证交易的有效性,并将其应用到本地账本中。排序节点保存有账本副本,但不存储用于验证交易和为交易背书的链码。

6.3.2　账本

6.1.4 节已经指出,Hyperledger Fabric 的分布式账本由世界状态和区块链构成,本节主要介绍 Hyperledger Fabric 中世界状态、区块链、区块、交易的具体结构与相互关系。

1. 世界状态

世界状态记录了当前时刻特定分布式账本内所有业务对象的信息。在区块链中,遍历所有区块来计算某一业务对象的当前值是十分烦琐的,因此 Hyperledger Fabric 引入世界状态的概念,方便用户直接获取信息,起到快照的作用。

如图 6-11 所示,世界状态的数据组织形式是一个以资产名作为键,以资产的相关属性作为值的字典,并通过版本号标注了资产自创建以来的更新次数。易知资产的属性值可以是单个值的简单结构,也可以是字典、列表等复杂结构。所有对世界状态的更新都是经过 6.2 节介绍的创建交易并通过排序服务将新交易上链完成的,但该过程对用户透明,因此可将该过程简化描述为客户端应用程序通过链码调用应用程序编程接口,对世界状态执行增加、删除、修改、查询操作。世界状态依托数据库高效地存储和检索状态,也方便其他应用程序在链外网络中调用。该组件也是可插拔的,用户可根据业务需要选择适当的数据库实例存储世界状态。

世界状态		
资产键	资产值	版本号
车辆1	红旗H5	0
车辆2	{品牌：比亚迪，车型：汉，颜色：银灰}	0
车辆3	[上汽通用，五菱宏光，糖果白]	0

图 6-11 Hyperledger Fabric 的世界状态结构

当通道刚刚创建并形成创世区块时,其对应账本的世界状态是一个空字典,因为此时的区块链中还未存储任何普通交易。当新节点加入通道或旧的节点故障重启时,这些节点都会通过遍历区块链的方法重新生成世界状态。

2. 区块链

区块链是分布式账本的历史版本,是业务对象从创建、更新到与世界状态一致的历史记录。通过对链中某一区块的交易内容和这些交易在上一次出现时的值进行比对,即可得出任一区块对交易的修改记录。

如图 6-12 所示,区块链是由依次链接的区块组成的顺序日志。区块的首部包含上一个区块首部的哈希值和本区块交易的哈希值;区块内则包含若干交易,每个交易代表一次对世界状态的查询或更新。特别地,区块链的首个区块是记录了通道配置初始状态的创世区块,区块头没有上一个区块的哈希,区块内也不包含任何用户交易。通过这种数据组织方式,分布式账本上的所有交易都被有序地链接在一起,并能有效防止任意节点篡改账本。

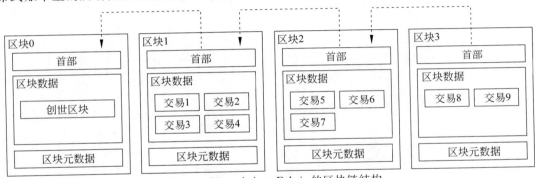

图 6-12 Hyperledger Fabric 的区块链结构

相比于世界状态,区块链以普通的文本结构实现,这是由于区块链中最主要的操作就是将新的区块附加到文件末尾,或是在节点同步信息时遍历整个链,因此没有必要为很少使用到的查询等操作选用数据库。

3. 区块

图 6-13 展示了 Hyperledger Fabric 的区块结构,包含首部、区块数据、区块元数据 3 部分。首部含有 3 个字段,分别是用于标记区块位置的区块序号、包括本区块所有交易哈希的当前区块哈希值和上一区块首部的哈希值。需要注意的是,上一区块首部的哈希值不是上一区块的当前区块哈希值,这是由于该值不仅需要保证上一区块内的交易未被伪造,还要保证前序的所有区块未被伪造。区块数据包含了按顺序排列的交易序列,其内部结构将在交易部分给出。区块元数据并不纳入任何哈希值计算中,该部分主要用于记载账本的对等节点执行验证,主要包括创建区块的排序节点的证书和签名,提交节点对每笔交易是否有效的标记,验证是否存在分叉的默克尔树根等。

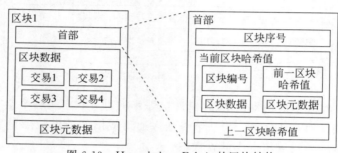

图 6-13　Hyperledger Fabric 的区块结构

4. 交易

交易是世界状态的变化情况,共包括首部、签名、提案、响应和背书 5 个基本字段。以交易 2 为例,其数据结构如图 6-14 所示。交易首部记录了所调用的链码名称等交易元数据;签名字段包含了客户端应用程序的签名,用于检查交易是否被篡改;提案字段包括了各链码的输入参数,能在当前世界状态的基础上生成新的世界状态;响应字段是智能合约的输出,以读写集的形式捕捉世界状态的变化情况,并用于在分布式账本中更新世界状态;背书字段包含了符合背书策略要求的交易背书回复列表,每笔交易只会产生一个响应,但一般会包含多个组织,如买方与卖方的背书。

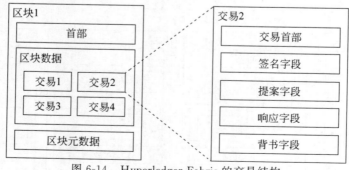

图 6-14　Hyperledger Fabric 的交易结构

6.3.3 控制策略

控制策略是规定做出决策的主体或取得结果的客体所需满足条件的规则集合。控制策略通常包含主体和客体两个关键词。在 Hyperledger Fabric 中，控制策略是基础设施管理的有效机制，由通道成员在通道最初配置时确定，但也可以随着通道的更新而修改。增删通道成员的准则、区块的生成方式、节点的背书策略等内容都属于控制策略，可以认为网络中的所有操作都需要控制策略支持。

控制策略是 Hyperledger Fabric 作为联盟链与比特币、以太坊等公链的明显区别之一。所有加入网络的用户都由证书签发机构分配数字证书，由成员服务提供者分配角色，因此可以让这些用户在网络建立时或建立后进行网络管理，较公链网络增加了诸多灵活性。

控制策略根据功能可以分为 3 类：访问控制策略、背书策略和更新策略。访问控制策略用于定义谁可以访问网络中的资源或执行特定操作，基于角色和规则限制对链码、交易和账本数据的访问权限，可以细粒度地控制不同参与者对特定资源的访问权限。背书策略用于确定哪些参与者需要交易背书，在提交交易之前，交易必须得到足够数量的背书才能被认可。更新策略用于管理和控制链码的更新和升级过程，规定了指定角色或组织可以对链码进行修改和更新的条件，确保只有经过授权的参与者才能修改链码，从而保护网络的一致性。

控制策略被分为签名策略（也称为显式策略）和隐式策略（也称为隐式元策略）两类。签名策略作用于固定组织的成员，借助本地成员服务提供者实现，每个组织都享有独立的命名空间，可以鼓励定义同名策略；隐式策略作用于不定向的组织中的成员，其本质是根据执行隐式策略的角色类型和所属组织调用相关的签名策略。

表 6-4 给出了签名策略和隐式策略的实例。其中签名策略约束了组织 1 的成员，并由组织 1 的成员服务提供者（表 6-4 中未给出路径）判断操作主体的角色。在签名策略中，组织 1 的对等节点、管理员、客户端都具有读权限，对等节点不具备写权限但具备背书权限，管理员具有管理权限。签名策略的规则所用的主要逻辑连接词是 AND、OR 和 *N*OutOf（若干元素内部的 *N* 个），如"OR（管理员，对等节点，客户端）"。隐式策略不特指某一组织，而是规定了受此隐式策略约束的组织集合（表 6-4 中未给出集合所包含成员）。表 6-4 中的隐式策略针对应用程序，同样定义了读、写、管理、背书权限。与签名策略不同的，隐式策略的主要逻辑连接词是 ANY、ALL 和 MAJORITY，表示得到本组织或本通道内足够参与者的

表 6-4　Hyperledger Fabric 控制策略实例

<table>
<tr><th colspan="4">签名策略</th><th colspan="4">隐式策略</th></tr>
<tr><td colspan="3">作用组织</td><td>组织 1</td><td colspan="3">作用文件范围</td><td>默认</td></tr>
<tr><td colspan="3">成员服务提供者路径</td><td>（略）</td><td colspan="3">作用组织集合</td><td>（略）</td></tr>
<tr><td rowspan="5">控制策略</td><td>权限</td><td>规则</td><td>实体</td><td rowspan="5">控制策略</td><td>权限</td><td>规则</td><td>实体</td></tr>
<tr><td>读</td><td>OR</td><td>管理员，对等节点，客户端</td><td>读</td><td>ANY</td><td>任何实体</td></tr>
<tr><td>写</td><td>OR</td><td>管理员，客户端</td><td>写</td><td>ANY</td><td>任何实体</td></tr>
<tr><td>管理</td><td>OR</td><td>管理员</td><td>管理</td><td>MAJORITY</td><td>管理员</td></tr>
<tr><td>背书</td><td>OR</td><td>对等节点</td><td>背书</td><td>MAJORITY</td><td>背书签名</td></tr>
</table>

批准才可执行相应操作，如 MAJORITY 管理员。

控制策略对 Fabric 网络的开发和测试大有裨益，此类策略一般需要根据具体业务定义，初学者也可在部署实例后通过 configtx.yaml 文件熟悉并改写网络中的默认策略。

6.3.4 链码及工作方式

链码与分布式账本一同构成 Hyperledger Fabric 的系统核心：分布式账本保存了一组业务对象的当前状态与历史状态，而链码则定义了所有业务对象在账本中增加、删除、修改、查询的执行逻辑。链码不仅能用于日常交易，也可用系统底层编程。

在以太坊等公链系统中，开发人员一般使用智能合约一词描述操控账本的代码段。Hyperledger Fabric 中也存在智能合约的概念，它定义了世界状态中业务对象的全生命周期中的业务逻辑。智能合约被打包成链码并部署到区块链网络中，一个链码往往包含多个智能合约和它们的打包部署策略，因此链码成为智能合约的上级概念，有时也用链码指代链码中的智能合约。

Hyperledger Fabric 链码结构示意图如图 6-15 所示。链码的输入包括合约 ID、交易请求、交易依赖和当前状态，其中部分内容为隐式输入，无须使用者填入；合约解释器会根据账本副本的状态和合约的代码逻辑对链码解释运行；链码的输出直接与打包上链结果挂靠，因此一定包含接受或拒绝的结论，如果输出接受，还需给出正确性证明、状态增量、排序提示等字段。

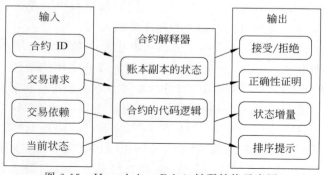

图 6-15 Hyperledger Fabric 链码结构示意图

从初学者的角度，可以认为链码以不可更改的编程方式访问账本的世界状态与区块链，主要在世界状态中获取、更新或删除状态，也可以查询区块链中的交易记录。获取操作通常表示查询，即检索有关业务对象的世界状态信息；更新操作通常是在世界状态中创建一个新的业务对象或更新一个旧的业务对象的属性；删除操作通常是从世界状态中删除业务对象。链码对世界状态的操作本质上是依靠在区块链上添加交易实现的，因此链码的所有操作都是可追溯的。将上述 3 个操作组合写成函数即为一个智能合约，为每个智能合约增添响应对象类别及背书策略等关键内容就构成了链码。

链码的应用还存在许多高阶操作，例如跨通道调用链码并组合实现更为复杂的功能，或是更改系统链码改变 Hyperledger Fabric 的底层约束，但此类操作已经超出本书的范畴，有需求的读者可以从开源社区获取更多的资料。由于 Hyperledger Fabric 的所有结构本质上都是由链码定义的，因此修改系统链码的人员应具备较高的分布式网络基础，否则可能导致账本分叉等系统错误,甚至导致系统崩溃。

6.4 Hyperledger 项目拓展及应用

本节主要介绍 Hyperledger 项目的部分改进与应用;6.4.1 节介绍 Hyperledger 的共识算法组件;6.4.2 节介绍 Hyperledger 家族的其他联盟链项目,它们和 Hyperledger Fabric 共同构成 Hyperledger 联盟链生态;6.4.3 节介绍 Hyperledger Fabric 的实际应用,并给出 Hyperledger 的两个企业级解决方案示例;6.4.4 节结合各联盟链项目合作伙伴的实际应用,探讨联盟链在应用市场中的潜力和发展前景。

6.4.1 Hyperledger 的共识算法组件

Hyperledger 将共识算法分为基于彩票的算法和基于投票的算法两种。典型的基于彩票的算法有随机等待时间证明(Proof of Elapsed Time,PoET)和工作量证明等。此类算法的本质是随机抽签产生领导节点,其优势在于可扩展性强,因为彩票的中奖者提出一个块,即可将其传输到网络上供其他节点验证。对应地,基于彩票的算法在可终止性上存在劣势,这是因为在实践中存在一定可能,两个赢家会几乎同时提出一个块,这种情况会导致联盟链分叉,使得系统花费更长的时间才能最终确认。

基于投票的算法包括冗余拜占庭容错和 Paxos 算法等。此类算法往往需要多步甚至多轮 1 对 n 或 n 对 n 广播实现,因此其达成共识所需的时间与节点总数直接相关。概述地讲,当网络中的节点数较少时,基于投票的算法延迟较低,吞吐量可以达到每秒数千笔交易,甚至更高,但是常见的基于彩票的共识算法其吞吐量往往只有每秒几十笔交易。这是由于只要大多数节点能验证交易和区块,则共识的可终止性便得到保证,且一定不会出现分叉等问题,进而影响共识机制的正确性。对应地,网络上的节点越多,达成共识所需的时间就越长,因此此类共识算法的可扩展性较差,往往只能适配数十到数百个节点的网络。

除 Hyperledger 给出的分类标准外,还可根据网络条件假设将共识算法分为同步网络共识、半同步网络共识和异步网络共识;也可根据敌手模型将共识算法分为死机容错模型和拜占庭容错模型;或者根据错误节点在共识过程中是否发生变化分为静态敌手模型和动态敌手模型。当研究人员对一个共识算法分类时,其可以较全面地归纳算法所属类别,如称 Paxos 算法是异步网络环境静态死机敌手容错模型下的共识算法,但多数情况下只需根据比较对象和应用领域概述其最典型的特征。总之,共识没有绝对的优劣之分,往往需要根据业务的实际需求选用最适配的算法。

6.4.2 Hyperledger 社区子项目介绍

自 2017 年第一个子项目 Hyperledger Fabric 正式上线以来,Hyperledger 现已拥有十多个子项目,用于支持开发人员、企业和社会组织协作构建、共享增强区块链框架与工具。Hyperledger 子项目具有企业级、模块化、算法无关性、高安全性、可互用性、接口简洁的特征,在诸多联盟链平台中取得了很高的知名度和很大的市场规模。下面从应用与编程层面简要介绍包括 Hyperledger Fabric 在内的 4 个 Hyperledger 子项目,这些项目均被投入生产环境，它们各具特色且拥有较活跃的开发社区。

1. Hyperledger Fabric

Hyperledger Fabric 是部署最广泛的企业级区块链平台，它在大规模数据下性能出色且兼具隐私保护功能。因此，Hyperledger Fabric 被大量上市公司选用为分布式账本的具体实现技术。Hyperledger Fabric 采用模块化的灵活架构，能即插即用，并支持共识和成员服务等组件。

在工程实现层面，Hyperledger Fabric 通过 Go 语言实现主体代码，并增加了对 Java、Rust、JavaScript 语言用于客户端开发的支持。Hyperledger Fabric 主要使用 Kafka 共识，但也提供了接口供开发人员自行调用其他共识算法。

2. Hyperledger Besu

Hyperledger Besu 在分类上与 Hyperledger Fabric 同属于通用分布式账本技术，同样具有图灵完备的链码功能，但该项目主要应用于建立以太坊客户端，为企业打通公链和联盟链的壁垒。因此，Hyperledger Besu 拥有较为全面的共识算法，如 PoW、PoA 等区块链共识算法和 PBFT 等传统分布式共识算法等。

在工程实现层面，Hyperledger Besu 使用 Java 语言编写，支持以太坊上的常用代币标准用于发行虚拟货币，如 ETH 遵循的基本标准 ERC-20 和各类 NFT 遵循的 ERC-721 等。

3. Hyperledger Cacti

Hyperledger Cacti 是由 Hyperledger 的两个早期项目 Cactus 和 Weaver 的代码库合并而成的。但 Hyperledger Cacti 并非一个通用分布式账本技术，而是一个集成平台。Hyperledger Cacti 用于为各区块链平台间日趋割裂的问题提供解决方案，对一些链间常用功能提供接口调用，能有效减少企业间重复造轮子的弊病，是跨链资产转移等功能的主要实现方式。

在工程实现层面，Hyperledger Cacti 基于 Rust 语言编写，所提供的客户端软件开发工具包使用 TyperScript 语言而非 JavaScript 是其与其他子项目最大的区别。

4. Hyperledger Aries

Hyperledger Aries 是去中心化身份解决方案和数字信任的完整工具包。通过零知识证明技术，Hyperledger Aries 能在最大限度保护隐私的情况下发布、存储和呈现可验证的凭据，并为用户交互建立保密、持续的通信渠道。Hyperledger Aries 支持多种协议、凭证类型、分类账和注册表，并拥有多种开发语言的框架，以及互操作性工具和配置文件，可帮助一切无缝协作。

在工程实现层面，Hyperledger Aries 基于 Go 语言和 Python 语言编写，使用了另一个子项目 AnonCreds 中提供的密码学方案，以实现分布式密钥管理等相关功能。

6.4.3 Hyperledger 解决方案实例

解决方案是指实现特定业务需求的技术路线。传统的分布式数据库存在过度中心化、安全性和可靠性较弱、不能自执行链码等局限性。Hyperledger 使用的联盟链技术弥补了上述缺点，并在多种应用场景中取代分布式数据库的传统构型，向企业提供了具备更高透明度与效率的解决方案。下面以用于管理支付协议的服务级别协议（Service Level Agreements，SLA）自评估和用于企业数据流多方系统的 FireFly 项目为例，介绍 Hyperledger 在具体业务中的应用。

1. 服务级别协议自评估

假设一种经典的两方业务关系场景，服务提供商向客户提供服务，客户向服务提供商支付费用。在这一关系中，约定服务和金额时所签署的文件为服务级别协议。如果服务提供商违反了该协议，则会触发协议中规定的客户补偿措施。传统模型在判定违反协议时存在两项隐患：第一，做出判定的主体是服务提供者；第二，做出判定的依据是服务提供者提供的框架和工具。因此，客户在签署协议后可能会由于解释权归商家所有而蒙受损失，进而降低客户签署同类协议的意愿。例如，如果某外卖平台的计时较真实时间慢，则消费者获得"准时宝"赔付会更加困难，进一步会降低消费者在该平台点单的意愿。随着科技进步和产业分化的影响，服务级别协议的需求变得更加具体。复杂的评估机制增强了客户对服务级别协议透明度和补偿措施执行情况的重视。由服务提供者通过应用程序编程接口引导客户查询服务级别协议执行情况的传统模型已不再适应新的业务关系，对应地，一种能自动完成指标监测、违规审查、补偿发放的被称为服务级别协议自评估的概念正在逐步取代这一模型。

联盟链技术为服务级别协议自评估提供了可信的执行环境，能减少客户对合同条款的误解，为服务提供者和客户提供计算透明度，围绕服务级别协议评估中的任何利益冲突，建立客户和提供者之间的信任。在图 6-16 中，联盟链网络使用可信执行环境保护服务级别协议的隐私性和安全性，并依靠链码实现服务级别协议自评估。服务提供商和客户是该网络中的两个参与成员。客户购买了服务提供商的产品并执行支付协议后，会生成服务级别协议参数和双方签名，同时激活链上可信执行环境。链上可信执行环境将签名的服务级别协议参数加入服务级别协议自评估注册表中，并为其提供安全飞地服务。飞地监测通过隧道组件获取服务级别协议指标，持续为链上可信执行环境提供支持，同时保障联盟链网络中的其他成员不能访问相关数据。此外，链上可信执行环境还支持飞地比较，通过计算服务级别协议参数判定违约，从而自动执行退款链码。

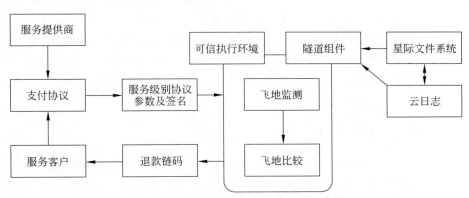

图 6-16 服务级别协议自评估系统示意图

该解决方案假设存在链上可信执行环境，以保障托管组件中飞地监测、飞地比较等链码的隐私性。Fabric 专属链码扩展包提供了上述环境的具体实现方案，因此也被视为服务级别协议自评估系统的核心。下面给出服务级别协议自评估中开始飞地监测后所涉及的各组件的主要特点,以便读者进一步理解该方案的细节。

(1) **可信执行环境**。可信执行环境依靠 Intel SGX 或 ARM TrustZone 等硬件支持实现。本解决方案中的可信执行环境结合了区块链和安全飞地两项技术,被称为链上可信执行环境。区块链具有去中心化的性质,因此服务提供者和服务客户都可以信任可信执行环境关联的服务级别协议及其数据。

(2) **飞地监测**。飞地监测主要由专门的链码构成,能识别任何新签署的协议,并使用隧道组件从星际文件系统检索最新的协议日志,以保障可信执行环境不会被非法访问。在将新的协议添加到监测集合的同时,飞地监测组件会在可信执行环境内获取、分析最新的服务级别协议日志文件并转发给飞地比较组件。

(3) **星际文件系统**。星际文件系统节点接受飞地监测使用隧道组件与其连接并通过唯一内容标识符查找最新的服务级别协议日志,其自身数据的更新依靠云日志组件不断向星际文件系统网络广播符合协议的新日志文件。

(4) **飞地比较**。飞地比较是一种特殊的链码,主要功能是计算任何潜在的服务级别协议违约,它会在飞地监测转发日志时自动触发并在 Fabric 专属链码扩展包中自动执行。由于 Fabric 专属链码扩展包保障了联盟链网络的第三方不能访问运算过程,因此飞地比较得出的结果可被视为客观公正的。

(5) **退款链码**。若结果表明存在服务级别协议违约,飞地比较将调用退款链码,直接在双方账户上加减商定的赔偿金额,以履行服务级别协议补偿措施。

2. FireFly 项目

Hyperledger FireFly 是一个用于企业数据流的多方系统,它解决了底层区块链与高层业务流程和用户界面之间的复杂性问题。在涉及多方合作的去中心化应用中,区块链只是整体解决方案所需的一小部分。通常情况下,企业需要事先投入大量资源用于功能性应用的构建,再与区块链模块集成。因此,实现去中心化的多方系统面临的主要问题是区块链与其原有功能集成时的兼容性问题。此外,考虑到共享敏感文件或发送私人信息等需求伴随的隐私性需求,去中心化的多方系统还必须支持成员或组织之间的链下通信。

FireFly 为构建由区块链驱动的多方系统提供了一种如图 6-17 所示的标准化方法。通过易于使用的应用程序编程接口,FireFly 可为任何区块链应用程序提供构建模块,如固定数据、发送公开或私有消息和文件、创建事件系统、自定义链码和管理代币等。FireFly 的系统架构是模块化和可插拔的,开源代码已于 2021 年在 GitHub 等在线平台发布,并于两年内进行了约 50 次更新维护。

6.4.4 联盟链的应用前景

联盟链项目在我国得到大力支持,近年来主要应用于供应链管理、政府服务、银行和金融服务、医疗保健和物联网等领域,下面给出上述领域的主要应用场景和典型项目。

(1) **供应链管理**。联盟链的农产品溯源平台,上链信息覆盖了大米种植、加工、包装、运输、仓储、分销和配送等环节,形成一个完整而严谨的供应链闭环。

(2) **政府服务**。联盟链可用于改善政府服务的透明度和效率,例如用于公共采购、土地登记等方面。联盟链可以确保数据的安全性和可追溯性,防止腐败和欺诈行为发生。

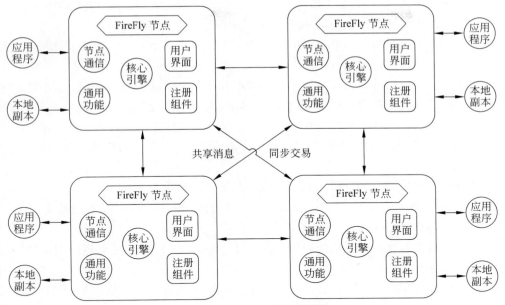

图 6-17 FireFly 系统示意图

（3）**银行和金融服务**。联盟链可用于加强金融机构之间的合作和协调，确保交易的可靠性和透明度。联盟链可用于管理跨境支付、信贷评估、证券交易等金融服务。

（4）**医疗保健**。联盟链可用于管理医疗数据，以确保医疗记录的安全性和隐私性。医疗机构和患者可以在联盟链上存储和共享医疗数据，同时保持数据的安全性和可控性。

（5）**物联网**。联盟链可用于管理物联网设备和数据，确保设备之间安全通信和数据共享。通过联盟链，设备可以执行可信的交互，从而提高物联网系统的可靠性和安全性。

6.5 注释与参考文献

本章对联盟链的介绍主要参考文献[76]和文献[77]，两文献对比了联盟链与公链、私链的异同，并阐述了联盟链的应用场景。

对 Hyperledger Fabric 的概述性介绍主要参考文献[78]。

Hyperledger Fabric 网络架构的知识主要参考文献[79]，关于交易的上链流程、各类实际运行开销均可参考此文献。

Hyperledger Fabric 的重要概念介绍主要参考文献[80]和文献[81]。

此外，本章给出的 Hyperledger 的部分实例及开发相关内容来自 Hyperledger 白皮书和 Hyperledger 官网的开源技术文档。

6.6 本章习题

1. 相比公链，联盟链的 4 个特点是什么？这些特点为什么会使联盟链相比公链显著降低信息传播的成本？

2. 图 6-3 属于联盟链,它是否属于由单个组织管理的私链子概念?如果该图属于私链,请画出一个不属于私链的 Hyperledger Fabric 网络结构;反之亦然。

3. 假设图 6-3 是组织 0 至组织 4 中的其中一个组织的视图全貌,为什么最可能是组织 2,而非其他 3 个组织?

4. 如果 Hyperledger Fabric 允许非授权节点加入组织或通道,会产生怎样的安全隐患?如果这些节点还具有基础的读权限,又会产生哪些额外的安全隐患?

5. Hyperledger Fabric 网络对隐私的保护体现在 3 个层级,请分别阐述。

6. 6.2.2 节表示成员服务提供者应满足 3 项需求,请找出 3 个对应的实例,证明设立这 3 项需求是有必要的。

7. 请解释本地成员服务提供者和通道成员服务提供者的关系。

8. 请举例一个现实中的组织,说明如果该组织使用联盟链,则一般需要定义组织联合体。

9. 根据随机化数据传播协议流程,请思考 Hyperledger Fabric 在交易过程中是同步网络还是异步网络?

10. 结合 6.2 节,通道在逻辑层面存在,那么在文件存储层面是如何判断 Hyperledger Fabric 网络中有哪些通道和各对等节点归属的呢?

11. 假设图 6-10 的对等节点 3 被组织 1 托管运行,如何确定其属于组织 2?

12. 假设 Hyperledger Fabric 网络某通道内账本的世界状态被写入数据库中,该公司的外网也通过该数据库向其他业务流展示资产数据。这一产品架构是否能保障该公司的链外展示内容与链内账本一致,为什么?

13. 根据 Hyperledger Fabric 区块的结构,如果将区块头中上一区块首部的哈希值更改为上一区块的当前哈希值字段,会产生怎样的安全隐患?请找出一种对账本的攻击方式。

14. 根据 Hyperledger Fabric 区块的结构,请说明元数据中的默克尔树根如何检测分叉?

15. 为什么鼓励在不同组织中定义同名控制策略?

16. 请综合 6.2 节和 6.3 节的内容,简要描述两个组织从运行 Hyperledger Fabric 网络到达成交易的全部过程。

第 7 章 区块链安全技术

区块链以其去中心化的特性受到学术界和工业界的广泛追捧,支持在无可信中心的前提下执行数字交易,并利用链式的数据存储结构防止信息被恶意篡改。本章将从攻击方法和防御措施这些方面介绍几种经典的针对区块链安全性的攻击,7.1 节介绍共识层攻击,包括零双花攻击、N-确认双花攻击、自私挖矿攻击等;7.2 节介绍网络层攻击,包括日蚀攻击和女巫攻击;7.3 节介绍数据层攻击,包括签名延展性攻击和时间劫持攻击。

7.1 共识层攻击

本节介绍区块链共识层攻击,包括零双花攻击、N-确认双花攻击、自私挖矿攻击、扣块攻击和扣块后的分叉攻击、长程攻击以及权益窃取攻击。

7.1.1 零双花攻击

1. 攻击简介

零双花攻击,有时也称为零确认双花攻击,是电子货币领域的一种常见攻击,攻击者会尝试重复花费同一笔电子货币以实现双重支付。区块链网络通过节点之间的共识机制防止双重支付。网络保存每个地址的余额,并在交易产生时更新余额。当节点收到一笔交易时,会验证其有效性,最终只有被共识机制确认的交易才能被写入区块。如果攻击者尝试双重支付,这两笔交易会被节点检测出,后一笔交易会因为无法通过验证而被忽略,最终只有被共识机制确认的交易才能被写入区块。

在快速支付的场景下,零双花攻击利用比特币网络中交易等待时间的漏洞,通过构建并行链实现双重支付。攻击者向商户发送诚实交易用于购买某种商品或服务,且同时向比特币网络广播有相同输入的攻击交易,该攻击交易的输出为攻击者控制的地址或另一商户。如果大多数节点先接收了攻击交易,那么诚实交易就会作废,然而商户可能已经向攻击者提供了商品或服务。

2. 攻击方法

零双花攻击示意图如图 7-1 所示,攻击者 A 和商户 V 通过比特币网络连接,假设攻击者 A 已获悉商户 V 的比特币和网络地址,且 A 只能控制网络中的少数节点,即掌握的算力不超过全网算力的一半,网络中的其余节点皆诚实挖矿。攻击者欺骗商户 V 接收诚实交易 TR_V,并且生成攻击交易 TR_A,TR_A 和 TR_V 的输入相同(这两笔交易使用相同的比特币),但是接收方变更为 A 控制新生成的比特币地址。

如果敌手在相邻的时间内发送攻击交易和诚实交易,那么比特币节点不会接收有相同输入的多笔交易,而是接收首先收到的交易并忽略后一笔。由于网络传输影响,这两笔交易最终会以相似的概率被下一个区块确认。当商户 V 接收交易 TR_V,且比特币网络中的大部分节点接收交易 TR_A 时,交易 TR_A 会以更大的概率被下一个区块确认,此时零双花攻击成功。由此可概括出零双花攻击成功的 3 个必要条件。

(1) 交易 TR_V 被商户 V 接收,加入其钱包中。
(2) 交易 TR_A 被区块链确认。
(3) 商户 V 与攻击者交互的服务时间小于商户 V 检测到恶意行为的时间。

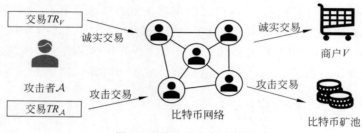

图 7-1 零双花攻击示意图

攻击者可尝试与商户 V 建立输入连接,若成功后可直接向商户 V 发送交易 TR_V,使该交易被商户认可并加入其钱包,则可满足条件(1)。同时,攻击者向其控制的诚实节点发送攻击交易 TR_A,由该节点转发至全网被大多数诚实节点所接收,即满足条件(2)。最后,由于攻击者可布置其控制节点的网络拓扑远离商户 V,则交易由点对点网络洪泛协议传播至商户 V 存在一定延迟,若该延迟长于商户 V 与攻击者的交互时间,则满足条件(3)。

3. 防御措施

零双花攻击将直接动摇数字货币的根基。由于比特币区块链要求至少等待数十分钟的区块确认,因此该时间远不适用于快速支付场景。在快速支付场景中部署有效的零确认双花攻击检测技术,是调和区块链应用和安全需求的关键。

常见的检测技术包括设置若干秒监听周期或插入观察节点。若干秒时间已足够交易广播至全网所有节点,因此对商户 V 而言,同时检测到双花的概率较高,需要注意的是,该检测操作需要修改当前比特币客户端。但攻击者可相应地提高发送延迟进而超过监听时间,导致商户 V 周围节点在接收到交易后而不向商户转发,进而使得设置监听周期检测技术仅在商户连接数较高(超过 100 个)时才有效。同理,当攻击者延迟发出交易时,插入观察节点进行检测的技术,需要较多的观察节点才能生效,这导致该技术花费较高。

除上述检测技术,Karame 等提出另一种改进策略,转发且不存储双花交易。若客户端收到一笔未双花交易,则正常存储该交易至存储池并转发;否则,不存储攻击交易但仍旧转发,这将帮助商户 V 及其观察节点在攻击者延迟发出交易时检测到双花攻击。

7.1.2 N-确认双花攻击

1. 攻击简介

相较于交易层面竞争的零确认双花攻击，N-确认双花攻击可被视为敌手与诚实节点在区块层面的竞争。该攻击的成功概率对应当敌手落后诚实节点 N 块时，敌手链可成功反超诚实链的概率。

2. 攻击方法

N-确认双花攻击示意图如图 7-2 所示。状态 1 表示攻击开始时区块链的状态，此时区块还没有任何相关的事务。状态 2 中下面的分支已经在网络中公开，包括两个已经确认的向商家支付的交易，在商家发货的同时，攻击者在替代私有分支中找到了一个区块，将交易的金额转入自己的账户。如果攻击者成功使得他的分支比网络上已知的分支更长（如状态 3 所示），该攻击者便会取消之前的支付，此时向他自己支付的交易最终将被接收。

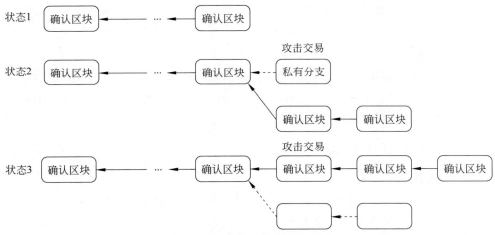

图 7-2 N-确认双花攻击示意图

假设诚实算力占全网比重为 p，敌手算力占比为 q，且 $p+q=1$。诚实链长为 n，敌手链长为 m，二者链差 $z=n-m$；由于双花攻击敌手通常可事先准备好一个竞争块，则链差结果修正为 $z=n-(m+1)=n-m-1$。敌手和诚实网络的竞争可视为二项随机游走，则链差随时间单位 i 的递推式可表示为

$$z_{i+1} = \begin{cases} z_i + 1 \text{ 以概率 } p \\ z_i - 1 \text{ 以概率 } q \end{cases} \tag{7-1}$$

进一步，引入 a_z 表示敌手落后 z 块时可追上的概率，则由 z_i 递推式可得 a_z 循环关系为

$$a_z = pa_{z+1} + qa_{z-1} \tag{7-2}$$

该关系为典型的赌徒破产问题，由 $p+q=1$ 及边界条件可解得：

$$z_{i+1} = \begin{cases} 1, & z<0 \text{ 或 } q>p \\ \left(\dfrac{q}{p}\right)^{z+1}, & z \geqslant 0 \text{ 或 } q \leqslant p \end{cases} \tag{7-3}$$

由此可得,当 $q>p$ 时,敌手链必然可在落后任意 z 块后追上诚实链;而 $q<p$ 时,敌手可追上概率随 z 指数递减。这也是要求诚实算力占比至少超过一半的依据。敌手发动 N-确认双花攻击,对应商户需等待敌手交易所在块后面接有 $n=N$ 个块。相比于中本聪原文里引入的假设,即敌手挖出 m 个块遵循泊松分布的假设,建模 m 为在诚实网络挖到 n 个块(敌手失败次数)之前的敌手挖块数(敌手成功次数)。因此,基于 m 的成功概率为

$$P(m) = \binom{m+n-1}{m} p^n q^m \tag{7-4}$$

综上所述,敌手成功的概率为敌手落后 n 块后挖出 m 块的概率 $P(m)$,乘以落后 $z=n-m-1$ 块可追上概率,并对所有 m 可行值求和可得式(7-5):

$$\sum_{m=0}^{\infty} P(m) a_{n-m-1} = \begin{cases} 1 - \sum_{m=0}^{n} \binom{m+n-1}{m}(p^n q^m - p^m q^n), & q < p \\ 1, & q \geq p \end{cases} \tag{7-5}$$

表 7-1 归纳了式(7-5)的结果,其中典型值结果为在敌手算力占全网比重 10% 的前提下,商户在等待 6 个块确认后可将敌手施行 N-确认双花攻击的成功概率降至千分之一以下(中本聪原文的结果为 6 个等待块确认)。

3. 防御措施

与零双花攻击防御措施大致相同,主要包括等待一定时间得到足够的确认、设置监测节点等。除此之外,还可以采用交易信誉度评估系统,通过评估交易者的信誉度,确定哪些交易可以被接收,从而降低双花攻击的风险。

7.1.3 自私挖矿攻击

1. 攻击简介

诚实挖矿规定,矿工寻找到正确的 PoW 解就及时公布所挖的块。自私挖矿是一种不诚实的挖矿策略。不诚实的矿工将在自己私密链分支上挖矿,并在特定的时间揭示自己持有的私密链分支,用于篡改诚实挖矿者对于最长链的视图,以达到增加非诚实挖矿收益的目的。在遭受自私挖矿攻击的区块链系统下,诚实节点的算力有可能被浪费在一条未来将会被抛弃的区块链分支。比特币区块链系统的安全依赖于诚实算力的占比超过全网算力的50%,敌手可通过自私挖矿策略将该门限降低。自私挖矿策略可以证明比特币区块链系统不是激励相容的,即使用该策略,敌手可获得超过自身算力占比的收益。随着时间的推移,这将导致诚实的独立挖矿节点倾向加入自私矿池,从而推动自私矿池不断壮大,进而破坏比特币区块链系统的去中心化特性。

表 7-1 敌手在不同算力比例 q 和商户采用不同确认块数 N 的前提下实行 N-确认双花攻击的成功概率

$\dfrac{q}{N}$	1	2	3	4	5	6	7	8	9	10
2%	0.0400	0.0024	0.0002	0.0000	0	0	0	0	0	0
4%	0.0800	0.0093	0.0012	0.0002	0.0000	0	0	0	0	0
6%	0.1200	0.0207	0.0039	0.0008	0.0002	0.0000	0.0000	0	0	0

续表

$\dfrac{q}{N}$	1	2	3	4	5	6	7	8	9	10
8%	0.1600	0.0364	0.0091	0.0024	0.0006	0.0002	0.0001	0.0000	0	0
10%	0.2000	0.0560	0.0171	0.0055	0.0018	0.0006	0.0002	0.0001	0.0000	0.0000
12%	0.2400	0.0795	0.0286	0.0107	0.0041	0.0016	0.0006	0.0003	0.0001	0.0000
14%	0.2800	0.1066	0.0440	0.0189	0.0083	0.0037	0.0017	0.0008	0.0003	0.0002
16%	0.3200	0.1372	0.0635	0.0305	0.0150	0.0075	0.0037	0.0019	0.0010	0.0005
18%	0.3600	0.1711	0.0874	0.0463	0.0250	0.0137	0.0076	0.0042	0.0024	0.0013
20%	0.4000	0.2080	0.1158	0.0667	0.0392	0.0233	0.0140	0.0085	0.0052	0.0032
22%	0.4400	0.2478	0.1489	0.0923	0.0583	0.0373	0.0241	0.0157	0.0102	0.0067
24%	0.4800	0.2903	0.1865	0.1234	0.0831	0.0566	0.0389	0.0270	0.0188	0.0131
26%	0.5200	0.3353	0.2287	0.1603	0.1143	0.0824	0.0599	0.0438	0.0322	0.0238
28%	0.5600	0.3826	0.2753	0.2032	0.1523	0.1154	0.0881	0.0677	0.0522	0.0404
30%	0.6000	0.4320	0.3262	0.2521	0.1976	0.1565	0.1248	0.1000	0.0805	0.0651
32%	0.6400	0.4833	0.3811	0.3069	0.2504	0.2061	0.1708	0.1423	0.1190	0.0998
34%	0.6800	0.5364	0.4397	0.3674	0.3106	0.2647	0.2270	0.1955	0.1690	0.1466
36%	0.7200	0.5910	0.5018	0.4333	0.3781	0.3323	0.2936	0.2604	0.2318	0.2069
38%	0.7600	0.6469	0.5670	0.5042	0.4525	0.4085	0.3706	0.3374	0.3081	0.2820
40%	0.8000	0.7040	0.6349	0.5796	0.5331	0.4930	0.4577	0.4262	0.3979	0.3722
42%	0.8400	0.7621	0.7051	0.6588	0.6194	0.5848	0.5539	0.5260	0.5004	0.4769
44%	0.8800	0.8209	0.7772	0.7412	0.7103	0.6828	0.6580	0.6353	0.6143	0.5948
46%	0.9200	0.8803	0.8506	0.8261	0.8048	0.7857	0.7684	0.7523	0.7374	0.7234
48%	0.9600	0.9400	0.9251	0.9126	0.9018	0.8920	0.8831	0.8748	0.8670	0.8597
50%	1.0000	1.0000	1.0000	1.0000	1.0000	1.0000	1.0000	1.0000	1.0000	1.0000

2. 攻击方法

假设将全网算力划分为两个矿池,其中敌手矿池算力占全网比为 α,则诚实节点算力占比为 $1-\alpha$。假设敌手对网络的控制力为 γ,即等长敌手链被全网所接收的概率。敌手的自私挖矿策略可用图 7-3 中的状态机表示。状态变量 s 表示当前敌手链领先诚实链的块数,即链差。每当某一方成功挖到一个区块,链差发生改变,即自私挖矿策略发生改变。

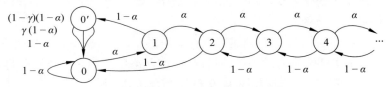

图 7-3 自私挖矿策略状态转换图

其中,零链差拥有 0 和 0′ 两种状态,状态 0 表示全网只有一条最长链,公开且无分叉;状态 0′ 表示全网有两条公开的等长链,一条由诚实节点发布,另一条由敌手发布。自私挖矿策略状态转移主要分为以下几种情况。

(1) 若当前状态变量为 $s=0,1,2,\cdots$,则 s 转为 $s+1$ 的概率为 α。

(2) 若当前状态变量为 $s=3,4,\cdots$,则 s 转为 $s-1$ 的概率为 $1-\alpha$;表示敌手秘密持有一条比诚实网络长 3 块以上的敌手链。

(3) 若当前链差为 2,当诚实网络发现一个合法区块时,敌手立刻释放自己领先的两个区块,则敌手块覆盖诚实网络发现的块,链差变为 0。

(4) 若当前链差为 1,当诚实网络发现一个合法区块时,敌手也立刻释放自己领先的一个区块,则状态转移至 0′,双方进入竞争状态。

(5) 若当前为链差 0 的竞争状态 0′,则有 3 种状态转移可能,总概率为 1。若敌手再成功挖到一个合法块,则敌手可以领先原本已确认诚实链 2 块的优势,覆盖诚实网络发布的竞争块,此情况概率为 α;诚实网络有 γ 的概率接收敌手链,并在敌手链之后挖得一个合法块且被敌手接收,此情况概率为 $\gamma(1-\alpha)$;诚实网络有 $1-\gamma$ 的概率不接收敌手链,并在诚实链之后挖得一个合法块,则敌手承认在等长链的竞争中失败并接收诚实链,此情况概率为 $\gamma(1-\alpha)$。

由上述状态机各状态转移关系可列出式(7-6)所示关系:

$$\begin{cases} \alpha p_0 = (1-\alpha)p_1 + (1-\alpha)p_2 \\ p_{0'} = (1-\alpha)p_1 \\ \alpha p_1 = (1-\alpha)p_2 \\ \alpha p_k = (1-\alpha)\alpha p_{k+1}, \quad \forall k \geqslant 2 \\ 1 = \sum_{k=0}^{\infty} p_k + p_{0'} \end{cases} \quad (7\text{-}6)$$

进一步解得式(7-7):

$$\begin{cases} p_0 = \dfrac{\alpha - 2\alpha^2}{\alpha(2\alpha^3 - 4\alpha^2 + 1)} \\ p_{0'} = \dfrac{(1-\alpha)(\alpha - 2\alpha^2)}{1 - 4\alpha^2 + 2\alpha^3} \\ p_1 = \dfrac{\alpha - 2\alpha^2}{2\alpha^3 - 4\alpha^2 + 1} \\ p_k = \left(\dfrac{\alpha}{1-\alpha}\right)^{k-1} \cdot \dfrac{\alpha - 2\alpha^2}{2\alpha^3 - 4\alpha^2 + 1} \end{cases} \quad (7\text{-}7)$$

得到敌手采用自私挖矿策略的状态转移方程,可进一步获得敌手收益情况,详述为:

(1) 对于状态 0′ 中的情况 1,即敌手在竞争链中获胜,获得两个块奖励。

(2) 对于状态 0′ 中的情况 2,即诚实节点在敌手链之后成功挖到一个合法块,则敌手和诚实节点各获得一个块奖励。

(3) 对于状态 0′ 中的情况 3,即诚实节点在竞争链中获胜,获得两个块奖励。

(4) 对于任意诚实网络领先敌手链的情况,诚实网络每挖到一个块则获得对应的奖励。

(5) 对于状态变量 $s=2$,当诚实网络发现一个合法块,敌手公布两个合法块覆盖诚实链,则敌手收益为两个块奖励。

(6) 对于状态变量 $s>2$,当诚实网络发现一个合法块后链差仍 $s \geqslant 2$ 时,敌手不会公布整条链覆盖诚实网络一个块,而是放出一个私有块与其竞争,获胜收益为一个块奖励。

综上,敌手收益为

$$r_{\text{pool}} = p_{0'} \cdot \alpha \cdot 2 + p_{0'} \cdot \gamma(1-\alpha) \cdot 1 + p_2 \cdot (1-\alpha) \cdot 2 + P[i>2](1-\alpha) \cdot 1 \tag{7-8}$$

而诚实网络收益为

$$r_{\text{honest}} = p_{0'} \cdot \gamma(1-\alpha) \cdot 1 + p_{0'} \cdot (1-\gamma)(1-\alpha) \cdot 2 + p_0 \cdot (1-\alpha) \cdot 1 \tag{7-9}$$

所以敌手矿池的相对收益为

$$R_{\text{pool}} = \frac{r_{\text{pool}}}{r_{\text{pool}} + r_{\text{honest}}} = \frac{\alpha(1-\alpha)^2(4\alpha + \gamma(1-2\alpha)) - \alpha^3}{1 - \alpha(1 + (2-\alpha)\alpha)} \tag{7-10}$$

由式(7-10)可计算敌手在特定网络控制力下(特定 γ 值),采用自私挖矿策略可超过诚实挖矿收益的安全门限,即

$$\frac{\alpha(1-\alpha)^2(4\alpha + \gamma(1-2\alpha)) - \alpha^3}{1 - \alpha(1 + (2-\alpha)\alpha)} \geqslant \alpha \tag{7-11}$$

可得

$$\frac{1}{2} > \alpha > \frac{1-\gamma}{3-2\gamma} \tag{7-12}$$

对于典型值 $\gamma=0.5$ 时,比特币区块链网络抗自私挖矿策略的安全门限为 $\alpha \leqslant 25\%$。该典型值对应比特币区块链系统采用随机等长链选取原则。在原始比特币区块链网络设计中,当任一节点收到某一区块后,会自动屏蔽后续收到的具有相同区块高度的不同区块;随机等长链选取原则认为节点应当在等长链竞争中随机选取某一条链,从而固定 $\gamma=0.5$,可得对应安全门限 $\alpha \leqslant 25\%$。需要强调的是,对于最理想情况 $\gamma=0$ 时,敌手采用自私挖矿策略可获得比诚实挖矿更多收益的安全门限为 $\alpha \leqslant 33\%$,由此证明比特币区块链系统是非激励相容的,诚实的大多数并不能保证系统安全。

3. 防御措施

自私挖矿问题的根源在于存在自私矿工的情况下,孤块的出现导致大量诚实算力会丢失。决定哪些区块获得挖矿奖励涉及两种策略:奖励分配策略和分叉解析策略。现有的防御措施包括 3 种方法:第一种方法是从奖励分配策略入手,对区块有效性规则做出根本性的改变,但是这种方法需要执行向后不兼容的升级;第二种方法是降低诚实矿工在自私的矿工链上工作的概率,被称为"打破僵局的防御",此方法在私有链比公共链长时没有效果,无法抵御足够聪明的敌手;第三种方法是从分叉解析策略入手,采用加权分叉解析策略取代原有的比特币分叉解析策略让敌手陷入两难境地,即如果敌手在竞争区块发布后对区块保密,那么秘密区块不会对其他链的质量做出贡献;如果秘密区块与竞争区块一起发布,则下一个诚实区块可通过嵌入看到该区块的证明来获得更高的权重。在这两种情况下,秘密区块都无助于自私的矿工赢得区块竞赛。这是第一个向后兼容的防御,能在自私的链较长时抑制区块保留行为。

7.1.4 扣块攻击和扣块后的分叉攻击

1. 攻击简介

由于当前基于专用集成电路的矿机已占据市场主导地位,将挖矿平均困难度不断推高,独立挖矿的小矿工挖到一个合法区块的概率非常小。小矿工为了平摊长期无法挖到一个块的风险,倾向加入矿池进而合作挖矿。矿池管理者将当前工作量证明拆分,每个矿池矿工只需要穷搜索分配给自己的原像空间。幸运矿工向矿池管理者提交自己发现的完整的工作量证明合法解,矿池管理者则根据所有矿工提供的部分工作量证明解分发区块奖励。依据上述规则诚实挖矿的矿池能吸引独立矿工加入并合作挖矿。但是,如果矿工只向矿池管理者提交部分工作量证明解而在发现合法区块时不提交完整的工作量证明解,则可获得额外收益,这种攻击被称为扣块攻击。

2. 攻击方法

扣块攻击三矿池简化模型示意图如图7-4所示,这里假设矿工收益只考虑区块奖励,而不考虑交易费波动。

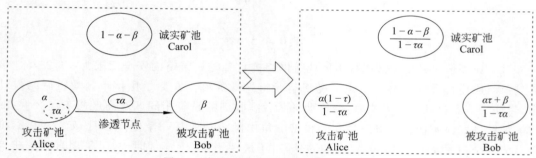

图7-4 扣块攻击三矿池简化模型示意图

假设全网包括3个矿池,分别为攻击矿池Alice、诚实且可被攻击矿池Bob和诚实但不可被攻击矿池Carol,三者算力占比分别为α、β、$1-\alpha-\beta$。引入变量τ,表示攻击矿池Alice安排渗透至诚实矿池Bob中的算力比例。剩余在攻击矿池Alice内的算力$\alpha(1-\tau)$诚实挖矿,而渗透至诚实矿池Bob中的算力$\alpha\tau$只提交部分工作量证明解,而不提交全部的工作量证明解。由于渗透算力不提交完整的工作量证明解,等价于全网用于工作量证明的算力减少至$1-\alpha\tau$。因此,当前攻击矿池Alice的收益为$\alpha(1-\tau)/(1-\alpha\tau)$,诚实矿池Bob的收益为$\beta/(1-\alpha\tau)$。而诚实矿池Bob的一部分收益要根据Alice的渗透算力在矿池中的占比分配给Alice,即$\alpha\tau/(\beta+\alpha\tau)$。综上可得,Alice的总收益$R_{Alice}$为

$$R_{Alice} = \frac{\alpha(1-\tau)}{1-\alpha\tau} + \frac{\beta}{1-\alpha\tau} \cdot \frac{\alpha\tau}{\beta+\alpha\tau} \tag{7-13}$$

对于典型值$\alpha=0.25,\beta=0.5$,扣块攻击结果(R_{Alice}随τ变化曲线)如图7-5所示。当渗透比例约为$\tau=32.46\%$时,攻击者可获得扣块攻击大收益$R_{Alice}=0.2597$,超过其诚实挖矿的应得收益0.25。需要强调的是,扣块攻击不总是获得比诚实挖矿更大的收益;当渗透比例$\tau>66.76\%$时,攻击收益小于诚实挖矿收益。由于攻击者可较为容易地获得攻击矿池和被攻击矿池算力占比,因此可据此调整渗透比例,以获得最佳收益。

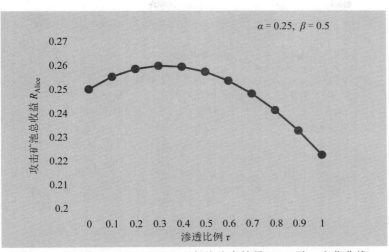

图 7-5　典型值 $\alpha=0.25,\beta=0.5$ 下扣块攻击结果（R_Alice 随 τ 变化曲线）

此外，在类似的攻击模型下阐述双矿池发动相互扣块攻击将使得双方陷入矿工窘境，即两者的最优策略都是攻击对方，但这将导致两者的攻击收益都不如诚实挖矿的收益。

在扣块攻击的基础上，Kwon 等分析了渗透矿工如何进一步提升攻击者收益，即扣块后分叉攻击。扣块后分叉攻击三矿池简化模型示意图如图 7-6 所示，同理，假设攻击矿池 Alice、诚实且可被攻击矿池 Bob 和诚实但不可被攻击矿池 Carol 的算力占比分别为 α、β、$1-\alpha-\beta$。若渗透者找到一个合法区块，则暂时扣块；若诚实且不可攻击矿池 Carol 也找到一个合法区块后，渗透者公开自己的全部工作量证明解结果，与 Carol 进行等长链分叉竞争。当前攻击矿池 Alice、诚实可攻击矿池 Bob 的收益仍分别为 $\alpha(1-\tau)/(1-\alpha\tau)$ 和 $(\beta+\alpha\tau)/(1-\alpha\tau)$。渗透算力发现合法区块概率为 $\alpha\tau/1$。Carol 发现合法区块概率为 $(1-\alpha-\beta)/(1-\alpha\tau)$。攻击者发起等长链分叉竞争的获胜概率为 γ。需要强调的是，在分叉竞争中获胜的渗透算力是通过诚实可攻击矿池 Bob 完成区块奖励分配的，因此也需要按照其算力在该矿池内占比分配收益。综上，攻击者发起扣块后分叉攻击的收益为 R_Alice：

$$R_\text{Alice}=\frac{\alpha(1-\tau)}{1-\alpha\tau}+\frac{\beta}{1-\alpha\tau}\cdot\frac{\alpha\tau}{\beta+\alpha\tau}+\gamma\cdot\frac{\alpha\tau}{1}\cdot\frac{1-\alpha-\beta}{1-\alpha\tau}\cdot\frac{\alpha\tau}{\beta+\alpha\tau} \tag{7-14}$$

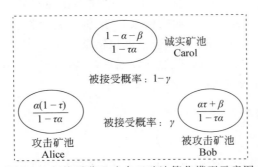

图 7-6　扣块后分叉攻击三矿池简化模型示意图

同理，对于典型值 $\alpha=0.25,\beta=0.5,\gamma=0.5$，扣块后分叉攻击结果（$R_\text{Alice}$ 随 τ 变化曲线）如图 7-7 典型值 $\alpha=0.25,\beta=0.5,\gamma=0.5$ 下扣块后分叉攻击结果（R_Alice 随 τ 变化曲线）所示。

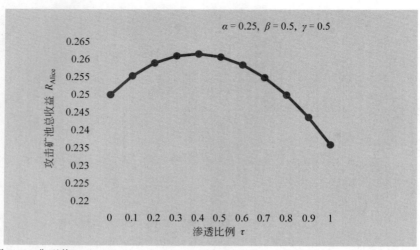

图 7-7　典型值 $\alpha=0.25, \beta=0.5, \gamma=0.5$ 下扣块后分叉攻击结果（R_{Alice} 随 τ 变化曲线）

图 7-7 给出了 $\alpha=0.25, \beta=0.5, \gamma=0.5$ 下扣块后分叉攻击结果。当渗透比例约为 $\tau=38.87\%$ 时，扣块后分叉攻击者可获得最大收益 $R_{Alice}=0.2616$，超过其诚实挖矿的应得收益 0.25 和扣块攻击收益 0.2597。同理，扣块后分叉攻击不一定总是获得比诚实挖矿更大的收益，当渗透比例 $\tau>80\%$ 时，攻击收益小于诚实挖矿收益。

Kwon 等也类似地分析了双矿池发动相互扣块攻击情况，他们将攻击等效转换为矿池大小的竞争，更大的矿池在相互攻击中更有优势。因此，扣块后分叉攻击的存在间接促进了中心化矿池的形成，进而削弱了比特币等加密数字货币的去中心化特性。

3. 防御措施

目前，在技术层面，矿池对扣块攻击没有有效的预防手段。矿池只是在察觉到完全 PoW 和部分 PoW 显著异常后，再核对单个用户的出块情况。如果发现某些用户出块数据显著低于平均水平，就把这些有嫌疑的矿工移出。这种做法的代价是有可能把一些倒霉的矿工判定为恶意矿工。

对矿池来说，可以把分配模式从按份计费换成按最后 N 份份额计费，以减少矿工发起扣块攻击的亏损。在按份计费的分配模式下，类似矿池花钱购买算力，能否出块的风险由矿池承担，矿工根据算力拿固定工资。而在按最后 N 份份额计费下，当挖到一个新区块后，矿池先扣掉手续费，然后将剩下全部收益（包括区块链奖励和矿工费）按照算力占比分配给各个矿工。如果矿工都进行扣块，那么矿池不发工资，也就不产生亏损。但是，在此模式下，矿工的收益会受到幸运值的影响，波动较大。

7.1.5　长程攻击

1. 攻击简介

长程攻击主要针对权益证明网络。当离线节点或新节点加入网络时，敌手伪造一条从某个久远区块到最新区块的长区块链，并试图让新加入节点相信其伪造的区块链。长程攻击成功后会使区块链产生分叉，如果分叉的链最终成为主链，那么攻击者获得对链的绝大部分的控制权，甚至重写所有的历史交易。

2. 攻击方法

在以工作量证明为基础的区块链中,通常采用最长链原则或最重链原则判断哪条区块链是真正合法的主链。假设主链为 A,敌手想制造假的链 B 让新加入的节点相信 B 为主链,此时新节点可以通过判断两条链中挖矿难度轻松判断 A 为主链,因为 A 中区块的挖矿难度一定非常明显地高于 B,而敌手想要制造一条类似于 A 的主链,将花费相当庞大的算力,攻击成本将大大超过可能带来的收益。而在以权益证明为基础的区块链中,想仿造一条主链 $A=B_0B_1\cdots B_m$ 则容易得多,敌手可以通过贿赂节点,使其出售过去使用过的重要私钥,进而花费较小的成本便可伪造出一条假链 $B=B_0B_1'\cdots B_n'$,并且伪造的链长度更长,让新加入的节点认为链 B 才是真正的主链,从而达到不法目的。长程攻击示意图如图 7-8 所示。

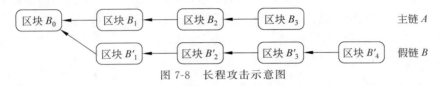

图 7-8 长程攻击示意图

3. 防御措施

长程攻击防御措施大致分为 5 种,详细描述如下。

(1) **充裕法则**。Badertscher 等提出筛选函数不再使用最长链原则,利用此筛选规则可以有效避免长程攻击。当产生的分叉不大于安全参数时,采用最长链原则,否则记 $A[0:k]$ 为链 A 中时段 0 到时段 k 的所有区块,比较 $A[0:k+s]$ 和 $B[0:k+s]$,k 为二者拥有最后一个相同区块的时段,s 为安全性参数。基于诚实节点持有大多数权益的假设,诚实节点控制的链增长速率应快于敌手的链,所以诚实节点控制的链应为 $A[0:k+s]$ 和 $B[0:k+s]$ 中增长速率更快且链长更长的一条链。

(2) **移动检测节点**。King 和 Nadal 在 Peercoin 中引入校准节点限制长程攻击。这样,网络中的链只有最后一些区块可以变动,校准节点之前的区块都不能改变。Peercoin 中限制的范围为最后 1 个月时限内的区块,NXT 社区建议限制的范围为最后几天或者等价的几小时内的区块。

(3) **情境感知交易**。在交易中写入旧区块的交易信息或者旧区块信息,这样敌手无法利用长程攻击将这些特殊交易再次加入攻击链中,进而生成新链替代主链。通过写入特定信息,虽然敌手无法把主链的交易信息加入支链中,但是敌手依然可以生成一条从创世块开始的区块链。然而,从创世区块开始长程攻击,会导致难度大幅增加。

(4) **经济定局**。Zamfir 和 Buterin 分别提出了惩罚机制,如果时段领导者的不正当行为导致权益持有者的货币损失,那么这些时段领导者会受到惩罚。如果在相同链高的多个区块中检测到时段领导者验证通过的信息,那么其持有的权益可能被清零,并有可能被撤销领导身份。因为同时段领导在相同链高度只能发布一个区块,而且在相同的位置仅存在一个区块,所以诚实时段领导只能通过一个区块。长程攻击需要生成一条不同于主链的私链,当时段领导者参与了主链的验证工作,便无法再参与私链的验证工作,否则会面临失去权益的惩罚。虽然在同样链高中可能存在未参与主链的验证者,但惩罚机制已经很大程度上降低了长程攻击的成功率。

（5）**可信任执行环境**。部分运算过程在可信执行环境中安全执行，使得敌手无法针对这部分的运算过程发动长程攻击。利用可信任执行环境实现签名过程，保护签名密钥，使得敌手无法对签名过程发动攻击获得签名的私钥，进而无法发动长程攻击。此外，所有加入的节点的密钥都是通过可信任执行环境产生的，保证节点身份的正确性。

7.1.6 权益窃取攻击

1. 攻击简介

权益窃取攻击主要在长程攻击实施成功后进行，对于未采用检查点机制的权益证明共识机制，敌手首先在私链上不断积累交易费用来扩大自己的权益比，并且拒绝为主链工作以影响主链的延伸速率，当积累了一定的优势后，发动长程攻击，使得新加入的节点相信敌手的链 B 为当前主链，则新节点产生的交易将会被提交到链 B 处理，链 B 中的节点完全由敌手控制，因此交易费全部归敌手所有。

2. 攻击方法

如图 7-9 所示，敌手从创世块开始创造一条不同于主链的私链发动攻击。敌手同时参与主链 A 以及私链 B（初始 B 为 B_0）的选举过程，如果敌手被选为主链的领导者，则拒绝产生区块；如果敌手被选为私链的领导者，则基于私链 B 生成新的区块。发动攻击前，敌手须持有一定权益，即假设 $s_A^0 > 0$，诚实节点的初始权益和为 s_P^0，所有节点的总权益为 $S = s_A^0 + s_P^0$。私链 B 始于主链 A 上的 B_0，敌手基于初始块 B_0 生成的区块 B_1'。在创建 B_1' 时，敌手尽量写入交易费用高的有效交易信息 tx，以提升敌手的权益。因此，在私链中将自己的权益由 s_A^0 提升为 $s_A^1 = fee(tx, P) + s_A^0$，而诚实节点的权益则降低为 $s_P^1 = s_P^0 - fee(tx, P)$。敌手每次被选为节点领导后自己拥有的权益比都会提升，并基于新的权益比为私链生成下一个区块。当敌手生成的私链长度大于主链时，敌手广播私链。根据最长链原则，敌手产生的私链会被其他节点接纳。

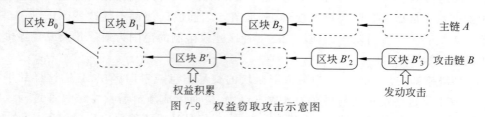

图 7-9 权益窃取攻击示意图

3. 防御措施

权益窃取攻击可以通过校准节点或者情境感知交易实施预防，币龄概念也有助于抑制权益窃取攻击。具体来说，敌手需要花费时间积累足够多的币龄来产生不同于主链的私链，而通常敌手私链的创建晚于主链，攻击者很难积累足够多的币龄，所以难以发动权益窃取攻击。最后，用于抵御权益窃取攻击的应对措施也可用于抵御基于日食攻击的权益窃取攻击。

7.2 网络层攻击

本节介绍区块链网络层攻击,包括日蚀攻击和女巫攻击。

7.2.1 日蚀攻击

1. 攻击简介

日蚀攻击示意图如图 7-10 所示。该攻击是离径攻击,攻击者无须位于通信路径连接处,而是控制受害节点连接的所有节点作为攻击节点。当控制了某一节点所有内向和外向 TCP 连接时,即可屏蔽该节点与剩余网络节点的信息交互。该攻击方法对攻击者并无算力要求,但结合日蚀攻击,攻击者可更为容易地发起 51% 攻击、双花攻击和自私挖矿攻击。

2. 攻击方法

如图 7-10 所示,若攻击者控制全网 40% 的算力,受害者节点和剩余网络节点分别控制 30% 的算力,则攻击者可在两个隔离的网络分区中分别发动 51% 攻击。若攻击者不控制算力,但交易收款商户处在和受害者节点相同的网络分区中,则攻击者可在两个分区中分别广播有相同输入但不同输出的双花交易,以此实现双花攻击。

图 7-10 日蚀攻击示意图

日蚀攻击的自私挖矿策略会影响 7.1.3 所述自私挖矿收益模型中的 γ 参数。比特币系统设计允许某一节点接受 117 个内向 TCP 连接,发起 8 个外向 TCP 连接。所有连接节点的 IP 地址存储在节点的旧表和新表中。旧表中存储的 IP 是成功连接过的比特币节点,而新表中存储的则是节点已知晓但未经连接过的 IP。每个表中的 IP 地址都附有时间戳,旧表中的时间戳表示该 IP 最后建立连接的时间。日蚀攻击中控制受害者节点外向连接的原理主要包括以下 3 个步骤。

(1) 将攻击节点 IP 地址填充至受害者节点的地址表。

(2) 等待受害者节点因网络掉线或主动更新补丁而重启节点。

(3) 节点重启后将重新连接地址表中的攻击者 IP 地址。

在上述过程中,攻击者可以通过下面 3 种方法对受害者节点的地址表发动攻击。

(1) 由于节点在地址表中选取 IP 时,偏向选择时间戳更新的地址,所以节点更容易选择到攻击者 IP。此外,攻击者可不断攻击受害者地址表,保证自己的攻击者 IP 一定是地址表中最新的地址,即可逐渐控制所有的 8 个外向连接。而内向连接的控制更为简单,只对受害者节点 IP 地址建立 117 个内向连接即可。

(2) 攻击者填充受害者地址表的方法主要针对比特币地址表的更新过程,当节点与另一个节点连接时,另一个节点的旧表和新表分别向该节点提供已连接 IP 地址和已知但未连接 IP 地址。向新表中填充 IP 地址比较容易,且填充的地址可为网络中的无效地址,而旧表的填充则较为困难。当一个 IP 地址将要填充到旧表中时，16 位前缀比特被称为组，比特币系统将依据组的哈希结果，将 IP 地址的 16 位后缀放入对应的桶中。因此，该存储过程使得攻击者需要控制更为庞大的 IP 地址群。连续的 IP 地址由于有相同前缀而无法被映射到不同桶中，从而无法覆盖整个地址表，因此需要僵尸网络来使得攻击 IP 更加多样化。

（3）旧表中地址的更新策略同样在驱逐过程中存在偏好。比特币随机在旧表中选择 4 个地址，并删除时间戳最旧的地址，加入新地址后将新的 4 个地址返回表中。该驱逐过程会暴露如下问题：如果攻击者的 IP 地址因为被系统驱逐而没有出现在随机选择的 4 个地址里，那么攻击者会持续发动攻击，直到被驱逐的都是诚实网络节点的 IP，通过该方式增加诚实 IP 地址被驱逐的概率。在删除时间戳旧地址时，也会由于地址选择偏好而带来类似问题。

综上所述，攻击者可利用上述 3 种攻击方法发动日蚀攻击。在 Heilman 等介绍的测试实验中，包含 4600 个 IP 地址的僵尸网络可在 5 小时持续攻击下实现对测试节点 100% 的攻击成功率，测试节点的旧表里 99.9% 的诚实 IP 地址中有 98.8% 被替换为攻击者 IP 地址；包含 400 个 IP 地址的僵尸网络可以 84% 的成功概率攻击真实的比特币节点。

3. 防御措施

应对措施同样是针对比特币系统旧表中地址选择和驱逐策略的 3 种攻击方法的。旧表中地址的选择将不再偏好于时间戳的更新地址。Heilman 等提出针对旧表地址的固定随机驱逐策略，IP 地址映射到旧表时，除了映射到桶中，还额外确定了桶中存放地址的固定位置；驱逐地址同时指向固定的 IP 存放位置，使得重复试验无法加速驱逐诚实 IP 地址的过程。为了驱逐 4000 个 IP 地址的旧表，攻击者需要掌握数万个攻击 IP 来实施日蚀攻击。Heilman 等还提出试探连接法和驱逐前测试法，前者加速新表中可连接 IP 地址加入旧表的过程，后者避免由于时间戳稍旧而驱逐诚实 IP 地址。比特币系统开发者已对该攻击做出响应，部署了相应的补丁和防治措施。

7.2.2 女巫攻击

1. 攻击简介

女巫攻击是 2002 年由 Douceur 提出的，它是作用于点对点网络中的一种攻击形式：攻击者利用单个节点伪造多个身份存在于点对点网络中，从而达到削弱网络的冗余性，降低网络健壮性，监视或干扰网络正常活动等目的。

在点对点网络中，为了解决来自恶意节点或者节点失效带来的安全威胁，通常会引入冗余备份机制，将运算或存储任务备份到多个节点上，或者将一个完整的任务分割存储在多个节点上。正常情况下，一个设备实体代表一个节点，一个节点由一个 ID 标识身份。然而，在缺少可信赖的节点身份认证机构的点对点网络中，难以保证所备份的多个节点是不同的实体。攻击者可以通过只部署一个实体，向网络中广播多个身份 ID，来充当多个不同的节点，这些伪造的身份一般被称为女巫节点。女巫节点为攻击者争取了更多的网络控制权，一旦用户查询资源的路径经过这些女巫节点，攻击者可以干扰查询，返回错误结果，甚至拒绝回复。

2. 攻击方法

如果发生了女巫攻击，一个节点可以创建多个假账号伪装成多个有效节点，这样只要伪

装的节点突破 $n/3$ 的限制,就能控制整个网络。而实际上,恶意节点可能只有一个。

3. 防御措施

出现问题的主要原因是身份的伪装过于简单。常见的防御措施如下。

(1) **身份验证**。女巫攻击的方法就是伪造用户 ID,那么最简单的办法就是让每个加入的节点先做身份认证。这样,伪造的节点无法通过认证,那么女巫攻击就完美地解决了。但是这会导致匿名性丧失。

(2) **加大伪造难度**。该方法的典型方案就是工作量证明,伪造一个用户需要与之对应的计算资源。

7.3 数据层攻击

本节介绍区块链数据层攻击,包括签名延展性攻击和时间劫持攻击。

7.3.1 签名延展性攻击

1. 攻击简介

现在,比特币的交易数据格式中,将交易签名部分也纳入整体交易中,最后交易的 ID(TXID)是整体交易的哈希。而目前的比特币中使用的数字签名算法是椭圆曲线数字签名算法(ECDSA),攻击者可以改变 ECDSA 中随机数的选取,创造出多个有效的签名,从而得到一个交易的多个正确 ID。TXID 发生变化可能导致一些应用在查找 TXID 时找不到,从而影响一些钱包充值或提现的状态,给用户带来麻烦。

2. 攻击方法

在传统的签名算法中,签名的计算过程涉及对消息和私钥共同执行哈希运算,然后对哈希值签名。签名验证时需要对消息和签名执行哈希运算,并与签名中的哈希值比较。签名的延展性攻击尝试利用在不影响原始签名的情况下追加额外的数据。攻击原理如图 7-11 所示,在不改变交易输入和输出的情况下,仅改变签名就可以造成 TXID 的改变。在签名过程中,攻击者在签名时选取不同的随机数得到有效的签名 1 和签名 2,由于哈希函数的抗碰撞性,在对整体交易做哈希后得到的 TXID1 和 TXID2 也是不相同的,攻击者通过上述方式生成了多个正确的交易 ID,从而影响查找 TXID 的过程。

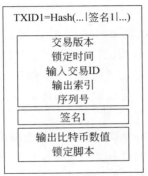 

图 7-11 签名延展性攻击示意图

3. 防御措施

问题的主要根源在于计算交易 ID 时将签名包含在内。比特币通过引入隔离见证来解决签名延展性问题,隔离见证将签名与 TXID 计算隔离开,代之以对该签名的不可更改哈希的承诺。该哈希被用作指向签名的指针,而签名本身则存储在另一个数据结构中。为了验证交易签名,验证者使用哈希在其他数据结构中查找签名,然后执行常规的 ECDSA 验证。这样,签名不再存储在交易内部,无法通过延展指向签名的哈希指针。然而,这也引入了对包含签名的其他数据结构的依赖性。

7.3.2 时间劫持攻击

1. 攻击简介

时间劫持攻击是对区块链数据层的一种攻击,涉及操纵交易的时间戳,以获得不公平的优势。该类型攻击可用来操纵交易顺序,允许攻击者双重花费硬币或阻止其他用户执行交易。

2. 攻击方法

攻击者在攻击过程中篡改交易的时间戳,使其看起来像是在不同的时间创建的,可以通过更改攻击者计算机上的时钟或使用专门的软件工具完成篡改过程。一旦时间戳被更改,攻击者就可以将交易广播到网络中,并将其视为在新时间戳下创建的交易。

3. 防御措施

可以使用容差范围约束或者网络时间协议防御时间劫持攻击。容差范围约束可以确保交易的时间戳在一定范围内,从而防止攻击者篡改时间戳。容差范围约束可以通过在区块链的共识机制中实现。共识机制依赖于网络中的节点来验证交易并维护区块链的完整性,这种机制确保网络上的所有节点都同意交易的正确时间和顺序,使攻击者难以操纵区块链。区块链上的时间戳可以通过网络时间协议来同步,以确保所有节点都具有相同的时间。由于区块链的去中心化特性,它可以防止单个节点对时间篡改,从而防止时间劫持攻击。此外,区块链上的智能合约可以使用网络时间同步协议验证时间戳,以确保交易的时间戳的准确性,从而防止恶意用户通过更改时间戳来欺诈性地更改交易顺序或重放交易。

7.4 注释与参考文献

7.1.1 节有关零双花攻击的介绍主要参考文献[82],关于攻击模型、防御措施和仿真实验等更多的详细信息,也可以阅读该文献,其中有关比特币的介绍可以阅读文献[83]。关于零双花攻击防御措施中转发且不存储的防御措施主要参考文献[82]中的方法。

7.1.2 节有关 N-确认双花攻击的介绍主要参考文献[84],除表 7-1 外,不同参数下 N-确认双花攻击成果概率的更多归纳结果也可以参考该文献。

7.1.3 节有关自私挖矿攻击的介绍主要参考文献[85],其中关于随机等长链选取原则的相关介绍也可以阅读该文献。有关自私挖矿攻击的防御措施,从奖励分配策略入手的方案可以参考文献[86-88];降低诚实矿工在自私链上工作概率的方案可以参考文献[85]和

[89];采用加权分叉解析策略取代原有比特币分叉解析策略的方案可以参考文献[90]。

7.1.4 节有关扣块攻击的介绍主要参考文献[91],其中关于 Eyal 的双矿池攻击的更多信息可以阅读文献[92],对双矿池发动相互扣块后分叉攻击的更多信息可以阅读文献[93]。

7.1.5 节有关长程攻击的介绍中,Badertscher 等给出的有关充裕法则的详细信息可以阅读文献[94],在 Peercoin 中引入校准节点限制长程攻击的相关内容可以参考文献[95],有关惩罚机制的更多信息可以阅读文献[96-97],利用可信任执行环境技术应对长程攻击的详细方案可以阅读文献[98]。

7.1.6 节中关于权益窃取攻击的介绍主要参考文献[94],有关币龄概念的详细信息可以参考文献[95]。

7.2.1 节关于日蚀攻击的介绍主要参考文献[99]。

7.2.2 节关于女巫攻击的介绍主要参考文献[100],有关女巫节点的介绍可以参考文献[101-102]。

7.3 节关于签名延展性攻击和时间劫持攻击的相关阶数可以参考文献[103]。

7.5 本章习题

1. 简要叙述零双花攻击中攻击者成功的 3 个条件,并说明原因。
2. 从 N-确认双花攻击的角度说明,为什么中本聪要求诚实算力占比至少超过一半?
3. Eyal 和 Sirer 在参考文献[85]中提出诚实节点算力占比超过一半仍然不能保证安全,结合本章内容简要说明这一观点。
4. 计算在扣块攻击的三矿池简化模型中当 $\alpha=0.3, \beta=0.6$ 时,攻击矿池 Alice 安排渗透至诚实矿池 Bob 中的算力比例 τ 达到多少时,攻击者的总收益占比达到最大。
5. 比较长程攻击在以工作量证明和权益证明为基础的区块链中的效果。
6. 结合拜占庭容错的相关知识,简要介绍攻击者如何通过发动女巫攻击破坏网络的安全性,并给出防御措施。
7. 说明攻击者如何通过发动签名延展性攻击创建多个有效的签名。

第 8 章 区块链隐私保护技术

由于数字货币的不记名特性,大部分公众相信使用数字货币有助于保护隐私。但事实恰恰相反,包括比特币、以太坊在内的流行密码货币,在隐私保护方面是很脆弱的。以比特币为例,比特币采用假名机制保护用户隐私,用户转账时无须使用真实身份,用于收款和付款的比特币地址仅与用户公钥相关。由于用户可以任意生成公私钥对,且公钥与用户身份的对应关系无须公开,因此仅从比特币地址无法得知用户的身份。但是,为了保证去中心化的特性,比特币必须维护一个通过区块链实现的公共账本,所有比特币交易均保存在区块链上。任何人都可以访问比特币区块链,攻击者通过分析交易,可以识别出属于同一用户的比特币地址。一旦用户的真实身份与某比特币地址链接,攻击者即可窥探到用户的所有交易行为。读者可以从第 9 章了解区块链去隐私化的详细技术。本章专注讨论区块链中使用的隐私保护技术。

当前主要有两种实现数字货币隐私保护的思路:第一种思路是在现有数字货币的基础上创建混币服务,以混淆地址之间的联系,这有利于兼容现在已经运行的数字货币;另一种思路是创建新的保护隐私的数字货币,这有利于在设计之初就考虑隐私保护机制,能提供更完善的保护,现有方案包括基于环签名的门罗币和基于零知识证明的 ZeroCoin、ZeorCash 等。本章将分别介绍各类区块链隐私保护方法。

8.1 隐私与匿名的区别

隐私与匿名是两个不同且难以区分的概念。隐私意味着隐藏某物的内容和来龙去脉,而匿名意味着隐藏某物的主人(所有者)。一般来说,用户对隐私和匿名的需求是比较复杂的。在某些场景下,用户要求隐私,而不要求匿名。例如,在电子邮件场景下,用户的个人数据信息需要得到保护。每个人都可以知道邮箱账户的所有权信息,但是邮件内容是受限制的、受保护的,只能由输入正确密码的账户所有者访问。在大多数系统和应用程序中,隐私都是必不可少的。在另一些场景下,用户要求匿名,而不要求隐私。例如,匿名可能是犯罪分子要求的最重要的因素。罪犯的行为通常是公开的,但罪犯的目标是让他的真实身份信息不为人知,因为在匿名情况下,让某人对某项行为负责是不可能的。在日常生活中,匿名也是非常重要的,例如公司、餐馆、博物馆、体育馆等场所会提供一些意见箱,供用户匿名地投递关于某些事物的意见或看法,这些意见会被整合,并被公开宣布。然而,没有人知道这些意见或看法是由谁提出的。

接下来将隐私、匿名与区块链结合,主要介绍3个重要概念,分别是区块链中的交易隐私、身份隐私与匿名。

（1）**交易隐私**,指的是区块链中存储的交易记录和交易记录背后的知识。追踪者可以通过分析区块链上的交易记录,获得有价值的信息,实现对用户的去交易隐私化。

（2）**身份隐私**,指的是用户身份信息和区块链地址之间的关联关系。在分析交易数据的基础上,攻击者还可以通过一些其他手段获得交易者的身份信息,例如关联区块链地址与用户的姓名、身份、邮箱和IP地址等。

（3）**匿名**,指的是匿藏区块链地址的拥有者的真实身份信息。

在区块链场景下,用户不需要使用真实的姓名,而是使用公钥的哈希值作为地址（交易标识）,且用户可以根据需要随意创建出任意多个地址。区块链提供的匿名性,实际上也就是隐匿地址与地址所有者真实身份信息之间的关联。通常,实现匿名的含义实际上就是保护身份隐私。此外,也有一些研究人员将区块链去匿名化定义为在用户的真实身份信息和区块链钱包之间建立联系。综上所述,区块链中的匿名指的是切断用户真实身份信息与用户的一个（或全部）地址之间的联系。

比特币的隐私保护程度取决于用户的行为。比特币提供了一些隐私保护措施,例如用户执行每一笔新交易时,可以生成和使用一个新的地址。当一个新的密钥对生成时,它不能被链接到该用户以前的交易,因此无法知道用户拥有的比特币数量。用户还能使用多种类、多数量的独立钱包,通过不同钱包产生的地址,使得交易不能被联系在一起。然而,在有些情况下,用户的地址不得不被泄露,例如接受公众捐赠,或向商家证明已完成支付以获得商品。

8.2 混币服务与匿名支付通道

8.2.1 概述

网络匿名技术最早可追溯到Chaum于1981年提出的混淆服务,该技术可被形式化描述为 $E_M(h_1, E_A(h_0, M), A) \rightarrow E_A(h_0, M), A$。其含义是,对于发送给用户$A$的消息$(h_0, M)$,用户先用$A$的公钥加密得到$E_A(h_0, M)$,随后用服务器的公钥加密$E_A(h_0, M)$、验证值$h_1$及$A$的身份,服务器收到加密值后解密,再将消息发送给用户A,进而隐藏发送方与用户A的关系。

混淆服务的技术思想引领了一系列匿名系统的产生,但区块链系统面临的隐私问题与上述网络匿名技术有所不同。区块链上的交易是公开透明的,敌手通过查询区块链上的交易便可以知晓交易双方的地址以及交易数额等信息,通过分析这些信息可以关联用户的不同账户。为了在现有区块链系统的基础上提供匿名性,混币服务和匿名支付通道技术被提出。

混币服务的本质在于允许多个用户共同构造一个交易,该交易通过聚合多个输入与多个输出,使得敌手无法关联交易输入到任意一个交易输出,进而缓解了区块链去匿名化风险。匿名支付通道的核心思想是使交易发送者和交易接收者能够通过在线交易建立一个支付智能合约并暂时托管资金。之后,发送者和接收者跟踪相互之间的资金流动,并在本地对新的资金分配达成一致后更新智能合约状态,使得他们最后得到新的资金分布。支付通道避免了在区块链上记录交易的中间流动过程,从而有效地减轻了区块链上的计算负担。

8.2.2 CoinJoin

CoinJoin 是为了解决比特币的隐私问题而设计的一种混币服务,主要特点是简洁且兼容性强,可直接应用于比特币区块链,而无须改变底层协议,同样的思想也可用于其他数字货币。

比特币交易支持多个输入与多个输出,用户发起一笔交易时往往会将属于自己的多个交易同时作为输入。攻击者便可以利用这一点进行聚类分析,即如果一个交易具有多个输入,则所有输入均来自同一个用户。然而,从技术的角度看,比特币交易的各个输入是独立的,完全可以将多个用户的输入提供给同一个交易。

更重要的是,交易的输入与输出不直接关联,只保证交易的总输出金额不大于总输入金额即可。因此,数个素不相识的用户可以共同生成一个大交易,每个用户提供一个或多个输入,并将输出顺序打乱,最后参与用户分别对交易签名。当交易被发布到区块链之后,外部观察者通过公开的交易信息无法追踪输入与输出的关系。

CoinJoin 便是根据这一基本原理所设计。图 8-1 展示了一个简单的示例,为表示方便,未包含交易费。其中交易♯2 有 3 个独立的输入和两个独立的输出。不难看出,如果所有输入和输出来自不同的地址,外界无法判断交易♯2 的输出 1 所拥有的 5BTC 是否来自交易♯1。如果交易♯2 的参与方继续增多,CoinJoin 还可带来更好的匿名性。

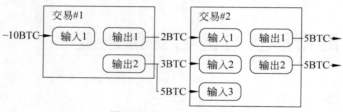

图 8-1　CoinJoin 原理图

CoinJoin 方案在实际使用中还存在一些问题。例如,混币的执行者(参与方混币中心)虽然无法窃取其他用户的比特币,但是可能破坏用户的匿名性。Maxwell 虽然提供了这些问题的解决思路,但未给出详细的方案。不可否认,CoinJoin 方案是很多后续混币方案的基础,包括 CoinShuffle 在内的分布式混币方案均改进自 CoinJoin,它们将 CoinJoin 方案应用于更复杂的协议中,以解决简单的 CoinJoin 混币中存在的信任问题。

8.2.3 Mixcoin

Mixcoin 是一种采用了混币服务的匿名加密货币,其基本思想与 CoinJion 类似,将多个交易混合在一起,使得交易的发送者和接收者之间的关系难以追踪和识别,从而提高了用户的交易隐私。不过,其依赖中心化的服务商以完成混淆过程。

当一个用户想使用混币服务时,会向服务商提交申请,用户收到服务商返回的参数和承诺后,会将要发送的加密货币存入一个被称为盒子的地址中。该盒子由服务商维护,没有任何明确的连接输入地址和最终接收地址的记录。最后,服务商将在约定时间将盒子中的加密货币发送到接收地址,接收者收到加密货币后,可以将其提取到钱包中。如果服务商未按照承诺在约定时间内返回资产,则用户可以公开承诺与账本记录证实该服务商违约。

显而易见,Mixcoin 的核心在于其盒子的设计和交易混合算法。每个盒子都有一个唯一的标识符和一定数量的输入和输出。为了使每个盒子的输入和输出难以被追踪,Mixcoin 采用了多重签名技术和时间锁定交易。具体来说,每个盒子的输入和输出都需要至少两个用户签名,这些用户需要在不同的时间点签名。这种技术使得每个盒子的输入和输出之间的时间间隔变得模糊,从而增加交易的混淆度。此外,盒子中的交易混合采用了分布式混合协议,基于信任关系网络,通过将交易按照某种方式排列,从而混合交易。

Mixcoin 相比于其他加密货币提供了更好的交易隐私保护,这对于许多用户来说是非常有吸引力的。同时,Mixcoin 不需要在交易过程中暴露用户的个人信息,可以有效防止个人信息被泄露。此外,Mixcoin 的使用门槛较高,需要用户具备一定的技术能力才能使用。由于交易速度相对较慢,对需要快速进行交易的用户是不友好的。

8.2.4 CoinShuffle

CoinJoin 的用户允许以自组织的方式执行混币,虽然这种方式不依赖于中心化的混币服务器,但是其无法保证内部匿名性。针对这一问题,CoinShuffle 提出一种不允许任何参与方获取混币信息的方案。

CoinShuffle 的用户通过使用其他用户的公钥,按照预定的顺序加密输出,随后混淆输出地址列表,并将结果广播到网络中的其他节点,最终包含所有用户签名的交易被发布到区块链中。该协议采用去中心化的方法确保没有一个参与者可以完全控制混币过程,参与者的协同工作打乱交易的输入和输出,并切断发送者和接收者地址之间的关联。具体协议包括以下 4 个阶段。

(1) **输入注册阶段**。参与者向 CoinShuffle 服务器注册输入地址,每个输入都带有一个秘密值,用于在混币过程中验证所有权。

(2) **混淆阶段**。此阶段分为多轮,每轮由两步组成。在第一步中,参与者被随机分组到大小相等的组中;在第二步中,每个组进行混淆,每个参与者提供他们的输入和秘密值,并收到一个新的输出地址作为返回值。此过程将重复固定轮数,每次执行同样的混淆步骤。

(3) **输出注册阶段**。参与者向 CoinShuffle 服务器注册输出地址。每个输出都与相应的输入和输入注册阶段的秘密值有关。

(4) **交易构建阶段**。此阶段是使用混淆后的输入和输出构建交易,每个参与者构建一个交易,花掉他们混淆后的输入,并将输出发送到注册的输出地址。

CoinShuffle 采用多种加密技术实现其隐私保护特性,主要包括 Chaumian CoinJoin、可验证混淆和谜题。

(1) **Chaumian CoinJoin**。这是 CoinJoin 协议的一个变体,该协议允许参与者协作混合输入和输出以混淆交易图。这种技术通过使用加密和盲签名确保发送者和接收者地址之间的联系被打破。

(2) **可验证混淆**。CoinShuffle 使用可验证的洗牌协议确保在洗牌过程中没有参与者可以作弊,允许每个参与者验证他们的输入已被正确洗牌,并且没有参与者了解其他输入的任何信息。

（3）**谜题**。CoinShuffle 采用谜题防止女巫攻击，要求参与者在加入混淆过程之前解决一个计算谜题，对合法参与者来说容易解决，而对计算资源有限的攻击者来说却很难。

与其他混币服务相比，CoinShuffle 具有多项优势。首先，CoinShuffle 是去中心化的，其不依赖受信任的第三方来协调洗牌过程。这确保没有任何一个参与者可以完全控制该过程，并降低了串通或审查的风险。其次，CoinShuffle 具有高匿名性，CoinShuffle 通过切断发送者和接收者地址之间的链接，为参与者提供了高度匿名性。这使得第三方难以追踪交易和监控用户活动。然后，CoinShuffle 是一种低成本协议，不需要参与者为隐私增强服务支付高额费用。该协议使用最少的计算资源，可以在低功率设备上运行。CoinShuffle 与现有的比特币钱包兼容，不需要对比特币协议进行任何更改，这使用户可以轻松采用该协议并立即开始使用它。

8.2.5 CoinParty

CoinJoin 和 CoinShuffle 以分布式的方式完成混币操作，实现了一定程度上的匿名性和安全性。然而，混合后的输入、输出地址以分组的形式构成单个原子交易，并发布于区块链上，导致其特征很容易被识别出来，进而引入了一定的去隐私化风险。此外，CoinShuffle 的混淆阶段所需计算时间长，并且需要所有参与者始终在线，很容易遭受拒绝服务攻击，一旦有参与者作恶，就需要重新执行大量计算。最后，CoinShuffle 的混淆结果仅由最后一位参与者决定，攻击者可以在某种程度上操作混币结果。

为了解决这些问题，CoinParty 在 CoinShuffle 协议的基础上进行了扩展，能以分散的形式发布混币结果。CoinParty 的交易由多个形式上独立的交易组成，并且每笔交易仅包含一个输入地址和一个输出地址，以替代之前方案中的分组形式交易。为容忍部分参与者的拒绝服务攻击，CoinParty 基于安全多方计算的门限 ECDSA 签名技术，构建门限托管账户，以参与者的输入资产作为抵押，增加了攻击者发动拒绝服务攻击的成本。此外，CoinParty 还改进了 CoinShuffle 的混淆阶段以随机化混淆结果。具体来讲，CoinParty 包含以下 3 个阶段。

（1）**协商**。各参与者通过伪随机秘密分享协议共同生成一个临时托管地址，该地址的资金必须由大部分参与者共同签名才能赎回。然后，各参与者将混币金额转入各自的临时托管地址作为抵押，表示承诺加入混币过程。

（2）**混淆**。CoinParty 与 CoinShuffle 协议同样采用多轮加密保障内部匿名性，但基于秘密分享技术和伪随机数生成器做出了部分改进。首先，秘密分享的校验和可用来对比所有输出地址哈希值的和以校验混淆结果；其次，校验和可以作为伪随机数生成器的种子生成公共随机置换，要求最后一位参与者以字典序排序，再使用公共随机置换得到最终的混淆结果，避免最后一位用户操纵排序结果。

（3）**确认**。各参与者共同将托管地址中存放的资产发送到混淆后对应的输出地址，即使部分参与者拒绝服务，此阶段也能完成。

然而，CoinParty 并非没有局限性，一个潜在的弱点是该协议需要大量的计算和各方之间的沟通，这可能导致交易时间延长和费用增加。此外，该协议并不提供完全的匿名性，因为其依赖于足够数量的参与者来创建一个混合池。

综上所述，CoinParty 是一个较有前途的加密货币混币服务协议，它利用加密技术为参与者提供强大的隐私保证，较之前的方案具有更好的匿名信、鲁棒性和安全性。虽然该协议确实有一些局限性，但是它代表了加密货币隐私保护技术发展的一个重要阶段。

8.2.6 TumbleBit

TumbleBit 是一种中心化的匿名支付通道技术，由 Heilman 等于 2017 年提出。它建立在比特币系统的基础上，不但实现了更好的匿名性，而且可以扩展比特币的交易量，提高交易速度。如图 8-2 所示，该协议的运转围绕一个被称为 Tumbler 的中心进行，其主要思想是使用链下解谜替代链上交易。首先，准备接收资金的用户和准备支付资金的用户构造两笔链上的托管交易，用于表明自己能接收/支付的资金；其次，接收者与 Tumbler 交互产生一个谜题，支付者与 Tumbler 交互产生谜题的解。最后，支付者将该解交付给接收者以完成交易。在 TumbleBit 中，链上新增的两笔托管交易可以支持多次链下交易的完成，因此大大提升了比特币的可扩展性和交易速度。具体协议包括以下 3 个阶段。

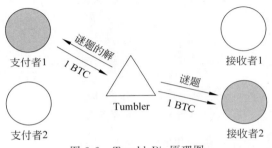

图 8-2 TumbleBit 原理图

（1）**托管**。接收者首先通知 Tumbler 自己能接收的最大资金数目，由 Tumbler 构造一笔托管交易并发送至链上；随后，接收者与 Tumbler 运行一个链下的 Puzzle-Promise 协议生成谜题；与此同时，支付者也通过 Tumbler 向链上发送一笔过关交易，表明自己能支付的最大资金数目。

（2）**支付**。接收者将谜题盲化后发送给支付者。接收者首先选择一个盲化因子 r，然后乘上原来的谜题后再发送给支付者。支付者收到谜题后，与 Tumbler 运行一个链下的 RSA 谜题解决协议，将得到的盲化后的解发送给接收者。由于 RSA 算法具有同态性质，这种盲化技术既可以保证解谜算法正常进行，也可以避免 Tumbler 将接收者与支付者关联起来。

（3）**清算**。完成若干轮支付后，接收者从链上获得所有应得的资金，Tumbler 也会抽取一定的服务费，而剩余的资金则由支付者赎回。

TumbleBit 通过使用 RSA 谜题和盲化技术隐藏了支付者和接收者之间的关联，但是此方法本身无法保证支付者能说服接收者相信该 RSA 谜题的解，这使得支付者可以通过作弊来偷取交易。因此，在 TumbleBit 中，一次支付中会产生两个托管交易，以确保公平性。

需要说明的是，尽管 RSA 谜题是在支付者、Tumbler 和接收者之间的互动中产生和解决的，并以公平交换的协议避免 Tumbler 作恶，但如果 Tumbler 与接收者勾结，就很容易知道支付者的真实身份。此外，TumbleBit 既不支持支付值隐藏，也不支持双向支付渠道，从而影响了它在实践中的可用性。

8.2.7 Bolt

Bolt 是由 Green 等提出的匿名支付通道方案,与 TumbleBit 相比,它提供了更多的链外支付模式,包括单向支付通道、双向支付通道和间接支付通道。Bolt 可以在接收者不知道支付者的身份和具体金额的情况下完成交易,具备更高的隐私性。Bolt 可以完全不依赖第三方,避免了资金浪费并具有更高的安全性。本节将以双向支付通道为例,介绍 Bolt 协议的流程。

Bolt 的基本思想是,支付者向链上抵押一定的资金来构造一个用于链下交易的签名,在链下的每次交易都会更新相应钱包的余额,最后将链下交易过程产生的赎回凭证发送至链上以赎回资金。具体协议如图 8-3 所示,包括以下 3 个阶段。

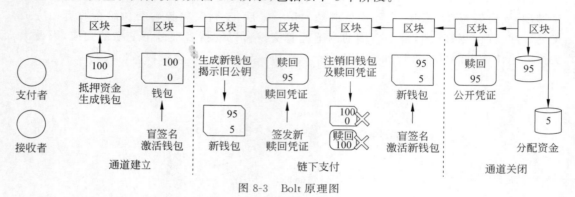

图 8-3　Bolt 原理图

（1）**通道建立**。支付者首先初始化其钱包 $\langle B_0^{cust}, wpk_0 \rangle$,其中 B_0^{cust} 为初始资金,wpk_0 为钱包公钥,随后计算钱包的承诺值,并将该承诺值发送至链上。接收者提供对钱包的盲签名,以完成通道建立过程。盲签名可以在签名者不知晓签名内容的情况下生成签名,由此接收者为支付者的钱包提供了签名,但不知道钱包的内容,保护了初始资金信息。

（2）**链下支付**。假设支付者需要支付 ϵ 的资金,那么首先构造一个新的钱包,其中新钱包的资金 $B_i^{cust} = B_{i-1}^{cust} - \epsilon$,支付者采用零知识证明技术证明 $B_i^{cust} \geqslant 0$。随后,支付者向接收者揭示旧钱包的公钥 wpk_{i-1},接收者向支付者提供关于新赎回凭证的盲签名。为了防止支付者同时使用旧的钱包和赎回凭证发动双花攻击,需要使用旧钱包的私钥签发旧的钱包和赎回凭证的注销消息。商家在使用旧钱包公钥 wpk_{i-1} 对支付者的注销签名进行验证后,使用盲签名对支付者的新钱包进行签名,至此支付者的新钱包才能使用。

（3）**通道关闭**。支付者向链上发送最新的赎回凭证以关闭支付通道,资金分配由链上合约完成。如果支付者使用了过时的赎回凭证,那么接收者可以向链上提供支付者作恶的证明,获得支付者抵押的全部资金。

与其他匿名支付通道方案相比,Bolt 可以提供对支付者更强的匿名性。从接收者的角度看,他只知道通过支付通道收到了一笔付款,但不知道这笔付款实际上是由哪个支付者发起的交易,也不知道该支付者的初始资金。

在实际使用中,上述双向支付通道存在一定的弊端,因为协议需要支付者与接收者直接进行协议交互,即隐含了双方能直接安全地进行通信,这一条件有时是很难达到的。这种情况下,间接支付通道会更加适用,其构造方式也非常直接。各个用户可以只向一个公共的

（不可信）第三方交互，分别和该第三方建立双向支付通道，这样，用户间的一笔交易通过两个双向支付通道完成，交易双方无须建立任何通信。

8.2.8 方案比较

表 8-1 总结了本节介绍的混币服务与匿名支付通道方案。在区块链中有两种类型的工作模型：第一种为未花费交易输出（Unspent Transaction Output，UTXO）模型；第二种是账户模型。比特币采用 UTXO 模型，而以太坊则采用账户模型。事实上，大多数隐私保护方案都采用了 UTXO 模型，其主要原因在于：①许多方案为了与比特币兼容，是直接基于比特币构造的，包括混币方案 CoinJoin、Mixcoin、CoinShuffle、CoinParty 等；②基于 UTXO 模型的方案本身对隐私保护的适应性较好，易于结合环签名、零知识证明等密码学方案进行隐私保护，包括匿名支付通道方案 TumbleBit、Bolt 等。

表 8-1　混币服务与匿名支付通道方案对比

方案	工作模型	匿名性	I/O隐私性	可信假设	安全性	兼容性	关键技术
CoinJoin	UTXO	是	否	是	抗窃取攻击	与比特币区块链兼容	分布式混币
Mixcoin	UTXO	是	否	否	抗窃取攻击	与比特币区块链兼容	中心化混币
CoinShuffle	UTXO	是	否	否	抗窃取攻击 抗女巫攻击	与比特币区块链兼容	基于加密和地址混淆的分布式混币
CoinParty	UTXO	是	否	否	抗窃取攻击	与比特币区块链兼容	基于门限签名的分布式混币
TumbleBit	UTXO	是	否	否	余额正确性 抗拒绝服务 抗女巫攻击	与比特币区块链兼容	基于 RSA 的匿名链下支付通道
Bolt	UTXO	是	否	否	余额正确性	与比特币区块链兼容	基于盲签名与零知识证明的匿名链下支付通道

对于基于混币的隐私保护方案，如 Mixcoin、CoinJoin 等，其主要目标是提供交易的匿名性。对于混币外部用户来说，无法关联某一个交易输入与交易输出，这被称为外部匿名性；对于混币内部用户来说，无法关联除自己交易外的交易输入与交易输出，这被称为内部匿名性。现有的中心化混币方案都不支持内部匿名性，一些去中心化的混币方案，如 CoinShuffle、CoinParty 支持内部匿名性。除此之外，由于混币方案和匿名支付通道方案都仅考虑匿名性，因此实际上并不能为用户提供 I/O 隐私性，即交易内部的相关信息是公开可见的。

8.3 基于环签名的隐私保护

8.3.1 概述

环签名是一种群组签名方案，其显著特征是对于环中的用户所签名的消息，使用环中任意用户的公钥均可验证。换言之,验证者只能知道该签名由环中的某一用户签发,却无法确定具体是哪一个用户。有些读者可能已经想到,如果将比特币中交易输入的签名替换成环签名,那么其他人在验证交易时便无法确定签名者的身份,由此提供了一定的匿名性。基于这一原理,字节币、门罗币等原生具有隐私保护功能的加密货币被提出。

本节重点依托门罗币介绍基于环签名的隐私保护方案,而门罗币设计的核心是 CryptoNote 协议,因此本节将从 CryptoNote 协议开始逐步介绍。

8.3.2 CryptoNote 协议

CryptoNote 是针对区块链的隐私问题而提出的一种协议,最早是为 Altcoin 加密货币设计,但如今已经被十几种加密货币采用,其中最著名的便是门罗币。CryptoNote 主要基于两种技术实现加密货币的匿名性:隐匿地址和环签名。

隐匿地址用于隐藏接收地址,保护交易接收方身份。在比特币的 UTXO 模型中,每一笔交易都会标识出其所属者,而所属者的唯一标识则是与其公钥绑定的地址,这导致同一用户的不同交易会因为地址的唯一确定性而相互关联。在 CryptoNote 中使用一次性的隐匿地址解决这一问题。每个用户仍然会掌握唯一的公私钥对,并且公钥地址公开,但每次发送交易时,发送方会根据接收方的地址随机产生临时公钥来接收交易,而临时私钥等信息则会通过 Diffie-Hellman 协议等方式秘密地传递给接收方。由此,除发送方和接收方外,其他任何人都不知道这笔交易究竟属于哪个用户。

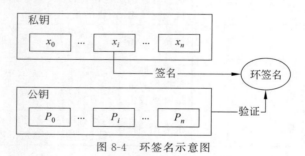

图 8-4 环签名示意图

与之相对,环签名用来隐藏交易发送方身份。用户在花费真正属于自己的 UTXO 时,可以附加任意数量的其他 UTXO 来混淆视听。如图 8-4 所示,用户 i 可以在发起交易时选择其他 $n-1$ 个临时公钥地址与自己的临时公钥 P_i 一起组成环 $\{P_1, P_2, \cdots, P_n\}$,随后使用自己的临时私钥 x_i 进行签名,并在交易中附带环中的所有公钥,由于环中任意一个公钥均可验证此签名,因此其他人无法区分是哪个用户发起的交易。

然而,这种匿名性带来了双花攻击的风险:对两个环签名,难以区分是同一用户的两次签名,还是两个不同用户的签名,因此恶意用户可以轻易花费两次 UTXO 而不被发现。为了解决这一问题,CryptoNote 协议基于可追踪环签名设计了一次性环签名方案,其中"一次性"的含义是每个私钥只能进行一次签名;如果使用同一私钥生成了两次签名,那么验证者在验证第二次签名时能链接第一次签名,即发现双花行为。

下面对该一次性环签名进行具体介绍。假设 m 是待签名内容,签名者 s 的临时公私钥对为 (P_s, x_s),环中的公钥集合为 $\{P_i | i \in [1, n]\}$,主要包括 4 个阶段。

(1) **生成阶段**。签名者首先计算 $I = x_s H_p(P_s)$,其中 H_p 指一个确定性哈希函数

$E(F_q) \to E(F_q)$，该值被称为"密钥图像"，用于防止双花攻击。随后生成两组随机数，第一组随机数为$\{q_i | i \in [1,n]\}$，共n个，第二组随机数为$\{w_i | i \in [1,n], i \neq s\}$，共$n-1$个。

(2) **签名阶段**。签名者首先计算集合$L = \{L_i | i \in [1,n]\}$和$R = \{R_i | i \in [1,n]\}$，$L_i$和$R_i$的值分别如式(8-1)和式(8-2)所示。

$$L_i = \begin{cases} q_i G, & i = s \\ q_i G + w_i P_i, & i \neq s \end{cases} \tag{8-1}$$

$$R_i = \begin{cases} q_i H_p(P_i), & i = s \\ q_i H_p(P_i) + w_i I, & i \neq s \end{cases} \tag{8-2}$$

接着，计算一个非交互式挑战。

$$c = H_s(m, L_1, L_2, \cdots, L_n, R_1, R_2, \cdots, R_n) \tag{8-3}$$

其中，H_s指一个密码哈希函数$\{0,1\}^* \to F_q$。最后，计算响应值c_i和r_i。

$$c_i = \begin{cases} w_i, & i \neq s \\ c - \sum_{i=0}^{n} c_i \bmod \ell, & i = s \end{cases} \tag{8-4}$$

$$r_i = \begin{cases} q_i, & i \neq s \\ q_s - c_s x \bmod \ell, & i = s \end{cases} \tag{8-5}$$

组合得到签名值$\sigma = (I, c_1, c_2, \cdots, c_n, r_1, r_2, \cdots, r_n)$。

(3) **验证阶段**。验证者通过计算值L_i和R_i的逆来验证签名。

$$\begin{cases} L'_i = r_i G + c_i P_i \\ R'_i = r_i H_p(P_i) + c_i I \end{cases} \tag{8-6}$$

验证者检查$\sum_{i=0}^{n} c_i$是否与$H_s(m, L'_0, L'_1, \cdots, L'_n, R'_0, R'_1, \cdots, R'_n) \bmod \ell$相等。如果相等，则验证者执行下一阶段，否则拒绝该签名。

(4) **链接阶段**。每次签名使用的密钥图像都会被存储在集合J中。验证者检查上一阶段验证的签名使用的公钥是否在以往签名中被使用过，如果被使用过，则意味着该签名和以往某个签名是在同一密钥下产生的。

8.3.3 门罗币

从技术的角度而言，门罗币在隐私保护方面的设计基本继承了CryptoNote协议的方案，包括隐匿地址和环签名技术，但做出了一些改进。首先，门罗币并未直接使用CryptoNote协议的环签名方案，而是采用了基于密钥集合生成的环签名方案——多层可链接自发Ad-Hoc群签名。除此之外，门罗币还在CryptoNote协议的基础上增加了隐藏交易金额的功能，结合环签名和Pedersen承诺，实现了环机密交易。

1. 多层可链接自发Ad-Hoc群签名

多层可链接自发Ad-Hoc群签名方案满足匿名性、不可伪造性以及可链接性的属性，下面介绍该方案的算法。假设m是待签名内容，签名者s的临时公私钥对为(P_s, x_s)，环中的公钥集合为$\{P_i | i \in [1,n]\}$，其主要包括4个阶段。

(1) **生成阶段**。与CryptoNote协议中的一次性签名方案类似，首先要计算一个"密钥

图像"$I=x_sH_p(P_s)$,其中H_p是一个哈希函数。随后,在F_q中选取随机参数α和$n-1$个随机数$\{r_i|i\in[1,n],i\neq s\}$。

(2) **签名阶段**。签名者s首先计算如下变量:

$$\begin{cases} L_s=\alpha G \\ R_s=\alpha H_p(P_j) \\ c_{s+1}=h(m,L_s,R_s) \end{cases} \tag{8-7}$$

其中,h是一个在域F_q中实现的哈希函数。随后,以递推的方式依次计算获得$c_1,c_2,\cdots,c_n$,例如c_{s+2}可由c_{s+1}计算得到,c_1可由c_n计算得到,具体如式(8-8)所示。

$$\begin{cases} L_{s+1}=r_{s+1}G+c_{s+1}P_{s+1} \\ R_{s+1}=r_{s+1}H_p(P_{s+1})+c_{s+1}I \\ c_{s+2}=h(m,L_{s+1},R_{s+1}) \\ L_n=r_nG+c_nP_n \\ R_n=r_nH_p(P_n)+c_nI \\ c_1=h(m,L_n,R_n) \end{cases} \tag{8-8}$$

令$r_s=\alpha-c_sx_s \bmod \ell$,因此有$\alpha=r_s+c_sx_s \bmod \ell$,那么$L_s$和$R_s$做如下变换:

$$\begin{cases} L_s=\alpha G=r_sG+c_sx_sG=r_sG+c_sP_s \\ R_s=\alpha H_p(P_s)=r_sH_p(P_s+c_sI) \\ c_{s+1}=h(m,L_s,R_s) \end{cases} \tag{8-9}$$

最终得到签名$\sigma=(I,c_1,c_2,\cdots,c_n,r_1,r_2,\cdots,r_n)$。

(3) **验证阶段**。对于所有的$i\in[1,n]$,验证者计算L_i、R_i以及c_i,其中$i\in\{1,n\}$,验证$c_{n+1}=c_1$是否成立,并验证$c_{i+1}=h(m,L_i,R_i)$是否成立。如果验证通过,则验证者执行下一阶段,否则拒绝该签名。

(4) **链接阶段**。验证者将检查密钥图像I是否在以往签名中被使用过,如果被使用过,意味着该签名和以往某个签名是在同一密钥下产生的,否则拒绝该签名。

2. 环机密交易

机密交易的概念由 Maxwell 于 2015 年提出,最初针对比特币的 UTXO 模型而设计,其使用同态承诺技术对交易的输入、输出隐藏,在不揭露具体交易金额的情况下允许第三方对交易执行零和验证,这样使得比特币系统不用增加额外的新的密码参数,并且开销也在可控范围内。因为门罗币的 UTXO 模型与比特币有所不同,其使用环签名对交易输入实施了混淆,所以 Maxwell 的方案不能直接应用于门罗币。针对这一问题,门罗币在机密交易的基础上提出了环机密交易。

机密交易的基本思想是使用 Pedersen 承诺替代原本的交易金额明文。以 2 输入、3 输出的交易为例,原本的输入金额a_1、a_2和输出金额b_1、b_2、b_3被替换为$C_1^{in}=a_1G$,$C_2^{in}=a_2G$和$C_1^{out}=b_1G$,$C_2^{out}=b_2G$,$C_3^{out}=b_3G$。由于 Pedersen 承诺具有同态性,验证者只判断$\Sigma=C_1^{in}+C_2^{in}-(C_1^{out}+C_2^{out}+C_3^{out})=(a_1+a_2-b_1-b_2-b_3)G=0\cdot G$是否成立即可判断交易是否合法。

但是,事实上以上方法并不能真正隐藏交易的数额,这是因为交易金额的取值范围相对较小,攻击者完全可以取遍所有的交易金额并计算相应的 Pedersen 承诺,将其与交易中的承诺值相比对以获知交易金额明文。为了解决这一问题，Maxwell 在此基础上引入了盲化因子技术。例如，取椭圆曲线上另一生成元 H，选取随机数 $x_1、x_2、y_1、y_2、y_3$ 作为盲化因子，这样关于输入金额 a_1 的承诺就变为 $C_1^{in} = a_1 G + x_1 H$，而关于输出金额 b_1 的承诺就变为 $C_1^{out} = b_1 G + y_1 H$。

不过，这又带来新的问题，此时 $\Sigma = C_1^{in} + C_2^{in} - (C_1^{out} + C_2^{out} + C_3^{out}) = 0 \cdot G + (x_1 + x_2 - y_1 - y_2 - y_3) H \neq 0$，那么该如何做零和验证呢？由于 $x_1、x_2、y_1、y_2、y_3$ 对于交易发送者是已知的，因此可以令它使用 $x_1 + x_2 - y_1 - y_2 - y_3$ 作为私钥完成签名，令验证者使用 Σ 作为公钥完成验证。显而易见，如果交易不满足零和验证，Σ 就不是签名对应的公钥，不能验证通过；反之，验证通过，表示交易合法。这便是由 Maxwell 提出的机密交易方案。

然而，如果将上述方案直接应用于门罗币，会破坏使用环签名实现的匿名性。如果验证者要能执行零和验证，就必须知道 Σ，而 Σ 无疑暴露了真正的交易输入、输出。门罗币解决这一问题的方法也很直接，那就是使用环签名方案完成签名，将真实的输入混淆到环中。下面通过一个例子介绍具体步骤。

(1) 为简化起见，假设用户 s 的临时公私钥为 (x_s, P_s)，其发起的交易中只有一个输入，对应的盲化因子和承诺值分别为 $x_1、C_{1,s}^{in}$，所有输出的盲化因子和以及承诺值之和为 $\sum_j y_j、\sum_j C_j^{out}$。

(2) 用户 s 首先选择用来混淆的 $n-1$ 个输入，它们的临时公钥和承诺值分别为 $(P_1, C_{1,1}^{in}), \cdots, (P_{s-1}, C_{1,s-1}^{in}), (P_{s+1}, C_{1,s+1}^{in}), \cdots, (P_n, C_{1,n}^{in})$，这些输入和真实输入组成了一个大小为 n 的环；随后，用户使用 $x_s + x_1 - \sum_j y_j$ 作为私钥生成环签名。

(3) 验证时，集合 $\left\{ P_1 + C_{1,1}^{in} - \sum_j C_j^{out}, \cdots, P_s + C_{1,s}^{in} - \sum_j C_j^{out}, \cdots, P_n + C_{1,n}^{in} - \sum_j C_j^{out} \right\}$ 中任何一个值作为公钥都可以对该环签名完成验证。由此，在实现隐私零和验证的同时又保证了匿名性。

8.4 基于零知识证明的隐私保护

8.4.1 概述

8.3 节介绍了基于环签名实现隐私保护加密货币的方案，另一种实现隐私保护的思路是借助零知识证明，典型的加密货币是 ZeroCoin 和 ZeroCash。ZeroCoin 是比特币的一种分叉，采用了去中心化的混币技术，它不依靠数字签名和中心银行，而是通过零知识证明的方式证明货币在一个公开的有效票据列表中以说明货币的有效性并防止双花。然而，ZeroCoin 存在以下两个问题。

(1) **性能问题**。将 ZeroCoin 赎回为比特币需要使用双离散对数技术验证，这种验证需要超过 45KB 的数据块和 450ms 的时间。并且，这些数据块必须被全网广播，被每个节点验证，并被账本永久存储，由于其时间和规模远大于比特币本身的时间和规模，因此若将 ZeroCoin 加入比特币系统中，会极大地降低效率，并产生较高的比特币交易费。

(2) **功能问题**。与比特币完整的交易系统不同的是，ZeroCoin 使用的都是固定数额的货币，其不能支持一些特定数额的交易，也不能划分货币。除此之外，ZeroCoin 之间也不能直接交易。在隐私保护功能上，ZeroCoin 只能保障源账户地址的隐私，而不能隐藏交易数额等交易的其他信息。

针对 ZeroCoin 的缺点，Ben-Sasson 等于 2014 年提出另一种基于零知识证明的保护隐私的数字货币——ZeroCash。这种数字货币系统将交易块数据大小降低到 1KB；将交易的验证时间降到 6ms；允许数额多样的匿名交易；能隐藏交易的数目和数额；允许在用户之间的地址直接交易。

相比而言，ZeroCash 更具代表性，因此本节主要通过 ZeorCash 介绍基于零知识证明的隐私保护。其中，首先介绍一类典型的零知识证明方案 zk-SNARKs，然后介绍其是如何应用到 ZeroCash 中并保障隐私的。

8.4.2　zk-SNARKs

zk-SNARKs 是零知识简洁非交互式知识论证（Zero-Knowledge Succinct Non-Interactive Argument of Knowledge）的简写，允许证明者以非交互的方式向验证者证明某项断言的正确性，而不会透露断言正确之外的任何信息。例如，证明者可以通过 zk-SNARKs 向验证者证明自身拥有一个密钥，但不会泄露密钥本身，并且这一过程不需要任何的交互。一般来讲，zk-SNARKs 具备以下性质。

（1）**零知识性**。zk-SNARKs 允许一方向另一方证明某项断言是真实的，而不会透露任何超出断言本身有效性的信息。

（2）**知识证明**。证明者不仅可以使验证者确信断言正确，而且可以说服他们实际上知道断言对应的证据，而又不会泄露任何有关该证据的信息。

（3）**简洁性**。简洁性约束了生成的证明的尺寸和验证时间。一般来讲，zk-SNARKs 的证明可以在几毫秒内验证，且长度只有几百字节。

（4）**非交互性**。在早期的零知识证明协议中，证明者和验证者必须完成多轮交互通信，这限制了其应用范围。而 zk-SNARKs 的非交互性要求证明的过程只能包括从证明者发送给验证者的单轮消息，如果将证明发布到区块链中，那么任何人都可以对此验证。

简单来讲，zk-SNARKs 的基本工作原理如下，详细介绍可参见 8.4 节的具体文献。

（1）**编码**。任何断言都需要编码成一个多项式问题才能进行证明。例如，断言被编写成多项式方程 $t(x)h(x)=w(x)v(x)$。其中，$w(x)$ 和 $v(x)$ 都是域上的多项式，$t(x)$ 是目标多项式，证明者需要找到一个多项式 $h(x)$ 使上述等式成立。

（2）**简单随机抽样**。证明者和验证者使用多项式一致性检验协议比较多项式 $t(x)h(x)$ 和 $w(x)v(x)$。具体来讲，验证者会选择一个私密评估点 s 将多项式是否相等的问题转换为验证 $t(s)h(s)=w(s)v(s)$ 是否相等的问题。

（3）**同态加密**。不过，为了避免向证明者暴露私密评估点 s，证明者和验证者之间并不直接计算相关多项式在点 s 上的值，而是使用一个加密函数 E，对多项式进行密态计算。这种技术允许证明者在不知道 s 的情况下计算 $E(t(s))$、$E(h(s))$、$E(w(s))$、$E(v(s))$，同时证明者也可以利用上述加密后的值判断多项式是否相等。

（4）**零知识**。此外，证明者并不想在证明过程中暴露真实的编码多项式，它会实施一定的盲化处理。任取一个非零随机数 k，校验 $t(s)h(s)=w(s)v(s)$ 和校验 $k \cdot t(s)h(s)=$

$k \cdot w(s)v(s)$ 是等价的,因此证明者不会直接发送 $E(t(s))$、$E(h(s))$、$E(w(s))$、$E(v(s))$ 的值,而是在此基础上再乘以一个随机的盲化因子。

8.4.3 ZeroCash

ZeroCash 是一种能做到交易金额保密和完全匿名交易的强匿名加密货币,其主要使用 zk-SNARKSs 技术来保证隐私。与此同时,ZeroCash 还可以做到与比特币完全兼容,用户不仅可以将比特币转换为 ZeroCash 中的货币(称为 ZEC),还可以将 ZEC 转换为比特币。这种特性来自 ZeroCash 对地址的设计保留了对比特币良好的兼容性:在 ZeroCash 中有两类地址:一种是透明地址;另一种是隐蔽地址。用户可以主动选择使用哪种地址,即是否启用隐私保护的功能。

图 8-5 展示了 ZeroCash 交易的基本情况,其共支持 4 种交易类型:①当一笔交易是在透明地址之间进行时,这种转账与比特币交易是极为相似的,此时交易的地址和数值都是可见的;②当一笔交易在两个隐蔽地址之间进行时,其交易双方的数目和每个账户的地址、金额都是不公开的,这样交易的隐私会得到较为完全的保障;③在从透明地址到隐蔽地址的交易中,发送方的地址和货币数额是公开的,而作为接收方的隐蔽地址却是不可见的;④而在从隐蔽地址到透明地址的交易中,接收方的地址和货币数额是可见的,但发送方的地址是不可见的。

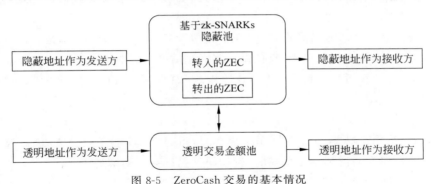

图 8-5　ZeroCash 交易的基本情况

本节将主要关注隐藏交易的原理和实现方式。任何被转入隐蔽地址的货币都被视作转入一个"隐蔽池"中,若要从隐蔽池中花费货币,用户需要生成一个 zk-SNARKs 的证明,用于证明其对该货币的所有权、交易金额是否合法等。下面从 ZeroCash 的基本参数开始,逐步介绍其如何实现隐藏交易,具体流程如图 8-6 所示。

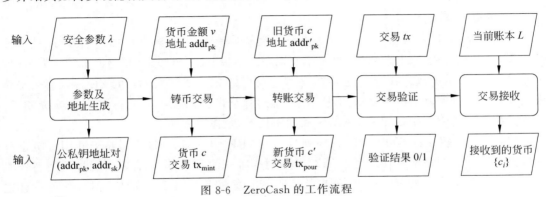

图 8-6　ZeroCash 的工作流程

1. 参数及地址生成

在 ZeroCash 中存在两类参数，分别是安全参数 λ 和公共参数 pp。在初始化阶段，由可信第三方根据安全参数 λ 生成公共参数 $pp=(pk_{pour},vk_{pour},pp_{enc},pp_{sig})$，其将用于系统内部的各算法，对于所有用户都是可见的。

公共参数首先应用于地址的生成。与比特币类似，ZeroCash 中的每个用户都拥有至少一组地址对 $(addr_{pk},addr_{sk})$，但其生成过程更为复杂，具体步骤如下。

（1）根据参数 pp_{enc}，生成加密使用的公私钥对 (pk_{enc},sk_{enc})。

（2）随机生成一个伪随机函数 PRF^{addr} 的种子 a_{sk}，并计算 $a_{pk}=PRF^{addr}_{a_{sk}}(0)$。

（3）最后，用户的公钥地址 $addr_{pk}=(a_{pk},pk_{enc})$，私钥地址 $addr_{sk}=(a_{sk},sk_{enc})$。

2. 铸币交易

ZeroCash 实现隐私性的关键在于，其不会直接在区块链中公开货币（即 UTXO）的地址和金额信息，而是使用货币的承诺 cm 代替，这一点与 8.4.2 节介绍的机密交易技术有些类似。由此，交易的地址信息和金额信息就被同时隐藏。前面提到，ZeroCash 可以将比特币转换为 ZEC，这一过程被称为货币铸币，由此产生的交易被称为铸币交易。下面介绍货币铸币的过程，帮助读者理解 ZeroCash 的货币形式。假设用户要将金额为 v 的比特币转换为 ZEC，具体步骤如下。

（1）随机生成一个伪随机函数 PRF^{sn} 的种子 ρ。这里，种子 ρ 的作用是在该货币被花费时计算序列号 sn 以防止双花攻击，具体做法将在稍后介绍。

（2）生成两个承诺函数的陷门 r 和 s，并计算 $k=COMM_r(a_{pk}||\rho)$ 和 $cm=COMM_s(v||k)$，其中 cm 即货币的承诺。

（3）随后，得到铸币后的货币 $c=(addr_{pk},v,\rho,r,s,cm)$ 和铸币交易 $tx_{mint}=(cm,v,*)$，其中 $*=(k,s)$。铸币交易 tx_{mint} 将公开至区块链上，而货币 c 本身不会公开，因此该交易的输出地址对其他任何人来讲都是不可知的，就如同被扔进一个隐蔽池中。

（4）此外，用户还需要在比特币上声明如下内容："我需要用 v 比特币铸造金额为 v 的 ZEC，承诺为 cm"，并明确比特币的输入 UTXO。因此，关于交易的验证（如是否具有相应比特币的所有权）自然主要在比特币区块链中进行，ZeroCash 仅验证了承诺的合法性。

总而言之，铸币的过程主要是将与用户地址有关的 a_{pk}、货币金额 v 和种子 ρ 承诺至链上，而具体的金额和接收地址则是隐藏的。

3. 转账交易

除铸币交易外，ZeroCash 中另一种重要的交易是转账交易，其支持用户细分、汇总和转移货币，同时保障用户的匿名性。这里主要以隐蔽地址和隐蔽地址之间的货币转移为示例，展示 ZeroCash 的原理。在这一过程中，假设要将旧的 ZEC c 转换为新的 ZEC c'，那么交易发起者首先要证明其对旧的 ZEC 的所有权，随后保证匿名的接收者能正常花费新的 ZEC，实现这两点的关键分别是 zk-SNARKs 和加密技术，具体过程如下。

（1）使用私钥 a_{sk} 计算旧 ZEC 的序列号 $sn=PRF^{sn}_{a_{sk}}(\rho)$，这一序列号将公开用于防止双花攻击。这样做的基本原理是每个 ZEC 都会对应唯一的序列号，只有未出现过的序列号的 ZEC 才允许被花费。此外，这一步骤也能证明交易发起者对旧 ZEC 的所有权，因为只有它

才知道 ρ，因而能计算出合法的序列号。

(2) 随后，发起者为新 ZEC 生成一个伪随机函数 PRF^{sn} 的种子 ρ'，生成两个承诺函数的陷门 r' 和 s'，计算 $k' = \text{COMM}_{r'}(a'_{pk} \| \rho')$ 和 $cm' = \text{COMM}_{s'}(v \| k')$，其中 a'_{pk} 是接收者的公钥。这一步骤与货币铸币类似，那么新的 ZEC 即 $c' = (\text{addr}'_{pk}, v, \rho', r', s', cm')$。

(3) 接下来，为了让接收者能花费 c'，需要秘密地让它获取到 v、ρ'、r'、s' 这些关键参数。因此，发起者使用接收者的加密公钥对其进行加密，得到 $C = E_{enc}(\text{pk}'_{enc}, (v, \rho', r', s'))$，这一加密值也将被公开，但因为只有接收者有正确的解密私钥 sk'_{enc}，所以其他人不会获得这些关键参数。

(4) 此外，还需要解决的问题是如何向交易验证者证明交易合法，例如旧 ZEC 确实存在、发起者拥有相应私钥、交易满足零和验证等，这些信息都以零知识的方式进行证明。简单来说，发起者通过 zk-SNARKs 技术生成一个 π 以及一些辅助信息，它们都将被包含在公开的交易中，任何人都可以通过验证这一证明相信交易是合法的。

(5) 最后，得到转账交易 $tx_{pour} = (sn, cm', *)$，其中 * 包含了加密后的参数 C、零知识证明 π，以及其他一些辅助信息。

4. 交易验证

验证者验证一笔交易时，首先判断该交易是铸币交易还是转账交易，然后分别执行不同的验证算法，如下所示。

(1) 如果是铸币交易，那么验证者只需验证 $tx_{mint} = (cm, v, *)$ 中的 cm 是否由正确的步骤计算得来：利用交易中的信息重新计算一个承诺值并与 cm 比对。

(2) 如果是转账交易，那么验证者首先根据其中的序列号 sn 判断这个货币是否在之前花费过；随后，利用 zk-SNARKs 的验证算法判断交易是否合法。

5. 交易接收

任何期望从链上接收货币的用户都应时刻维护链上账本 L 的状态，对于每一笔转账交易，都要尝试解密其中的加密参数 C，如果解密成功，则代表该交易的输出地址属于自己，具体如下。

(1) 对于转账交易 $tx_{pour} = (sn, cm', *)$，使用自己的解密私钥 sk'_{enc} 解密其中的加密参数 C，如果解密成功，即可获得相应的 v、ρ'、r'、s' 这些关键参数。

(2) 随后，验证交易是否合法，如果合法，则利用上述参数重构出完整的货币结构 $c' = (\text{addr}'_{pk}, v, \rho', r', s', cm')$。

综上所述，ZeroCash 的算法主要由 5 个步骤构成。其中应用了和比特币类似的公私钥地址体制，保持了与比特币高度的兼容性。但不同的是，ZeroCash 中有两种新的交易类型：铸币交易和转账交易。同时，在这两种交易中应用了 zk-SNARKs 技术以保障隐私。

8.5 注释与参考文献

在混币服务方面，8.1 节中的早期 Chaum 的混淆服务源于文献[104]，CoinJoin 方案可参考文献[105]，Mixcoin 方案可参考文献[106]，CoinShuffle 方案可参考文献[107]，CoinParty 方案可参考文献[108]；在匿名支付通道方面，Spilman 提出的匿名支付通道概念及首个方案可参考文献[109]，TumbleBit 方案可参考文献[110]，Bolt 方案可参考文献[111]。

针对基于环签名的隐私保护，8.2 节中的可追踪环签名方案可以参考文献[112]，8.3 节中提到的群签名方案以及环机密交易均可参考文献[113]，而机密交易则可以参考文献[114]。

针对基于零知识证明的隐私保护，ZeroCoin 方案可参考文献[115]，ZeroCash 方案可参考文献[116]，关于 zk-SNARKs 的介绍可参考文献[117]，其中将断言编码为多项式问题的具体方法可参考文献[118]。

8.6 本章习题

1. 试从安全性、隐私性和关键技术等方面总结和比较各类混币服务的异同。
2. 在 Bolt 匿名支付通道技术中，为什么要先让旧钱包无效化？这是如何实现的？
3. 在门罗币中实现用户身份隐私的关键技术是什么？请简述其工作机理。
4. 请简述将比特币转换为 ZeroCash 币的过程。
5. 请解释 ZeroCash 的隐私具体指什么？为什么 zk-SNARKs 可用于保障 ZeroCash 的隐私？使用 zk-SNARKs 后，如何确保交易的有效性？

第 9 章 区块链去隐私化技术

比特币是最透明的支付网络之一,所有交易都是公开的。追踪者通过使用和分析区块链上的数据,可以观察到交易之间的比特币流,也就可以追踪用户的交易活动。当追踪者将链上信息与链下数据相结合时,用户的真实身份信息就会被暴露出来,并随之带来一些对用户不利的影响。本章介绍目前较常见的区块链去隐私化技术,了解隐私泄露的危害性。9.1 节介绍常见的去隐私化技术,9.2 节给出一个实例,介绍追踪者如何实现对比特币用户的去隐私化,9.3 节给出一个实例,介绍追踪者如何实现跨账本去隐私化。

9.1 区块链隐私与匿名

9.1.1 概述

图 9-1 给出了目前比特币匿名和隐私分析方法的分类。区块链匿名与隐私分析方法分为四大类,分别是交易、利用离线信息、交易溯源技术(利用网络信息)和账户聚类技术。具体地,交易溯源技术又分为利用异常中继信息、利用第一中继节点信息、利用底层网络图和

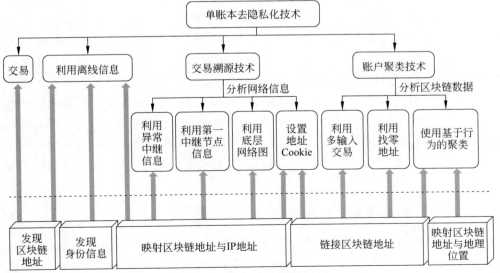

图 9-1 区块链去隐私分析方法

设置地址Cookie 4种具体分析方法，账户聚类技术又分为利用多输入交易、利用找零地址和使用基于行为的聚类3种具体分析方法。上述一系列的匿名与隐私分析技术带来的后果（分析后要达到的目标）有5种，如表9-1所示。9.1.2～9.1.3节以比特币为例，分别介绍交易法、利用离线信息、交易溯源技术和账户聚类技术这四大类区块链匿名与隐私分析方法。

表 9-1 各种匿名与隐私分析技术带来的后果与说明

后 果	说 明
发现比特币地址	已知身份信息，获得与其相关的比特币地址
发现身份信息	已知比特币地址，获得与其相关的身份信息
映射比特币地址与IP地址	比特币地址被映射到可能产生交易的IP地址
链接比特币地址	将属于同一用户的不同地址链接到一起
映射比特币地址与地理位置	已知比特币地址，获得用户的地理位置信息

9.1.2 交易法

追踪者通过与其他用户执行交易（如购买商品和服务），就可以直接获取其他用户的数字货币地址。以比特币购物为例，买家必须知道卖家的比特币地址才能付款给卖家，所以如果卖家想接收买家的付款，卖家必须分享他的比特币地址。因此，一个用户可以作为买家，了解他想知道的卖家用户的比特币地址。Meiklejohn等使用了交易法，并将其命名为重新识别攻击。他们的方法是开设账户，从知名的比特币商家和服务提供商那里购买商品。他们参与了344笔交易，涉及87项不同服务，包括矿池、钱包服务、银行交易所、非银行交易所、供应商、博彩网站和杂项服务。由此，他们可以识别1070个比特币地址。交易法也可用来理解和检验混币服务的操作模式，通过追踪交易检查这些匿名化服务的有效性。

9.1.3 利用离线信息

追踪者可以利用从外部获得（从比特币网络和区块链之外）的公开可用的离线数据源，获取数字货币地址所有者的身份，或者发现某个用户拥有的数字货币地址。例如，一些募捐网站为了防止服务被滥用，会公开与数字货币地址相关的身份信息。此外，blockchain.info网站将大型和高度活跃的用户或实体的比特币地址公布出来，相关离线信息也可用于获取发起比特币交易的IP地址。Baumann、Fabian和Lischke从网站获得了属于比特币地址的IP地址信息，并使用这种方法获取了Mt. Gox拥有的若干比特币地址。Lischke和Fabian从blockchain.info和ipinfo.io网站收集数字货币地址背后的IP地址数据，其中ipinfo.io提供与IP相关的地理位置、主机名或组织信息。他们收集了超过22.3万个不同的IP地址，这些地址参与过1580万次交易。

9.1.4 交易溯源技术

追踪者可以通过分析比特币网络流量或使用网络基础设施获得交易信息，实现对用户的去匿名化。交易溯源技术具体可分为利用异常转播交易、利用第一中继信息、利用底层网络图和设置地址Cookie进行用户指纹分析4种技术。

1. 利用异常转播交易

节点向其他节点发送消息的过程也称为转播。通过分析数字货币网络流量和交易消息转播，追踪者可以定义异常转播模式，例如将仅由单个节点转播的交易或由至少一个节点重复转播（多次转发）的交易定义为异常转播交易。通过对属于异常转播模式的交易发动溯源攻击，追踪者可以将数字货币地址映射到 IP 地址。

Koshy、Koshy 和 McDaniel 首次提出将比特币地址映射到 IP 地址的方法，他们建立了一个名为 CoinSeer 的比特币客户端，用于收集数据。通过使用 CoinSeer，他们与每个监听节点（其 IP 地址被公布在比特币网络商）建立了出站连接，连接数量超过当时唯一的比特币超级客户端 blockchain.info。他们分析了 2012 年 7 月 24 日到 2013 年 1 月 2 日的网络数据，把不同的交易转播模式分为一个正常转播交易模式（多中继转播节点和非重复转播）和 3 个异常转播交易模式（单中继节点、多中继节点且单重复转播、多中继节点且多重复转播）。然后，他们设计了启发式方法，将比特币地址映射到 IP 地址，根据支持度和置信度参数，他们能将 252~1162 个比特币地址映射到 IP 地址。然而，这种方法的一个局限性是它依赖于交易的异常转播，追踪者很难对正常的交易流量实现去匿名化。该方法的另一个局限性是只能获得服务器的 IP 地址，对于通过诸如 TOR 之类的匿名服务发送的交易或使用钱包服务的交易，此攻击结果会有误。

2. 利用第一中继信息

如果追踪者与数字货币网络中的每个节点都建立连接，那么对于一个特定交易，追踪者可以认为第一个传播该交易给追踪者的节点是交易源，即发布交易的节点。Kaminsky 最先利用第一中继信息实现去隐私化，他开发了一个名为 Blitcoin 的隐私分析工具，与异常转播交易相比，追踪者对正常转播交易使用这种启发式是不高效的。Fanti 和 Viswanath 研究交易在比特币网络中的传播方式，通过研究比特币使用的两种网络协议，包括 2015 年前的细流传播和 2015 年后的扩散传播。他们试图通过模拟一个窃听者敌手检测发起交易的 IP 地址，窃听者只监听网络上的所有相关消息。对于两种网络协议，他们都利用第一中继信息完成去匿名化。他们分析了检测源 IP 地址的概率，发现在扩散传播协议下对交易实现去匿名化的概率小于在细流传播协议下对交易实现去匿名化的概率，这说明扩散传播可以提供的匿名性比细流传播更强。但是，他们指出，这个差别很小，两种协议都无法抵御利用第一中继信息的交易溯源攻击。

3. 利用底层网络图

追踪者可以通过使用基础点对点网络图识别比特币客户端。Biryukov 等提出利用登记节点识别客户端的方法。登记节点是指比特币客户端连接到的比特币服务器（1 个比特币客户端连接 8 个登记节点）。当追踪者的比特币客户端连接到网络时，追踪者可以检索登记节点的信息，识别交易的发起者，即比特币地址的所有者，并将比特币地址映射到 IP 地址。Biryukov 等针对的是客户端，即在 NAT 或防火墙保护下的节点。在他们的研究中，可以区分共享相同公共 IP 的节点。他们首先找到客户端的登记节点，然后监听服务器，将交易映射到登记节点，最后再映射到比特币客户端。该方法可以将看似无关的比特币地址连接起来，而且不仅限于异常转播交易，对正常转播交易也可以达到相同的攻击效果。他们收集了从 2014 年 3 月 10 日到 2014 年 5 月 10 日 60 天的数据，总共收集了 61395 条连接信息。由此可以识别出在比特币测试网络中 11% 的交易。Biryukov 等还提出一种禁止比特币客户端使用 TOR 或其他匿名服务的攻击手段。追踪者的节点使用 TOR 服务,由 TOR 退出节点连接到某个比特币客户端的登记节点,向登记节点发送足够数量的畸形消息。利用比特币网络的惩罚机制,该登记节点就会在 24 小时内拒绝接收来自该 TOR 退出节点的消息。追踪者利用此方法,使得登记节点拒绝接收网络中全部 TOR 退出节点的消息,这样就禁止了比特币客户端使用 TOR 服务向登记节点发送消息,如图 9-2 所示。然而,这种攻击的缺点是攻击过程相当明显,容易被察觉。

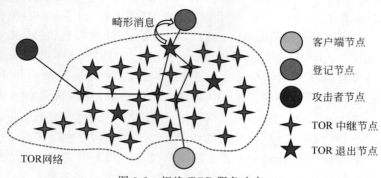

图 9-2 拒绝 TOR 服务攻击

4. 设置地址 Cookie

追踪者只检查在用户计算机上设置的地址 Cookie,就可以连接同一用户的不同交易、比特币地址与该用户的 IP 地址,实现对用户的身份识别。由于比特币的节点从其他节点那里获得地址,因此攻击者可以发送一组独特的假地址组合(称为识别标识 A)给一个节点 M,以对 M 进行身份识别。节点 M 收到这些地址后,存储这些地址。当 M 下一次连接到网络时,攻击者可以查询 M 的地址数据库。如果在地址 Cookie 中存在识别标志 A,就可以识别出该节点 M。这种方法由 Biryukov 和 Pustogarov 基于比特币的节点发现机制提出,目的是在不同会话中关联同一用户。即使用户使用 TOR 或多代理等匿名服务,也不会影响该攻击效果。

9.1.5 账户聚类技术

数字货币网络的整个交易历史都在区块链中公开,任何人都可以追踪在数字货币地址之间的比特币流动情况。Reid 和 Harrigan 最先通过分析区块链数据研究基于 UTXO 的数字货币的匿名和隐私。他们提出了 3 种网络结构:交易图、用户图和实体图,如图 9-3 所示。其中,交易图显示了随着时间的推移,资金在交易之间的流动;用户图显示了随着时间的推移,资金在用户之间的流动;实体图显示了各地址之间的关联(标记可能属于同一用户的多个地址)。将交易图中每笔交易的所有输入地址指向所有输出地址,就得到了地址图。

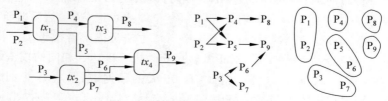

图 9-3 交易图、用户图和实体图

图 9-4 给出了一个交易图的示例。交易 t_1 有两个输入和一个输出,该交易发生在 2018 年 3 月 3 日,其输出转移了 0.5 个比特币;交易 t_2 有一个输入和一个输出,该交易于 2018 年 4 月 17 日执行,其输出转移了 0.2 个比特币;交易 t_3 有两个输入和一个输出,该交易于 2018 年 6 月 25 日执行,其两个输入分别来自交易 t_1 和 t_2 的输出,该交易输出 0.7 个比特币,等于其所有输入之和;交易 t_4 有一个输入和一个输出,该交易于 2018 年 8 月 21 日执行,其输出转移了 0.1 个比特币;交易 t_5 有两个输入和两个输出,该交易于 2018 年 2 月 18 日执行,其中一个输出转移了 0.2 个比特币。

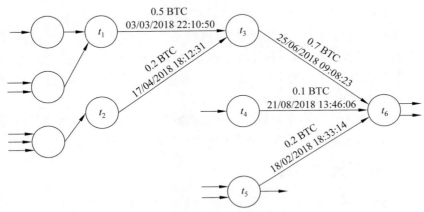

图 9-4 交易图具体示例

由交易图可以获得地址图,如图 9-5 所示,每个方块代表一个地址,箭头代表币的流向。地址 A_1 和 A_2 被聚为一类(被认为属于同一用户),因为它们是一笔多输入交易的不同输入;地址 A_5、A_6、A_7 和 A_8 被聚为一类,其中地址 A_5、A_6、A_7 是一笔多输入交易的不同输入,A_c 是该交易的找零地址。

此外,在单个基于 UTXO 的账本中,追踪者可以根据以下 3 点启发式将不同的地址判断为属于同一用户。

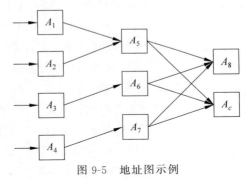

图 9-5 地址图示例

1. 利用多输入交易的聚类

追踪者可以利用多输入交易,将不同地址链接到单个用户。当用户在一笔交易中组合多个地址支付时,就会产生多输入交易。例如,当用户需要支付的金额大于用户每个地址中的余额时,用户不得不用多个地址一起完成这笔付款。多输入交易的多个输入属于同一用户。如果追踪者得到一笔交易中一个输入地址的所有者,那么追踪者可以认为使用该交易其他输入地址的交易也由该用户发起。这种聚类可以通过简单地分析区块链中的交易实现。

2. 利用找零地址的聚类

找零地址是允许用户接收找零的比特币地址。比特币地址中的余额要么不花,要么一次性花完,不能只花一部分,而大多数情况下,用户需要支付的金额与用户地址中的比特币余额不匹配，这就要求用户使用其他地址接收找零。一般来说，找零地址的判断准则如下：

(1) 找零地址不能在以前的交易中出现过，即找零地址必须是新的地址；
(2) 找零地址所在的交易不是一个产生比特币的交易（不是 Coinbase 交易）；
(3) 找零地址不能和输入地址相同；
(4) 一个交易中，除所有找零地址，其他的输出地址都必须在以前的交易中出现过。

根据以上判断准则，追踪者可以对区块链中的交易分析，找出找零地址，并将这些找零地址与其所属交易的输入地址聚类。

3. 基于行为的聚类

基于行为的聚类指的是追踪者通过评估对象的行为实施聚类。例如，追踪者可以认为长时间在相似时间内使用的比特币地址可能属于同一用户；追踪者通过分析用户的消费习惯，可以猜测用户的物理位置信息；追踪者通过分析用户在一天中哪些时间执行交易，可以对该用户居住地的时区做出猜测。

值得注意的是，由于比特币地址的真实所有者是未知的，因此追踪者无法获得一个完美而真实的用户网络，因为聚类只是根据人们的经验，其结果不一定正确。

9.1.6 跨账本去隐私化

Yousaf、Kappos 和 Meiklejohn(YKM)借助当时最受欢迎的跨账本交易平台 ShapeShift，对最受平台欢迎的 8 种数字货币做出一系列的跨账本去隐私化研究。首先，他们利用 ShapeShift 的应用程序编程接口功能，收集了近一年的跨账本交易流数据，统计了近一年内 8 种数字货币的相关交易数，并下载了对应的区块链账本。然后，他们提出跨账本交易链接技术。交易链接技术最早由 Goldfeder 等提出并应用于单个账本，针对使用数字货币在线支付的用户，根据商家网站上收集到的交易时间戳和法定货币价格，设定可接受条件，在区块链上找到满足条件的所有交易。通过部署跨账本交易链接技术，YKM 根据 ShapeShift 平台的应用程序编程接口提供的交易数据，设定一定的可接受条件，在输入区块链上寻找交易金额与应用程序编程接口广播的金额相同，且交易的时间戳与应用程序编程接口广播交易的时间戳偏差在一定范围内的所有交易，并通过平台应用程序编程接口验证找到的交易的输出地址。如果验证成功，追踪者可进一步识别输出区块链上的提币交易（只要提供有效的充币交易输出地址，ShapeShift 的应用程序编程接口就可以提供该交易的完整细节）。

在识别充币交易与提币交易的基础上，YKM 定义了 3 种类型的跨账本行为，即直通交易、U 型反转和往返交易，并分别统计了实验期间内这 3 种跨账本行为的数量和分布。此外，他们提出了共同关系启发式，即如果两个或多个输入地址向同一个输出地址发起跨账本交易，则这些输入地址具有一些共同的社会关系；如果两个或多个地址作为同一个输入地址发起的跨账本交易的输出地址，则这些输出地址具有一些共同的社会关系。使用共同关系启发式，他们获得了入度最高的地址（即接收到最多 ShapeShift 提币交易的地址，其输入集群包含 12868 个地址）和出度最高的地址（即发起 ShapeShift 充币交易最多的地址，其输出集群包含 2314 个地址）。此外，他们还发现 Starscape Capital 和 EtherScamDB 这两个诈骗网站的以太坊地址使用 ShapeShift 平台，将赃款转移到其他账本。最后，他们考察同时使用 ShapeShift 和旨在提供更好的匿名性保证的隐私币的用户，发现在使用 ShapeShift 的前提下,只有极少数用户会进一步使用隐私币的匿名特性。

9.2 实例一:比特币在线支付去隐私化

9.1 节主要介绍了区块链隐私与匿名的区别、概念以及区块链隐私与匿名分析技术。本节介绍 Goldfeder 等研究的一个去隐私化攻击的实例,以揭露隐私泄露危害性为目标,详细介绍追踪者对使用比特币完成在线支付的用户实现去隐私化的一种攻击方法。

随着数字货币的流行,利用数字货币进行在线支付变得日益普遍。虽然数字货币自身的特性可以一定程度上保护用户的隐私,但是当今数字货币商家网站将用户信息泄露给第三方追踪者的现象十分普遍,追踪者可通过泄露的信息实现对用户的去隐私化。本节给出一套追踪者对使用比特币进行在线支付的用户的去隐私化攻击方案,以揭露隐私泄露的危害性。9.2.1 节介绍整体攻击流程,9.2.2 节介绍用户在线支付信息监测,9.2.3 节介绍去交易隐私化攻击,9.2.4 节介绍去身份隐私化攻击。

9.2.1 整体攻击流程

一个典型的攻击流程如图 9-6 所示。追踪者嵌入商家网站,监听并记录用户和网站之间的信息。用户信息包括用户的交易信息和用户真实身份信息。其中,交易信息又分为两类:第一类是交易时间和交易价格;第二类是付款地址或数字货币价格。追踪者的目标是实现对用户的去隐私化。用户的隐私包括用户的身份隐私和用户的交易隐私。其中,对用户去交易隐私化,意味着追踪者要在用户的交易信息与区块链上的交易之间建立链接;对用户去身份隐私化,意味着追踪者要在用户身份信息和用户比特币钱包之间建立联系。下面几个小节将详细为读者介绍追踪者对用户去身份、交易隐私化的流程。

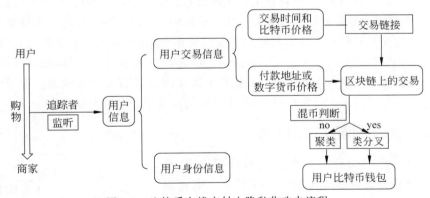

图 9-6 比特币在线支付去隐私化攻击流程

9.2.2 用户在线支付信息监测

在购买商品的过程中,追踪者使用 HTTP 抓包工具(如 OpenWPM 或 Fiddler4)收集商家网站上所有的 HTTP 请求和响应,同时手动记录访问页面上看到的所有用户身份信息和用户交易信息。

一个标准的用户在商家网站上购买商品的流程如下。

(1) 用户访问商家网站,在产品页面查看商品,选择想购买的商品,添加到购物车。

(2) 用户在购物车页面得到商品不包含运费的总法定货币价格 d_i。

(3) 用户确认购买,在结账页面的信息页面填写个人身份信息和送货地址并提交。

(4) 商家给出包含运费的法定货币价格 d_0,付款处理者(接收用户的数字货币,根据当前汇率将相应数量的法定货币发给商家)给出付款地址,并根据当时汇率 $ER(t_p)$ 给出商品的比特币价格 b_0。

(5) 用户广播向付款处理者付款的交易。

(6) 当接收到用户广播的交易时,付款处理者按照当前汇率将相应金额的法定货币发送给商家,并立即给出收据。用户在购买商品的过程中可能泄露的重要隐私信息及其泄露渠道如表 9-2 所示。

表 9-2　用户在购买商品的过程中可能泄露的重要隐私信息及其泄露渠道

可能泄露的重要隐私	泄露渠道
用户真实身份信息	信息页面
付款地址	付款页面
商品比特币价格	付款页面
交易时间	信息、付款或收据页面加载时间
商品法币价格(不含运费)	购物车页面、信息页面

为了得到用户填写的真实身份信息,追踪者可以嵌入结账页面的信息页面;为了得到商品的付款地址或比特币价格,追踪者可以嵌入用户的付款页面。如果得到商品的付款地址或比特币价格,那么追踪者可轻易在区块链上找到该交易。然而,付款处理者一般对付款页面的保护措施较强,故追踪者直接获得付款地址或比特币价格的情况较少。在绝大多数情况下,追踪者只能通过获得交易时间和不含运费的商品法定货币价格,在区块链上寻找对应的交易。因此,大多数情况下,追踪者嵌入信息页面,以信息页面的加载时间作为交易时间(与真实的交易时间存在一定偏差),并嵌入购物车页面或信息页面,以得到商品不含运费的法定货币价格,根据当时汇率估算出商品的比特币价格(与真实的比特币价格存在一定偏差)。

9.2.3　去交易隐私化攻击

追踪者对用户的交易信息部署交易链接攻击,可以实现对用户的去交易隐私化,如图 9-7 所示。若追踪者能嵌入商家网站的付款页面,得到付款地址,则追踪者很容易在用户交易信息与区块链上的交易之间建立链接,因为付款处理者每次交易时都生成一个独一无二的新付款地址给用户。若追踪者得到商品的比特币价格,并且通过信息页面或付款页面的加载时间估计出交易时间,追踪者几乎可以锁定区块链上的交易,因为在很短的时间范围内几乎找不到两笔交易的比特币

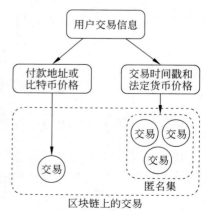

图 9-7　交易链接攻击

价格完全相同。

然而,追踪者一般很难嵌入商家网站上的付款页面,所以在大多数情况下,追踪者只能通过信息页面的加载时间 t_i、当时的汇率 $ER(t_i)$ 和不含运费的法定货币价格 d_i,估计比特币价格 $b_i = d_i/ER(t_i)$,得到交易流 (t_i, b_i)。然后,追踪者在区块链上查找与之偏差在一定范围内的交易 (t_0, b_0),其中 t_0 与 t_i 的偏差值在一定范围内,b_0 与 b_i 的偏差值在一定范围内。区块链上所有这样的交易组成该交易流的匿名集,如果匿名集大小为 1,则追踪者成功完成交易链接;如果匿名集大小大于 1,则产生了混淆,追踪者从匿名集中随机抽取一个交易;如果匿名集大小为 0,则交易链接失败。

研究人员对 10 000 个模拟比特币交易流进行了模拟交易链接攻击实验,在得到的 10 000 个匿名集中,大小为 1 的匿名集高达 62%,攻击成功率非常可观。这说明,追踪者使用交易链接攻击,在多数情况下可以成功地在用户交易信息和区块链上的交易之间建立链接,实现对用户的去交易隐私化。

9.2.4 去身份隐私化攻击

假设追踪者成功地在比特币区块链上找到目标交易,完成了对用户的去交易隐私化,本节介绍后续攻击算法。采用这些攻击算法,追踪者可以连接用户身份信息和用户的比特币钱包,实现对用户的去身份隐私化。具体来讲,追踪者使用账户聚类技术,把用户的一个交易与区块链上该用户的其他交易聚为一类,得到用户的比特币钱包。然而,直接使用账户聚类技术是建立在用户不使用混币技术的基础上的。如果用户不混币,只要追踪者在区块链上找到一个用户的一笔交易,追踪者就可以确定该交易的发送地址,即找到属于该用户的一个比特币地址,进而使用账户聚类技术,得到该用户的比特币钱包。

然而,注重隐私保护的用户可能会使用混币服务,如图 9-8 所示。由于追踪者得到一个混币交易,仅能确定目标用户的比特币地址是 A、B、C 中的一个,而无法确定是哪一个,因此,追踪者的账户聚类结果是 3 个比特币钱包。在将用户的交易信息链接到区块链上的交易后,追踪者应依据某些准则判断该交易是否为混币交易。如果不是混币交易,则直接通过账户聚类得到用户的比特币钱包;如果是混币交易,则使用另一种攻击方法(类交叉攻击),得到用户的比特币钱包。

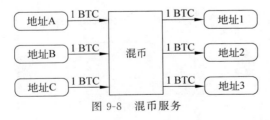

图 9-8 混币服务

由于 JoinMarket 是当今最受欢迎的混币服务,因此追踪者判断一个交易是否为 JoinMarket 交易即可。找出所有满足以下条件的交易:有 n 个输入且 n 大于或等于 2,同时有 $2n$ 或 $2n-1$ 个输出,其中有 n 个接收到的比特币数量相同的接收地址与 n 或 $n-1$ 个找零地址,从中排除明显不满足混币特征的交易,剩下的交易就是 JoinMarket 混币交易。

对于混币交易,追踪者仅用账户聚类算法,可得到多个比特币钱包,却无法判断哪一个钱包属于目标用户。为此,研究人员提出类交叉算法。如果追踪者得到同一个用户的多个混币交易,他可以使用这种攻击获得用户的比特币钱包。假设追踪者得到同一用户的两个一轮混币交易。首先,追踪者分别对同一用户 A 的两个混币交易的每个输出地址运行账户聚类,得到两个钱包集合,这两个钱包集合中分别有一个钱包属于该用户。然后,追踪者对这两个钱包集合求交集,就得到用户 A 的比特币钱包,如图 9-9 所示。

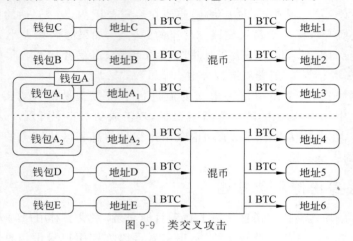

图 9-9　类交叉攻击

9.3　实例二:跨账本去隐私化

比特币诞生以来,随着数字货币种类不断增多,用户跨账本切换资产的需求不断增加。为了满足用户需求,跨账本交易平台诞生,并为用户提供资产切换服务。与传统交易不同,跨账本交易平台允许用户直接快捷地使资产在不同数字货币之间移动,而无须在平台账户中存储任何资金。9.3.1 节介绍典型的跨账本交易流程,9.3.2 节介绍著名的跨账本交易平台——ShapeShift。

9.3.1　典型的跨账本交易流程

一个标准的跨账本交易流程如图 9-10 所示。具体流程如下。

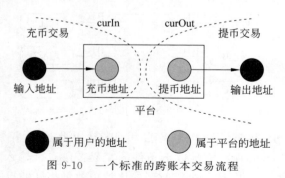

图 9-10　一个标准的跨账本交易流程

(1) 用户选择一种平台支持的输入货币 curIn(用户想舍弃的数字货币)以及另一种平台支持的输出货币 curOut(用户希望获得的数字货币)。

(2) 用户指定一个以 curIn 表示的金额,以及 curOut 区块链中的输出地址。

(3) 平台向用户提供当前汇率、平台在 curIn 区块链上的充币地址，以及 curOut 区块链中的交易费。

(4) 用户发起一个充币交易，由输入地址向平台的充币地址转账。

(5) 平台等待充币交易被确认后，发起提币交易，由提币地址向用户输出地址转账。

9.3.2 著名的跨账本交易平台——ShapeShift

在当今提供跨账本资产转移的数十个平台中，ShapeShift 平台是知名度最高的。自 2014 年开始提供服务以来，ShapeShift 的 API 功能可以向用户提供许多交易相关信息，而其他跨账本交易平台并不提供这些 API 信息。其中，对跨账本去隐私化研究有帮助的两个重要信息分别为最新产生的交易流列表和平台充币地址的最新交易信息。

(1) **最新产生的交易流列表**。用户可通过访问 ShapeShift 平台获得最新产生的若干跨账本交易流信息。其中，每个交易流包括输入货币 curIn、输出货币 curOut、API 广播该交易流的时间戳 TimeStamp，以及以输入货币为单位的金额 amount。此外，每个交易流还包括一个 txid 字段，提供该交易流在 ShapeShift 平台中的内部标识符。本节将一个交易流记为 CInFlow（如果该交易流的 curIn 是数字货币 C），将一个交易流记为 DOutFlow（如果该交易流的 curOut 是数字货币 D）。

(2) **平台充币地址的最新交易信息**。用户访问 shapeshift.io/txstat/[address]，可以获得 ShapeShift 平台充币地址[address]参与的、最新的一个交易的完整细节，如表 9-3 所示。注意，第 3 行开始的描述是建立在交易的 status 字段是 complete 基础上的。

表 9-3 平台充币地址最新交易的具体信息

字段	描述		
status	complete	error	no_deposits
	交易成功	交易发生问题或查询的地址不是 ShapeShift 充币地址	用户发起跨账本交易，但未支付
address	该跨账本交易对应的 ShapeShift 平台的充币地址		
withdraw	该交易输出货币将要发送到的地址（即输出地址）		
incomingCoin	ShapeShift 接收到的 curIn 数量，即充币交易的金额		
incomingType	输入货币 curIn 的类型，如 BTC、ETH		
outgoingCoin	ShapeShift 发送给用户的 curOut 数量，即提币交易的金额		
outgoingType	输出货币 curOut 的类型，如 BTC、ETH		
transaction	提币交易的哈希值		
transactionURL	可访问提币交易的链接		

9.3.3 跨账本追踪框架 CLTracer

为了了解跨账本去隐私化技术，本节介绍基于地址关系的跨账本追踪架构 CLTracer，它的整体结构和工作流如图 9-11 所示。CLTracer 使用 Etherscan 区块搜索引擎，主要包含以下 3 个模块：①**交易数据发现模块**。该模块使用基于地址关系的交易发现技术获得 ShapeShift 平台的历史交易记录；②**跨账本地址聚类模块**。该模块将可能属于同一用户的、来自不同数字货币账本的地址聚类为若干集群；③**平台扩展模块**。该模块分析其他平台的充提币机制，并识别其他平台上的充币行为。基于 ShapeShift 平台的中心地址，获得了近 200 万个以太坊充币交易。CLTracer 的主要贡献如下。

第一，提出并实现了一种基于地址关系的方法，收集过去 4 年来 ShapeShift 的历史交易数据，充币总金额为 7120974.54 ETH。该方法是非实时的，资源消耗少，并且获得的数据是可复现的。

第二，设计并部署了一个组合跨账本聚类启发式，得到 24 925 个集群；设计了两种方法来解释超级集群的成因，并对主要集群进行了假阳性检验。

第三，对其他平台的充提币机制进行了研究与分类，成功识别了 10 个平台的历史充币行为，总充币金额为 146582.33 ETH。

第四，在一个主要的集群中发现了一些异常行为，并发现自 2016 年以来，网络钓鱼诈骗罪犯一直通过 ShapeShift 进行套现。此外，通过跨账本聚类获得了更多的非法地址，并发现一些非法地址在其他平台上也很活跃。

第五，分析了 2016 年 3 月至 2020 年 6 月跨账本交易市场的热度，并对市场的热度趋势和各平台之间的热度差异给出了解释。

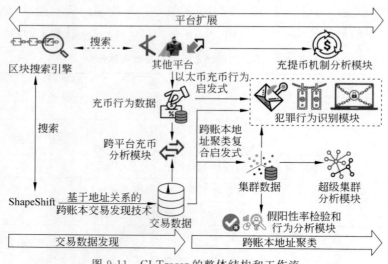

图 9-11 CLTracer 的整体结构和工作流

9.3.4 CLTracer 交易数据发现模块

CLTracer 的交易数据发现模块利用基于地址关系的交易数据发现技术，获得 ShapeShift 平台上完整的 EthInTx 历史数据。本部分根据以下机制运行：在收到用户资金的几分钟内，ShapeShift 的所有充币地址都会将资金转移到同一个中心地址（称其为 ShapeShiftCA）。因此，使用平台应用程序编程接口验证所有向 ShapeShiftCA 付款的地址，如果得到一个有效的充币地址，则获得了一个通过验证的 EthInTx。

9.3.5 跨账本地址聚类启发式

本节将 Yousaf、Kappos 和 Meiklejohn 提出的共同关系启发式正式描述为跨账本聚类基本启发式,包括跨账本地址聚类基本启发式 1 和跨账本地址聚类基本启发式 2。启发式 1 旨在由某个跨账本交易的输入地址,聚类可能属于同一实体的多个输出地址;启发式 2 旨在由某个跨账本交易的输出地址,聚类可能属于同一实体的多个输入地址。

(1) **跨账本地址聚类基本启发式 1**。如图 9-12 所示,同一输入地址在某个跨账本交易平台执行了 n 次交易,其 m 个不同的输出地址($m \leqslant n$)分别属于 k 个账本,则将这 k 个账本中的 m 个输出地址与输入地址聚为一类,认为它们均由实体 1 掌控。

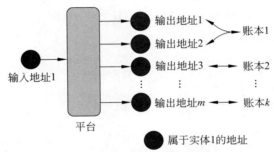

图 9-12 跨账本地址聚类基本启发式 1

(2) **跨账本地址聚类基本启发式 2**。如图 9-13 所示,m 个不同的输入地址属于 k 个不同的账本,在同一跨账本交易平台执行了 n 次交易($m \leqslant n$),这 n 个交易的输出地址相同,则将这 k 个账本中的 m 个输入地址与输出地址聚为一类,认为它们均由实体 2 掌控。

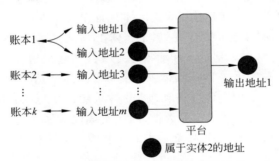

图 9-13 跨账本地址聚类基本启发式 2

两个跨账本地址聚类基本启发式都是基于经验的,因此这两个启发式都可能产生假阳性,即将不属于同一实体的输出地址或输入地址聚为一类,如表 9-4 所示。因此,在跨账本地址聚类部署中,需要对已知属于交易所、钱包或矿池的地址,和潜在可能属于交易所、钱包或矿池的地址进行标记,以降低跨账本地址聚类基本启发式产生错误结果的可能性。

表 9-4 跨账本地址聚类基本启发式可能产生假阳性的情况

情况分类	启发式结果
某个跨账本平台的输入地址属于某个公共服务	该地址可能由多个用户发起提币
某个跨账本平台的输出地址属于某个公共服务	该地址可能由多个用户发起充币

续表

情 况 分 类	启发式结果
多个用户共用同一个交易所地址作为跨账本交易平台的输入地址	跨账本地址聚类基本启发式产生明显假阳性
多个用户共用同一个交易所地址作为跨账本交易平台的输出地址	

本节根据跨账本地址聚类基本启发式 1 和 2,提出跨账本地址聚类复合启发式,将某个特定跨账本交易平台中的所有输入地址和输出地址划分为若干地址集群。

(3) **跨账本地址聚类复合启发式**。如图 9-14 所示,两个输入地址在同一跨账本交易平台执行交易,其输出地址集合分别为 S_1 和 S_2,且 $S_1 \cap S_2 \neq \varnothing$,则将两个输入地址与 $S_1 \cup S_2$ 聚类,认为它们由同一实体掌控。

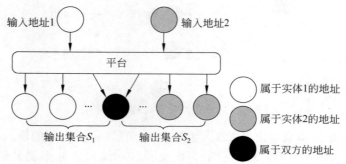

图 9-14 跨账本地址聚类复合启发式

跨账本地址聚类复合启发式是建立在跨账本地址聚类基本启发式基础上的。根据基本启发式 1,输入地址 1 和输出地址集合 S_1 属于实体 1,输入地址 2 和输出地址集合 S_2 属于实体 2;根据基本启发式 2,输入地址 1 和输入地址 2 共享输出地址,应属于同一个实体,而它们又分别属于实体 1 和实体 2,因此实体 1 和实体 2 实际上是同一实体。

由于仅由 ShapeShift 的中心地址获取到大量输入为以太坊的跨账本交易,并没有大量以其他数字货币作为输入的跨账本交易数据,因此本章仅对输入为以太坊的跨账本交易部署跨账本地址聚类复合启发式,将这些交易中的所有输入地址和输出地址划分为若干集群。

9.3.6 CLTracer 平台扩展模块

CLTracer 平台扩展模块将其他平台按照充币和提币机制分为使用独立中心地址的平台、委托传统交易所收发交易的平台和特殊平台 3 类。对于使用独立中心地址的平台,CLTracer 基于地址关系的思想提出以太坊充币行为启发式,并通过该启发式获得了 10 个平台的以太坊充币交易历史记录,总充币金额为 146582.33 ETH。对于其他两类平台,CLTracer 平台扩展模块将委托传统交易所收发交易的平台分为 4 类,详细探讨这 4 类平台和两个特殊平台的充币和提币机制。此外,CLTracer 设计并部署了跨平台充币分析模块,发现两两平台间都存在输入地址重用的情况,并发现 1797 个 ShapeShift 地址集群在其他平台上执行过交易,这些集群在 ShapeShift 平台上的充币总金额为 190180.85 ETH,在其他平台上的充币总金额为 20563.56 ETH。基于地址关系的思想,CLTracer 的平台扩展模块不仅大大扩展了跨账本交易数据发现技术的适用范围,还发现同一用户在不同平台上执行交易的现象十分普遍。

9.4 注释与参考文献

本章中,身份隐私、交易隐私与匿名的定义参考文献[119],该文献是一篇区块链隐私保护的综述类文章,将区块链隐私分为身份隐私与交易隐私,并介绍了目前区块链隐私的研究现状。

区块链匿名与隐私分析方法分类主要参考了文献[120],该文献是一篇关于区块链匿名和隐私的综述文章,简要归纳总结了有关区块链匿名和隐私的所有工作。

交易法主要参考文献[121],利用离线信息主要参考文献[122-123]。

交易溯源攻击方法中,利用异常转播交易主要参考文献[124],利用第一中继信息主要参考文献[125-126],利用底层网络图主要参考文献[127],设置地址 Cookie 主要参考文献[128]。

账户聚类攻击主要参考文献[129-130],其中文献[130]介绍了区块链账户聚类去隐私化攻击的基础方法,包括对交易图、地址图和用户图的分析。

比特币在线支付去隐私化实例主要参考文献[131],该文献介绍了一个对使用比特币进行在线支付的用户分别发动去交易隐私化和去身份隐私化的攻击流程。

跨账本去隐私化实例主要参考文献[132-133],该文献介绍了关于跨数字货币账本去隐私化技术的研究成果。

9.5 本章习题

1. 尝试结合人工智能技术,探讨其在区块链去隐私化技术中的应用。
2. 调研针对门罗币的去隐私化技术以及工作原理。
3. 门罗币为了保护交易隐私,经过几次系统升级,试分析每次升级在隐私方面的改进措施。
4. 调研针对零币的去隐私化技术以及工作原理。

第 10 章 区块链扩容技术

区块链扩容技术主要分为两大类：链上扩容方案和链下扩容方案。链上扩容指通过调整区块链本身，使其可以实现更高的交易吞吐率，常用的方法包括直接改变区块链参数或设计新的共识协议。链下扩容方案则是通过建立一个依附于原区块链的离链支付网络，使得大部分交易在支付网络中完成，仅当出现争议时才回归原有区块链。本章简要介绍区块链扩容技术，10.1 节介绍区块链扩容背景，10.2 节和 10.3 节依次介绍闪电网络和虚拟支付通道，10.4 节介绍 Bitcoin-NG 协议，10.5 节介绍 ByzCoin 协议，10.6 节介绍区块链分片协议 ELASTICO，10.7 节介绍分布式账本系统 OmniLedger，10.8 节介绍以太坊 2.0 版本。

10.1 背景介绍

本节主要介绍区块链扩容技术的相关背景知识，区块链可扩展性问题及现有解决方案，链下、链上扩容方案的相关背景知识。

10.1.1 区块链可扩展性问题

针对多样化实际应用需求，区块链面临可扩展性不足的问题。现有解决方案的目标是在不牺牲安全性和去中心化的情况下提高每秒处理的交易量。影响区块链的可扩展性的主要因素有以下几个。

（1）**存储容量**。由于区块链要求每个节点保存一份数据备份，因此，随着交易的不断增加，数据库存储需求会不断增多。以比特币为例，从 2012 年开始，比特币平均区块大小不断增加。在 2016 年中旬左右，区块容量已经接近 1MB 上限。如果交易频次继续增加而区块容量保持不变，那么一些交易可能需要很长时间才能入块。

（2）**交易吞吐量**。区块链性能的主要指标是每秒交易处理量。以比特币区块链为例，其单个区块大小存在 1MB 限制，而且工作量证明难度自动调整，使得区块平均产生时间稳定在 10 分钟左右。由于每个交易最少需要 250B 的空间，因此，比特币网络大约每秒只能承受 7 次交易。以太坊的区块间隔控制在 10～20s，大部分情况下稳定在 15s 左右，远远小于比特币的 10 分钟区块间隔。即便如此，以太坊依然迎来交易拥堵。而 PayPal 等付款系统的平均处理速度为 115 笔交易/秒。显然，交易吞吐量低是限制基于区块链系统的交易平台进入主流市场的原因之一。

(3) **网络**。一方面,传统的区块链网络是基于广播模式的,每个节点都转发所有交易,占用大量网络带宽资源,导致无法扩展处理大量交易。另一方面,每个交易都被重复传输给所有节点,即当交易生成时,它首先被广播到所有节点,当包含该交易的区块被挖掘时,它被再次广播到所有节点。这种方法不仅消耗大量网络资源,而且增加了区块传播的延迟。

(4) **交易确认时间**。交易确定时间指将交易提交到区块链并被最终确认的时间。随着交易量的增多,每个交易都需要点对点验证,验证时间也会增加,这使得确认时间更长。

(5) **交易费用**。一旦交易被确认,用户便向矿工支付交易费用。因此,用户尽可能在区块链外完成多笔交易,然后将它们作为一笔交易记录下来,这样会节省交易费用。

为解决区块链中的可扩展性问题,研究者提出多种不同的扩容思路,如增加区块的大小、减少交易量、减少节点处理的交易数量、离线交易、分片等。本节从是否修改区块链结构的角度,将这些方法分为链上扩容方案和链下扩容方案。链下扩容方案包括支付通道、侧链/子链和 Rollup。链上扩容方案包括分片、有向无环图、使用更大的区块,以及缩短区块间隔时间。表 10-1 对这些扩容方案进行了总结。

表 10-1 区块链扩容方案总结

分类		公有链	协议	扩容方案	共识算法
链下扩容方案	支付通道	√	Bitcoin	闪电网络	PoW
		√	Ethereum	雷电网络	PoW/PoS
		√	Neo	Trinity	DBFT
	侧链/子链	√	Bitcoin	RootStock	PoW
		√	Ethereum	Plasma	PoW/PoS
	Rollup	√	Ethereum	Optimstic Rollup	PoW/PoS
链上扩容方案	分片	√	Elastico	基于 PoW 和 BFT 共识的分片	PoW/PBFT
		√	OmniLedger		混合(BFT+PoW)
		√	RapidChain		BFT,PoW
		√	Zilliqa	基于 PoS 和 BFT 共识的分片	PoW,PBFT
		√	Harmony		PoS,BFT
		√	Ethereum Sharding 2.0		PoS,BFT
		√	Logos	基于其他共识的分片	Axios
		√	Monoxide		Zones
	DAG	√	IOTA	基于 DAG 结构	Tangle
	更大区块	√	Bitcoin Cash	增大区块大小	PoW
	缩短区块间隔时间	×	Hyperledger Fabric	指定固定的领导节点验证交易	PBFT
		√	Bitcoin-NG	使用关键块及微块	PoW
		√	ByzCoin	替换 PoW 共识	PoW/PBFT

10.1.2 链下扩容方案

链下扩容方案，也称离线解决方案，这是在区块链之外实现扩容的机制。通过在区块链之外处理某些交易（例如微支付交易），在区块链上记录重要交易信息来实现区块链扩容。链下扩容方案可分为侧链、支付通道以及 Rollup。

Rootstock 是一个开源的智能合约平台，它将一个图灵完备虚拟机合并到比特币中，允许比特币矿工通过合并挖矿获得奖励参与智能合约。Rootstock 混合联合侧链和合并挖矿模型，可以实现更高的可扩展性，降低交易成本，同时通过将去中心化应用程序移植到其中增大交易吞吐量。此外，Rootstock 提供了智能合约的比特币侧链，与以太坊兼容。因此，它为以太坊用户和公司提供了一个新的兼容平台，使用比特币作为本地货币，并依靠比特币挖矿的基础设施保证其安全性。最后，Rootstock 使全球开发人员能创建具有高安全性和低交易成本的个人和企业去中心化应用程序。然而，Rootstock 也有一些缺点：①它要求用户在执行交易之前存入一些比特币；②由于 Rootstock 基于工作量证明，支持合并挖矿，因此消耗能源较高。

Plasma 是一个用于在以太坊上构建可扩展应用的框架，用于解决状态通道的局限性，允许在以太坊主链上创建附加子链，这些子链可以产生自己的子链，从而在区块链中创建出区块链。这些链有自己的共识机制，可以作为独立的区块链共存并独立运行，如果需要，会定期更新到父链。其次，从技术上讲，Plasma 结构是通过使用智能合约和默克尔树构建的，从而可以创建无限数量的子链，每个 Plasma 子链都是可定制的智能合约，可以设计为以不同的方式工作，从而满足不同的需求，使企业和公司能根据特定的上下文和需求以各种方式实施可扩展的解决方案。最后，父链与子链之间的通信通过欺诈证明保证，父链负责保持网络的安全并惩罚恶意参与者或矿工。如果执行者递交无效的状态，用户可以向主链上的智能合约提供欺诈证明；一旦确认执行者出现欺诈行为，则智能合约会没收其保证金。虽然欺诈证明可以使得提供无效承诺的执行者在主链上遭到惩罚，但如果 Plasma 的执行者拒绝在主链上公开数据，那么用户则无法取得错误数据，也就无法提供欺诈证明，所以 Plasma 目前面临的最大问题是交易数据的可用性。

Spilman 提出了微支付通道协议，用于比特币系统中小额高频支付的场景。该协议主要包括 3 个阶段：建立通道、链下支付和关闭通道。在建立通道阶段，买家将资金转入一个脚本地址中，该脚本地址由买家和商家共同控制。只有买家和商家同时对交易签名认可，才能将资金从脚本地址中转出。在链下支付阶段，买家只认可对记录脚本地址中资金的最新分配情况的交易签名，并发送给商家，就能完成支付。通道内的支付交易不需要得到区块链的共识认可。当商家想关闭通道时，只需向区块链出示记录通道最新资金分配情况的交易，该交易包含买家和商家双方的签名。该交易通过区块链确认并上链后，通道即视为关闭。尽管微支付通道实现了小额支付的即时确认，但是该方案存在局限性，即只支持单向支付且只能应对部分业务需求。

Poon 等在微支付通道协议的基础上，提出闪电网络，实现了通道内的双向支付功能和跨通道支付功能。其中，双向支付通道主要是利用时间锁机制实现通道双方赎回资金的延迟窗口，并设计了惩罚交易来保证双方的资金分配是基于当前的交易状态，防止用户的恶意行为。在关闭通道并赎回资产时，通道的一方将打开一个时间窗口。如果在该时间内双方对通道内的资金分配情况产生分歧,诚实的用户将通过在区块链上广播惩罚交易来惩罚恶意节点,并没收其通道内的资金作为罚金。跨通道支付使得付款人无须与收款人直接建立支付通道,而是通过借用他人现有的支付通道实现支付。该方案利用了条件支付技术,即收款人需要满足一定条件才能收到款项。在闪电网络中,基于哈希原像脚本实现了条件支付,从而同步支付通路上所有用户的支付结果。

然而,闪电网络存在效率和可用性上的缺陷。由于比特币原有的脚本系统无法存储交易的中间状态,所以,为了防止双向通道中某一方的恶意行为,通道双方需要在本地存储之前每一轮通道状态更新过程中的惩罚交易。惩罚交易需要的存储代价随着通道内支付次数的增加而不断累加,将会给用户带来极大的存储开销。同时,受限于比特币脚本系统的功能,当前闪电网络仅支持使用哈希原像脚本的跨通道支付,无法满足更多的条件支付应用场景。

10.1.3 链上扩容方案

链上扩容方案提议直接修改区块链本身的结构,如增大区块大小和使用有向无环图,但这些方案通常会引起区块链的硬分叉。

使用大容量区块是一种区块链的扩容手段。由于交易的数量受到区块大小的限制,如果区块的大小增加,那么区块中可以包含的交易数量将增加,这将增加区块链的吞吐量。然而,较大的区块会造成较高的区块传输延迟。2016 年,Croman 等指出,给定比特币当前的 10 分钟块间隔,当最大块大小不超过 4MB 时,最大吞吐量为 27 笔交易/秒。许多区块链使用了增大区块大小来扩容,如 Bitcoin-NG、Bitcoin Cash 和 SegWit。

有向无环图被用作一种替代传统区块链结构的技术,传统区块链是一个由区块按照时间顺序连接而成的链,每个区块包含一定数量的交易,每个区块的区块头只能包含一个区块的哈希值,指向唯一的父区块。相比之下,有向无环图中的区块头可以包含多个区块的哈希值,指向多个不同的前向区块。这使得多个交易能并行地被确认,提高了整体的吞吐量。一些使用有向无环图的区块链协议包括 Spectre、IOTA、Phantom、DLattice、CoDAG、Nano 和 XDAG 等。这些协议试图通过有向无环图的非线性结构解决传统区块链中可能出现的扩展性和吞吐量的限制。

区块链分片技术也是链上扩容方案的一种,借鉴了传统分布式数据库领域的分片技术,将公有链网络中的所有节点划分为不同分组,每个分组称为一个分片。未分片之前,在公有链中,所有节点的任务都是相同的。分片之后,每个分片处理不同的任务,分片之间并行处理,以此提升公有链性能。对于公有链可扩展性问题,分片是最有希望实现高性能而不降低去中心化程度的链上扩容方案。

根据分片对象的不同,可分为 3 类分片方法,分别是网络分片、交易分片和状态分片。网络分片主要是将整个网络中的节点划分成若干子网,每个子网内部独立处理交易。网络分片主要解决的是如何把区块链网络中的所有节点随机分配的问题。网络分片是交易分片和状态分片的基础。交易分片需要将不同的交易划分到不同的片中,同一片中处理特定的某些交易。交易分片主要解决的是如何把区块链网络中的所有交易分配到每个分片中处理,以及由每个分片内哪些节点打包和发布区块的问题。交易分片虽然能在一定程度上提升公有链性能,但并不能从根本上解决资源瓶颈问题。状态分片需要将全网数据划分成多个状态保存在不同的分片中,网络中每个分片保存全网一部分数据,分片内部只管理自己的数据,而不需要存储整个区块链的完整数据。状态分片主要解决的是如何分区保存区块链系统数据问题。只有状态分片才能从本质上解决公有链可扩展性问题,但状态分片在以上3种分片技术中是实现难度最大的。

分片技术在公链中面临的主要挑战是:在分片内需要克服 PoW 共识中的 51% 攻击问题、PBFT 共识的节点数量限制、女巫攻击问题。分片间需要克服分片间双花攻击问题和分片交易的过载问题。除此之外,设计分片系统过程中的跨分片验证和交易的处理策略也是分片技术面临的挑战之一。在系统层面需要克服单点过热问题及分片数、节点数变化引起的系统状态动态调节问题。目前,很多公有链项目都采用分片技术提升区块链系统的吞吐量,其中比较著名的有基于 UTXO 模型的 ELASTICO、基于账户模型的以太坊分片 2.0 和 OmniLedger 等。

10.2 闪电网络

闪电网络是一种适用于比特币的典型链下扩容方案。该方案利用序列到期可撤销合约在用户间建立双向微支付通道,以实现多次快速链下交易。用户仅在通道建立与关闭时需要与区块链交互,其余时间无须向区块链发送交易,从而实现更快、更便捷的支付。哈希时间锁合约是闪电网络中的一种合约类型,用于实现未直接建立通道的用户之间的支付交易。该合约的主要原理是将支付金额锁定在一个由哈希函数生成的哈希值上,同时设置一个有效期。当接收方想收款时,只提供与预设哈希值相匹配的密钥,即可解锁支付金额。如果接收方在有效期内未能提供正确的密钥,则支付金额将自动退回到原发送方的账户。通过这种方式,哈希时间锁合约既保证了支付的安全性和可靠性,又实现了快速、高效的链下交易,使得任意两个用户都可以通过中间节点完成交易,从而进一步扩展了支付网络的规模,并大幅减小了比特币区块链的负担。

10.2.1 序列到期可撤销合约

序列到期可撤销合约可为两方建立微支付通道,受限于比特币脚本提供的功能,通道的构建略显复杂。下面详细描述用户 Alice 与用户 Bob 建立微支付通道,并通过通道完成支付的流程,包括通道建立阶段和通道更新阶段。

在通道建立阶段,交易双方 Alice 和 Bob 分别提供一部分资金(假设分别提供 0.5 BTC),建立多输入的 P2SH 的交易,本次交易的输出指向一个需要 Alice 和 Bob 两人均签名方可花费的交易。因此,只有两人都同意,这笔资金才能再次使用。接下来,根据初始出资比例,Alice 和 Bob 分别构建交易,将资金发往属于自己的地址,以 Bob 生成并签名完毕的交易为说明。Bob 首先建立交易按比例取回自己的资金,接下来建立子交易将剩余资金按一定条件发送给 Alice。最终,Bob 将这些交易交给 Alice 保管。此处资金被发给 Alice 的另一个地址 Alice2,而不是 Alice,这是为方便撤销而做的设定。与此同时,Alice 也要构建两个对称的交易,交给 Bob。至此,可以将最开始的两方投入资金的交易发布到区块链上。如果一方需要取回资金,即便对方不配合,也可将手中的区块签名发布强制执行。

图 10-1 描述了此阶段的交易,图中矩形代表交易,其上半部分表示交易输入包含的签名(斜体为待完成的签名),下半部分表示使用输出时需要提供的签名;不包含斜体签名的交易为已发布到区块链上的交易,白色交易表示由 Alice 保留,灰色交易表示由 Bob 保留。

如图 10-1 所示,为避免其中一方发布已经过期的交易获利,使用新的特性 sequence 字段。当单方终止通道时,主动终止方需等待 n 个区块后交易才能入块。引入此特性后,存在旧交易作废的方式,使得一方一旦发布已经作废的交易,对方可在 sequence 字段时间内,将资金池中所有资金打入自己账户,接下来将在交易更新阶段看到旧交易作废的详细流程。

通道更新阶段的实现方式很简单,只需将图 10-1 中的输出金额重新分配,并在地址上做出一些小改动。这里假设 Alice 向 Bob 支付 0.1 BTC,则新交易分配变为 Alice:0.4 BTC,Bob:0.6 BTC。这样,两人可以通过新交易获取资金。但是,如果 Alice 反悔,她就会发布之前的旧交易,进而抢在 Bob 之前取回 0.5 BTC。为避免这种情况发生,需要有交易作废机制。

图 10-2 展示了序列到期可撤销合约的交易作废机制。Alice 通过如下方法实现旧交易作废:Alice 通过签名一个子交易,将旧交易余额交易转给 Bob 的账户,并将该子交易交给 Bob。假设 Alice 在作废交易之后,企图通过已经作废的交易获取比特币,则她会发布手中的两个交易。此时,Bob 的 0.5 BTC 会立即入账。但是,Alice 的比特币要等 1000 个区块之后才能入账。在此期间,只要 Bob 将从 Alice 处得来的子交易签名并发布,另外 0.5 BTC 也会进入 Bob 的账户,而不是 Alice 的账户。也就是说,如果企图发布已经作废的交易,则意味着将全部资金打入对方账户。

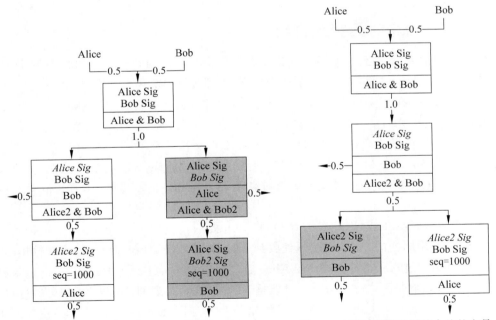

图 10-1 序列到期可撤销合约的通道建立阶段

图 10-2 序列到期可撤销合约的交易作废机制(Alice 旧交易作废)

图 10-3 给出一次通道更新的完整交易流。至此,通过序列到期可撤销合约在 Alice 和 Bob 之间成功建立双向微支付通道。值得注意的是,不管 Alice 和 Bob 之间完成多少次交

易,最终都会体现到区块链上的交易只有最初始的双输入交易,以及最后一次更新之后的交易,中间的交易不会发布到区块链。这可以很大程度上降低区块链的负担。

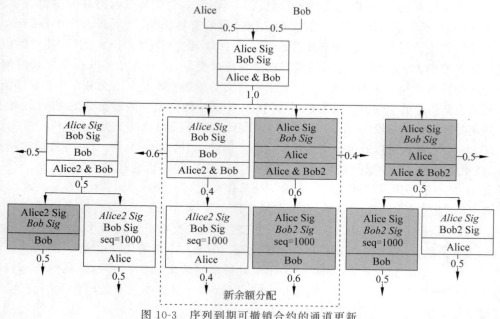

图 10-3 序列到期可撤销合约的通道更新

10.2.2 哈希时间锁定合约

除双方的微支付通道外,哈希时间锁定合约使得未建立通道的两方可以通过多个非可信第三方完成支付。这里额外引入条件支付交易,即赎回时除需要签名外,还需提供其他值以满足指定条件。如果 Alice 和 Carol 都已与 Bob 建立微支付通道,则 Alice 可通过以下方法向 Carol 支付 0.5 BTC:首先,收款方 Carol 生成一个秘密值 R,并将其哈希值 $H(R)$ 交给 Alice, Alice 与 Bob 建立条件支付,如果 Bob 能在一段时间内(假设区块绝对高度到达 100 前)出示 R,则 Alice 向 Bob 支付 0.51 BTC 的交易生效。同样,Bob 与 Carol 建立条件交易,如果 Carol 能在一定时间内(假设区块绝对高度到达 80 前)出示,则 Bob 向 Carol 支付 0.5 BTC 的交易生效。

由于 R 由 Carol 生成,因此 Carol 可以向 Bob 揭示 R 并从 Bob 处收到 0.5 BTC。此后,拿到 R 的 Bob 用同样的方法从 Alice 处收到 0.51 BTC。对于 Bob 而言,输入和输出的差值 0.01 BTC 就是此过程获得的交易费。Alice 通过 Bob 向 Carol 支付的过程如图 10-4 所示。整个支付流程无须向区块链发送交易。但是,在此过程中出现的任何争议,均可通过将最后交易提交到区块链来解决,确保支付过程的原子性。因此,Alice 和 Carol 不必信任 Bob,即可达成交易。通过这种方法,也可以像路由寻址的方式一样经过多跳完成支付。

如果大量的双向支付通道建立起来,则陌生的双方通过第三方完成支付也将变得十分简单。届时,甚至不需要资金重新回到区块链上,所有交易都可以在闪电网络中离链完成。离链交易速度很快,无须等待确认,只要双方完成互换交易即时达成。由此可见,闪电网络的方案可以大幅减少区块链上的小额支付交易,避免全节点大量的带宽和存储空间占用。

但是缺点在于钱包实现相对复杂。传统钱包只需要关注区块链上的交易或向网络发布交易，钱包开发者遵循比特币的规则即可。而闪电网络钱包还需要关注一个离链的网络，钱包需要具有类似于当前路由协议的功能，以找到从发送方到接收方之间的最佳路径。为能相互兼容，钱包开发者必须建立统一的规则。因此，闪电网络的钱包普及需要时间。只有当大量支付通道建立起之后，闪电网络的效果最终才能展现出来。

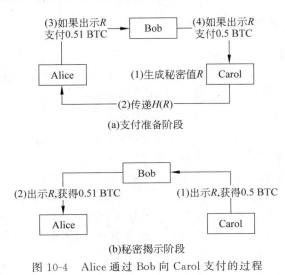

图 10-4　Alice 通过 Bob 向 Carol 支付的过程

10.2.3　密钥存储

从微支付通道的更新流程不难看出，通道的每次更新中，双方都需要作废旧密钥并生成新的密钥，为避免对方的恶意行为，支付通道生命周期内的所有历史私钥均需存储备用，在交易量较大的情况下，这将带来额外的存储成本。为避免此问题，闪电网络使用分层确定性密钥。在通道建立前，用户事先生成多个密钥，每个密钥是前一个的子密钥。在通道建立过程中，用户以确定的行为使用这些密钥，以确保未来可以恢复出任何需要使用的密钥。

例如，一种可行的策略如下。Alice 从最后一个密钥开始使用，将其用作第一天的主密钥，并以此生成第一天的用于交易的所有密钥。当一次通道更新完成后，她就可以将旧的交易密钥交给 Bob。当第一天的所有金额分配均作废之后，Alice 可以直接将第一天的主密钥交给 Bob，因此，Bob 可以仅存储第一天的主密钥，而不必继续保留第一天的所有交易密钥。到第二天，Alice 转而使用倒数第二个密钥作为当天的主密钥，并以此类推。当 Alice 最终揭示第 i 天的主密钥后，Bob 可以不再存储 Alice 此前 $i-1$ 天的密钥，因为它们由第 i 天的主密钥生成。因此，无论通道上完成了多少交易，为维护一个通道，用户需要保存的密钥数目不会显著增多。这一特性允许用户建立大量通道并在通道上完成尽可能多的交易。

10.3　虚拟支付通道

由于比特币脚本的限制，闪电网络需要通过一组复杂的交易实现支付通道。相比之下，支持图灵完备智能合约的数字货币更容易实现支付通道，因此针对支付通道的改进方案通常在这类数字货币上设计。虽然闪电网络通过中间节点完成支付可以保证公平性,但每次支付都需要中间节点参与,这增加了中间节点的开销。此外,中间节点还可以获得通道两端用户的所有交易细节,这泄露了用户的隐私。Perun 方案的虚拟支付通道可以在保证公平性的同时减少与中间节点的交互次数,从而实现更高的效率,并避免中间节点获取交易的详细信息。该方案包括两种通道,即账本通道和虚拟通道。

10.3.1 账本通道

账本通道是直接建立在区块链上的最基础的双向支付通道。在 Alice 和 Bob 间建立账本通道 β 的方式与闪电网络类似。首先,Alice 和 Bob 分别在区块链上锁定一笔资金 x_A, x_B,在通道关闭前,这笔资金会被锁定。通道 β 的初始资金分配为[Alice: x_A, Bob: x_B],用图 10-5 表示这个账本通道。其次,当双方通过通道 β 支付时,可以更新通道的资金分配。例如,当 Alice 向 Bob 支付 q($q \leqslant$

图 10-5 账本通道示意图

x_A)枚币时,通道资金分配更新为[Alice: x'_A, Bob: x'_B],其中 $x'_A = x_A - q$, $x'_B = x_B + q$。然后,在通道关闭前,可以实施多次更新过程,且无须与区块链账本交互。最后,当需要关闭通道时,如果资金分配为[Alice: x''_A, Bob: x''_B],则关闭通道后,Alice 和 Bob 可以分别得到 x''_A 和 x''_B 枚币,并可正常使用。下面具体描述通道打开、通道更新,以及通道关闭过程。

1. 通道打开

当 Alice 和 Bob 打开一个初始资金分配为[Alice: x_A, Bob: x_B]的账本通道 β 时,Alice 首先在区块链上部署一个合约 C,并将 x_A 枚币发送至 C。随后,Bob 可以选择是否打开通道,如果 Bob 同意打开,他可以将 x_B 枚币发送至 C。如果他不想打开通道,则不实施任何操作。当合约 C 在时间 Δ 内收到 Bob 的资金时,则自动打开通道 β,否则,C 将 x_A 退还给 Alice。图 10-6 展示了账本通道打开方式。

2. 通道更新

当 Alice 和 Bob 需要更新通道 β 的资金分配时,他们只需私下交换一份经过签名的信息。为保证只有最新的交易有效,引入一个计数器"版本号"。通道两端的双方分别维护版本号 ω,ω 从 1 开始计,当一次更新完成之后,版本号 $\omega = \omega + 1$。当 Alice 向 Bob 支付时,需要发起一次通道更新。她向 Bob 发送一条更新消息 $W_A := (m_\beta, \sigma_A)$,其中:

$$m_\beta = \text{"将 } \beta \text{ 更新为[Alice: } x'_A\text{, Bob: } x'_B\text{],版本号 } \omega\text{"}$$

σ_A 是 Alice 对 m_β 的签名。如果 Bob 同意更新,则他向 Alice 发送 $W_B := (m_\beta, \sigma_B)$,其中 σ_B 是 Bob 对 m_β 的签名。当收到对方发送的更新消息后,认为通道更新完成,并将版本号递增。不难看出,通道的更新无须与合约 C 交互。图 10-7 展示了账本通道更新过程。

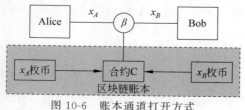

图 10-6 账本通道打开方式

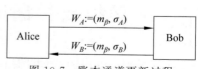

图 10-7 账本通道更新过程

3. 通道关闭

当某一方需要关闭通道时,需要向合约 C 发送最后一次的更新消息。例如,Alice 关闭通道 β,需要向 C 发送最后一次收到的 W_B,如果通道建立后未更新,则发送初始分配比例,版本号为 0。当发现 Alice 关闭通道后,Bob 需要在时间 Δ 内发送最后一次收到的 W_A 至合约 C。合约 C 验证 W_A 和 W_B 中的签名,将版本号较高的有效消息视为最终资金分配比例,将资金发送给 Alice 和 Bob。如果 Bob 在时间 Δ 内未发送 W_A,则按照 W_B 中的比例完成资金分配。

当双方均诚实执行时,W_A 和 W_B 中的 m_β 应该是完全相同的。如果有一方是恶意的,企图通过发送旧的分配比例而获利,另一方提供的版本号更高的分配比例将覆盖恶意者的请求。

10.3.2 虚拟通道

虚拟通道在账本通道的基础上建立,允许两个未直接建立账本通道的用户经过第三方(而非区块链)建立支付通道。与闪电网络相比,虚拟支付通道与中间人的交互更少,仅在通道建立和关闭时需要和中间人交互,而通道更新时虚拟通道两端用户交换信息即可。因此,与闪电网络相比,虚拟通道大幅降低了通道更新成本,同时有效减少了信息泄露,中间人无法观察到虚拟通道用户的更新操作。

与账本通道类似,虚拟通道也有打开、更新和关闭 3 个步骤。与账本通道不同的是,资金是来源于底层的账本通道,而非区块链。图 10-8 中,最初状态为建立通道前 Alice-Ingrid 和 Ingrid-Bob 的账本通道资金分配,其次为一个虚拟通道 γ 建立后账本通道与虚拟通道的资金分配状态,最后为虚拟通道 γ 关闭后两个账本通道的新资金分配。

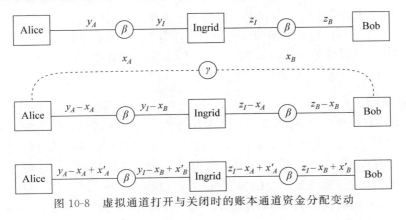

图 10-8 虚拟通道打开与关闭时的账本通道资金分配变动

1. 通道打开

虚拟通道打开时,无须建立新的合约,也无须与账本通道的合约交互,如图 10-9 所示,区块链账本不会发生任何变化。当 Alice 和 Bob 需要经过 Ingrid 打开一个资金分配为 [Alice:x_A,Bob:x_B] 的虚拟通道 γ 时,他们需要交换 oc_P($P \in \{$Alice,Ingrid,Bob$\}$):

$$oc_P := (\text{"打开虚拟通道 } \gamma \text{ 初始资金分配}[\text{Alice}: x_A, \text{Bob}: x_B], \text{有效期 } v\text{"}, \sigma_P)$$

其中,σ_P 是成员 P 对消息的签名。显然,如果发生争议,oc_P 可以作为 P 同意打开通道 γ 的证据。注意到,虚拟通道需要设定有效期,当有效期到达后,通道将关闭。

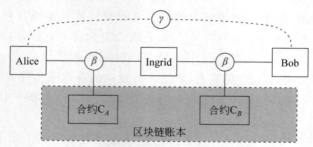

图 10-9 虚拟通道与账本通道的关系

具体交换顺序如图 10-10 所示,Ingrid 收到 oc_A 和 oc_B 后,才向 Alice 和 Bob 发送 oc_I,从而避免账本通道上的不一致。Alice 和 Bob 收到 oc_I 后,会互相转发,避免 Ingrid 只向 Alice 和 Bob 中的一方发送 oc_I 导致的不一致。当 Alice 和 Bob 交换 oc_I 后,虚拟通道成功打开。

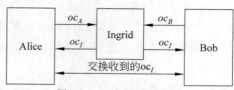

图 10-10 虚拟通道打开

2. 通道更新

虚拟通道的更新与账本通道几乎相同,当 Alice 和 Bob 需要更新通道 γ 时,他们交换 V_A 和 V_B(就像在更新账本通道时交换 W_A 和 W_B 一样):

$$V_A := (\text{"将 } \beta \text{ 更新为}[\text{Alice}: x'_A, \text{Bob}: x'_B, \text{版本号 } \omega\text{"}, \sigma_A)$$

其中,σ_A 是 Alice 对消息的签名,V_B 同理。显然,与账本通道相同,Alice 和 Bob 在更新虚拟通道时也无须与任何第三方交互。

3. 通道关闭

当虚拟通道有效期到达之后,它将进入关闭流程。虚拟通道的关闭由中间人负责完成。但是,需要注意的是,与去中心化维护的区块链不同,中间人不能被看作可信的,因此关闭过程略显复杂。假设通道 γ 打开与关闭时的状态如图 10-8 所示,γ 的初始资金分配为 $[\text{Alice}: x_A, \text{Bob}: x_B]$,最终资金分配为 $[\text{Alice}: x'_A, \text{Bob}: x'_B]$。那么,在 Alice 与 Ingrid 的账本通道上,Alice 的资金分配应该增加 $x'_A - x_A$,而 Ingrid 应该增加 $x'_B - x_B$。同理,在 Ingrid 和 Bob 的账本通道上,Ingrid 的资金分配应该增加 $x'_A - x_A$,而 Bob 应该增加 $x'_B - x_B$。

虚拟通道关闭如图 10-11 所示。首先,Alice 和 Bob 将对方最后一次更新时发送的 V_P 签名并发送给 Ingrid(记作 msg_1)。例如,Alice 需要将最后收到的 V_B 签名并发送给 Ingrid。Ingrid 可以从 V_A 和 V_B 中得知虚拟通道的最终资金分配,并以此更新账本通道。对账本通道的更新与一般情况略有不同,以 Alice 和 Ingrid 的通道为例,消息 $m^*_{\beta_A}$ 为

$$m^*_{\beta_A} = \text{"由于 } \gamma \text{ 关闭,将 } \beta \text{ 更新为}[\text{Alice}: x'_A, \text{Bob}: x'_B], \text{版本号 } \omega\text{"}$$

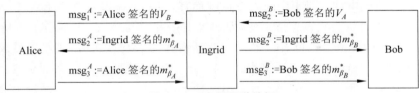

图 10-11　虚拟通道关闭

因此，经过签名的 $m^*_{\beta_A}$ 可作为通道关闭的证据。如果通道未能及时关闭，合约默认 Ingrid 是不诚实的。但是，这也可能是由于 Alice 未发送 msg^A_1 或 Bob 未发送 msg^B_1 导致的，智能合约无法判断这一问题。因此，当 Ingrid 未收到 msg^A_1 或 msg^B_1 时，会通知合约，要求它们将此消息发送给合约 C。如果 Alice 或 Bob 依然没有执行，则合约可以判定，需要惩罚 Alice 或 Bob，而非 Ingrid。

10.3.3　安全属性

在介绍账本通道和状态通道时着重描述协议如何运行，而未深入分析其是否安全。本节讨论通道预期的安全和效率属性，以及协议是如何保证这些属性的。

在开始阐述方案可以达到的安全属性前，需要注意到，智能合约只能判定可唯一归因的错误，例如某用户签名两个互相矛盾的消息，或者某用户未在指定时间内向合约实例发送某个消息。而对于非可唯一归因的错误，如 Alice 未向 Bob 发送某消息，智能合约无法判别用户是否诚实，在上面的例子中，Alice 无法证明自己曾经发送过消息，而 Bob 同样无法证明自己没有收到消息。因此，为保证安全属性，需要保证出现的错误都是可唯一归因的。

对于 Alice 和 Bob 建立的账本通道，或者 Alice 和 Bob 通过 Ingrid 建立的虚拟通道，满足以下属性。

（1）**通道打开共识**。当且仅当所有参与方均同意时，通道才能打开，参与方应能对通道的打开状态达成共识。对于账本通道而言，通道打开共识很容易保证，合约 C 运行在区块链上，是全局可见的，当 Alice 和 Bob 同意后，会部署合约或将资金转入。此后，任何一方均会认同通道已打开。对于虚拟通道，如果 Alice 或 Bob 不向 Ingrid 发送 oc_A 或 oc_B，则 Ingrid 不会继续执行，即通道不会打开，而如果 Ingrid 只向 Alice 或 Bob 中的一方发送 oc_I，由于 Alice 和 Bob 会交换收到的 oc_I，他们会同时对通道的打开状态达成共识。

（2）**通道更新共识**。每次通道更新，均应得到 Alice 和 Bob 的确认。无论是账本通道还是虚拟通道，在更新时 Alice 和 Bob 会交换签名过的信息，因此通道更新共识不难保证。

（3）**通道关闭保障**。任何参与方均可请求关闭通道，且通道会在一定时间内关闭（时间受区块链延迟影响）。一个账本通道收到关闭请求后，合约 C 会等待另一方发送最新资金分配，收到此消息，或超过等待时间后，通道会关闭。这是由智能合约保证的。对于一个虚拟通道而言，它会在有效期到达之后进入关闭流程，任何企图不发送消息而组织通道关闭的行为，均会被转换为可唯一归因错误，从而受到惩罚。

（4）**资金返还保障**。通道将按照最终的金额分配，在关闭后将资金返还给 Alice 和 Bob。对于账本通道，因为通道总能在一定时间后关闭，且资金分配由合约 C 完成，Alice 和 Bob 如果试图提交旧的资金分配比例，很容易被发现。对于虚拟通道，如果 Ingrid 试图通过不诚实的行为阻止通道关闭或获利，则会被底层合约惩罚。

(5) **中间人资金中性**。对于中间人 Ingrid 而言,当一个虚拟通道关闭后,Ingrid 在两个账本通道上持有的总资金应该保持不变,即如果 Ingrid 在与 Alice 的通道上少持有了 x 枚币,则应在与 Bob 的通道上多持有 x 枚币。当所有参与者均诚实时,显然这是成立的。在图 10-8 的例子中,Ingrid 在一条通道得到 $x'_B - x_B$ 枚币,同时在另一条通道得到 $x'_A - x_A$ 枚币。不难看出,$(x'_B - x_B) + (x'_A - x_A) = (x_A + x_B) - (x'_A + x'_B) = 0$,因为无论通道 γ 如何更新,其上的总资金是固定的。当 Alice 和 Bob 试图串通时,也无法破坏这一属性。$m^*_{\beta_A}$ 和 $m^*_{\beta_B}$ 均由 Ingrid 产生,因此 Ingrid 可以保证通道关闭时自己的利益不受损。即便 Alice 和 Bob 伪造了 msg_1,也是一个可唯一归因错误。

10.4 Bitcoin-NG

Bitcoin-NG 是 Eyal 等在 2016 年提出的区块链协议,其主要思想是将交易打包与 PoW 运算分离,从而允许交易在发现 PoW 的间隔期被打包进入区块链,充分利用节点的带宽资源并缩短交易延迟,实现链上扩容。

Bitcoin-NG 将时间分为多个纪元。在每个纪元中,单一的领导者负责打包网络上的交易。在 Bitcoin-NG 中,有关键块和微块两种不同的区块。关键块用于每个纪元的领导选举,微块用于打包交易。每个区块中都包含前一区块的哈希,以形成链状结构。图 10-12 是 Bitcoin-NG 的区块链示意图,其中方形代表关键块,圆形代表微块。

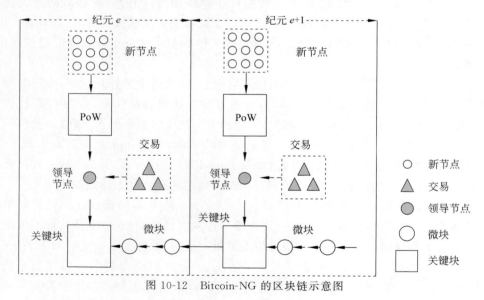

图 10-12 Bitcoin-NG 的区块链示意图

10.4.1 关键块与领导选举

在 Bitcoin-NG 中,关键块用于选取纪元的领导者。为得到一个合法的关键块,矿工需要花费算力寻找一个符合要求的工作量证明。关键块相当于只有铸币交易的比特币区块,是 Bitcoin-NG 网络共识的保障。和比特币的区块结构类似,Bitcoin-NG 区块也包含如下字段。

(1) **前一区块哈希**。前一区块哈希指向前一区块,形成链状结构。
(2) **UNIX 时间戳**。UNIX 时间戳即当前区块生成的时刻。
(3) **交易**。与比特币不同的是,Bitcoin-NG 的关键块中只有一个铸币交易,用于发放挖矿奖励。
(4) **目标值**。挖矿难度会伴随全网算力的变化而动态调整,以使得关键块平均产生时间稳定在 10 分钟。
(5) **随机数**。矿工可以不断尝试改变本字段的值,直到本区块哈希达到目标值要求。
(6) **领导者公钥**。与比特币不同的是,Bitcoin-NG 区块还包含领导者公钥字段。领导者公钥用于后续微块的验证,私钥由生成关键块的领导者掌握。

由于微块的存在,当发生分叉时,Bitcoin-NG 节点不选择最长的分支作为主链,而是选择包括权重最高(即最多关键块)的分支。

10.4.2 微块

一旦某矿工生成一个关键块,他将当选为纪元领导者。领导者可以将交易打包到微块中并发布。微块仅由领导者生成,因此微块间隔可以远远小于关键块间隔,从而提升整体交易吞吐率,并降低交易确认延迟。但是,协议规定了微块产生的最小间隔,如果两个微块的时间戳小于这个间隔,则其他节点认为微块无效。这限制了最大微块产生速率,避免恶意的领导者通过发布大量微块淹没网络。

微块包括交易集和区块头两部分。打包的交易通过默克尔树的形式存储,并将默克尔树根存入区块头。与关键块相比,微块的区块头相对简单,具体包括如下字段。

(1) **前一区块哈希**。与关键块相同,需要指向前一区块的哈希,以形成链状结构。
(2) **UNIX 时间戳**。当前区块生成的时刻,可用于判别微块产生时间是否满足最小间隔。
(3) **交易默克尔树根**。微块不包括铸币交易,但是包括打包的普通交易。
(4) **签名**。每个微块都需要经过领导者签名方可有效。

另外,微块不包括工作量证明,因此在区块链分叉时,微块不增加分支的权重。

10.4.3 确认时间及酬金

在比特币中,平均每 10 分钟生成一个区块,因此交易进入区块链平均需要 5 分钟。在 Bitcoin-NG 中,微块最短每 10 秒产生一个,因此交易进入区块的延迟显著降低。不过,需要注意的是,产生下一个关键块的矿工可能未收到上个纪元末期最新的微块,因此这些微块可能被主链排除在外,称为良性分叉,具体如图 10-13 所示。如果微块产生速度较快,此类分叉在纪元切换时是常见的。良性分叉不会造成严重的问题,此类分叉可以被任何节点轻易观察到。当下一个关键块出现时,任何节点都能判断哪些微块未被包含在主链。因此,对于用户而言,交易进入区块后,至少应该等待一个区块网络传播延迟,以免微块被新出现的关键块排除在外。

领导者除可以在关键块中获得铸币交易的收益作为挖矿奖励外,还应从微块中获得额外激励作为打包交易的动力。Bitcoin-NG 激励机制的目标是鼓励参与者做到以下几方面。

(1) **扩展最重的链**。与比特币相同,诚实矿工会选择扩展最重链,显然理性矿工选择扩

图 10-13　Bitcoin-NG 纪元切换期良性分叉示意图

展最重链可以最大程度地避免损失挖矿奖励。

（2）**尽可能打包交易**。激励本纪元领导者生成关键块后，将交易打包至微块并发布。

（3）**扩展最长的链**。与比特币不同的是，微块是不计质量的，因此需要激励新纪元的领导者总在最新的微块上寻找工作量证明；可以从上一纪元的微块中获得交易费奖励。

扩展最重的链的目标可利用和比特币相同的方式实现，但是为实现后两个目标，将微块中交易的交易费作为交易打包激励分发给前后两个领导者。为激励领导者尽可能打包交易，Bitcoin-NG 将微块的部分交易费交给当前纪元的领导者；另外，为激励下一纪元的领导者扩展最长的链，需要将部分交易费分给下一纪元的领导者。最终，Bitcoin-NG 选择分别将 60% 和 40% 的交易费发放给前后两任交易者，以达到上述激励目标。

10.5　ByzCoin

10.5.1　概述

ByzCoin 是 Kokoris-Kogias 等在 2016 年提出的协议，使用拜占庭共识替代比特币区块链中的概率性共识，将 PoW 与 PBFT 相结合。与比特币相比，ByzCoin 极大缩短了交易确认时间，同时大幅提高了交易吞吐率。ByzCoin 使用 Bitcoin-NG 的思想，将寻找 PoW 与交易确认的过程分离，而交易确认的过程由共识组中的所有成员共同完成，而不是单个领导者。ByzCoin 采用的敌手模型为 $n=4f+1$。其共识总体流程如下。

（1）**委员会成员选举**。ByzCoin 采用工作量证明的方式选取委员会。它借鉴了 Bitcoin-NG 的思想，将区块分为关键块和微块，关键块决定委员会成员和领导者，找到最近 144 个关键块（相当于一天）或 1008 个关键块（相当于一周）的节点进入委员会。节点的投票权由其产生的关键块的比例决定。

（2）**委员会内分布式一致性算法**。委员会成员采用改进的 PBFT 算法完成共识，每两个节点之间利用消息认证码通信，在每一轮共识的每个阶段，节点需要利用跟每个节点对应的私钥，向每个节点广播消息。而 ByzCoin 利用群体签(Collective Signing, CoSi) 替换消息认证码，采用默克尔树的形式对每个消息的节点签名排列 2。每一轮对微块达成共识，微块中包括当前时间内发生的交易。

（3）**委员会重配置**。ByzCoin 的委员会重配置采用滑动窗口的形式，即新找到关键块的节点进入委员会，并成为当前委员会的领导者，将委员会中最久远的区块的出块者踢出委员会。在 144 个委员会成员且区块大小为 32MB 的情况下，ByzCoin 能达到的交易吞吐率为 974 笔交易/秒。

10.5.2 系统模型

ByzCoin 使用非信任网络下的协议,假设网络具有弱同步属性。与比特币类似,网络中的节点可以自行生成密钥对,但不存在可信的 PKI;每个节点只有有限的算力。任何时间,都有部分节点处于攻击者的控制之下,这些拜占庭节点可以是半诚实的(在正常执行协议的同时额外进行计算,以获得更多非授权信息)、死机的(不执行协议)或恶意的(故意发送各种错误消息以误导诚实节点),而其他诚实节点正常执行协议。假设所有被控制的拜占庭节点算力不超过网络中所有节点总算力的 1/4。本节从基础的 PBFTCoin 开始介绍 ByzCoin。

10.5.3 稻草人协议:PBFTCoin

PBFTCoin 不是一个真实存在的协议,它将 PBFT 与比特币简单结合,是 ByzCoin 的简化版本。在 PBFTCoin 中,假设存在一个包含 $n=3f+1$ 个节点的固定共识组,在任意时刻共识组中都存在一个领导者。通过运行 PBFT 协议,共识组可以维护一条区块链,并将新产生的交易不断写入区块链。当恶意节点数量不超过 f 时,PBFTCoin 可以正常运行,区块链会不断延长,且不会出现回滚。

10.5.4 完全构造

与数字货币相比,上述稻草人协议的最大问题在于固定的共识组,这使得矿工节点不能任意加入或退出网络。在对 PBFTCoin 实施多个改进之后,就可以得到 ByzCoin。改进工作主要集中在两方面:其一是开放共识网络,允许共识组成员加入或退出;其二是降低通信复杂度,允许更高的交易吞吐率与更低的交易确认延时。

1. 利用工作量证明选取共识组

在 PBFTCoin 中,假设存在一个固定的共识组,这与数字货币的开放性相矛盾。简单的开放共识组会影响协议的安全性。BFT 需要确保 $3f+1$ 的成员中恶意节点不超过 f,而开放的共识组易受女巫攻击,使得恶意节点数量超过容错上限。

事实上,采用确定性共识机制的公有链都会面对这一矛盾,它们大部分采用 PoW 或 PoS 机制作为抗女巫解决方案。ByzCoin 同样选择 PoW 机制以抵抗女巫攻击。在 ByzCoin 中,矿工依然需要通过寻找 PoW 生成一条区块链,此链的作用在于决定节点是否有权进入共识组。区块链上存在一个固定长度的滑动窗口,每当一个新的区块产生,对应的节点则可以获得共识组内的投票份额,同时由于滑动窗口后移一位,窗口中最早的一份份额随之失效。因此,任意时刻,滑动窗中的区块决定各节点在共识组中的投票份额,如果一个节点发现的区块未能包含在其中,则其暂时不能加入共识组。图 10-14 展示了某时刻份额分配方式。显然,一个节点在共识组中拥有份额的期望与它的算力成正比。

由于 PoW 需要矿工不断投入算力,因此需要对应的奖励机制保证矿工的积极性。在 ByzCoin 中,需要鼓励整个共识组积极工作,因此奖励按照各成员持有的份额分配给共识组中的所有成员,投入更多算力的成员也将获得更多的奖励。

2. 利用集体签名实现共识

PBFT 使用消息认证码认证,因此每个节点需要与共识组中的所有其他节点建立连接

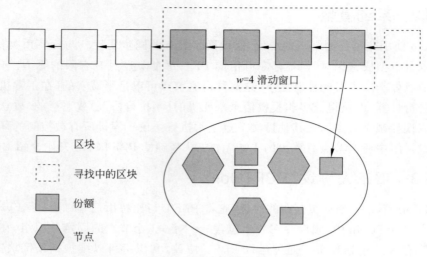

图 10-14　ByzCoin 通过 PoW 选取共识组成员

并通信,通信复杂度达到 $O(n^2)$。采用数字签名认证,使得证据可以被任何人验证,因此不再需要任意两节点间的直接通信。使用数字签名后,证据可以由领导者收集或者采用其他方式收集,从而将通信复杂度降低到 $O(n)$。在此之上,基于数字签名的认证还可以利用集体签名进一步降低通信复杂度。

　　CoSi 是可扩展的集体签名协议,领导者可以与一组无中心的见证者一同生成签名,验证一个集体签名的成本与验证一个普通签名相近,但通过一次验证可以确认领导者和多数见证者已经对消息签名。CoSi 通过树状结构实现 Schnorr 多重签名。签名的验证者应持有领导者和所有见证者的公钥,并可以通过它们合成聚合公钥。CoSi 签名的通信树如图 10-15 所示,每次集体签名需要领导者发起具有 4 阶段的协议,消息在领导者与见证者之间的通信树上进行两次往返。

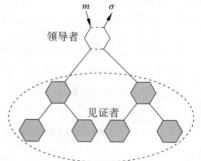

图 10-15　CoSi 签名的通信树

　　(1) **公告**。领导者向通过通信树广播新一回合开始的信息,待签名消息 m 可选发送。

　　(2) **承诺**。每个节点选择一个随机数,并计算 Schnorr 承诺。通信树中的叶子节点将自己的承诺发送给父节点,其余节点从下至上,将子节点的承诺与自己计算的承诺共同聚合并发送给父节点。最终,领导者将得到最后的聚合承诺。

　　(3) **挑战**。领导者通过密码学哈希函数计算 Schnorr 挑战,通过通信树发送给见证者。如果公告阶段未发送消息 m,则此处一同发送。

　　(4) **响应**。每个节点根据上一阶段的挑战值计算响应。此后,与承诺阶段类似,通信树的叶子节点将响应发送给父节点,其余节点则将子节点与自己的响应聚合,并发送给父节点。最终,领导者合成聚合响应。

　　具体而言,需要两轮集体签名完成 PBFT 的功能。首先,领导者发起代表 PBFT 中 pre-prepare 阶段的第一轮集体签名,收到返回的签名可以证明超过 2/3 的成员已经签名,代表

PBFT 的 prepare 阶段。此后,领导者发起第二轮集体签名,以上一轮签名的结果作为证明,对新生成区块签名,在此过程中,所有成员都能看到 prepare 阶段已经收到超过 2/3 签名,此轮签名代表 PBFT 的 commit 阶段。此时,共识组对新区块的共识达成完毕,具有集体签名的区块正式生效。已经生效的区块不会被回滚,因为诚实执行协议的节点不会对矛盾的区块签名,恶意节点也就无法收集到超过 2/3 成员的合法签名。使用 CoSi 完成共识组中的签名不仅大幅降低了领导者的通信成本,还降低了任何人的签名验证成本。即便共识组有上千名成员,验证者也只需要验证一个集体签名,而非依次验证数千个签名。

3. 分离 PoW 与交易确认

ByzCoin 的设计存在两条区块链:一条是 PoW 产生的区块链,用于从全体矿工中选取共识组成员和确定份额,与 Bitcoin-NG 相同,其中的块称为关键块;另一条是共识组经过两次集体签名产生的区块链,用于存储和确认交易,其中的块称为微块。与 Bitcoin-NG 相同,这种设计将寻找 PoW 与交易的确认分离,虽然寻找一个 PoW 的时间可以长达数分钟,但交易的确认延迟可以缩短至数秒钟。在 Bitcoin-NG 中,每回合的区块仅由当前领导者决定,因此需要防范领导者的恶意分叉或其他恶意行为。而在 ByzCoin 中,区块由整个共识组决定,领导者无法实施恶意分叉。

Bitcoin-NG 将两种区块连接在同一条区块链上,ByzCoin 则选择同时维护两条平行的区块链,如图 10-16 所示。主链是关键块链,每个微块需要明确指定所属的关键块,以便验证者确定对微块签名的共识组成员名单。

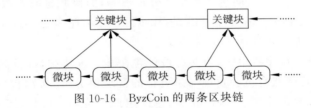

图 10-16　ByzCoin 的两条区块链

(1) **微块**。微块由共识组以数秒一个的速率生成,其中包含最新被确认的交易。每个微块除包含一组交易外,还应包含当前共识组超过 2/3 成员的集体签名。为构成链状结构,微块一定包含前一个微块的哈希值。除此之外,如图 10-16 所示,微块还应包含所属关键块的哈希值,以便验证者确认当前微块的领导者(关键块的生成者)和签名的共识组成员(向前回溯 ω 个关键块,ω 是滑动窗宽度)。不同攻击者算力比例、滑动窗宽度下成员选取安全性如表 10-2 所示。

表 10-2　不同攻击者算力比例、滑动窗宽度下成员选取安全性

p	ω					
	12	100	144	288	1008	2016
0.25	0.842	0.972	0.990	0.999	0.999	1.000
0.30	0.723	0.779	0.832	0.902	0.989	0.999

(2) **关键块**。如前文所述,每个关键块包含一个工作量证明,主链上的滑动窗口决定每个矿工享有的份额。每当一个新的关键块产生,共识组成员会发生一次变化,最新关键块的

生成者则为新共识组的领导者。每个关键块的生成最多替换掉共识组中的一个成员,当共识组 $3f+2$ 个成员中恶意成员不超过 f 时,依然能收集到 $2f+1$ 个签名,因此共识组依然能一致且连续地产生微块。

Bitcoin-NG 依赖激励分配避免新任领导者故意分叉上一任领导者产生的微块,但在 ByzCoin 中,这是不必要的。新微块的产生由共识组最后确认,诚实的共识组成员不会对恶意分叉的交易签名。因此,与正常运行时相同,领导者更换时微块也不会发生回滚。

10.5.5 安全性分析

1. 交易安全性

在比特币中,用户交易进入区块链后,依然需要等待数个区块以降低分叉风险。一个区块被分叉的概率随其后区块数量的增长而下降,如果用户期待更高的安全性,他们就需要等待更长的时间,通常,用户被建议等待 6 个区块(约 1 小时)。ByzCoin 中的情况则完全不同,ByzCoin 的微块不依赖概率性共识,一旦某个微块产生,则不会发生回滚,因此,可以认为 ByzCoin 较比特币有更好的交易安全性。比特币中存在的 0 确认双花与 N 确认双花风险在 ByzCoin 中有所不同。

(1) **零确认双花**。在一些交易需要快速完成的小额支付场景下(如咖啡店),通常会在付款者将交易(记为 tx_1)发送至网络后,收款者立即认为交易完成。但是此时交易还没有进入任何区块,恶意付款者有机会迅速向网络发送一个双花交易以使得 tx_1 作废。在 ByzCoin 中,交易进入区块的时间从数秒至 1 分钟不等,如果此延时在收付款双方容忍范围内,则可以避免零确认交易。需要注意的是,ByzCoin 并不能避免零确认双花,在交易进入区块链之前依然有可能被其他矛盾交易取代。

(2) **N 确认双花**。在比特币中,当交易被包含在某一区块中,并且其后已经连接 $N-1$ 个有效区块时,攻击者依然有机会发现一条更长的区块链分叉,排除包含上述交易的区块,成功率与攻击者的算力占比与 N 的值相关,建议用户等待 6 个区块,目的是尽可能降低 N 确认双花风险。在 ByzCoin 中,每个微块应由足够的共识组成员签名。如果攻击者试图生成一条新的区块代替旧块,则需要得到共识组的集体签名,而诚实执行协议的成员不会对矛盾的区块签名,这也就意味着进入微块的交易,未来不会被覆盖,用户仅需验证微块的签名。

2. 成员选取安全性

共识组成员从全体矿工中选取,矿工被选中的概率与算力成正比,因此攻击者的算力比例决定其在共识组中占比的期望。显然,即使攻击者的算力小于 $1/3$,依然可能在某一时刻,进入共识组的恶意节点超过 $1/3$。共识组中恶意节点的数目满足二项分布,因此有

$$\Pr(X \leqslant c) = \sum_{k=0}^{c} \binom{\omega}{k} p^k (1-p)^{\omega-k} \tag{10-1}$$

其中, $c = \lfloor \omega/3 \rfloor$,当恶意节点数目小于 c 时,协议可正常运行。表 10-2 展示了在不同攻击者算力比例、滑动窗宽度下恶意节点数目小于 c 的概率。

10.6 ELASTICO

ELASTICO 协议是第一个在公有链提出采用分片技术的区块链协议,其很好地结合了工作量证明和拜占庭容错协议。工作量证明相对安全,但是不利于性能的扩展。拜占庭容错协议有着强一致性,但是却受限于带宽和节点数,随着节点数的增加,性能会大幅降低,所以不适合作为公有链的共识协议。但是,ELASTICO 却很好地结合了工作量证明和拜占庭容错协议。ELASTICO 的分片方式是网络分片和交易分片,没有实施状态分片。如图 10-17 所示,其将时间分为若干纪元,每个纪元节点都执行协议的五大步骤,对一系列交易达成共识,打包上链。协议的五大步骤是:第一步,建立身份并组建委员会;第二步,配置委员会;第三步,完成委员会内部共识;第四步,广播最终共识;第五步,完成纪元随机源生成。

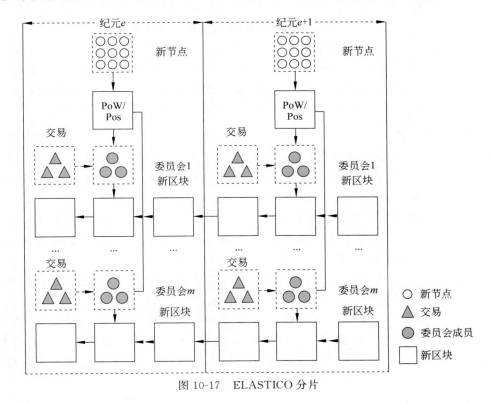

图 10-17　ELASTICO 分片

10.6.1　系统模型

ELASTICO 的核心思想是把网络中的节点分成多个小的委员会,然后再将交易分成互不相交的子集,分发到各自的委员会中处理,这些委员会并行处理互不相交的交易。为了防止女巫攻击,节点需要建立身份。节点建立身份信息需要通过工作量证明,然后节点会被随机分到各委员会中,由于每个委员会中的节点数量足够小,所以委员会内部完全可以运行拜占庭共识协议。ELASTICO 中的委员会有两种:一种是普通委员会;另一种是最终委员会。最终委员会负责区块的验证和上链。

ELASTICO 假设网络模型为同步网络,敌手模型为 $n=4f+1$,可以容忍所有节点中存在 1/4 的恶意节点,一组输出一个区块以保证委员会中诚实节点数目达到 2/3 以上。ELASTICO 将参与共识的 n 个节点分为 k 组,在一轮中,每一组输出一个区块 B_r^i,协议输出一个总区块 B_r。其中 r 代表当前轮数,i 代表委员会的序号。

10.6.2 完全构造

1. 建立身份并组建委员会

首先,每个节点先本地选择身份信息组,包括网络地址和公钥。为了让其他节点能接受他们的身份,每个节点还必须解决一个 PoW 难题,找到满足条件 w 的节点在全网广播 w。这个 PoW 的解 w 必须和节点的身份是对应的,系统中的每个人都可以验证此解,并接受节点的身份。此种方式可有效地避免女巫攻击。为了防止节点提前计算好解,然后在当前纪元提交,系统引入一个纪元随机源变量,作为一个纪元的随机源。这个随机源是在前一个纪元的最后一步被生成后公布的。因为无法提前知道这个纪元的随机源,所以在每个纪元,每个节点的解都不可能是提前算好的。

在 ELASTICO 协议中会创建 2^s 个委员会,每个委员会拥有一个 s 位的 ID,后续协议会根据这 s 位的 ID 随机分配节点。此协议也会把交易集分成 2^s 个不相交的子集,每个委员会分别处理一个子集。委员会处理的子集也是根据子集的 s 位 ID 决定的。

2. 委员会配置

ELASTICO 为了降低通信复杂度,设立了拥有特殊身份的目录委员会,目录委员会由 c 个成员组成。所有节点都可以通过联系目录委员会得知他的其他委员会同伴,并和同伴们建立点对点连接。此外,ELASTICO 的委员会还包括多个普通委员会,每个委员会包括 c 个成员,前 c 个找到工作量证明的节点广播 w,进入目录委员会,为后续节点提供委员会分配和委员会成员身份列表服务。目录委员会人满后,会找到工作量证明的节点将工作量证明发送给目录委员会成员,根据 w 的后 s 位进入相应委员会。当所有委员会成员到达 c 后,目录委员会将每个委员会成员列表发送给对应委员会成员。每个普通委员会的成员只需与本委员会内部成员通信。

目录委员会中也有可能存在拜占庭节点,协议规定拜占庭节点比例最多为 1/3。这些恶意节点要么选择不发送消息,要么选择发送虚假消息。所以,对于普通委员会成员来说,每个人将会收到最少 $2c/3$ 个正确的成员列表。每个委员会成员会把他收到的所有身份做一个并集,创建一个至少拥有 c 个委员会成员的视图。

3. 委员会内部共识

委员会配置完毕后,委员会内部便可以使用任何现有的经过认证的拜占庭一致性协议,如 PBFT,因为现有的拜占庭协议都可以在 ELASTICO 定义的环境中安全工作。ELASTICO 论文中选择的是 PBFT 共识协议。

每个委员会内部运行 PBFT 算法,就本轮自身委员会内部交易集合 B_r^i 达成共识,一旦达成共识,所选的交易将至少由 $c/2+1$ 个成员签名才算有效,这保证了至少有一个诚实的成员已验证并接受这个交易。然后,每个委员会成员将签名值和签名一起发送给最终委员会,最终委员会是从所有普通委员会中随机选出的一个委员会,又叫共识委员会。最终委员会可以通过检查某个值是否具有足够的特征来验证该值是否为选定的值。

4. 最终共识广播

每个最终委员会成员验证从各委员会接收到的值是否被对应委员会的最少 $c/2+1$ 个成员签名。然后把交易打包成区块，发布到链上。为了给区块提供一个可信保证，最终委员会需要运行相同的委员会内部共识算法，网络中的所有成员可以通过验证区块是否被至少 $c/2+1$ 个最终委员会成员签名来判断区块的有效性。委员会把最终结果广播到网络中，网络中每个成员验证无误后，下载区块并更改自己的本地 UTXOs。

5. 生成纪元随机源

在协议的最后一步，最终委员会生成随机字符串集合，这个随机字符串集会被用于下个纪元，即生成纪元随机源。

具体而言，最终委员会运行随机数生成协议，每个成员首先选择随机数 R_i，并将其哈希值 $H(R_i)$ 在委员会内广播，最终委员会运行 PBFT 确认所有哈希值 $H(R_i)$ 构成的列表 S，并在全网广播 S。最终委员会成员在全网公布自己选取的随机数 R_i，网络中任意用户获得其中 $c/2+1$ 个随机数 R_i，并将其异或，便可得到本时期随机数 ξ_i，用于在下个时期寻找 PoW。每个用户接收到的随机数可能不一样，因此规定任意 $c/2+1$ 个有效的随机数 R_i 计算得到的 ξ_i 都是合法的。当用户在下个时期找到 PoW 的解并上传时，需要同时上传 $c/2+1$ 个有效的随机数 R_i，以便验证其使用的 R_i 的合法性。

10.6.3 安全性分析

本节主要分析 ELASTICO 协议的安全性，讨论拜占庭敌手为什么获取不到显著优势。首先，先假设网络是半同步的，即消息传输时延存在上限 δ_t，因此网络可以被分为多轮，每轮持续时间为 δ_t。同时假设对一个纪元的所有断言，都取决于在前一纪元中是否生成了足够随机的字符串。下列分析中的步骤均指 10.6.2 节给出的完全构造。

在每个纪元，若敌手控制全部节点的 1/4，则 ELASTICO 保证给定安全参数 λ，存在 n_0，使得在创建的前 n' 个身份中，$n' \geqslant n_0$ 最多有 1/3 是恶意的。在步骤 2 之后，所有委员会成员对"委员会中的至少 c 个成员"有他们自己的视图。由于网络延迟和拜占庭行为，两个视图之间可能存在差异。然而，这种差异受到最大概率 $c/3$ 的限制，并且所有诚实成员在其视图中都有其他诚实成员的身份。此外，所有视图中唯一身份的数量受 $2c/3$ 限制，其中至多有 1/3 部分是恶意的。对于每个委员会，步骤 3 会就委员会成员提议的 X_i 交易集达成共识，所选择的 X_i 由至少 $c/2+1$ 个委员会中的成员签名，这确保了至少有一个诚实的成员验证通过并同意。步骤 4 产生一组有效的被其他委员会提出的全部交易集合的集合 $X = \bigcup_{i=1}^{2^s} X_i$，$X$ 也至少被最后一个委员会中的 $c/2+1$ 个成员签名。步骤 5 将产生一组具有足够随机性的随机 r 比特值。显然，如果 r 足够大，则攻击者只能以可忽略的概率预测随机值。具体细节读者可查阅本章的参考文献。

10.7 OmniLedger

10.7.1 概述

OmniLedger 是 Kokoris-Kogias 等设计的分布式账本系统，其目的在于提供更高的吞吐率与更低的延迟。得益于分片技术，OmniLedger 实现了可扩展特性，即交易吞吐率随验证者规模的增长而上升。在传统数字货币中，由于网络延迟的存在，随着网络规模的扩大，区块传播至整个网络所需的时间也将变多，从而对交易吞吐率产生负面影响。而在基于确定性共识的系统中，由于通信复杂度随节点数目的增多而增长，所以网络规模的增大依然不利于提升吞吐率。OmniLedger 则将参与共识的节点分为数个分片，使得每个节点不必处理网络中的所有交易，从而提高资源利用效率。

OmniLedger 紧密地建立在 ELASTICO 的基础上，ELASTICO 之前探索了无权限账本的分片。在每一轮中，ELASTICO 使用 PoW 哈希值的最小有效位将矿工分配到不同的分片。在这一设置之后，每个分片都运行 PBFT 以达成共识，一个领导分片验证所有的签名并创建一个全球区块。OmniLedger 解决了 ELASTICO 未解决的几个难题，包括当恶意节点占比超过 1/4 时，协议运行失败率高；节点寻找工作量证明时，若通过工作量证明的后几位决定进入对应的委员会，则抗偏置性较差，找到多个工作量证明的节点可以选择进入的分片；跨片交易可能锁死，导致系统不能正常工作；验证者不断切换分片，迫使自己存储全局状态，这可能阻碍性能，但给自适应对手提供了更强的保证；交易承诺的延迟与比特币相当（约为 10 分钟），这与 OmniLedger 的实用性目标相差甚远。

Omniledger 采用 UTXO 模型，网络中不同分片的节点只需处理和存储该分片对应的 UTXO 数据。与此同时，Omniledger 提出一个新颖的拜占庭分片原子承诺协议，用于在分片间原子化地处理交易，防止跨片交易锁死。Omniledger 有两种区块链：身份区块链和交易区块链。身份区块链用于记录协议每个时期参与的节点和其对应的分片信息，每个时期更新一次，而一个时期能产生多个交易区块，每个分片负责产生和维护自己分片的交易区块链。在 OmniLedger 的设计中，时间被分割为纪元，每个纪元持续数天或数周。OmniLedger 的总体架构如图 10-18 所示，具体过程如下。

（1）**节点身份确认**。与 ELASTICO 类似，节点想参加纪元 e 的共识，就必须在纪元 $e-1$ 寻找工作量证明，找到工作量证明的节点将身份信息和相应的工作量证明广播，在 $e-1$ 纪元完成注册。纪元 $e-1$ 的领导者收集所有合法的注册者信息，运行委员会内分布式一致性算法，将合法注册者信息写入身份区块链。

（2）**委员会领导者选举**。在纪元 e 开始时，通过密码抽签的方式选举领导者，每个节点计算票据 $ticket_{i,e,v} = \text{VRF}_{sk_i}(\text{"leader"}|config_e|v)$，其中 $\text{VRF}_{sk_i}(\cdot)$ 代表可验证随机函数，leader 为 VRF 的附加输入，表示此次计算的目的是选择领导者，$config_e$ 代表纪元 e 的合法参与者，v 代表当前视图编号，i 代表节点序号。在一定的时间 Δ 内，用户交换票据信息，选出数值最小的 $ticket_{i,e,v}$，将其对应的节点作为领导者。然后，领导者启动随机数生成算法 RandHound，如果在时间 Δ 内，RandHound 仍未被启动，则视本轮领导者选举失败，令 $v = v+1$，开始新一轮的领导者选举，直到 RandHound 成功运行为止。

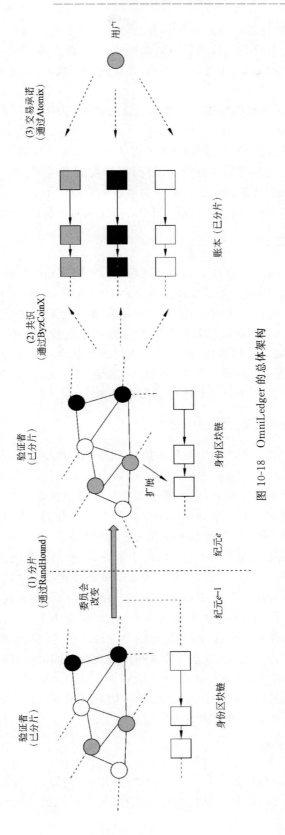

图 10-18 OmniLedger 的总体架构

(3) **随机数生成**。领导者启动 RandHound 算法，生成本轮随机数 ξ_r。领导者在全网广播随机数 ξ_r 和其证明。节点收到信息后验证随机数 ξ_r 是否正确生成，若生成正确，则将其作为种子运行伪随机数生成器进而生成随机数，产生随机置换，并根据随机置换确认本轮所在的分片。

(4) **委员会内分布式一致性算法**。每个委员会内部按照 ByzCoin 的方式处理分片内部交易。

(5) **委员会成员重配置**。为了持续处理交易，OmniLedger 设置了合理的挖矿难度，使得每次重配置，每个委员会只替换部分节点，替换节点数量不超过总人数的 1/3。在节点替换过程中，利用本轮随机数决定现任委员会中被替换的节点。由于交易的分片存储，当交易存在多个输入且属于不同分片时，需要多个分片协作完成对交易的处理。

10.7.2 系统模型

在 OmniLedger 的设计中，存在一组验证者（类似于 ByzCoin 中的共识组）负责验证交易和维护账本，他们是通过 PoW 等抗女巫算法从所有节点中选出的。每个验证者 i 都持有公私钥对 (pk_i, sk_i)。验证者不必实名，他们的身份通过抗女巫算法建立。每个纪元中，验证者被随机分配到各分片中，每个分片维护自己的账本，因此验证者只负责验证整个系统中的部分交易。节点间的通信是同步的，诚实节点发出的消息会在一个已知时间 Δ 内被其他节点接收到，但 Δ 可能长达数分钟。最后，假设密码学困难问题成立，即系统中使用的密码学工具是安全的，且攻击者控制全网不超过 25% 的算力。

10.7.3 稻草人协议：SLedger

与讨论 ByzCoin 时相似，先从一个稻草人协议 SLedger 开始介绍，并逐步扩充为完整的 OmniLedger。

在 SLedger 中，为选出验证者，节点需通过解决抗女巫算法建立身份，并将证明和公钥发送至网络，它们将被包含在下一个身份区块中。所有成功找到证明的节点有参与下一纪元的共识并得到相应的奖励。每个纪元 e 存在一个由可信第三方生成的纪元随机数 rnd_e。在每个纪元 e 开始前，通过随机数 rnd_{e-1} 选取一个领导者，并要求当前的活跃验证者对新的身份区块签名。获得超过 2/3 的签名后，新区块可以被添加到身份区块链上。

随后，需要将验证者分配到各分片中。分配的过程需要确保随机性，允许验证者选择分片是危险的，恶意验证者可以共同选择同一个分片，从而使得单个分片内的恶意验证者数目超出容错上限。因此，为保证安全性，在验证者的分配过程中，需要使用随机源，使得每个分片中恶意节点的比例与整个系统中恶意节点的比例大致相同。所有验证者可以通过随机数 rnd_e 确认自己所在的分片，并下载所在分片的账本。所有验证者被分配分片后，只在各片内达成共识即可。片内共识通过与 ByzCoin 相同的方式实现。SLedger 中每个分片维护片内的账本，所有交易仅在单个分片内发生。

10.7.4 完全构造

与最终目标相比，SLedger 依然存在一些问题。首先，可信第三方提供的随机源降低了系统的去中心化程度：一方面，如果随机源停止工作，整个系统也将因此瘫痪；另一方面，如果中心化的随机源是恶意的,则可能破坏分片的安全性。其次,SLedger 中交易仅能在分片内部发生,而这是不符合实际的,因此需要安全的跨片交易方案。再次,ByzCoin 的共识方案耗费时间较长,需要延迟更短的共识方案。最后,高吞吐率带来大量交易历史记录会增加节点的存储负担,同时也使得新节点的加入变得困难。OmniLedger 采用如下方案解决这些问题。

1. 分片分配

分片分配的关键问题在于每个纪元中随机数的生成。SLedger 中采用可信第三方产生纪元随机数,带来了额外的风险,因此 OmniLedger 需要一个抗偏置分布式随机数。RandHound 是一个抗偏置、不可预测且可第三方验证的分布式随机数生成协议,可应用于 OmniLedger。

应用 RandHound 的一个问题在于,它依然需要一个领导者发起。因此,为运行 RandHound,必须先从现有验证者中选出领导者,如果这一选择同样需要保证随机性。为打破这一僵局,OmniLedger 采用基于 VRF 的领导者选取算法。具体而言,纪元 e 开始时,每个验证者 i 计算选票 $t_{i,e,v} = \text{VRF}_{sk_i}(\text{leader} \parallel \text{config}_e \parallel v)$,并将 $t_{i,e,v}$ 发送至网络。其中,config_e 包含纪元 e 中所有验证者的信息,v 是一个计数器,每纪元中从 0 开始计数。每个节点等待时间 Δ 后,选择收到的所有选票中 $t_{i,e,v}$ 最小的一个,并将其锁定为 RandHound 的领导者。如果在下一个 Δ 时间内依然没有开始运行 RandHound 协议,则认为本次领导选举失败,此次选出的领导者将在纪元 e 内被忽略。同时,其他验证者将计数器设为 $v+1$ 并再次选举。诚实节点成功赢得选举后,运行 RandHound 协议,并将生成的随机数 rnd_e 和证明发送给其他节点。一旦收到随机数和证明,任何验证者都可以验证随机数的正确性,并利用 rnd_e 生成一个置换 π_e,将本纪元内的所有 n 个验证者平均分入 m 个分片中。由于每个节点得到的 rnd_e 是相同的(通过验证随机数的正确性保证),因此得到的分片结果也是相同的。

2. 跨片交易

为保证资金可以在整个系统内流通,需要允许跨分片交易。事实上,当交易的输出随机分布在各分片时,输入和输出全部处于同一分片的概率较低。例如,假设共存在 5 个分片,现有交易具有 1 个输入和 2 个输出,那么其输入和输出全部处于同一分片的概率仅为 1/25。当分片更多或涉及的输入、输出更多时,此概率还会进一步降低。

OmniLedger 中,每个分片只维护分片内的账本,因此无法验证存在于其他分片账本中的交易。跨片交易验证的一种简单想法是,将交易输入分别发送至相应的分片处理,当所有输入处理完成后交易方可确认。但是,如果一个交易中一个输入♯1处理成功,而输入♯2处理失败,则交易最终不会被确认。但是,由于输入♯1已经处理完成,因此对应的 UTXO 不能再次被使用,这意味着由于交易的处理失败,用户损失了一个 UTXO 中的资金。

OmniLedger 提出原子性跨片交易,确保整个交易最终只有成功和失败两种状态,不会由于部分失败导致 UTXO 永久锁定。无论交易最终是成功还是失败,涉及的 UTXO 均会经历先锁定再解锁的过程。具体而言,一次交易的流程如下。

(1) **初始化**。在客户端建立一个跨分片交易。将交易中输入所在的分片记为输入分片,输出所在的分片记为输出分片。首先,客户端将交易发送到网络,最终到达所有输入分片。

（2）**锁定**。所有输入分片需要判断输入是否为可花费的。首先，分片的领导者确定涉及本分片的输入是否存在且合法。如果输入可花费，则领导者将其状态标记为已花费，记录交易，并且向网络发送一个包含签名与默克尔证明的"接受证明"。反之，如果输入不是可花费的，分片领导者需要向网络发送一个包含签名的"拒绝证明"。客户端可以通过检查输入分片的账本确定交易已经锁定。如果客户端收到了所有输入分片提供的接受证明或任何一个分片提供的拒绝证明，则可以进入解锁步骤。

（3）**解锁**。根据锁定阶段的结果，解锁阶段分为以下两种情况，分别对应交易的成功与失败。

① **交易提交**。如果客户端收到所有输入分片的接受证明，则可以向输出分片提交交易。客户端或任何其他实体可以发送"交易提交"，其中包括交易本身与所有接受证明。输出分片将验证交易并将其包含在未来的区块中。

② **交易失败**。如果客户端收到至少一个拒绝证明，则可以要求其他输入将已锁定的 UTXO 解锁。客户端向网络发送包含拒绝证明的"交易失败"消息。收到该消息的输入分片涉及本分片的原始 UTXO 再次标记为可花费。

根据假设，所有分片是诚实且可用的，那么跨片交易可以满足原子性，并且不会出现双花。总结起来，诚实且可用指分片可以做到：

（1）所有分片忠实地处理合法交易。

（2）当且仅当所有输入均有接受证明时，输出分片接受交易提交。

（3）只要有输入分片提供拒绝证明，则其他所有输入分片解锁 UTXO。

为进一步提高共识速度，区块可以通过有向无环图组织，而非单一的链状结构。因此，对不同区块的共识可以并行处理。需要注意的是，冲突交易或者有依赖关系的交易，所在的区块不能简单并行化。确切地说，这包含以下两种情况。

（1）交易♯1 与交易♯2 试图花费同一个 UTXO。

（2）交易♯2 试图使用一个由交易♯1 生成的 UTXO。

对于情况 1，两个交易中只能有一个最终进入区块；对于情况 2，交易♯1 必须在交易♯2 前进入区块，并且交易♯2 所在区块必须引用（或间接引用）交易♯1 所在区块。除上述两种情况外，其他交易都可以安全地并行处理。

3. 账本修剪

对于高吞吐率的分布式账本而言，存储和带宽成本都是很大的问题。对于节点需要切换分片的系统而言，这一问题尤其严重。每个分片只需要维护各自的账本，但这也意味着当节点的分片改变时，需要重新下载当前分片的账本，才能开始验证工作。即便以比特币的吞吐率，至今也已积累上百 GB 的数据。对于吞吐率更高的系统而言，假设吞吐率达到 5000 笔交易/秒，交易平均大小为 500B，则每天产生的数据量超过 200GB。这对于节点的存储是很大的负担，更重要的是，新加入分片节点的启动时间将会延长，影响系统可用性。为解决此问题，OmniLedger 引入了状态区块。在纪元 e 的结尾，分片 j 的领导者创建一个状态区块 $sb_{j,e}$，将当前所有 UTXO 放入默克尔树，并将默克尔树根存入 $sb_{j,e}$ 的区块头。随后，分片内的节点对 $sb_{j,e}$ 达成共识。$sb_{j,e}$ 可以作为纪元 $e+1$ 的创世块使用。在纪元 $e+1$ 结束后，

纪元 e 之前的历史将不必保留,因为状态区块保存了所有需要的 UTXO。

10.7.5 安全性分析

1. 随机数安全

在分片分配过程中,需要选出领导者发起协议。但是,选出的领导者可能是不诚实的,他可以在分布式随机数协议结束时查看结果,并根据偏好选择是否将其发布。幸运的是,这种行为引入的偏置有限,且经济上是不合算的。假设密码学组件是安全的,且敌手无法获得诚实验证者的私钥以及 VRF 函数的输入字符串 x。由于敌手控制全部节点的 1/4,因此,每轮最多有 1/4 的机会控制选举出的领导者。当一个由敌手控制的节点当选领导者并运行 RandHound 时,敌手可以选择接受随机数,或者放弃它并再次尝试,以得到一个更有利但仍然是随机的分配。因此,敌手连续控制超过 n 个领导者的概率是 $\frac{1}{4^n}$,敌手连续控制 10 个节点的概率小于 10^{-6}。

2. 纪元安全

使用随机数分片的目的是保证分片的安全性。为保证分片正常运行,需要分片内恶意节点比例不超过 1/3。如果节点总数很大,则单个分片内恶意节点数量满足二项分布,分片安全的概率为

$$\Pr\left[x \leqslant \left[\frac{n}{3}\right] - 1\right] = \sum_{k=0}^{\left[\frac{n}{3}\right]-1} \binom{n}{k} m^k (1-m)^{n-k} \tag{10-2}$$

其中,m 为敌手控制的总节点比例,最大为 1/4。纪元失败概率,即纪元内有分区不安全的概率 $\Pr[X_S]$,可以由单个分区不安全的 $\Pr[X_E]$ 概率近似为

$$\sum_{k=0}^{\ell} \frac{1}{4^k} \cdot n \cdot \Pr[X_S] \tag{10-3}$$

其中,X_S 为单个分区不安全的概率,n 为分区数,ℓ 为敌手连续当选领导者的次数。因此 $\Pr[X_E] < 3/4 \cdot n \cdot \Pr[X_S]$。例如,对于给定 12.5% 算力的敌手和 16 个分区的情况,失败的概率是 4×10^{-5},若纪元时长为一天,则平均 68.5 年失败一次。

10.8 以太坊 2.0

10.8.1 概述

以太坊使用分片的方法实现扩容,使用的分片类型是状态分片,其中包括智能合约分片与存储分片,使用的共识机制为 Casper,Casper FFG 共识提供了最终确定性。以太坊 2.0 的架构如图 10-19 所示,信标链是该架构的核心,负责连接主链以及管理各分片。信标链是以太坊原链的一条侧链,以太坊原链依旧运行 PoW 共识,而信标链则运行 Casper FFG 共识。对于引入 Casper,以太坊主要有两个原因:①PoW 造成大量能源浪费,Casper 共识的引入将会解决能源浪费问题;②为以太坊分片做准备。因为在 PoW 共识下,区块链的确定性只是隐式的最终确定性,这一特性将会使状态分片变得更加复杂,Casper 共识可引入显

式的最终确定性,这将有利于实现无状态客户端。除此之外,Casper 还引入了惩罚机制,从而大大提高了恶意节点的作恶成本,很大程度上防止了恶意攻击的发生。Casper FFG 的主要目标是让以太坊实现从 PoW 共识过渡到 PoS 共识,而 Casper CBC 为纯粹的 PoS,其将在以太坊 3.0 中实现。

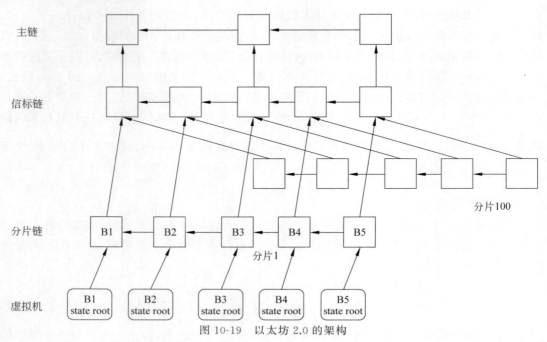

图 10-19 以太坊 2.0 的架构

以太坊 2.0 分片希望实现状态分片。状态指的是每个以太坊账户地址的余额,或者是智能合约地址的代码内容和变量数值。它可以被视为一个大账本,所有验证者都需要实时维护、不断更新它。如果能把这个大账本分成多份(如 100 份),验证者也随机分为多组,每组只负责一个账本相关交易的记账,那么速度无疑会加快很多。

以太坊 2.0 分片技术解决了如下问题:①以太坊 2.0 分片技术在分片内使用 Casper FFG 共识协议,验证节点需要向信标链质押一定数量的以太币以获得许可,若节点作恶,则信标链会对节点做出相应惩罚。此举动使得 PoW 共识中的 51% 攻击、女巫攻击无效,且不受 PBFT 共识的节点数量限制。②由信标链验证跨分片交易,使得分片间双花攻击无效。③由信标链管理分片及验证节点,使得系统层面的节点动态调节问题得到解决。

但其还存在以下一些不足:①以太坊 2.0 尚未对分片间跨分片交易过载问题及系统层面单点过热问题提出解决方案。②信标链可能成为以太坊 2.0 跨片交易性能瓶颈。由于信标链是以太坊 2.0 的基础,因此,当系统中跨分片交易数量过多时,信标链本身的性能可能会成为跨分片交易的性能瓶颈。③矿工可提取价值会不断升高。矿工(或验证者、序列器)在其生产的区块中通过其能力任意打包、排除或重新排序交易可以获得一定的利润,而矿工可提取价值便衡量该利润的一种度量。由于在以太坊 2.0 中以太币发行率降低、验证集中化程度提高,因此,矿工等在相关区块中获取矿工可提取价值的难度大幅降低。

以太坊还充当二层网络的数据可用性层。二层网络项目将它们的交易数据发布到以太坊上,依赖以太坊实现数据可用性。这些数据可用来确定二层网络的状态,或对二层网络上的交易提出争议。值得注意的是，正如没有官方以太坊客户端一样，也不存在官方以太坊二层网络。以太坊是不需要权限的，技术上任何人都可以创建一个二层网络。很多团队都将发布二层网络版本，整个生态系统都将获益于针对不同用例进行优化的多样性设计方法，就像有多个团队开发了多个以太坊客户端，从而实现了网络的多样性，这也将是未来的以太坊二层网络的开发方式。目前，以太坊官方将乐观 Rollup 和零知识 Rollup 列为二层网络解决方案。以太坊官方认为，其他不使用以太坊实现数据可用性或安全性的扩容解决方案不是二层网络。这种创新的设计有望改善以太坊网络整体的性能。

Danksharding 是让以太坊成为真正的可扩展区块链的方案，但要实现这个方案，需要实施一系列协议升级。Proto-Danksharding 是一个中间过程步骤。它们两者都是为了让用户在二层网络上的交易尽可能便宜，并将以太坊扩展到每秒处理大于 100 000 次交易。Proto-Danksharding 是一种让 Rollup 以更经济的方式向区块添加数据的方法。目前，Rollup 在降低用户交易的成本方面受到限制，因为它们是将交易发布在 CALLDATA 中。这是一种昂贵的方法，因为数据需要经所有以太坊节点处理，并且永远存在于链上，即使 Rollup 只在很短的时间需要这些数据。Proto-Danksharding 引入了可以附加到区块上的数据二进制大对象。这些二进制大对象中的数据不可通过以太坊虚拟机访问，并且在固定的时间即 1～3 个月后会自动删除。这意味着，Rollup 可以更经济的方式发送数据，费用节省会让用户的交易更加便宜。Danksharding 全面实现了从 Proto-Danksharding 开始的 Rollup 扩展。Danksharding 将为以太坊带来大量空间，以便 Rollup 堆放它们的压缩交易数据。这意味着以太坊能轻松支持数百个单独 Rollup，并实现每秒处理数百万次交易。它的实现方式是将附加到区块的二进制大对象从 Proto-Danksharding 阶段的 1 个增加至完全实现 Danksharding 时的 64 个。所需的其余变更都是对共识客户端的运行方式进行更新，使它们能处理新的较大的二进制大对象。由于篇幅原因，在此不详细展开，感兴趣的读者可以查阅参考文献。

10.8.2 Casper FFG

Casper FFG 共识机制是受 PBFT 启发，为 PBFT 改良之后的一种共识协议。它继承了 PBFT 的重要设计，同时添加了新的机制并简化了若干规则。

Casper FFG 是一个将出块机制抽象化的覆盖链，只负责形成共识。出块机制由底层链实现，而来自底层链的出块称为检查点。检查点组成检查点树，最底部的检查点则称为根检查点。每个节点都必须对检查点送出投票，投票的内容是由两个不同高度的检查点组成的连结，连结的起点高度较低，称为源头；连结的终点高度较高，称为目标。节点会将投票广播到网络中，并同时收集来自其他节点的投票。其中，若投票给某连结的节点押金总和超过全部押金的 2/3，则称该节点为绝对多数连结。由根检查点开始，若两个检查点之间形成绝对多数连结，则该连结的目标进入已证成状态；而在连结建立当下已处于已证成状态的源头，则进入已敲定状态；根检查点则预设为已证成及已敲定状态。由此可知，每个检查点经过两次投票后，会先证成而后敲定，几乎等同于 PBFT 的预备与提交。每个节点都必须遵循分叉选择规则来选择下一个要连接的检查点。Casper FFG 的规则是：选择最高的已证成状态的检查点。Casper FFG 在以太坊 2.0 中的分叉选择规则是最新消息驱动 GHOST。

10.8.3 信标链

信标链是实现以太坊 2.0 的基础。信标链的主要功能如下。

（1）保证随机性。对于一个分片系统来说，良好的随机性能防止特定的分片被单独攻击，这种随机性由信标链通过 RANDAO 结构实现。

（2）管理验证节点。

（3）验证跨分片交易。

在 Casper FFG 共识算法中，定义了验证者和提案者两种角色。一个节点如果想成为验证者，就需要向以太坊 1.0 中的一个智能合约抵押至少 16 以太币，智能合约触发事件，信标链检测到事件并将其地址加入验证者列表。信标链将验证者随机分配到分片中进行作业。出块时，信标链从验证者中随机选出提案者，提案者提出区块，由验证者验证。信标链会监视所有验证者和提案者，如果其诚实地完成作业，就给予奖励，此奖励相当于挖矿，如果其作恶，就会没收其抵押的以太币。实现信标链时，定义了信标链上保存数据时分片链上的世界状态。当分片链上的世界状态发生变化，信标链上就会产生新的区块，只有在信标链上记录分片的世界状态，才是被认可的不可逆的区块数据。

10.9 注释与参考文献

本章背景介绍部分的知识主要参考文献[134]，其中提到的链下扩容方案和链上扩容方案的相关知识均可查阅此文献。

闪电网络的知识主要参考 Poon 和 Dryja 的文献[135]，关于序列到期可撤销合约、哈希时间锁定合约和密钥存储的具体流程均可查阅此文献。

虚拟支付通道的知识主要参考 Dziembowski 等的文献[136]，关于账本通道、虚拟通道和安全属性的相关知识均可查阅此文献。

Bitcoin-NG 的知识主要参考 Eyal 等的文献[137]，关于关键块与领导选举、微块和确认时间及酬金的相关知识均可查阅此文献。

ByzCoin 的知识主要参考 Kokoris-Kogias 等的文献[138]，关于其系统模型、稻草人协议 PBFTCoin、完全构造及安全性分析的具体细节均可查阅此文献。

ELASTICO 的知识主要参考 Luu 等的文献[139]，关于其系统模型、完全构造及安全性分析的具体细节均可查阅此文献。

OmniLedger 的知识主要参考 Kokoris-Kogias 等的文献[140]，关于其系统模型、稻草人协议 SLedger、CoSi 协议、完全构造及安全性分析的具体细节均可查阅此文献。

RandHound 协议的具体细节可查阅 Syta 等的文献[141]。

Ethereum Sharding 2.0 协议的具体细节可查阅 Buterin 的文献[142]。

Casper FFG 共识机制的具体细节可查阅 Buterin 和 Griffith 的文献[143]。

Danksharding 方案的具体细节可查阅 Buterin 撰写的文档[144]。

10.10 本章习题

1. 在比特币区块链中,什么限制了区块链的可扩展性?请举例说明。
2. 链上扩容方案和链下扩容方案的区别是什么?
3. 请举例说明哪些扩容方案属于链上扩容方案,哪些扩容方案属于链下扩容方案。
4. 举例说明闪电网络的优点和缺点。
5. 举例说明什么错误属于可唯一归因的错误,并思考为什么智能合约无法判定非可唯一归因的错误。
6. 为什么ByzCoin较比特币有更好的交易安全性?
7. 什么是区块链分片技术?
8. 请查阅资料,介绍以太坊最新的扩容方案。
9. 相比于OmniLedger,Sledger中存在的问题有哪些?OmniLedger进行了哪些改进?请举例说明。
10. 为什么在OmniLedger中,分片分配的关键问题在于每个纪元中随机数的生成?

第 11 章 智能合约

智能合约的概念是 20 世纪 90 年代由尼克·萨博提出的,但由于缺少可信的执行环境,并没有被广泛应用。比特币出现后,人们认识到比特币的底层技术区块链可以为智能合约提供可信的执行环境,以太坊由此诞生。本章将从以下 4 方面具体介绍智能合约:11.1 节介绍智能合约原理、Solidity 基础语法及以太坊虚拟机,11.2 节介绍智能合约安全,其中包括针对智能合约的攻击与防御,以及智能合约安全漏洞分析工具,11.3 节介绍智能合约隐私,其中包含 3 种保护智能合约隐私的方式与相应举例,11.4 节介绍智能合约分布式应用程序。

11.1 智能合约概述

2008 年,中本聪提出的比特币问世,标志着无可信第三方的货币发行成为可能。在其基础上,又有许多具有各种特性、面向各种交易需求的数字加密货币问世。数字加密货币是金融、计算机技术、密码学理论、博弈论等诸多实践和理论相结合的产物。随着数字加密货币的发展,其底层的区块链技术受到越来越多研究和开发人员的重视。除了对底层区块链安全性、效率、可扩展性的研究,以太坊系统基于区块链无须可信第三方的优势,进一步扩展并诠释了智能合约的概念,智能合约极大地丰富了区块链的应用场景,是当前区块链技术推广和应用的重要动力之一。11.1.1 节介绍智能合约概念,11.1.2 节介绍智能合约原理,11.1.3 节介绍智能合约语言,11.1.4 节介绍智能合约与以太坊虚拟机。

11.1.1 智能合约概念

智能合约的概念是由尼克·萨博于 1997 年提出的,其主要描述了一种无须可信第三方即可自动执行的双方或多方协议。由于当时无法实现,这一概念没有受到足够的重视。但是,区块链技术使得智能合约的概念变为可行。最早的比特币区块链系统提供了一种脚本语言,能实现部分金融交易事务的自动化执行。有研究者利用脚本语言实现了零知识支付的功能,以确保电子商品的交易公平,在此基础上,又有许多新的能自动化执行的应用产生。然而,比特币系统提供的脚本语言仅支持有限的操作种类,因此仅适用于一些简单的金融交易,而不能满足人们对复杂协议自动化执行的需求。

以太坊区块链系统引入了以太坊虚拟机结构,并且支持图灵完备的编程语言,这使得智能合约的使用场景不再局限于金融交易事务。以太坊中的智能合约能在理论上支持各种通用的计算机程序的执行。以太坊虚拟机能识别被称为字节码的低级机器语言。为了方便用户定义智能合约的运行规则，还存在许多高级编程语言，如 Solidity 等。利用编译器，可以将高级语言代码转换为对应的字节码。这些高级语言与现有的主流编程语言具有类似的语法，进而能降低开发者的学习成本，提高开发效率。

在以太坊系统之后，智能合约的应用逐渐开始流行，并衍生出许多类似的平台。摩根大通公司通过在以太坊系统的基础上提出一种支持私密合约执行的联盟链系统 Quorum，其保护了智能合约内容的隐私性，并且执行效率与以太坊系统相仿。Larimer 等采用更加高效的共识算法设计了 EOS 系统，其支持智能合约的并行执行，使得交易处理速度以及合约的执行效率能进一步提高。Wood 等采用权益证明共识机制设计了 Polkadot 系统，其通过构造一个链接不同区块链的网络，使得独立的区块链之间可以在相同的安全保证下交换信息，不论这些区块链是无许可的公有链，还是私有的联盟链。

11.1.2　智能合约原理

智能合约是由事件触发的、具备状态的、部署于分布式数据库上的计算机程序，允许在没有可信第三方的情况下执行可追溯、不可逆转和安全的交易。智能合约的整个生命周期包括 4 个阶段：合约创建、合约部署、合约执行和合约更新。

（1）**合约创建**。首先，智能合约的参与方确定合约的功能类型、使用权限、合约参数等设计细节。其次，合约工程师将用自然语言描述的合约转换为以计算机语言编写的智能合约。最后，智能合约初步实现后，需要对智能合约进行多轮测试，以确保该智能合约能且仅能按照原先的设计目的正常运作。

（2）**合约部署**。智能合约被创建后，智能合约发布者通过发布交易的形式，将智能合约部署到区块链中。然后，参与方可以通过该智能合约的地址访问合约。由于区块链的不可篡改性，已经部署在区块链上的合约无法被修改，从而保证了合约的正确性。

（3）**合约执行**。智能合约被部署后，参与方通过发布交易的形式使用智能合约。由于智能合约是一段自动化执行的程序，一旦内置条件被满足，智能合约代码将自动执行。当交易所在的区块被广播到网络，以太坊虚拟机将会完成对智能合约的状态更新。

（4）**合约更新**。合约执行完后，更新所有相关参与方的状态。执行智能合约期间的交易以及更新的状态都存储在区块链中，同时数字资产从一方转移到另一方。

11.1.3　智能合约语言

智能合约的核心要素包括账户、交易、Gas、日志、指令集、消息调用、存储和代码库这 8 部分，其中账户、交易等已在前面章节介绍，下面重点介绍以太坊语言。

无论是在区块链中还是在以太坊虚拟机中，智能合约都以以太坊虚拟机字节码的形式保存并运行。该字节码是一种基于栈结构的底层机器语言，可以被以太坊虚拟机快速识别并运行。为了能更好地了解以太坊虚拟机字节码和其特性，这里列举一个实例。该实例是以 0.4.25 版本 Solidity 高级语言编写的一段简单的样本代码，以及在 Remix 平台上对其编译后的编译结果，其是由十六进制数组成的字符串，如图 11-1(b)所示，其为该段样本代码的以太坊虚拟机字节码。

样本 Solidity 代码	以太坊虚拟机字节码

1: pragma solidity 0.4.25;
2: contract Demo1 {
3: uint public balance;
4: function add(uint value) public returns (uint256) {
5: balance = balance + value;
6: return balance;}}
	"functionDebugData": {}
	"generatedSources": []
	"linkReferences": {}
	"object": 608060405234801561001057600080fe60806……
	"opcodes": PUSH1 0x80 PUSH1 0x40 MSTORE CALLVALUE DUP1 ISZERO PUSH2 0x10 JUMPI PUSH1 0x0 DUP1 REVERT JUMPDEST JUMP INVALID LOG2 PUSH5 0x6970667358 0x22 SLT KECCAK256 0xE3 0xAF 0xAC PUSH30 ……
	"sourceMap": 32:159:0:-:0;;;;;;;;;;;;;;;;; }

(a) 样本 Solidity 代码	(b) 样本 Solidity 代码的字节码

图 11-1 样本 Solidity 代码与以太坊虚拟机字节码

为了能使用以太坊虚拟机字节码实现具体的任务，以太坊虚拟机分配了一组指令 OPCODES。这些指令包含以下功能：完成与栈结构相关的逻辑操作、运算操作、存取操作等。常见的 OPCODE 如表 11-1 所示，这些指令使得以太坊虚拟机是图灵完备的有限状态机，即以太坊虚拟机能运行任何程序，并且在 Gas 机制下，任何程序的运行最后都必然会终止。由于一个字节是 8 位，因此其最多允许有 $2^8=256$ 条 OPCODE 指令，目前一共分配了 145 个 OPCODE，其中部分 OPCODE 按照分类列举在表 11-1 中。

表 11-1 常见的 OPCODE

分 类	OPCODE	描 述
算术指令	ADD	取栈顶两个元素，执行加法，结果存入栈
	MUL	取栈顶两个元素，执行乘法，结果存入栈
	SUB	取栈顶两个元素，执行减法，结果存入栈
	DIV	取栈顶两个元素，执行除法，结果存入栈
	MOD	取栈顶两个元素，执行模运算，结果存入栈
栈指令	POP	弹出栈顶元素
	MLOAD	从内存中加载一个字
	MSTORE	向内存中存储一个字
	SLOAD	从存储设备中加载一个字
	SSTORE	向存储设备中存储一个字
	MSIZE	取活跃内存的字节大小
逻辑流指令	STOP	停机
	JUMP	设置程序计数器到任意值
	PC	获取程序计数器的值

续表

分 类	OPCODE	描 述
系统指令	CREATE	以相应代码创建一个新账户
	CALL	通过消息调用另一个账户
	CALLCODE	通过消息调用另一个账户的代码
	RETURN	停机并返回输出数据
	DELEGATECALL	通过消息以当前账户数据调用一个账户的代码
	REVERT	停机,恢复状态机状态并返回数据与剩余 Gas 值
环境指令	GAS	获取可用 Gas 数值(执行该条指令后的数值)
	CALLER	获取调用者地址
	CALLVALUE	获取调用者存储的 ether 数值
	CALLDATALOAD	获取调用者输入数据
区块指令	COINBASE	获取区块奖赏的地址
	TIMESTAMP	获取区块的时间戳
	GASLIMIT	获取区块的 Gas 限制

实际上,可以通过以太坊虚拟机字节码直接编写智能合约,但这种方法十分烦琐,并且最终代码具有体积大和难以理解的缺点。所以,大多数开发人员使用高级语言编写智能合约程序,然后使用编译器将合约转换为字节码,最终再由以太坊虚拟机执行以太坊虚拟机字节码。目前有一些可以使用的智能合约高级语言,包括 Solidity、LLL 和 Serpent。其中,Solidity 是一种命令式编程语言,语法类似于 JavaScript、C++ 及 Java,是目前最受欢迎的智能合约编程语言;LLL 是一种语法类似于 Lisp 的函数式编程语言,但很少使用;Serpent 是一种命令式的编程语言,语法类似于 Python,同样很少使用。

由于 Solidity 高级语言比较受欢迎并且使用人数较多,因此,为了进一步介绍智能合约高级语言,本章选取 Solidity 高级语言为代表,从数据类型、变量、函数、事件、异常处理等方面介绍 Solidity。

1. 数据类型

Solidity 中提供的数据类型可以分为两类:一类是基本类型;另一类是其他类型。基本的数据类型主要包括布尔型、整数型、地址型等,其他的数据类型主要包括时间单位和以太币单位。具体的数据类型信息如表 11-2 所示。

表 11-2 Solidity 数据类型

分 类	数 据 类 型	描 述
基本类型	布尔(bool)	true 或 false 以及逻辑操作符
	整数(int/uint)	由 uint/int8 到 uint/int256 以 8bit 递增
	地址(address)	以太坊地址

续表

分类	数据类型	描述
基本类型	字节数组（定长）	固定大小的字节数组，定义为 bytes1 到 bytes32
	字节数组（变长）	动态大小的字节数组，定义为字节或字符串
	枚举（enum）	枚举离散值的用户定义类型
	结构体（struct）	包含一组变量的结构体
	映射（mapping）	键值对的哈希查找表
其他类型	时间单位	时间单位：秒、分钟、小时和天
	以太币单位	以太币单位：wei、finney、szabo 和 ether

2. 变量

在智能合约中，变量分为状态变量和本地变量。状态变量用于存储持久型数据的变量，如图 11-2 所示。状态变量保存的数据会随着智能合约的调用而保留，也正因此，合约创建者通常会使用状态变量存储合约中的用户余额和用户地址列表等数据，这些数据在合约程序执行结束后可再次被使用。状态变量通常声明在合约的起始部分，并且声明在函数的外部，同时，状态变量与普通变量一样，以某一种数据类型被定义。

```
1:    pragma solidity 0.5.0;
2:    contract Demo2 {
3:        uint storedData;    //uint 类型的状态变量 storedData
4:    }
```

图 11-2　智能合约中的状态变量

当合约中的状态变量被调用时，以太坊虚拟机便会从其内部的存储结构中读取该变量的数据，并在栈中对其进行更新操作，之后再将其以键值对的形式写回存储结构中。合约中的状态变量通常按照顺序依次放在存储结构中，即第一个状态变量存储在槽 0 中，第二个状态变量存储在槽 1 中，以此类推。对于每个变量，根据类型以字节为单位确定其大小。如果可能，存储大小少于 32B 的多个变量会被打包到一个存储槽中，具体规则如下。

（1）在存储结构中，存储槽中的第一个值是以低阶对齐的方式存储的。

（2）值类型只使用必要的字节存储它们。

（3）如果一个值类型不能被一个存储槽存储，它将被存储在下一个存储槽中。

（4）结构体和数组数据总是从一个新的存储槽开始。

（5）结构体和数组数据后面的数据总是从一个新的存储槽开始存储。

本地变量保存智能合约运算过程中的临时变量，如图 11-3 所示。本地变量声明于合约的函数内部，并且其仅作用于声明的函数内部。本地变量是一种临时声明的变量，不存在于以太坊虚拟机的存储结构中，而是被调用时在内存中动态生成。因此，这些本地变量一般是在计算或处理某些事情时临时创建的变量，用作中间值方便计算。

当合约在以太坊虚拟机中执行时，还可以调用一些全局变量，包括 msg、tx 和 block 变

```
1:    pragma solidity 0.5.0;
2:    contract Demo2 {
3:       function getResult() public view returns(uint){
4:          uint a = 7;        //本地变量
5:          uint b = 3;        //本地变量
6:          uint result = a + b;   //访问本地变量
7:          return result; }
8:    }
```

图 11-3 智能合约中的本地变量

量。这些全局变量存在于全局命名空间，用于检索区块链的信息，包括消息的相关信息、交易的相关信息，以及区块的相关信息。合约使用这些全局变量时不需要提前声明，直接在合约内部调用使用即可。通过调用这些全局变量，合约可以获取消息的发送方、消息中的以太币数量、交易的 Gas 价格、当前区块的块号，以及当前区块的时间戳等信息，具体的变量种类及其功能描述如表 11-3 所示。

表 11-3 Solidity 全局变量

全局变量种类	变量名称	描 述
msg	msg.sender	消息发送方的地址
	msg.value	消息中以太币的数量
	msg.data	消息发送方的输入数据
	msg.sig	调用函数的标识符
tx	tx.gasprice	交易的 Gas 价格
	tx.origin	交易的原始发送者
block	block.coinbase	当前区块的区块奖励地址
	block.number	当前区块的块号
	block.difficulty	当前区块的挖矿难度
	block.timestamp	当前区块的时间戳
	block.gaslimit	当前区块的 Gas 限制

3. 函数

Solidity 定义了可以由外部账户或其他合约调用的函数，函数由函数名、参数、关键字及函数体组成。Solidity 中的函数名、参数和函数体与其他高级语言类似，其分别描述了函数的标识、函数的输入以及函数的执行逻辑。和其他高级语言不同，Solidity 提供了函数关键字，其用于修饰函数，从而限制函数的可见性或行为。Solidity 函数关键字如表 11-4 所示。在 Solidity 语言中有一个特殊的匿名函数，即回滚函数，它没有函数名，没有参数，也没有返回值。回滚函数在合约中被定义，并且在单个合约中只能定义一个回滚函数。由于回滚函数没有函数名，也没有参数，因此其不能像正常函数一样被调用，只能在特殊情况下被触发执行，进而起到异常处理的作用。触发回滚函数的情况主要有以下两种。

表 11-4　Solidity 函数关键字

关键字类型	关　键　字	描　　述
函数的可见性	public	任何用户或者合约都能调用和访问
	external	该函数只能被其他合约调用
	internal	仅该合约及其继承合约可调用
	private	仅该合约可调用
函数的行为	view	表示不修改函数任何状态
	pure	只对参数操作并返回数据，不涉及存储
	payable	该函数可以接收转账

（1）当一个合约希望调用另一个合约中的函数时，由于错误没有匹配到另一个合约中的函数，此时另一个合约中的回滚函数会被触发处理异常。

（2）当一个合约收到以太币时，指定的是空签名函数，也默认调用该合约的回滚函数。

Solidity 还提供了一种称为函数修饰器的特殊类型的函数，通过在函数声明中添加修饰器名称，可以将修饰器应用于函数，它通常用于创建函数中的条件判断。如图 11-4 所示，该代码判断当前调用者地址是否等于 owner 的地址，并可在函数中使用。

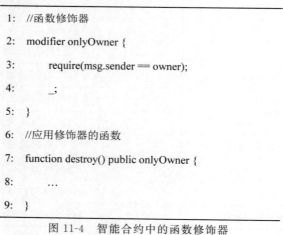

```
1:   //函数修饰器
2:   modifier onlyOwner {
3:       require(msg.sender == owner);
4:       _;
5:   }
6:   //应用修饰器的函数
7:   function destroy() public onlyOwner {
8:       …
9:   }
```

图 11-4　智能合约中的函数修饰器

函数修饰器代码中有一个特殊的语法"占位符"，下画线及分号(_;)。此占位符由正在修饰的函数的代码替换。也可以将多个修饰器应用于一个函数，用逗号分隔。函数修饰器是一个非常好用的访问控制工具，使代码更容易阅读。

4. 事件

Solidity 事件与任何其他编程语言中的事件相同。一个事件发生时，其会存储在交易日志中传递的参数。一般来说，在以太坊虚拟机的日志设施的帮助下，事件用来向调用应用程序通知关于合约的当前状态，包括关于对合约做出的变动以及那些被用来执行依赖逻辑的应用程序。如图 11-5 所示，在合约 Test 中，首先声明了一个事件，并在之后的函数中调用该事件,随后可以在外部以太坊虚拟机的日志设施的帮助下获取该事件的具体信息。

```
1:  pragma solidity 0.5.0;
2:  contract Test {
3:    event Deposit(address indexed _from, bytes32 indexed _id, uint _value);
4:        function deposit(bytes32 _id) public payable {
5:          emit Deposit(msg.sender, _id, msg.value);
6:        }
7:  }
```

图 11-5　智能合约中的事件

5. 异常处理

Solidity 有许多异常处理的功能,异常可以在编译时或运行时发生。在编译阶段,通过语法错误检查可以很容易地捕捉异常,然而在运行阶段,异常则很难被捕捉,并且这些异常主要在合约执行时发生。常见的运行时异常有 Gas 不足异常、数据类型溢出异常、运算异常、数组超出索引异常等。在 4.10 版本之前,Solidity 中只有一个 throw 语句来处理异常,所以要处理多个语句的异常,就必须多次使用 throw 语句处理,从而消耗大量的 Gas。在 4.10 版本之后,新的异常处理结构 Assert、Require、Revert 语句被引入,极大地方便了异常处理。

Require 语句。此语句声明了运行函数的先决条件,即在执行代码之前应该满足的约束条件。它接受一个参数并在评估后返回一个布尔值,也有一个自定义的字符串信息选项。如果返回的布尔值是假的,其会产生异常并终止执行,未使用的 Gas 将会返回给调用者,并且状态逆转为原始状态。触发 Require 类型的异常情况包括:Require 调用的参数导致返回的结果为假;一个被调用的函数没有正常结束;一个合约使用新的关键字创建并且这个过程没有正常结束;以太坊使用的公共 getter 方法被发送给合约等。

Assert 语句。此语句的语法与 Require 语句相似。它在对条件评估后返回一个布尔值。根据返回值,程序要么继续执行,要么抛出一个异常。区别在于,Assert 语句不会返回未使用的 Gas,而是会消耗掉所有的 Gas,然后将状态反转到原始状态。Assert 用于在合约执行前检查当前状态和功能条件。触发 Assert 类型的异常情况包括:当一个断言被调用时,其结果为假;当一个函数的零初始化变量被调用时;当一个大的或负的值被转换为一个枚举型变量;当一个值被零除或模时等。

Revert 语句。该语句与 Require 语句类似,它不评估任何条件,也不依赖任何状态或语句。它被用来生成异常、显示错误以及恢复函数调用。该语句包含一个字符串信息,表示与异常信息有关的问题。调用 Revert 语句即意味着一个异常被抛出,未使用的 Gas 被返回,状态恢复到原始状态。Revert 用于处理与 Require 处理相同的类型但逻辑更复杂的异常。

11.1.4　智能合约与以太坊虚拟机

智能合约的部署与执行离不开以太坊虚拟机环境,因此阐明智能合约在以太坊虚拟机中的从创建部署到运作细节都是至关重要的。

以太坊是一个分布式状态机,以太坊的状态是一个大的数据结构,它不仅持有所有的账户和余额,而且可以根据一套预先定义的规则从一个状态改变到另一个状态,并且可以执行任意的机器代码。而从状态到状态改变的具体规则是由以太坊虚拟机定义的。

可以把以太坊区块链比作一个大型的有穷自动机。图 11-6 展示了某一时刻当前以太坊的状态。区块链的状态包含了地址信息以及地址对应的外部账户或智能合约账户,每个账户中存储了该账户的余额,如果这是一个智能合约账户,那么还应当保留该合约的代码以及该合约所存储的状态。

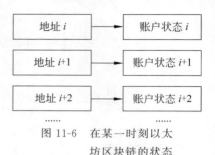

图 11-6　在某一时刻以太坊区块链的状态

以太坊的状态转移函数为 $Y(S,T)=S'$,其中 S 表示旧的合法状态,T 表示一组合法的交易,S' 表示经过转移函数 $Y(S,T)$,以太坊区块链进入新的状态。转移函数 Y 根据交易数据,将当前合法状态 S 修改到下一个合法状态 S'。其原理在于,转移函数将根据交易的数据,如交易发送方地址、交易接收方地址和交易金额等相关信息,对发送方地址和接收方地址的账户余额进行相应的合法修改;同时,如果这笔交易创建或者调用了一个智能合约,那么转移函数将会根据交易中的输入数据,将一段智能合约代码部署到区块链上,或者根据这段输入数据以及其他的一些与调用合约相关的数据,调用该智能合约。所以,在两个相邻的以太坊状态 S 和 S' 中,S' 相较于 S,其某些地址对应的账户状态会发生改变,如图 11-7 所示。

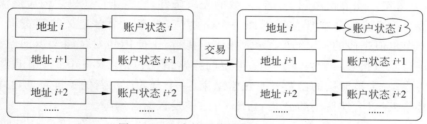

图 11-7　以太坊区块链状态转移表示

为了实现以太坊的状态转变过程,需要以太坊网络中的节点根据引发状态转变的交易实施处理,更新相应地址对应的账户状态,并得到一个一致性的结果,因此,这一过程需要以太坊虚拟机的支持。以太坊虚拟机是在以太坊节点中的虚拟运行环境,在该环境中,节点将以上一个状态以及交易数据作为输入,在以太坊虚拟机中运行状态转移函数,之后对该账户状态做出相应的更新,并得到新的状态,如图 11-8 所示。

以太坊虚拟机的结构如图 11-9 所示。栈结构用于提供指令运行空间,内存用于存储合约运行临时变量,存储结构用于存储账户的持久性变量,程序计数器用于表示程序当前运行位置,Gas 余额存储结构用于标识剩余的 Gas 数值,虚拟内存用于存储不可篡改的合约字节码。虚拟机内部状态是易失性的,这是因为虚拟机仅在交易发生时才会运行,运行需要的易失数据在运行时生成,非易失性的数据从外部调用。虚拟机在运行时会读取需要的输入数据并对其处理,之后虚拟机内部的程序计数器、栈以及内存等结构中的数据便不再有意义。

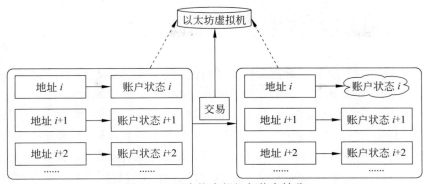

图 11-8 以太坊虚拟机与状态转移

与之相对的,虚拟机外部状态是连续性的,这是因为在虚拟内存中保存着不可被篡改的以太坊虚拟机的代码,在存储结构中记录了合约的状态变量,这些数据需要永久性存储,以方便后续交易发生时调用。

图 11-9 以太坊虚拟机的结构

当一条交易引发以太坊的状态转移时,以太坊虚拟机便会将该交易数据以及对应的账户状态作为输入,运行状态转移函数,其运行细节如图 11-10 所示。程序计数器将会指向交易所调用的合约代码,该代码配合交易的输入数据在栈空间中执行相应的操作指令,同时在执行每一条指令时,还会与 Gas 余额结构交互以查询当前是否还有足够的 Gas 完成该条指令。栈结构为指令执行提供了一种先进后出的运行空间,在指令执行过程中,还会与内存以及存储结构交互,表示对临时变量或者持久性变量安全读写交互。这些临时存取的变量通常是在运行中生成的那些临时的变量,而那些永久存取的变量通常是合约中的状态变量。

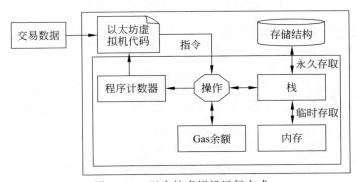

图 11-10 以太坊虚拟机运行方式

11.2 智能合约安全

智能合约本质上是代码,一旦部署到区块链之后不可修改,这使得智能合约不会被敌手恶意篡改。但是,由于智能合约可能存在代码设计漏洞,且其无法被纠正,敌手便可以利用该漏洞持续地对该合约进行攻击,导致合约相关用户的损失。因此,系统介绍以太坊智能合约的典型安全漏洞及防御方法是十分必要的。为了方便读者理解,将智能合约安全问题分为3个类别,如表11-5所示。11.2.1节介绍Solidity相关漏洞,11.2.2节介绍以太坊虚拟机相关漏洞,11.2.3节介绍Blockchain相关漏洞,11.2.4节介绍智能合约安全漏洞分析工具。

表 11-5 以太坊智能合约安全问题分类

分类	序号	安全问题	描述
Solidity	1	未知调用	调用外部未知函数触发回滚函数
	2	Gas不足	Gas余额不足够执行交易
	3	异常处理不一致性	异常情况处理的不一致性
	4	类型掩藏	数据类型没有被判断而直接使用
	5	重入攻击	通过回滚函数多次进入合约
	6	危险外部调用	调用函数的执行方式存在差异
	7	资金冻结	外部依赖函数库丢失
以太坊虚拟机	8	私有数据漏洞	提供隐私的关键字不保证隐私
	9	程序设计漏洞	程序本身存在漏洞而无法被修改
	10	以太币丢失	以太币转账地址错误
	11	栈溢出	调用栈溢出而抛出异常
区块链	12	交易排序依赖漏洞	块中交易的执行顺序影响最终的执行结果
	13	时间戳篡改	篡改区块时间戳

11.2.1 Solidity 相关漏洞

1. 未知调用

原理:11.1.3节介绍了Solidity的回滚函数,这是一种用于处理调用或交易异常的特殊函数。在Solidity中,使用原语执行程序并转移以太币可能存在触发接收方回滚函数的副作用,下面介绍这些原语及触发回滚函数的原因。

(1) call 原语。该原语调用一个函数并转移以太币到被调用者,需要一些参数才能精准匹配到相应的函数并执行,其中包括被调用合约地址、被调用函数名、转移的以太币数量、函数执行的参数。如果被调用的合约中没有相应的函数,就会触发执行调用合约中的回滚函数。

(2) send 原语。该原语从一个正在运行的合约中转移以太币,当以太币转移后,会执行接收者的回滚函数。

（3）delegatecall 原语。该原语与 call 原语类似，它们都调用另一个合约中的函数，但是不同的是，delegatecall 调用的函数在调用者的环境中执行。同样，如果其指定调用的函数不存在于被调用合约中，那么被调用合约中的回滚函数将会触发。

攻击：正常情况下，回滚函数会返回合约的执行日志信息，用来通知客户端程序执行相关信息。但是，如果调用者通过 call 原语的方式调用函数并发送以太币，就存在修改合约状态变量和再次调用新的智能合约等安全隐患。一个恶意设计的回滚函数可以是具有危害性的，后面介绍的重入攻击漏洞便运用了此种方法实现。

防御：以太坊官方建议使用 transfer 原语完成转账操作，并且强调回滚函数的正确性对于合约的安全性至关重要。

2. Gas 不足

原理：当使用原语 send 转移以太币时，可能会出现 Gas 不足异常。send 原语实际上与没有调用函数签名的 call 原语以相同的方式编译，其会默认触发被调用合约中的回滚函数。发送到被调用合约的 Gas 数值通常是 2300 个单位，既然 call 原语中没有函数签名，那么就会触发被调用合约中的回滚函数。然而，仅 2300 个单位的 Gas 只允许运行有限的指令，如果需要运行的指令数目较多，就会抛出 Gas 不足异常。

攻击：由于 send 原语会自动触发回滚函数，且执行 send 原语消耗的 Gas 默认上限被限定在 2300。所以，当使用 send 原语向某地址发送以太币时，有可能发生 Gas 不足异常。

防御：构建智能合约时可以考虑采用以下做法来减少函数调用的 Gas 成本。首先，避免动态大小的数组，因为函数中对某个数组内元素循环搜索会使用大量 Gas；其次，避免调用其他合约，由于需要消耗的 Gas 数目未知，因此存在 Gas 被用完而调用还没结束的情况；最后，估算 Gas 成本，在开发过程中，可以使用 web3.js 库的 estimateGas 函数及 getGasPrice 函数估算 Gas 成本，从而避免将合约部署到主网时出现安全风险。

3. 异常处理不一致性

原理：在 Solidity 中有许多情况会导致异常的触发，例如发起一笔交易时 Gas 不足、栈调用深度达到上限从而栈溢出或者执行 throw 执行等。Solidity 处理异常的方式不统一，取决于合约之间是如何相互调用的。这里给出一个例子具体说明，考虑合约 A 与合约 B，合约 A 内部的函数直接调用合约 B 的函数。当用户触发合约 A 中的函数时，如果合约 B 的函数抛出异常，那么整个执行将会终止，并且所有的状态回复到交易之前。如果合约 A 以 call 原语调用合约 B，当合约 B 发生异常时，合约 A 的执行将会继续。因此，这种异常处理方式的不同可能导致合约的安全性受到威胁。

攻击：考虑图 11-11 的 KoET 合约，合约功能是用户通过支付当前国王指定数量的以太币而继承王位，当前国王因此获得收益（支付给前一国王的以太币与当前收到以太币的差值）。

在该合约中，其调用 send 函数完成转账操作，由于 send 函数发生异常时仅返回异常结果，并继续执行后面的代码且不做任何异常处理，如果此时因为某些原因而转账失败，那么当前国王不仅无法收到任何收益，而且还丢失了王位。

Solidity 中处理异常方式的不一致性会影响智能合约的安全性。例如，如果仅根据没有异常抛出就认为调用或者转账是成功的，这是不安全且不符合逻辑的。相关统计分析，大约28%的合约没有检查 call 或 send 函数调用的返回值。

```
1:  contract KingOfTheEtherThrone {
2:      struct Monarch {
3:          address ethAddr;
4:          string name;
5:          uint claimPrice;
6:          uint coronationTimestamp;
7:      }
8:      Monarch public currentMonarch;
9:      function claimThrone(string name) {
10:         …
11:         if (currentMonarch.ethAddr != wizardAddress){
12:             currentMonarch.ethAddr.send(compensation); //对国王进行转账
13:         }
14:         …
15:         //转移当前国王王位
16:         currentMonarch = Monarch(msg.sender, name, valuePaid, block.timestamp);
17:     }
18: }
```

图 11-11　智能合约的异常攻击样例

防御：调用 call 或者 send 函数时，使用 if 等条件判断语句对其返回值进行判断，如果返回值为真，则继续执行，否则停止执行。

4. 类型掩藏

原理：Solidity 是强类型语言，当一个变量被指定了某个数据类型，如果不经过强制转换，那么它的数据类型不会变化。例如，若不显式地转换，一个整数则不能被视为一个字符串。但是，有些情况即使类型不匹配，也不会完成类型检查，因此会导致安全问题。

攻击：考虑图 11-12 所示的 Alice、Bob 合约，Solidity 编译器不会考虑如下的类型匹配。

（1）参数 c 是否为一个有效地址。

（2）合约 Alice 中是否真有 ping 函数。

在下面 3 种情况中，任意一种情况发生都不会抛出异常，因此存在安全隐患。

（1）c 不是一个地址，所以直接返回。

（2）c 是一个正确的地址，但是没有匹配任何 Alice 中的函数，所以调用回滚函数。

（3）正确调用，代码正确执行。

智能合约类型转换攻击样例如图 11-12 所示。

```
1:  contract Alice {
2:      function ping(uint) returns(uint) {}
3:  }
4:  contract Bob {
5:      function pong(Alice c) {
6:          c.ping(42);
7:      }
8:  }
```

图 11-12　智能合约类型转换攻击样例

防御：在对变量实施赋值等操作时，应首先判断变量数据类型，防止因为数据不匹配而引发安全漏洞。

5. 重入攻击

原理：重入攻击是智能合约中最严重的安全问题之一。由于以太坊交易的原子性和有序性，许多编程者会误认为当一个非递归函数被触发后，在其终止之前不能再次被调用。然而，事实却不是这样，因为回滚函数使得攻击者可以重新进入该函数，进而导致异常行为。具体来说，若一个程序或子程序可以在任意时刻被中断，然后操作系统调度执行另外一段代码，这段代码又调用了该子程序，则称其为可重入的。

由于重入攻击，2016 年 The DAO 众筹项目发生了一次巨大的安全事故，损失了 1200 万以太币，导致了以太坊的硬分叉。此次事件正是结合了回滚函数和无限次的递归调用，从而形成了闭环，转移出大量的资金。下面详细介绍攻击过程。

攻击：考虑图 11-13 中的 Bank（简化版的 DAO 合约）和 Attack 合约。

```
1:   //受害者合约
2:   contract Bank {
3:       mapping (address => uint) userBalances;
4:       function withdrawBalance() public {
5:           uint amountToWithdraw = userBalances[msg.sender];
6:           if(msg.sender.call.value(amountToWithdraw)() == false){   //用户从银行中提取余额存款
7:               revert();
8:           }
9:           userBalances[msg.sender] = 0;   //用户在银行中的余额存款归零
10:      }
11:      function addToBalance() payable {
12:          userBalances[msg.sender] += msg.value;   //用户向银行中存储以太币
13:      }
14:  }
15:  //攻击者合约
16:  contract Attack {
17:      uint256 attackCount = 2;   //重入攻击的次数
18:      function() payable {    //恶意的回滚函数构造
19:          while(attackCount > 0) {
20:              attackCount--;   //剩余攻击次数减1
21:              Bank bank = Bank(addressOfBank);
22:              bank.withdrawBalance();   //在回滚函数中重入受害者合约提取存款
23:          }
24:      }
25:      //用户的存款函数
26:      function deposit() {
27:          Bank bank = Bank(addressOfBank);
28:          bank.addToBalance.value(10)();
29:      }
30:      //用户的取款函数将触发重入攻击
31:      function withdraw() {
32:          Bank bank = Bank(addressOfBank);
33:          bank.withdrawBalance();
34:      }
35:  }
```

图 11-13 智能合约的重入攻击样例

假设 Bank 合约初始余额为 100Wei，Attack 合约初始余额为 10Wei，攻击流程如图 11-14 所示。

（1）攻击者再次执行 Attack 合约的 deposit 函数，向 Bank 合约存入 10Wei 以太币，此时两个合约余额分别是 110Wei 和 0Wei。

（2）攻击者再执行 Attack 合约的 withdraw 函数，将刚刚存入的 10Wei 提取出来，此时会执行 Bank 合约中的 withdrawBalance 函数，合约余额恢复为初始余额。

Bank合约		攻击者
余额：100 Wei	deposit()	余额：100 Wei
余额：110 Wei	withdraw()	余额：110 Wei
余额：100 Wei	fallback()	余额：100 Wei
余额：80 Wei		余额：80 Wei

图 11-14 Reentrancy 攻击流程图

（3）转账流程并未结束，前面讲过，使用 call 原语转账时会默认执行回滚函数，攻击者合约内的回滚函数会循环两次调用 Bank 合约的 withdrawBalance 函数。最终攻击者一共从 Bank 合约中提取了 30Wei，而 Bank 合约损失了 20Wei。

防御：上述攻击能成功最大的原因是当调用 msg.sender.call.value() 时，并没有将 userBalances[msg.sender] 置零，所以在这之前可以成功递归调用很多次 withdrawBalance() 函数。防御方法有以下 3 种。

（1）不使用 call 原语，而使用更安全的 transfer 原语，避免执行多余的代码。

（2）将 Bank 合约中的第 5～7 行更改为如图 11-15 所示的顺序，确保在完成所有内部程序之前不执行外部调用，这种做法被称为有效交互检查模式。

（3）引入互斥锁，即添加一个在代码执行过程中锁定合约的状态变量，从而阻止重入调用。

```
1:   uint amountToWithdraw = userBalances[msg.sender];
2:   userBalances[msg.sender] = 0;
3:   if(msg.sender.call.value(amountToWithdraw)() == false){
4:       revert();
5:   }
```

图 11-15 重入攻击防御样例

6. 危险外部调用

原理：在 Solidity 中有一个调用函数 delegatecall()，它与 call() 函数类似，都用来执行函数的调用，主要区别在于它们二者执行代码的上下文环境不同。

```
1:   contract Test{
2:       A.call("some_function")
3:       A.delegatecall("some_function")
4:   }
```

图 11-16 delegatecall() 函数应用举例

考虑图 11-16 中的伪代码，在 Test 合约中同时使用 call() 函数和 delegatecall() 函数，不同之处如下。

(1) 当使用 call() 函数调用时,是以 A 合约的身份在 A 中执行 some_function。

(2) 当使用 delegatecall() 函数调用时,是以 Test 合约的身份在 A 中执行 some_function。

delegatecall() 函数的原型为 address.delegatecall(bytes4(hash),arg),其中第一个参数为调用函数名哈希值的前 4 字节,第二个参数为传入该函数的参数。然而,事实上为了灵活性,也有一部分开发人员会直接使用 msg.data 作为参数,这也就意味着攻击者可以调用合约里的任意公开函数,造成很大的危害。

攻击:2017 年 7 月,Parity 多重签名钱包发生过类似的安全问题,造成约 3000 万美元被盗。简化的 Parity 钱包代码如图 11-17 所示(构造函数和执行函数代码太冗长,故省略)。

```
1:  contract Wallet{
2:  //构造函数
3:  //在当前上下文环境中调用 WalletLibrary 的 initWallet()函数
4:  function Wallet(address[]_owners,uint_required,uint_daylimit){
5:      /…/
6:  }
7:  //回滚函数
8:  function() payable{
9:      if(msg.value>0){
10:         Deposit(msg.sender,msg.value);}
11:     else if(msg.data.length>0){
12:         _walletLibrary.delegatecall(msg.data);}
13: }
14:
15: contract WalletLibrary{
16: //初始化钱包所有者信息
17: function initWallet(address[]_owners,uint_required,uint_daylimit){
18:     initDaylimit(_daylimit);
19:     initMultiowned(_owners,_required);
20: }
21: //进行转账操作
22: function execute(address_to,uint_value,bytes_data)external onlyowner returns(bytes32 o_hash){
23:     /…/
24: }
25: }
```

图 11-17 delegatecall 攻击样例

向 Wallet 合约发送一笔交易,当条件满足执行 delegatecall 的第 11、12 行分支时,意味着攻击者可以调用合约 WalletLibrary 里的任意函数,从而能以 Wallet 的身份执行 WalletLibrary 合约中的 initWallet() 函数,修改钱包的所有者信息,即攻击者向每个有漏洞的合约发送了两笔交易:第一笔交易用来获取多重签名钱包的拥有者权限;第二笔交易是转移合约上的全部资金。

防御：导致这次事件发生的主要原因是函数的越权调用，Parity 官方为此新增了一个函数修饰器，用来修饰 initWallet、initMultiowned 和 initDaylimit 函数，修饰器内容如图 11-18 所示，其含义是若已经初始化，则直接抛出异常返回。

```
1:    modifier only_uninitialized {
2:        if (m_numOwners > 0) throw;
3:        _;
4:    }
```

图 11-18　修饰器内容

7. 资金冻结

原理：2017 年 11 月，Parity 多重签名钱包发生了第二次安全事件。Parity 钱包提供了一个多重签名合约的模板，用户使用模板可以快速生成自己的多重签名智能合约，整体的业务逻辑都通过 delegatecall() 函数调用库合约中的函数实现。这样做使得库合约只需在以太坊上部署一次，而不会作为用户合约的一部分重复部署，因此可以为用户节省部署多重签名合约所耗费的大量 Gas。第二次安全事件的起因在于，一名用户"不小心"删除了该库合约，从而使得用户无法调用该库合约的函数，进而致使约 50 万枚以太币被锁在合约中无法取出。

攻击：黑客直接调用了库合约的初始化函数，使用的就是库合约本身的上下文。对于调用者而言，这个库合约是未经初始化的，而黑客通过初始化参数把自己设置成为所有者，接下来又调用如图 11-19 所示的 kill() 和 suicide() 函数抹除了库合约的所有代码，这样合约中的以太币全部被锁在合约内无法转移。

```
1:    function kill (address to) onlymanyowners(sha3(msg.data)) external {
2:        suicide(_to);
3:    }
```

图 11-19　kill() 函数内容

防御：一种修复方法是对 initWallet()、initMultiowned() 和 initDaylimit() 函数添加 internal 限定类型，禁止外部调用。考虑危险外部调用和资金冻结两种安全问题，最核心的还是防止 delegatecall() 函数滥用，所以谨慎使用 call() 和 delegatecall() 等底层函数是十分必要的。

8. 私有数据漏洞

原理：合约中的参数可以是公开的或者私有的，这可以通过关键字实现。私有的数据不可以被用户或其他合约直接查看，这一定程度上为合约中的数据提供了隐私性，但是通过这种方式提供的隐私性实际上是有漏洞的，因为如果希望将合约中的某个数据设置为私有的，用户必须发送一条交易，矿工之后会处理这笔交易并将其放在区块链上。由于区块链是公开的，因此交易也是公开可见的，那么保存在该交易中的数据也是公开可见的，进而导致隐私数据泄露。

攻击：考虑如图 11-20 所示的两方游戏合约，该合约的参与者随机选择一个数，若这两个数的和是偶数，则第一个玩家胜出；若这两个数的和是奇数，则第二个玩家胜出，该合约的内容如图 11-20 所示。

合约通过结构体 Player 构造两个玩家，由于使用了 private 关键字，因此其他合约不能

```
1:  contract OddsAndEvens{
2:  struct Player { address addr; uint number;}
3:  Player[2] private players;
4:  uint8 tot = 0; address owner;
5:  //构造函数
6:  function OddsAndEvens() { owner = msg.sender;}
7:  //赌博函数构造
8:  function play( uint number ) {
9:      if(msg.value != 1 ether) throw ;    //下注金额检查
10:     players[tot] = Player( msg.sender , number);
11:     tot++;
12:     if (tot==2) andTheWinnerIs();     //调用胜者判定函数
13: }
14: //胜者判定函数
15: function andTheWinnerIs() private {
16:     uint n = players[0].number + players[1].number;
17:     players[n%2].addr.send (1800 finney);    //判定并发送奖金
18:     delete players;
19:     tot=0;
20: }
21: function getProfit() {
22:     owner.send ( this.balance ) ;
23: }
24: }
```

图 11-20　两方游戏合约构造

对其直接读取。为了参与游戏，每个玩家必须先下注 1 ether，之后玩家随机选取一个数字，合约计算数字之和并判定胜者，把奖金 1.8 ether 发送给胜者，余下的 0.2 ether 返回给合约创建者作为利润。

对于攻击者，其可以冒充第二个玩家，并等待第一个玩家下注。虽然玩家使用了关键字隐藏，但是敌手可以通过检查其区块链上的交易，推断出第一个玩家的赌注。然后，敌手便可以通过该赌注推算出胜选赌注，并完成下注，进而保证在每次游戏中胜出。

11.2.2　以太坊虚拟机相关漏洞

1. 程序设计漏洞

原理：智能合约一旦被部署到区块链上，就不可以篡改。用户可以相信，如果合约实现了他们所希望的功能性，那么实际运行则必然会达到这种目的。此特性的好处固然明显，可以抵挡敌手的恶意修改并有良好的审计属性，但是缺点在于，如果合约中存在设计漏洞，就没有办法修补该漏洞。因此，编程者必须预测在执行中改变或终止合约的方法。

攻击：合约的不可修改性已经被多次利用发动攻击，在所有这些攻击中，没有恢复的可能性。其唯一的个例是 DAO 攻击，其解决办法是以太坊区块链的硬分叉，这种办法的原理基本上是回滚以太坊状态至攻击前，使得那些攻击交易无效。这一解决方法在以太坊社区引起较大争议，因为其与区块链的不可修改本质存在矛盾，因此部分矿工拒绝分叉，并依然在运行原本的以太坊区块链。

除此之外，另一个因为程序设计漏洞而被攻击的案例是 Rubixi。这是一个实现庞氏骗局的合约，即通过欺骗承诺高收益的投资项目，使得原本的参与者从新的参与者中获取金钱。更进一步来说，合约的持有者可以收取一些向合约投资而支付的费用。在该合约的开发中，其名称从 DynamicPyramid 更换为 Rubixi，然而开发者忘记将这一变化更新到构造函数中，从而使得其成为一个可以被任何人调用的函数，在这之后，用户可以随意调用该函数成为合约的持有者，进而收取那些费用。

防御：防御该漏洞的最好方法是在合约部署之前，使用合约漏洞检测工具检查合约中是否存在潜在的漏洞并执行修正。本节之后将详细介绍合约漏洞检测工具。

2. 以太币丢失

原理：以太坊中的地址是通过 SHA256 函数对公钥执行哈希运算后，取其后 160 位形成十六进制字符串，再加上前缀"0x"生成的。在以太币转账时，用户需要设置有效的 160 位收款人地址，但是若在转账时不验证地址有效性，那么以太币将转向一个完全独立的空地址，会造成以太币丢失。

攻击：攻击者可以恶意构造一个不合法的地址作为收款地址，通过设计相关情景，如引诱用户向该地址转移以太币以实现投资或者参与执行某一合约等，使得用户丢失相关以太币。

防御：可以通过 EIP55 给出的校验码方案，在接收一个地址作为参数之前，使用该方案检查该地址，凡是能通过地址合法性检查的才会被认为是有效地址。

3. 栈溢出

原理：每一次合约调用另一个合约时，调用栈就增长一帧，由于栈长度仅为 1024 帧，当达到限制帧数时，之后的调用将会抛出异常。

攻击：攻击者首先生成一个几乎要达到限制的调用栈，之后其调用受害者的合约，从而使得调用抛出异常，如果这个异常没有被受害者合约很好地处理，攻击者就有可能成功攻击该合约。

防御：这一漏洞已经被以太坊的一次硬分叉解决，这次分叉改变了一些以太坊虚拟机的指令消耗，并且重新定义了 call 原语和 delegatecall 原语消耗 Gas 的计算方式。此次分叉之后规定了一个调用者使用 Gas 的上限额度，使得调用者无论怎样执行调用，调用栈的帧数将永远小于 1024。

11.2.3 Blockchain 相关漏洞

1. 交易排序依赖漏洞

原理：一个区块内包含多个交易，交易执行顺序取决于矿工的交易选择标准，因此导致区块的状态是不确定的。可以通过调整同一区块中的交易执行顺序，改变最终的执行结果，并最终导致某一方获利或损失。

攻击：考虑图 11-21 中的 Puzzle 合约，其功能是用户提交解决方案（即谜题答案），从而获得相应的奖励金，且只有合约所有者才能修改奖励金金额。假设区块处在状态 σ 时包含了 T_1 和 T_2 两笔交易，且这两笔交易都调用了 Puzzle 合约，其中 T_1 是用户提交解决方案，T_2 是合约的所有者修改奖励 reward 值，下面分两种场景分析该问题。

```
1:   contract Puzzle{
2:       address public owner;
3:       bool public locked;
4:       uint public reward;
5:       bytes32 public diff;
6:       bytes public solution;
7:       function Puzzle() {
8:           owner = msg.sender;
9:           reward = msg.value;
10:          locked = false;
11:          diff = bytes32(11111);
12:      }
13:      function () {
14:          if(msg.sender == owner) {
15:              if(locked)
16:                  throw;
17:              owner.send(reward);
18:              reward = msg.value;
19:          }
20:          else
21:              if(msg.data.length > 0) {
22:                  if(locked) throw;
23:                  if(sha256(msg.data) < diff) {
24:                      msg.sender.send(reward);
25:                      solution = msg.data;
26:                      locked = true;
27:                  }
28:              }
29:      }
30: }
```

图 11-21　交易顺序取决性攻击样例

（1）良性场景：T_1 和 T_2 两笔交易同时提交到区块链中，如果 T_1 先执行，那么用户可以获得相应的奖励金额；如果 T_2 先执行，那么用户无法获得预期的奖励金额，这时，T_1 和 T_2 的执行顺序会影响到方案提出方最终能获得的奖励数额。

（2）恶意场景：一笔交易从被广播到被纳入区块中有一定的时间间隔，攻击者持续监听用户，一旦用户提交交易，攻击者就发送一个交易，以更新奖励金额（例如将奖励金额设置为0)。在这种情况下,合约所有者很有可能免费得到了解决方案。

由此可见,打包进区块中的交易顺序与交易最终执行顺序可能完全不同,更严重的是,在某些情况下恶意矿工可能会为了个人利益而故意延迟处理某些交易。

防御:编写合约代码时,应尽量避免产生这种交易顺序取决的逻辑,或者可以设置判断条件,即在用户提交解决方案阶段不允许合约所有者修改奖励金金额。除此之外,也可以对代码执行形式化验证,从而保障在交易中合约以正确的逻辑运行。

2. 时间戳篡改

原理:程序中经常会提供生成随机数的功能,而时间戳能唯一地标识某一刻的时间,通常被用来生成随机数,但这并不是安全的。时间戳是打包交易时由矿工设置的,存在一定的人为操作因素,矿工完全可以对时间戳做轻微的改动,这个时间大约能有900s的范围波动,当其他节点接受一个新区块时,只需要验证时间戳是否晚于之前的区块并且与本地时间误差在900s内。

攻击:考虑图11-22中的theRun合约,在该合约的第5~7行中,区块时间戳将作为生成随机数的种子,从而依靠随机数决定获得奖励金的用户。因此,矿工可以事先计算出对自己有利的时间戳,并且在挖矿时将时间设置成对自己有利的时间。

```
1:    contract theRun {
2:        uint private Last_Payout = 0;
3:        uint256 salt = block.timestamp;
4:        function random returns(uint256 result) {
5:            uint256 y = salt * block.number/(salt%5);
6:            uint256 seed = block.number/3 + (salt%300) + Last_Payout + y;
7:            uint256 h = uint256(block.blockhash(seed));
8:            return uint256(h%100) + 1;
9:        }
10: }
```

图11-22 时间戳篡改攻击样例

防御:一个矿工可以通过设置区块的时间戳尽可能满足有利于他的条件并从中获利。因此,区块的时间戳不应用于产生随机数,它们不应该是判定游戏胜负或改变某种重要状态的决定性因素。可以使用block.number参数以及一个平均的区块生成时间替代时间戳,即假设当前10s生成一个区块,那么一周后,大约生成60 480个区块。矿工很难操纵区块生成速率,所以用区块号代替时间戳更为安全。

11.2.4 智能合约安全漏洞分析工具

创建合约时,由于开发者的设计或实现不完善,可能导致合约存在安全漏洞。因此,合约安全漏洞分析工具提供了一种高效构建合约的方法,这些分析工具通过搜寻合约中可能存在的安全性漏洞,降低开发合约时存在的安全隐患。

智能合约是依据一定逻辑而执行的代码,因此传统的代码分析工具同样可用来分析智能合约安全性。与传统的计算机程序不同的是,智能合约中存在多种特有的安全漏洞,针对这些漏洞,研究人员开发了与之相应的漏洞分析工具。这些分析工具大致可以分为两类:第一类是针对特定安全漏洞而设计的漏洞分析工具,这类工具仅针对某一类安全漏洞做出分析,因此具有较强的针对性以及较高的准确性;第二类则是针对通用的安全漏洞而设计的漏洞分析工具,这类工具更一般化,可以检测多种可能的智能合约安全漏洞。这两类分析工具各有优缺点,前者具有更好的精确性,可用于缓解特定的安全漏洞所引发的攻击行为,而后者则能报告合约的所有潜在安全漏洞。

接下来对这两类智能合约安全漏洞分析工具做进一步的说明。

第一类智能合约漏洞分析工具针对不同类型的安全漏洞,其可以大致划分为重入攻击漏洞检测工具、Gas 消耗相关漏洞检测工具、轨迹弱点漏洞检测工具、事件顺序依赖漏洞检测工具、整数漏洞检测工具。这 5 类漏洞检测工具都关注某一种特定的漏洞和弱点。接下来将给出这 5 种安全漏洞检测工具的实例,并简述其原理。

1. 重入攻击漏洞检测工具

重入攻击的原理在 11.2.1 节中已详细说明,这是一种在受害者执行敏感操作前,修改合约内部状态的行为。重入攻击在实际中的典型案例无疑是 The DAO 事件,许多用户因为这次事件而遭受巨大损失。该事件的原因就在于 The DAO 中的一个合约存在重入攻击漏洞并因此被攻击者利用,从而导致 The DAO 的资金大量外流。同时,也正是因为这次事件,导致以太坊分叉为以太坊与以太坊经典。下面列举一些针对重入攻击漏洞的检测工具。

(1) ECFChecker。该工具的设计者提出了高效的 Callback 自由概念,即要求 callback() 函数的调用不会影响到原有程序的状态和行为,并指出通过使用这一概念可以高效地检测以太坊重入攻击。

(2) ReGuard。该工具的设计者利用模糊测试的方法构建了该工具。ReGuard 接受 Solidity 或以太坊虚拟机字节码作为输入,并将输入解析成中间表达形式,再将其转换成用 C++ 表示的合约,利用模糊测试引擎产生随机的输入,最后根据合约对这些输入的响应,基于设计者提出的重入自动机模型得到相应的分析结果。

(3) Sereum。针对现有工具大多只能用于检测未部署的智能合约中可能存在的漏洞,而无法检测已部署智能合约的漏洞这一问题,该工具的设计者首次将污点追踪的方法引入以太坊虚拟机,提出针对重入攻击漏洞的检测工具 Sereum。其从虚拟机执行的角度出发,在运行时监视以太坊虚拟机字节码指令,并在底层引入了写锁机制,使得试图发动重入攻击的交易无法完成状态更新,进而从根本上保证了重入攻击的发生。

2. Gas 消耗相关漏洞检测工具

为了抵抗攻击者利用图灵完备语言实施拒绝服务攻击,以太坊系统提出了 Gas 机制,以限制合约中操作数量的上限。下面是一些针对 Gas 消耗相关的漏洞检测工具。

(1) Gasper & GasReducer。该工具的设计者通过总结和分析以太坊上的智能合约,列举出 7 种 Gas 消耗较多的合约模式,并开发了基于符号执行的检测工具 Gasper。该工具的输入为合约的以太坊虚拟机字节码,能检测其中的 3 种滥用模式,进而可用于减少合约执行过程中不必要的 Gas 花费。在此基础上,设计者进一步列举了总计 24 种 Gas 滥用模式,并开发了能检测出全部这些模式的检测工具 GasReducer。该工具同样接受以太坊虚拟机字节码,经代码分解和模式匹配后,自动识别 Gas 滥用模式,并将其中 Gas 消耗较多的指令替换为功能相同但 Gas 消耗较少的指令。

(2) MadMax。该工具的设计者完整地总结和分析了以太坊中与 Gas 消耗相关的漏洞,并基于反编译技术和逻辑驱动模型提出了 MadMax。该工具首先将输入的以太坊虚拟机字节码反编译到控制流图,再采用基于逻辑的规范对预先定义的 Gas 相关的漏洞进一步分析。

(3) GASTAP & GASOL。该工具的设计者通过改进和整合已有的一些分析工具设计了 GASTAP,其能生成包含更加完整的信息的控制流图,以及能将生成的控制流图转换为基于规则的表示,并且利用其他的工具,通过一系列变换,得到合约中对应的各函数的 Gas 消耗的上界。该工具的设计者随后扩展 GASTAP 得到 GASOL,其在计算 Solidity 程序对应的 Gas 消耗上界的同时,能提供相应的优化建议。

3. 轨迹弱点漏洞检测工具

通常的合约漏洞大多只关注合约的单次调用,而忽略了合约在被多次调用后可能产生的问题,这些问题包括合约被任意用户销毁、无法取出资金、向任意地址转移资金等。针对轨迹弱点漏洞,有设计者构造了 MAIAN 检测工具,以以太坊虚拟机字节码和具体的分析要求作为输入,根据符号执行的结果判定漏洞的真实性。

4. 事件顺序依赖漏洞检测工具

事件顺序依赖漏洞的原理在 11.2.3 节中已详细说明,这是一种利用在某一特定区块中改变交易的执行顺序以改变最终的执行结果而从中获取利益的漏洞,即当不同的用户同时调用合约中的程序时,不同的调用顺序可能导致不同的执行结果,进而可能产生不期望的结果。针对事件顺序依赖漏洞,有设计者提出 ETHERACER 工具,其能直接分析以太坊虚拟机字节码,并且针对符号执行过程中可能产生的资源消耗问题完成了优化,通过模糊测试的方法,该工具能在找到漏洞的同时,直接提供相应的证据,以直观地说明问题的存在。

5. 整数漏洞检测工具

智能合约中的整数漏洞包含以下几种异常:算术异常、数据长度转换异常、数据符号转换异常。算术异常,是指在合约中整数之间的加法或减法等算术运算使得运算的结果超出该数据类型的上界或下界,从而导致最终的运算结果与预期不符的异常行为。数据长度转换异常,是指将一个整数类型的数据转换为一个比该类型数据范围更小的数据类型,从而导致转换后的数据不等于转换前的数据的异常行为。数据符号转换异常,是指将一个带符号整数转换为一个不带符号整数但数据范围相同的数据类型,从而导致转换后的数据不等于转换前的数据的异常行为。有设计者结合符号执行和污点分析的方法,设计了分析工具 Osiris,其接受 Solidity 或以太坊虚拟机字节码作为输入,能在同一数据集中检测出较多数量的整数漏洞,并且具有较低的假阳率。

第二类智能合约漏洞分析工具并不针对某一特定安全漏洞做出检测,相反,其能一次性检测多种安全漏洞。这类漏洞分析工具有很多种,根据其原理可以大致划分为符号执行、语法分析、抽象释义、数据流分析、拓扑分析、模型检测、演绎证明、可满足性检验、模糊测试等。接下来给出 9 种安全漏洞检测工具的实例并简述其原理。

1. 符号执行

符号执行是计算机程序分析中常用的一种方法。通过遍历不同输入情况下可能经过的执行路径，判断程序是否始终按照开发者的期望执行。相关的研究主要围绕检测过程中的准确率、运算效率、计算成本等方面展开。下面是一些以符号执行为原理的漏洞检测工具：

（1）Oyente。这是一种面向智能合约的基于符号执行的分析工具，能分析 4 种安全漏洞。Oyente 的输入为合约对应的以太坊虚拟机字节码。相较于静态污点分析或数据流分析等检测方法，符号执行具有更高的准确性。虽然该方法对内存和时间的消耗较大，但由于大多数智能合约都较为简短，使用该方法对合约做出安全性分析是可行的。

（2）TEETHER。针对符号执行技术需要较大内存空间及较长运行时间的缺点，TEETHER 工具的设计者利用控制流图等技术优化了符号执行的流程。设计者对合约中的资产转移过程给出了一些通用的智能合约安全漏洞的描述，并指出以太坊虚拟机字节码中与资产安全转移相关的几个关键指令。该工具根据输入的合约以太坊虚拟机字节码生成对应的控制流图，找出其中可能被攻击者控制的关键路径，并基于该路径上的符号执行结果，利用约束求解的方法求解针对该路径的可能的攻击交易。该方案使得漏洞的检测更加自动化，并且能提供漏洞存在的直接证据。

（3）SECURIFY。针对符号执行技术可能无法遍历程序中所有路径的情况，SECURIFY 工具的设计者基于抽象释义的方法发明了该分析工具。该工具的输入主要是以太坊虚拟机字节码以及由领域特定语言定义的安全模型，通过反编译字节码、推测语义事实、检查安全模式等步骤，可以检测出合约是否满足安全模型中所描述的性质。其中，该工具将领域特定语言所描述的安全模型与合约检测工具作为独立的模块，通过使用更加完善的安全模型，可以进一步提升检测的正确性。

（4）VERX。针对符号执行技术的效率问题，该工具的设计者提出了延迟谓语抽象的概念并构造了该工具。其主要思路是将符号执行和抽象这两个方法结合，在交易执行过程中采用符号执行，并在交易之间完成抽象。延迟的抽象过程能将不限数量的交易带来的无限状态空间缩减到有限空间。VERX 接受 Solidity 编写的智能合约以及相应的安全特性的描述作为输入，并输出合约中是否满足描述中给定的特性。

2. 语法分析

语法分析是根据某种给定的形式文法对由单词序列构成的输入文本执行分析并确定其语法结构的一种过程。SmartCheck 是一种采用语法分析检测智能合约漏洞的工具，该工具的设计者分析并总结了智能合约编写过程中可能出现的问题，随后针对这些问题设计了静态分析工具 SmartCheck。该工具将 Solidity 代码转换为 XML 分析树，再使用 XPath 请求分析其安全性。

3. 抽象释义

抽象释义的基本思路是根据对程序语义的估计验证程序是否具备或满足某些特定的性质。下面列举一些以抽象释义为原理的漏洞检测工具。

（1）EtherTrust。这是一种针对以太坊虚拟机字节码的静态分析工具，其将以太坊虚拟机字节码抽象示意为霍恩子句，再利用霍恩子句求解的方法验证智能合约的可达到性。

（2）Vandal。这是一种采用抽象释义思想的分析框架，给出了一种将以太坊虚拟机字节码转换为用控制流图表示的逻辑关系的方法,再利用逻辑驱动的方法验证该逻辑关系的正确性与安全性。用户使用该框架可以便捷地定义安全性需求,进而完成安全性分析。

4. 数据流分析

数据流分析主要通过收集程序运行过程中的变量信息判断程序运行过程中某些时刻是否满足预期的特性,其使用的主要工具是控制流图。有设计者基于该方法提出一套静态分析工具 Slither,用于自动化的漏洞检测和代码优化,其首先将 Solidity 合约转换成对应的控制流图,再将其编译到作者自己定义的中间表示语言 SlithIR,利用 SlithIR 的静态单赋值形式,基于数据流分析和污点追踪技术分析合约的安全性。

5. 拓扑分析

针对智能合约的拓扑分析主要依据合约之间的拓扑结构图。有研究者提出 Solidity-parser 工具,其根据智能合约的 Solidity 源代码,分析合约中以及合约之间的调用和依赖关系,形成拓扑结构图,以便开发者分析代码结构。

6. 模型检测

模型检验主要借助有限状态机模型,验证对应的实际系统是否满足一些特定的性质。在智能合约的分析检测方面,相关的研究主要围绕模型构建、检测速度优化等方面展开。有设计者结合抽象释义、符号模型检查,以及约束霍恩子句等方法,提出了 Zeus 工具,该工具检测出现假阴性结果的可能性为 0,并且其有较低的假阳率。Zeus 理论上能接受各种高级语言编写而成的智能合约作为输入,因此还能支持以太坊以外的其他平台,例如 Fabric 等。Zeus 首先将待检测合约转换成中间表达形式,再根据用户自定义的安全策略描述,采用静态分析的方法在中间语言中插入检测点,最后利用基于约束霍恩子句的验证工具验证合约的安全性。

7. 演绎证明

前面提到的模型检验方法只能用于小型的合约分析,当合约状态数较多时,该方法需要较大的存储空间以及运行时间。针对这一问题,有设计者提出采用演绎证明方法验证合约安全性的方案,该方案主要将 Solidity 转换为 Why3 语言,并利用 Why3 语言附带的基于霍尔逻辑的检测工具对合约的某些特性执行检测。

8. 可满足性检验

可满足性理论通常作为辅助技术,与其他分析技术共同出现。但也有部分研究将其作为主要技术,以完成对智能合约的安全性分析。有设计者指出,可以将可满足性理论技术直接与 Solidity 编译器结合,使用户在编译的同时完成对合约安全性的验证,并且提供相应漏洞的反例。

9. 模糊测试

模糊测试技术的核心思想是将随机数据作为输入,并监测对应的程序在这些输入下的异常情况。采用大量的随机数作为输入,即可通过随机碰撞的方式找到一般情况下难以发现的漏洞。现有的智能合约检测相关的研究主要围绕准确性、检测质量以及检测速率展开。下面是一些以模糊测试为原理的漏洞检测工具。

（1）ContractFuzzer。这是一种基于模糊测试能检测多种类型漏洞的工具。ContractFuzzer根据智能合约的应用二进制接口生成模糊测试输入，并记录测试输入的执行结果。根据测试结果以及事先定义好的测试预言机对特定类型漏洞进行安全性分析。

（2）ILF。针对ContractFuzzer等工具可能无法触及更深层次测试路径的问题，有设计者提出基于模仿学习的模糊测试器的概念。首先，对基于符号执行的检测工具的工作过程进行学习，使其能模仿符号执行范例的行为；其次，再根据一定的策略针对输入的Solidity合约代码生成模糊测试所需的测试集。

11.3 智能合约隐私

在以太坊区块链中，智能合约都以明文代码的方式存储于区块链。为了处理一个涉及某智能合约的交易，所有矿工都会按照交易内容执行对应的智能合约，并对最终的执行结果达成一致。在这些系统中，任何人都有成为矿工的选择，因此，任何人都可以接触到这些智能合约指令和代码。除此之外，用户通过交易调用合约执行，在交易中存储了用户的地址及其调用合约的输入数据，这些数据同样可以被任何人查看。所以，现有的智能合约本身仅提供合约执行的正确性，而不保证合约执行的隐私性。为了保护合约的隐私，可采用不同的密码学工具或是硬件工具。11.3.1节介绍智能合约隐私概念，11.3.2节介绍基于安全多方计算技术的隐私合约案例Enigma，11.3.3节介绍基于零知识证明的隐私合约案例Hawk，11.3.4节介绍基于可信执行环境技术的隐私合约案例Ekiden。

11.3.1 智能合约隐私概念

利用区块链中的智能合约系统，多个互不信任的参与方可在无可信第三方的情况下实现安全交易，但区块链技术只保证了合约执行的正确性和可用性，不保护隐私性，发生违反合约或终止合约的事件时，去中心化的区块链可保证诚实参与方获得相应的赔偿金，但现存的系统缺少交易隐私保护机制。

智能合约隐私大致可分为用户隐私以及合约隐私。用户隐私又可划分为以下两类。

（1）身份隐私：指用户身份信息和区块链地址之间的关联关系，能将区块链全局账本中的匿名地址和真实用户相关联。

（2）交易隐私：指区块链中存储的交易记录和交易记录背后的知识。攻击者可以通过分析交易记录获得有价值的信息，例如特定账户的资金余额和交易详情、特定资金的流向等。

用户隐私虽然在区块链的匿名性环境下有一定的保障，这使得一般情况下无法通过地址对应出该地址的真实身份，同一用户的不同地址之间没有直接的关联，但交易的细节仍然暴露在外，这种设计大幅限制了区块链的应用场景。此外，一旦攻击者通过第三方服务对应出用户的真实身份，再通过交易图分析确定出同一用户使用的不同地址，身份隐私就会被完全摧毁。由于区块链的内部状态完全公开，该用户的所有链上数据都会因此暴露，这种攻击已被证明是可行的。

合约隐私可以划分为以下两类。

（1）合约代码隐私：指在区块链公开透明的环境下，智能合约中的代码以及状态变量等合约内部信息的隐私。

（2）合约数据隐私：指在智能合约的执行过程中，其交易数据信息的隐私。

由于智能合约部署在公开透明的区块链平台中，因此合约的代码以及状态变量等关键信息是公开透明的，因此任何人都可以查看智能合约的代码内容，这一点却损害了智能合约的隐私及安全性，这是因为合约中涉及了代码的运行逻辑、用户的账户信息、交易信息、状态变量等数据，攻击者通过分析这些数据可能发现代码中的运行漏洞，进而导致该合约被攻击者利用。触发智能合约执行的交易将被广播到全网并记录在公开的全局账本中，而交易数据中包含发送者以及接收者的关键信息，因此在这种情况下，攻击者可以轻易获取交易数据，进而破坏用户身份及用户行为的隐私。

现有的智能合约为了能达到保护合约隐私的目的，其方法是使用辅助工具。这是因为支持脚本语言的区块链系统实际上只能实现部分简单的智能合约，其主要还是作为数字货币账本而被推广，因此，针对该类系统中智能合约的执行机制研究较少，多数研究围绕以太坊等支持图灵完备语言的合约执行平台展开。

利用辅助工具保护智能合约隐私的方法可划分为 3 类，分别是使用安全多方计算、零知识证明以及可信执行环境，接下来对这 3 类方法的原理做简要说明。

1. 安全多方计算

安全多方计算作为一种隐私保护的技术，其目标与智能合约有一定的相似性，两者都由多个互不信任的参与方参与，并希望产生正确的执行结果。某种程度上，安全多方计算可以认为是智能合约的一个子类，尤其是在安全多方计算与区块链结合的场景下。安全多方计算对智能合约执行的隐私性问题做出了改进，同时，利用链下执行的方式，缓解了链上合约计算的高延迟、低吞吐量等特性带来的问题。

采用安全多方计算实现智能合约的方案，不受限于区块链固有的代码执行机制，因此，这类方案通常构建于区块链的应用层，而对智能合约执行机制没有过多的依赖。这类方案可以很好地满足输入隐私性的需求，并且可只在参与方范围内公开合约内容，而无须向所有人公开合约内容。但其要求所有参与方在固定的时间内都在线以完成必须的计算和交互，并且，当前已有的安全多方计算协议都具有较高的计算复杂度和通信复杂度，这在某些场景下可能是不现实的。相较于此，下文将要介绍的基于零知识证明的合约执行方案，则略微降低了执行过程中的通信复杂度带来的开销。

2. 零知识证明

零知识证明技术是一个较为热门且相对成熟的密码学技术，可用于在交互过程中保护用户的隐私信息，其缺点在于，需要消耗一定的计算效率以及存储空间。非交互式简洁零知识证明 zk-SNARK 是当前在区块链应用较多的一种技术，其能使得验证者采用非交互式的方法，花费较少的资源验证计算结果的正确性。

采用零知识证明的智能合约执行方案虽然保护了合约内容的隐私性，但其不可避免地需要额外的计算和存储开销，增加了合约执行和验证的负担。此外，zk-SNARK 等零知识证明方案需要在系统启动时有一个可信的初始化过程，如何在无中心化的第三方情况下可信地完成初始化仍是一个难题。针对这一问题，Bulletproofs 则无须可信的初始化过程，因而更加符合区块链技术无可信第三方的理念,是当前基于零知识证明技术的智能合约执行方案的研究方向之一。虽然零知识证明技术能避免复杂的多轮通信,但其仍然面临效率、存储开销、可信启动等方面的问题。11.3.2 节中将要介绍的基于可信执行环境的合约执行方案,通过增加新的硬件安全的假设,即假设可信执行环境自身的安全性和可靠性,一定程度上提高了合约执行的效率。

3. 可信执行环境

可信执行环境为主处理器单元的一个安全区域。作为一个隔离的执行环境,可信执行环境提供了一些安全功能,如隔离执行、与可信执行环境一起执行的应用程序的完整性,以及其资产的保密性。一般来说,可信执行环境提供了一个执行空间,为设备上运行的可信应用程序提供了更高的安全水平。利用可信执行环境这类硬件设施,同样可以保证合约内容的隐私性。此方面的相关研究主要围绕可信执行环境的实际应用、执行效率、减弱对特定型号可信执行环境的依赖等方面。可信执行环境的引入能很好地解决一些传统方案难以解决的问题,例如隐私性、公平性、可扩展性问题。

使用可信执行环境避免了复杂的密码学方案带来的智能合约执行的效率损失。然而,该类硬件提高了智能合约执行方(矿工)的门槛以及执行成本,一定程度上阻碍了更多矿工的加入。此外,假设该类设备的安全性和可靠性本身就可能存在问题。例如,在安全性方面,这类设施可能自身带有一定的漏洞,进而可能成为新的攻击点;在可靠性方面,若设备提供商在硬件中植入后门,则会产生更多的隐私性和安全性问题。

本节的余下部分将详细介绍一些典型的智能合约隐私保护方案,其中包括 Enigma、Hawk 和 Ekiden。

11.3.2 Enigma

对于目前众多的区块链平台,其采用分布式架构以及严格的共识机制,从而使得区块链能提供良好的公开性以及可用性,但是其无法处理在交易中的隐私数据。为了改善分布式计算平台中的数据隐私性,Enigma 被正式提出,该系统将安全多方计算技术与区块链技术结合,实现了在无可信第三方的情况下能保证数据隐私性的计算平台。

对于 Enigma 系统,其最重要的两个组成部分是存储与计算。对于存储,Enigma 使用区块链技术存储计算所需的数据对应的哈希值,进而保证数据的完整性。对于计算,Enigma 采用安全多方计算完成隐私数据的计算,保证任何人都无法得到除自己输入和输出结果之外的任何额外信息。

1. Enigma 概览

在以太坊中,智能合约的执行能保证正确性,这是因为在以太坊中的节点使用安全的共识机制达成合约最终执行的一致性和正确性。然而,这一阶段不保证隐私性,合约执行的输入交易以及合约状态是公开可见的。因此,Enigma 设计了一种隐私合约,这种隐私合约能同时保证合约执行的正确性以及合约数据的隐私性。

该隐私合约的构造思路在于,用户将加密的数据递交到隐私合约中,隐私合约采用安全多方计算方案对用户的输入数据执行计算,最终得到的结果发布在链上。在这一过程中,对于网络中的其余节点,用户的输入数据是隐私保密的,包括参与合约计算的节点。对于那些参与隐私合约的用户而言,他们仅知道自己的输入数据以及最终的执行结果,对其网络中的其他节点而言,他们则什么都无法得知,因为数据是被加密过的。

Enigma 遵循分离链上与链下的设计模式,其将现有的区块链以及链下网络结合。其中,链上的数据是公开透明的,而链下网络中的计算则是隐私保密的。在这种条件下,代码将同时在公开的区块链与隐私的 Enigma 中执行,执行结果的正确性证明将存储在链上以供审计,进而同时保证了正确性与隐私性。

在 Enigma 中,主要有 3 类用户,分别是开发者、用户以及矿工。开发者设计开发隐私合约,用户为隐私合约创建任务,矿工则执行这些任务。Enigma 的运行流程如图 11-23 所示,首先由开发者根据设计目标开发隐私合约并部署到区块链上,然后用户递交加密数据,并同时发送到区块链以及链下网络中,从而构成一个任务,然后矿工将根据隐私合约指令以及用户的加密输入执行计算,最终将结果返回至区块链。

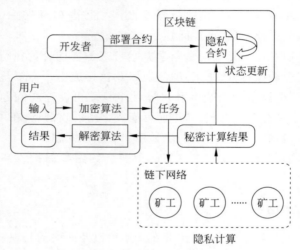

图 11-23　Enigma 的运行流程

相较于传统的区块链技术,链下网络的引入解决了以下问题。

(1) 存储。Enigma 提供了一个可以通过区块链获取的分布式哈希表,其用于保存对链下数据的索引,而非数据本身。同时,隐私数据在存储前应当先被用户加密,并且访问控制协议应当被提前编程在区块链中。

(2) 隐私。Enigma 网络可以在不泄露原始数据的情况下执行正确计算,相较于传统的中心化计算方案,Enigma 可以在保证一定运行性能的同时,提供正确且隐私的计算结果。

(3) 扩容。由于区块链本身的运行机制,其无法承载过量的交易计算,因此 Enigma 提供了链下计算网络,用于运行巨量的在区块链中广播的公开可验证的计算。

2. Enigma 设计细节

为了能保证 Enigma 执行的隐私性和正确性,设计者采用了一种基于线性秘密分享的安全多方计算方案,其宏观思路在于,秘密消息将被分割为多个份额,通过获知一定阈值数目的份额可以恢复出秘密消息,不同秘密消息的份额之间能运行加法以及乘法运算,从而使得计算各方在不得知参与方输入明文数据的前提下,完成对秘密消息的计算。同时,设计者采用的安全多方计算方案中,每一份份额包含了一个 MAC 值,该 MAC 值将被上传至区块链中,进而保证最终计算结果的正确性。

上述安全多方计算方案可以形式化描述为

$$\langle s \rangle_{p_i} = ([s]_{p_i}, [\gamma(s)]_{p_i}) \text{ s.t. } \gamma(s) = \alpha s$$

其中,$\langle s \rangle_{p_i}$ 表示计算方 p_i 在秘密消息 s 下获取的份额,每个份额包含一个加法份额 $[s]_{p_i}$ 以及一个 MAC 值 $[\gamma(s)]_{p_i}$,该 MAC 将被放置在区块链上用于提供正确性证明,其通过 MAC 密钥 α 与秘密消息 s 构造而来。

利用该安全多方计算方案实现秘密消息之间的加法是平凡的,这是因为该方案基于线性的秘密分享,不同秘密消息之间的加法可以简单地通过份额之间的加法实现,其形式化描述为 $s_1 + s_2 = \text{reconstruct}(\{[s_1]_{p_i} + [s_2]_{p_i}\}_{i \in n}^{+1})$,其中 reconstruct 过程可以被抽象描述为图 11-24。

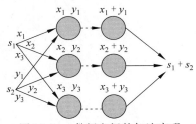

图 11-24 份额之间的加法实现

然而,实现秘密消息之间的乘法较为复杂,需要在安全多方计算的预处理阶段使用同态加密生成共享随机数三元组 $\langle a \rangle, \langle b \rangle, \langle c \rangle$ 并使得 $c = ab$,这一预处理过程会生成多个这样的三元组以做后续秘密消息之间的乘法运算。乘法计算 $s = s_1 \times s_2$ 可以被形式化描述为 $\langle s \rangle = \langle c \rangle + \varepsilon \langle b \rangle + \delta \langle a \rangle + \delta \varepsilon$,其中 $\varepsilon = \langle s_1 \rangle - \langle a \rangle, \delta = \langle s_2 \rangle - \langle b \rangle$,其具体流程如图 11-25 所示。

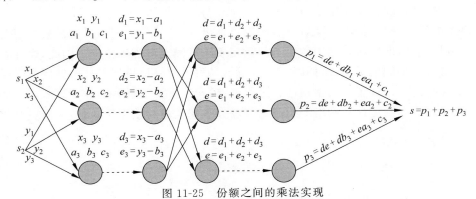

图 11-25 份额之间的乘法实现

上述安全多方计算方案与线性秘密分享方案相似,该方案同样是加法同态的并且需要一轮复杂度为 $O(n^2)$ 的交互实现乘法运算,并且在 MAC 的作用下,能满足至多 $n-1$ 个活跃敌手下的正确性。在具备了能满足隐私性和正确性的加法与乘法操作下,可以实现任意的算术电路,该算术电路构成了隐私合约的雏形。

Enigma 隐私计算流程如图 11-26 所示,用户首先对自己的输入数据进行加密,形成秘密消息,随后将其发送到链下计算网络中。此时,秘密消息将以份额的形式发送给链下的计算节点,链下矿工构造一个分布式的数据库,每个矿工持有一份独立的份额。矿工在运行隐私计算时,使用自己的份额参与由隐私合约决定的算术电路中的加法门和乘法门计算。

在上述的安全多方计算模型中,由于每一轮乘法门需要计算节点之间执行一轮时间复杂度为 $O(n^2)$ 的交互,而加法不需要节点之间的交互,进而可以并行执行,因此该模型显然不适用于大规模的计算网络。为此,设计者将算术电路进行了优化,采用一种分层式的基于线性秘密分享的安全多方计算模型,将通信复杂度从平方级降低到线性,代价是增加了计算

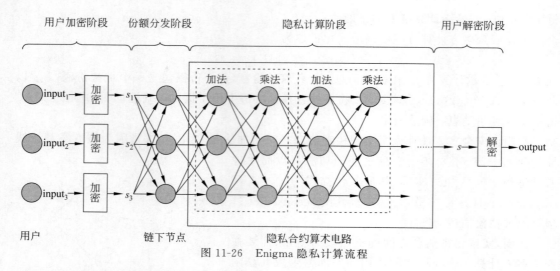

图 11-26 Enigma 隐私计算流程

复杂度,从而大幅提升了该模型的可扩展性。

为了最大化网络的计算能力,设计者还引入了一种网络规约技术,其从计算网络中随机选取一个子集节点执行计算,从而避免了网络中的所有节点重复计算的行为,进而提高网络计算能力。随机选取节点时,网络将依据节点的计算负载以及节点之前通过完成计算所累积的信誉选取,从而保证网络中的每个节点都能参与计算。

在算术电路的计算过程中,随着计算的逐步推进,其计算的中间结果通过累积将变得越来越不具备描述性,即所需要使用的电路门数随着计算推进将越来越少。因此,设计者借助这一点,又对该模型做出了改进,如图 11-27 所示。为了使得该模型能处理计算逻辑复杂并且输入较多的方程,设计者让模型在计算过程中,随着计算推进逐渐解放计算节点。通过这种方法,可以将原本固定计算网络下的空闲节点分散到其他的计算任务中,进而提升模型的可扩展性。

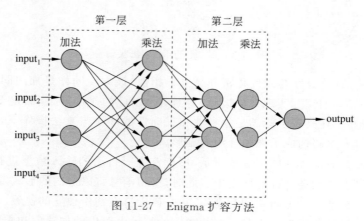

图 11-27 Enigma 扩容方法

在 Enigma 中有 3 种数据的分布式存储方式,分别是公共账本、分布式哈希表以及安全多方计算。区块链提供了一种全球性的公共账本,因此任何用户都可以获取公共账本上的公开数据,同时用户也可以向这个只增公共账本上传数据。分布式哈希表存储对链下数据的索引,链下数据一般情况下在本地首先被加密,从而使得特定签名个体才能获取该数据。

然而，在其他情况下，可以通过 DHT.set(k,v,p) 构造一条记录，其表示如果满足谓词 p，那么通过键 k 可以访问数据 v。设计者给出了一些谓词用于限制对数据的访问，然而，在一般情况下，数据都是公开可访问的。安全多方计算与分布式哈希表相似，但是它们的执行机理不同。通过 MPC.set(k,v,p) 构造一条记录，其表示如果满足谓词 p，那么可以通过键 k 参考数据 v，"参考"表示的含义是可以使用数据 v 计算，而不得到数据 v 本身的数值，并且处于一个共享身份中的实体可以参考数据计算。

3. Enigma 与区块链结合

Enigma 需要身份机制才能与区块链有效结合。在公有链的情况下，每个节点都不是可信的，并且所有信息是公开的，在许可链的情况下，存在一个由可信节点组成的中心化系统，其可以验证身份的正确性，进而形成访问控制机制。设计者因此希望通过链下技术实现一种完全去中心化的并且还能实现身份机制的区块链模型。为此，设计者扩展了身份机制，使得其能在不同实体及语义间获得共享身份。基本上，这种共享身份包含公开的由相同谓词定义的访问控制规则，网络使用这些谓词调节访问控制，以及一些其他相关的公开或隐私数据。共享身份实际上描述了一组节点之间的潜在语义，这种语义由谓词定义，从而使网络可以实现一种节点对数据的访问权限。通过共享身份和谓词可以控制存储在公共账本上的访问控制，使得区块链可以调节对任何链下资源的访问。

例如，Alice 希望与 Bob 分享她的身高，并且不想告诉 Bob 她的身高的具体数值，而只希望 Bob 在计算时能使用这一数值。在这种情况下，Alice 和 Bob 可以建立一个共享身份，Alice 激活一个隐私合约并分享其数据，Bob 则参考这一数据执行计算。默认的安全多方计算谓词确定 Alice 的假名是共享数据的所有者，Bob 对其的访问受到限制。谓词、共享身份的地址列表和对数据的索引存储在链上，这些数据需要被公开验证。而那些只有 Alice 与 Bob 才知晓隐私数据则使用分布式哈希表存储在链下。

设计者给出了 3 个用于链接区块链到链下资源的协议，分别是访问控制协议、存储与读取协议以及分享计算协议。这 3 个协议分别给出了共享身份的构造方法、数据存储与读取的方法，以及秘密分享与计算的方法。

访问控制协议包含两个算法，如图 11-28 所示。在共享身份生成算法中，输入为用户集合与用户的访问控制策略集合，随后为每个用户构造相应的签名，对用户的签名执行异或运算，并且生成相应的访问控制集合，随后将其上传至区块链中。在许可验证算法中，输入为用户的签名、共享身份地址与验证谓词，该谓词用于验证请求方是否具备访问权限，随后从链上获取共享身份，使用谓词对用户签名进行验证。

Enigma 存储与读取协议伪代码如图 11-29 所示。在数据存储算法中，输入为存储请求方的签名、共享身份的地址、存储的数据，以及验证对存储数据读取权限的谓词，该谓词用于在数据存储后，验证对该数据读取的权限。随后，算法首先检查该用户是否具备存储权限，之后构造对数据的索引，将对数据的索引存储在链上，将数据存储在链下。在数据的读取算法中，输入为请求方的签名、共享身份的地址，以及数据的索引，随后从链上获取读取权限谓词并验证，如果验证通过，则返回相应数据。

Enigma 分享与计算协议伪代码如图 11-30 所示。在秘密分享算法中，输入为用户的签名、共享身份地址、秘密数据、参考数据，以及验证计算权限的谓词，随后通过秘密分享方案输入：
$P = \{p_i\}_{i=1}^{N}$
$A = \{\text{Policy}_{p_i}\}_{i=1}^{N}$
输出：
  共享身份
流程：STOREIDENTITY(addr_p, ACL)
  $\text{addr}_p = 0$
  ACL $= \varnothing$
  For $p_i \in P$ do $(pk_{\text{sig}}^{(p_i)}, sk_{\text{sig}}^{(p_i)}) \leftarrow \mathcal{G}_{\text{sig}}()$
    $\text{addr}_p = \text{addr}_p \oplus pk_{\text{sig}}^{(p_i)}$ //构造共享身份集
    $\text{ACL}[pk_{\text{sig}}] \leftarrow A[p_i]$ //构造访问控制集
  End for
  Set $L[\text{addr}_p]$ as ACL
//上传共享身份至链上

输入：
  请求方的签名：$pk_{\text{sig}}^{(p_i)}$
  共享身份地址：addr_p
  验证p_i具有访问权限的谓词：q
输出：
  结果：$s \in \{0,1\}$
流程：CHECKPERMISSION($pk_{\text{sig}}^{(p_i)}$, addr_p, q)
  $s \leftarrow 0$
  If $L[\text{addr}_p] \neq \varnothing$ then
    ACL $= L[\text{addr}_p]$ //从链上获取共享身份
    If $q(\text{ACL}, pk_{\text{sig}}^{(p_i)})$ then
      $s \leftarrow 1$ //用户签名符合共享身份
    End if
  End if
  Return s

图 11-28　Enigma 访问控制协议伪代码

输出：
  请求方的签名：$pk_{\text{sig}}^{(p_i)}$
  共享身份地址：addr_p
  验证对x读取权限的谓词：$q_{\text{read}}^{(x)}$
输出：
  对数据x的索引a_x或不输出
流程：STORE($pk_{\text{sig}}^{(p_i)}$, addr_p, x, $q_{\text{read}}^{(x)}$)
  If
CHECKPERMISSION($pk_{\text{sig}}^{(p_i)}$, addr_p, q)=1
then
    //检查用户p_i是否具有存储权限
    $a_x = H(\text{addr}_p, x)$ //构造对数据的索引
    $L[a_x] \leftarrow q_{\text{read}}^{(x)}$ //链上存储谓词
    $\text{DHT}[a_x] \leftarrow x$ //链下存储数据
    Return a_x
  End if
  Return $\varnothing$

输出：
  请求方的签名：$pk_{\text{sig}}^{(p_i)}$
  共享身份地址：addr_p
  数据的索引：a_x
输出：
  数据x或不输出
流程：LOAD($pk_{\text{sig}}^{(p_i)}$, addr_p, a_x)
  $q_{\text{read}}^{(x)} \leftarrow L[a_x]$
  If
CHECKPERMISSION($pk_{\text{sig}}^{(p_i)}$, addr_p, $q_{\text{read}}^{(x)}$)= 1
then
    //判断p_i是否具有读取权限
    Return DHT$[a_x]$
  End if
  Return $\varnothing$

图 11-29　Enigma 存储与读取协议伪代码

构造秘密份额，然后在用户中分发秘密份额，并且将存储计算参考数据。在秘密计算算法中，输入为用户的签名、共享身份的地址、参考数据的索引，以及一个秘密计算方程，随后通过索引获取参考数据，借此以安全多方计算方案计算方程，并返回计算结果，其能保证在数据隐私安全的情况下执行计算。

```
输入：                                          输入：
   用户的签名：$pk_{\text{sig}}^{(p_i)}$           用户的签名：$pk_{\text{sig}}^{(p_i)}$
   共享身份地址：$\text{addr}_p$                   共享身份地址：$\text{addr}_p$
   数据：$x$                                      参考数据索引：$a_{x_{\text{ref}}}$
   参考数据：$x_{\text{ref}}$                      计算方程：$f$
   验证对 $x$ 具有计算权限的谓词：$q_{\text{compute}}^{(x)}$
                                                输出：
输出：                                             方程执行结果 $f(x)$ 或不输出
   对数据 $x_{\text{ref}}$ 的索引或不输出          流程：
流程：                                             COMPUTE($pk_{\text{sig}}^{(p_i)}$, $\text{addr}_p$, $x$, $a_{x_{\text{ref}}}$, $f$)
   SHARE($pk_{\text{sig}}^{(p_i)}$, $\text{addr}_p$, $x$, $x_{\text{ref}}$, $q_{\text{compute}}^{(x)}$)    $x_{\text{ref}} \leftarrow$ LOAD($pk_{\text{sig}}^{(p_i)}$, $\text{addr}_p$, $a_{x_{\text{ref}}}$)
   $[x]_p \leftarrow$ VSS($n, t$)   //构造秘密分享份额    //通过索引获取参考数据
   peers $\leftarrow$ sample $n$ peers               If $x_{\text{ref}} \neq \varnothing$ then
   For peer in peers do                                  $f_s \leftarrow$ 通过安全多方计算 $f$
       Send $[x]_p^{(\text{peer})}$ to peer on a secure  Return $f_s(x_{\text{ref}})$
channel                                           End if
   End for   //分发秘密分享份额                    Return $\varnothing$
   Return STORE($pk_{\text{sig}}^{(p_i)}$, $\text{addr}_p$, $x_{\text{ref}}$, $q_{\text{compute}}^{(x)}$)
```

图 11-30　Enigma 分享与计算协议伪代码

11.3.3　Hawk

现有的智能合约系统使得在分布式加密货币系统上互不信任的个体能在无第三方可信机构的情况下执行安全交易。但是，这种系统缺乏对交易隐私的保护机制，使得交易的细节，如双方的假名地址、交易金额等交易数据都公开在区块链中。针对这种问题，Hawk 于 2016 年被正式提出，这是一个基于零知识证明技术构建隐私保护智能合约的框架。

Hawk 是一个分布式的智能合约系统，其不在区块链上存储金融交易数据，因此在公众视野下保证了交易的隐私性。Hawk 对编程者是友好的，任何不精通编程与密码学的使用者都能以直观的方式在 Hawk 框架下编写一个隐私合约，而合约所需要的密码学原语将由 Hawk 编译器实现。同时，为了正式定义 Hawk 的安全性，设计者首次形式化定义了密码学的区块链模型，倡导社区在这种形式化模型的基础上设计分布式应用程序。

本节将从 Hawk 概览、Hawk 区块链模型、Hawk 理想功能性、Hawk 现实协议以及 Hawk 安全性分析 5 方面详细介绍 Hawk。

1. Hawk 概览

Hawk 是一个构建隐私保护合约的框架，为了实现交易隐私保护，单个 Hawk 合约被划分为两部分，分别是隐私部分 Φ_{priv} 和公开部分 Φ_{pub}，如图 11-31 所示。

公开部分 Φ_{pub} 将收集合约的输入，包括用户的交易资金以及输入数据，提交至合约的隐私部分 Φ_{priv}，随后按照隐私部分的指示重新分配之前收集的资金。除此之外，在某些情况下，合约的参与方或管理者可能在合约运行中途退出，那么公开部分 Φ_{pub} 将重新分发公共资产，以确保金融上的公平性。

隐私部分 Φ_{priv} 将合约参与方的交易资金以及输入数据作为输入，并根据合约设计，执行

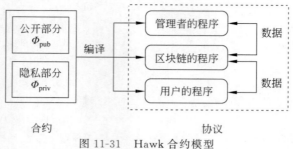

图 11-31 Hawk 合约模型

相关计算以决定合约运行结束时所收集的总资金在参与方的分配。在这种情况下，合约的隐私部分 Φ_{priv} 将保护参与方的交易信息。

Hawk 的公开与隐私部分执行流程如图 11-32 所示，将参与者的交易资金以及输入数据作为输入，隐私部分以密码学协议的方式确定交易资金如何由公开部分收集并分发，随后公开部分按照隐私部分的指示执行相应的分发操作。为了使得隐私部分能正确执行，设计者设想该合约还将有一个密码学的验证。同时，由于隐私部分是在链下执行的，Hawk 因此需要一个管理者执行隐私部分，该管理者可以看到隐私部分中的交易，所以该管理者必须被参与方信任能保护他们的隐私信息，并且该管理者不能影响合约最终的执行结果。

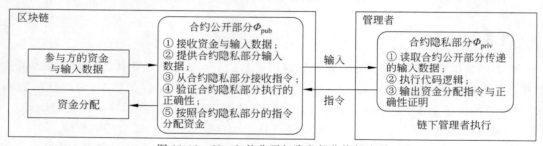

图 11-32 Hawk 的公开与隐私部分执行流程

为了防止管理者作恶从而影响合约最终的执行结果，公开部分可以被编程设计为：如果隐私部分没有及时正确执行，那么公开部分将退还参与方的交易资金。同时，还可以设计让管理者必须存入一定金额的保证金，如果其错误地执行隐私合约部分，将会失去这一保证金。

Hawk 合约程序将被编译器编译，分别生成由管理者、用户以及区块链运行的程序，以上三方通过运行编译后的程序，进而实现三方之间的密码学协议。之后的小节将详细说明 Hawk 为了实现交易隐私而设计的理想程序以及协议的具体细节。

Hawk 的安全保障包括以下两方面。

（1）链上隐私保护合约参与方的隐私不被暴露。每个合约参与者的输入都独立于其他参与者，且非交易的双方不能通过除合约参与方主动泄露信息外的途径获得交易信息。直观上来说，这是通过向区块链发送加密后的信息零知识证明保证合约的正确执行和对交易的保护。

（2）合约安全提供了在同一合约中参与方之间相互的保护机制。假设合约参与方均是自私的，且追求个人利益的最大化，他们可以任意违反合约或提前中止合约，在这种情况下系统会保护参与合约的另一方。

2. Hawk 区块链模型

在 Hawk 中,区块链表示一个分布式的维护共识协议在全球状态上达成一致的矿工集合,为了之后安全性证明的方便性,设计者将其非形式化地描述为一个概念性的可信个体,该个体被信任能保证正确性和可行性,但不保证隐私性。作为个体,Hawk 中的区块链模型不仅要维护全球账本的一致性,还要运行由编译器编译合约程序后生成的特定程序,并参与协议的运行,从而区别于传统的区块链概念。

值得注意的是,设计者给出了精确的形式化规范,后面将详细介绍。同时,Hawk 在通用可组合性框架下是形式化证明安全的,即设计者基于通用可组合框架的形式化架构,描述并证明了与区块链交互的分布式协议的安全性。

为了能将程序转换为通用可组合框架中的功能性,设计者设计了 3 种包装器,分别将其命名为 $\mathcal{F}(\cdot)$、$\mathcal{G}(\cdot)$、$\Pi(\cdot)$,它们分别用于将理想程序、区块链程序、用户及管理者程序转换为理想功能性、区块链功能性,以及用户端及管理者端协议。此外,包装器的另一主要作用在于使得输出的功能性能符合 Hawk 区块链模型假设,因此,设计者仅需给出程序的构造,然后通过包装器便可以获得在 Hawk 区块链模型假设下的功能性。

3. Hawk 理想功能性

设计者以理想程序的形式描述 Hawk 中的密码学抽象。理想程序通过规范并假设一个完全可信方的存在定义设计者所期望获得的正确性及安全性,这里的完全可信方即在 Hawk 中的区块链模型,其被完全信任能保证安全性和可用性,但不保证隐私性。同时,理想程序必须通过包装器才能在相应执行语义下获得理想功能性。对于规范,设计者还假设这样的一个完全可信方存在,该可信方可以作为理想程序的代表,其将完美正确地执行理想程序。Hawk 实现了两种规范:第一种规范是隐私账本与交易规范 $IdealP_{cash}$;第二种规范是 Hawk 原语规范 $IdealP_{hawk}$,接下来将对这两种规范做简要说明。

在第一种规范 $IdealP_{cash}$ 里,设计者希望获得这样一种理想功能性,即通过隐私账本的方式实现隐私交易。设计者很大程度上参考了 Zerocash 的设计思路,同样使用了铸币与转账模式,其中,铸币行为使得用户能将公共账本上的资金转移到隐私账本中,转账行为使得用户能完成隐私的交易。理想情况下,当一方使用铸币行为时,其铸币行为将被记录在公共账本中,因此敌手能获得这一方的信息。当一方使用转账行为时,由于转账行为隐藏了交易发起人的地址,所以不管这一方是否被腐化,敌手都无从得知这一方的信息。

在第二种规范 $IdealP_{hawk}$ 里,设计者希望获得这样一种理想功能性,即通过该规范,Hawk 能具备良好的可编程性。为此,设计者给出了 Hawk 原语,包括冻结、计算以及清算,分别对应 Hawk 合约执行的 3 个阶段。首先,在冻结阶段中,多方将其在私有账本的资金转移冻结,随后参与方向管理者揭示交易资金及秘密信息,管理者通过合约私有部分 Φ_{priv} 计算最后的资金分配方案,最后由合约公开部分 Φ_{pub} 根据计算结果分发资金。在理想情况下,该规范能满足独立输入隐私性与在不诚实管理者条件下的真实性。这是因为,在计算阶段,被腐化的管理者可能恶意地向敌手揭露某一方递交的交易资金及秘密信息,但是,对于参与合约执行的其他参与方而言,其并不知晓这一消息,除此之外,即便是在不诚实管理者的条件下,管理者依然必须通过合约隐私部分 Φ_{priv} 执行隐私计算,同时,如果管理者中途退出,将会受到经济上的惩罚。

Hawk 提供的两种规范可以视作对传统区块链的抽象拓展。相较于比特币区块链,

Zerocash 通过隐私账本的形式为区块链提供了良好的隐私保护属性，使得隐私交易难以被追踪。除此之外，Ethereum 通过提供一种图灵完备的语言为区块链提供了良好的可编程属性，使得开发者不需精通复杂的脚本语言，也可以轻松开发出分布式的应用程序。而 Hawk 则期望通过上述的两种规范，能为其同时提供良好的隐私保护属性以及可编程性。

4. Hawk 现实协议

Hawk 协议是通过编译合约程序生成的，随后在区块链、用户和管理者程序的协作下运行。与理想功能性对应，Hawk 中的协议被划分为两部分：第一部分是隐私交易，描述为 $UserP_{cash}$，其用于实施用户间的隐私交易；第二部分是 Hawk 特定部分，描述为 $UserP_{hawk}$，其用于结合隐私交易与可编程逻辑。接下来将对这部分协议分别简要说明。

协议 $UserP_{cash}$ 的具体细节如图 11-33 所示。其采取了与 Zerocash 类似的实施流程，通过构造隐私资金支持隐私交易。该协议将在区块链与用户之间运行，对于区块链程序 $Blockchain_{cash}$，其维护了一组由隐私硬币（Coin）构成的隐私资金集合，每个隐私硬币的构造

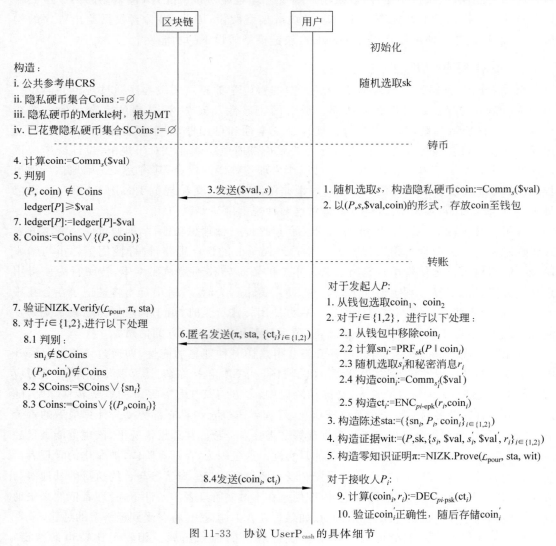

图 11-33　协议 $UserP_{cash}$ 的具体细节

满足形式$(P, \text{coin} := \text{Comm}_s(\$ \text{val}))$，其中 P 表示该隐私硬币的拥有者的假名地址，coin 表示对该硬币面值在随机数 s 下的承诺。

在用户协议 UserP$_{\text{cash}}$ 中的铸币操作中，用户随机选取随机数，并对相应的面值做出承诺，以获得其在隐私账本上的财产，而在转账操作中，用户同样利用上述方式，构造两个隐私硬币作为输出，从而完成一笔隐私交易。在这一过程中，发起人为了在不泄露输入的隐私硬币的条件下证明自己确实拥有输入的隐私货币，其用到零知识证明。除此之外，零知识证明还能防止该隐私硬币被转账操作发起人双花，这是由于每个隐私硬币都对应一个利用私钥通过伪随机数函数生成的序列号 sn，而零知识证明则能在不泄露发起人的私钥的情况下证明 sn 的正确性。

需要指出的是，当诚实发起人向诚实接收人执行转账操作时，假设使用的承诺方案是完美隐藏的，并且零知识方案是计算上零知识的，那么任意敌手都不能获得最终两个隐私硬币的面值信息，其仅能获得最终收到两个隐私硬币的假名地址。然而，由于假名地址可以随时生成，并且转账过程不暴露发起人的假名地址，所以敌手无法形成一条完整的追踪链。

协议 UserP$_{\text{cash}}$ 为 Hawk 提供了一种良好的隐私交易特性，而协议 UserP$_{\text{hawk}}$ 将为 Hawk 同时提供良好的隐私保护属性以及可编程性。UserP$_{\text{hawk}}$ 依照先前定义的理想功能性，采用 Hawk 原语的方式，提供了良好的可编程逻辑。同时，UserP$_{\text{hawk}}$ 将会调用 UserP$_{\text{cash}}$ 的部分逻辑，进而实现隐私保护属性，其具体细节如图 11-34 所示。

UserP$_{\text{hawk}}$ 协议将在区块链、用户以及管理者三方之间运行，该协议的运行阶段参照 Hawk 原语，分别为冻结、计算以及清算。

在冻结阶段中，用户通过类似转账操作的方式，将隐私硬币以及一个隐私数据作为输入发送到区块链上的合约中。在以上过程中，隐私硬币依然按照承诺 $\text{coin} := \text{Comm}_s(\$ \text{val})$ 构造。在 Hawk 的设计中，Merkle 树将由所有隐私硬币的承诺构成，这用于验证者验证证明者承诺的正确性。同时，用户将利用其私钥生成该隐私硬币对应的序列号 sn，将其公开以防止双花，这一过程同样将使用零知识证明方案在不公开用户私钥的情况下证明序列号的正确性。在这一阶段中，用户还将提交一个隐私数据 in，其表示用户在使用合约时的隐私输入，使用承诺的方式构造。Hawk 特定协议 UserP$_{\text{hawk}}$ 如图 11-34 所示。

在之后的计算阶段中，管理者将通过隐私部分 Φ_{priv} 放在链下执行计算，得到最终的资金分发情况。所有合约的参与方都将其隐私输入 in 揭示通过加密给管理者，需要注意的是，用户不直接向管理者揭示隐私输入，而是先发送给区块链，再由区块链发送给链下的管理者，这一过程同样用到零知识证明，其作用在于在不公开用户隐私输入及其他隐私信息的情况下，证明用户隐私输入 in 的正确性。随后，管理者将输出最终的分配方案以及一个公开输出 out，该公开输出 out 用于向公众揭示最终的合约执行结果。

在最后的清算阶段中，管理者将合约隐私部分 Φ_{priv} 的计算结果以及一个证明该结果正确性的零知识证明递交给区块链程序，区块链程序随后将验证该证明并根据计算结果分发那些冻结的隐私资产。区块链程序还可以让合约公开部分 Φ_{pub} 验证管理者的公开输入 in$_M$ 以及公开输出 out，这里的 in$_M$ 指代管理者在合约计算中需要使用的外界公共数据，如某一支股票的历史最高股价、某地的最高气温，等等。如果管理者的公开输入 in$_M$ 以及公开输出 out 验证失败，合约公开部分 Φ_{pub} 将把之前冻结的隐私资产退还给用户。

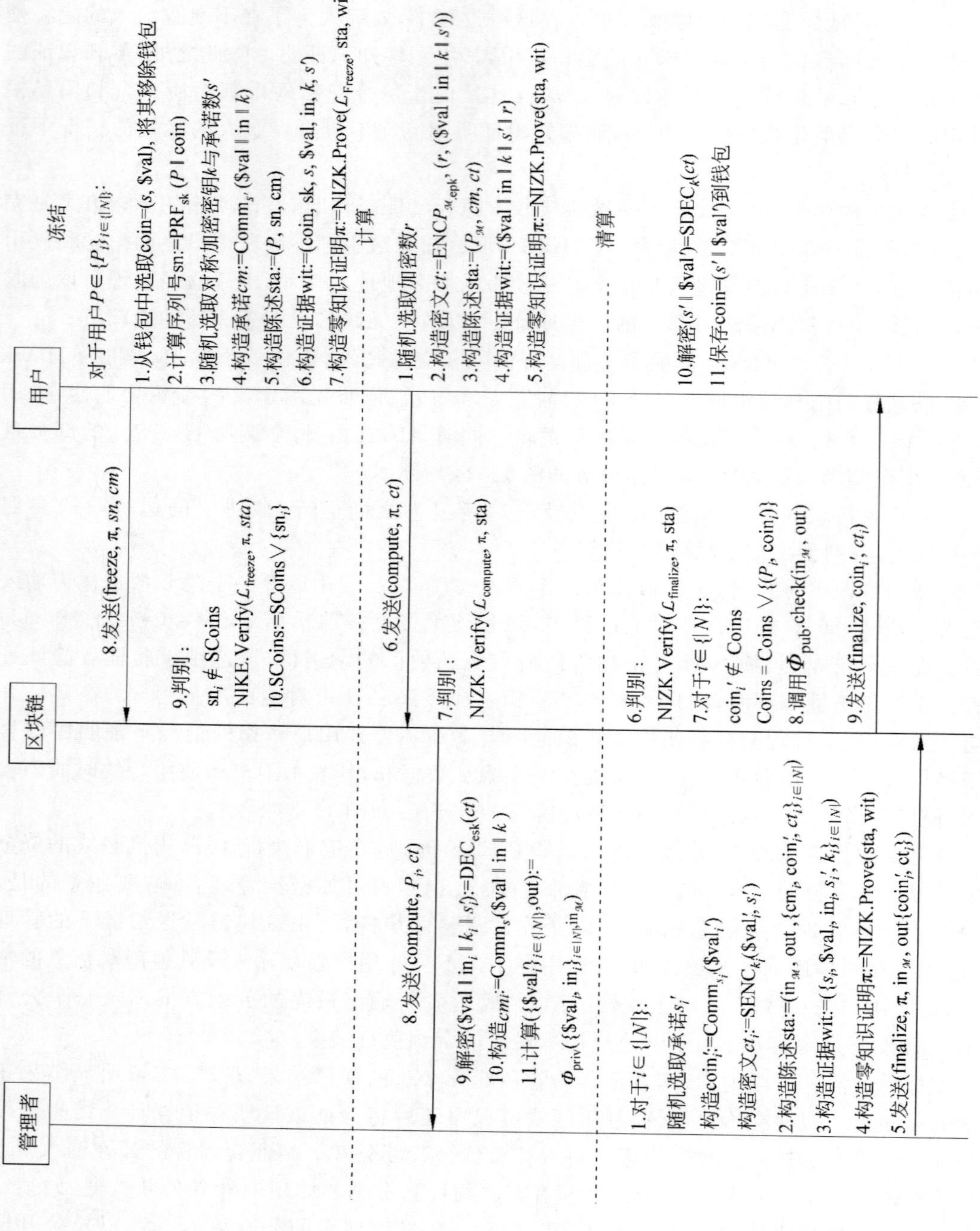

图 11-34 Hawk 特定协议 $\text{UserP}_{\text{hawk}}$

隐私部分 Φ_{priv} 将合约参与方的交易资金以及输入数据作为输入，并根据合约设计，执行相关计算，以决定合约运行结束时所收集的总资金在参与方的分配。在这种情况下，合约的隐私部分 Φ_{priv} 将保护参与方的交易信息。

5. Hawk 安全性分析

首先给出 Hawk 安全性分析的结论：假设在构建默尔克树时使用的哈希函数是抗碰撞的，所构造的承诺具有完美绑定性以及计算隐藏性，所构造的非交互式零知识证明是计算上零知识的并且是模拟可靠可提取的，所使用的加密方案是具有完美正确性以及语义安全的，所使用的伪随机函数是安全的，那么协议 $UserP_{cash}$ 将在静态腐化敌手环境下，安全模拟 $IdealP_{cash}$ 提供的理想功能性。

接下来使用通用可组合性架构证明上述结论。对于通用可组合性架构而言，其主要思路在于，首先制定一个用于表示在现实世界下执行协议的进程的模型，称为现实世界模型。之后，为了能得到给定任务的安全性需求，再制定一个用于执行任务的理想进程。最后，如果在现实世界模型下，运行该协议相当于模拟执行该任务的理想进程，那么该协议安全地实现了该任务。其形式化描述为：对于任意的 $n \in \mathbb{N}$，给定理想功能性 $\mathcal{F}$ 以及 n 方协议 π，那么 π 安全地实现 $\mathcal{F}$，如果对于任意的敌手 $\mathcal{A}$，存在一个理想进程敌手 $\mathcal{S}$，使得对于任意环境 $\mathcal{E}$ 而言，有 $\mathrm{IDEAL}_{\mathcal{F},\mathcal{S},\mathcal{E}} \approx \mathrm{REAL}_{\pi,\mathcal{A},\mathcal{E}}$。其中，$\mathrm{IDEAL}_{\mathcal{F},\mathcal{S},\mathcal{E}}$ 表示在理想环境下，环境 $\mathcal{E}$ 与敌手 $\mathcal{S}$ 以及理想功能性 $\mathcal{F}$ 的交互下的输出结果，$\mathrm{REAL}_{\pi,\mathcal{A},\mathcal{E}}$ 表示在现实世界下，环境 $\mathcal{E}$ 与敌手 $\mathcal{A}$ 以及运行协议 π 的用户的交互下的输出结果。

在 Hawk 中，协议参照先前的理想功能性设计而来，其在通用可组合型框架下应当被形式化证明是安全的。对于 Hawk 的安全性分析，应着手证明在实际环境下，基于合约的协议能安全模拟程序的理想功能性，即在环境 $\mathcal{E}$ 的视图下，其无法区分理想功能性 $\mathcal{F}$（$IdealP_{cash}$）与实际协议 $\Pi(UserP_{cash})$，其证明模型如图 11-35 所示。

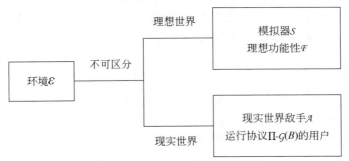

图 11-35 Hawk 安全性证明模型

在上述逻辑下还需要注意一点。在 Hawk 协议中，设计者假设区块链是一个概念化的可信方，同时也是 Hawk 的运行模型基础，因此，设计者首先提供了通过将区块链程序 B 经过包装器 $\mathcal{G}(\cdot)$ 生成的功能性 $\mathcal{G}(B)$。在这种情况下，区块链用户运行区块链程序 B 所构成的区块链运行协议 ρ，将安全地实现功能性 $\mathcal{G}(B)$。由于协议 $\Pi(UserP_{cash})$ 运行于区块链模型之上，因此，根据可组合性理论，可以说在现实世界下用 ρ 与 $\Pi(UserP_{cash})$ 组合后的协议安全地模拟 $\mathcal{G}(B)$-hybrid 模型下的协议 $\Pi(UserP_{cash})$。其中 $\mathcal{G}(B)$-hybrid 模型与现实世界模型类似，唯一的不同是用户可以无限次地与功能性 $\mathcal{G}(B)$ 进行交互。

回到刚才的证明中,为了能模拟现实世界下的敌手行为,设计者给出了详细的模拟器 S 的构造,如图 11-36 所示。模拟器将向环境 $\mathcal{E}$ 收发消息并且与理想功能性 $\mathcal{F}(\mathrm{IdealP_{cash}})$ 交互。对于模拟器而言,其必须将那些腐化用户发送的交易转换为理想世界指令,将理想世界指令转换为交易。设计者通过混合游戏证明在环境视图 $\mathcal{E}$ 下现实世界与理想世界之间的不可区分性,这里将给出混合游戏的构造思路与证明过程。

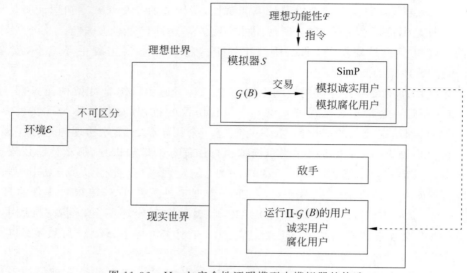

图 11-36　Hawk 安全性证明模型中模拟器的构造

设计者首先从现实世界下,简单向环境 $\mathcal{E}$ 收发消息的敌手开始刻画模拟器。

游戏 1。模拟器将模拟零知识证明中的参数生成,将其传递给环境 $\mathcal{E}$,当诚实的参与者发布一个零知识证明时,模拟器在其传递到 $\mathcal{E}$ 前将其替换为模拟的零知识证明。

如果使用的零知识证明是计算上零知识的,那么对于任意多项式时间的环境 $\mathcal{E}$,其不可以不可忽略的概率区分现实世界与游戏 1。

游戏 2。其与游戏 1 相同,除了模拟器将模拟 $\mathcal{G}(B)$ 的功能性,这是由于所有发送给 $\mathcal{G}(B)$ 的消息都是公开可见的。

可以得知,在环境 $\mathcal{E}$ 的视图下,游戏 2 与游戏 1 的分布是相同的。

游戏 3。其与游戏 2 相同,除了诚实参与者发送给合约的消息将会被签名,该签名可以在假名地址下被验证。模拟器将所有诚实参与者的假名替换为自己生成的假名,从而模拟参与者的签名过程。

可以得知,游戏 3 在环境 $\mathcal{E}$ 的视图下,其与游戏 2 具有相同的概率分布。

游戏 4。当诚实参与者生成密文、承诺以及伪随机数序列号时,模拟器将其替换为对 0 的加密、对 0 的承诺,以及对从伪随机函数值域中随机选取的数。

对于任意多项式时间的环境 $\mathcal{E}$,如果加密方案是语义安全的,伪随机函数是安全的并且承诺方案是完美隐藏的,其难以区分游戏 4 与游戏 3。

游戏 5。其与游戏 4 相同,除了当环境 $\mathcal{E}$ 向模拟器传递一个由诚实参与者签名的消息时,如果消息与签名对不再之前传递给环境 $\mathcal{E}$ 的消息中时,那么模拟器就会终止模拟。

可以得知,假设签名机制是安全的,那么在该游戏下,模拟器终止的概率是可忽略的。

在环境$\mathcal{E}$的视图下,其与游戏 4 具有相同的概率分布。

游戏 6。当环境传递一个零知识证明给模拟器时,如果该证明在给定断言下被验证是正确的,那么模拟器将使用 NIZK 提取算法提取证据,如果零知识证明验证通过但是提取的证据不符合之前的断言,那么模拟器将终止模拟。

可以得知,如果 NIZK 是模拟可靠可提取的,那么模拟器终止的概率是可以忽略的,在环境$\mathcal{E}$的视图下,其与游戏 5 具有相同的概率分布。

对于游戏 6,需要额外考虑 3 个可能导致模拟器终止的情况,分别是解密算法出错、承诺计算出错,以及公钥生成碰撞。然而,考虑到加密方案是语义安全和完美正确的,签名方案是安全的并且哈希函数是抗碰撞的,那么,对于任意多项式时间的环境$\mathcal{E}$,游戏 6 与理想模拟是计算上不可区分的。

11.3.4　Ekiden

如今的区块链智能合约应用,继承了区块链的许多特点,其可以在安全的共识协议下保证运行的安全性以及可用性。但是,在合约运行中,仍然存在其他一些难以掩盖的缺陷,其最突出的两点是机密性与可扩展性。

针对这种问题,基于区块链技术和可信执行环境技术的系统 Ekiden 被提出。由于区块链技术与可信执行环境技术在可用性以及机密性方面具有互补的特点,Ekiden 便设法将二者结合,从而实现一种既能保证可用性又能保证机密性的智能合约系统。在该系统中,计算与共识是分离的,其分别由计算节点与共识节点执行,计算节点在链下通过可信执行环境使用隐私数据计算合约,同时链上内容由共识节点维护。通过计算节点在链下执行可信执行环境,Ekiden 避免了链上执行计算与验证的开销和时延。同时,基于可信执行环境的计算提供了强大的机密性,其能有效地使用已知的密码学原语,包括加密、签名等原语。同时,为了解决可信执行环境的可用性问题,Ekiden 支持链上检查点与合约状态存储,从而使得 Ekiden 支持合约之间长期安全互动。

从直观的角度而言,形式化定义这样一个结合了区块链技术和可信执行环境技术的系统的安全性是比较困难的,因此设计者以通用可组合性框架的理想功能性定义了该系统的安全性需求,并通过证明现实世界 Ekiden 协议与理想功能性的不可区分性证明系统的安全性。设计者还枚举了尽可能的结合区块链技术与可信执行环境技术所产生的陷阱,进而给出了一种一般化的区块链与可信执行环境结合模型。

1. Ekiden 概览

现有的区块链智能合约系统存在两个十分严格的制约:其一是缺乏数据机密性从而无法实现对合约参与方的隐私保护;其二是无法实现在大规模节点环境下的高效性能。因此,为了支持大规模隐私保护的合约应用程序,同时保证区块链提供的完整性与可用性,Ekiden 提供了一种满足上述目标的机密可信的智能合约执行平台。

Ekiden 实现了一种在用户自定义合约条件下的安全执行环境,合约是确定型的状态程序,设计者将其定义为$(\text{outp}, st_{\text{new}}) = \text{Contract}(st_{\text{old}}, \text{inp})$的形式,表示为合约将先前的状态以及一个用户的输入作为输入,并输出一个输出以及一个新的合约状态。部署在 Ekiden 上的合约能保证机密性、完整性以及可用性,这是因为 Ekiden 将可信硬件与区块链结合。

Ekdien 中存在 3 类实体，分别是用户、计算节点以及共识节点。

对于用户而言，其是智能合约的终端使用者与创建者。一个用户可以创建新合约或以隐私输入执行现有合约，在这两种情况下，用户将计算的任务委托给计算节点实现，从而使得用户端是轻量级的，进而可以被移植到网页端或移动端上。

对于计算节点而言，通过运行在可信执行环境中的合约并生成一个状态更新的正确性证书来处理用户的请求。并且，对于一定数目的计算节点，其形成一个密钥管理委员会并运行一个分布式协议来管理被可信执行环境所申请创建与获取使用的密钥。

对于共识节点而言，其通过运行共识协议维护一个分布式账本，在区块链上保留了合约状态以及可信执行环境所生成的证书。除此之外，共识节点还将使用可信执行环境的证书验证合约状态更新的合法性。

Ekiden 主要包含两个阶段，分别是合约创建与请求执行。Ekiden 合约创建流程如图 11-37 所示。在合约创建的流程中，首先由用户 $\mathcal{P}$ 将所创建的合约代码 Contract 发送给计算节点 Comp，计算节点将加载代码到可信执行环境中，随即进入初始化过程。可信执行环境生成一个合约的标识符 cid，并从密钥管理委员会处获取一对新生成的密钥对（pk_{cid}^{in}，sk_{cid}^{in}）以及密钥 k_{cid}^{state}，随后生成一个加密的初始状态 $Enc(k_{cid}^{state}, \vec{0})$ 和一个用于证明初始化正确性以及公钥 pk_{cid}^{in} 与身份 cid 绑定性的证书 σ^{TEE}。最后，计算节点 Comp 从证书服务机构中获取 σ^{TEE} 的正确性证明，并将其与 σ^{TEE} 组合构成签名 π。随后，计算节点 Comp 发送 (Contract, pk_{cid}^{in}, $Enc(k_{cid}^{state}, \vec{0})$, π) 给共识节点，共识节点在验证正确性后将合约部署到区块链中。

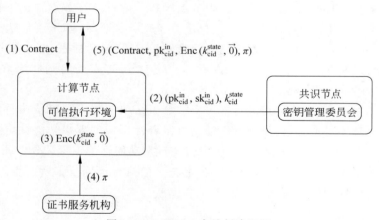

图 11-37　Ekiden 合约创建流程

Ekiden 请求执行流程如图 11-38 所示。在用户请求执行的流程中，用户 $\mathcal{P}$ 首先从区块链中获取标识为 cid 的合约的公钥 pk_{cid}^{in}，并计算 $inp_{ct} = Enc(pk_{cid}^{in}, inp)$，随后将 (cid, inp_{ct}) 发送给计算节点 Comp。该计算节点随后根据 cid 获取相应的合约代码以及该合约先前的状态 $st_{ct} = Enc(k_{cid}^{state}, st_{old})$，并将 st_{ct} 与 inp_{ct} 加载到可信执行环境中开始执行。可信执行环境随后从密钥管理委员会中获取 k_{cid}^{state} 与 sk_{cid}^{in}，并用其解密先前的加密状态 st_{ct} 与用户发送的秘密输入 inp_{ct}，并根据这些执行合约，生成一个合约输出 outp、一个新的加密状态 $st'_{ct} = Enc(k_{cid}^{state}, st_{new})$，以及一个用于证明计算结果正确性的签名 π。最后，计算节点 Comp 与用户 $\mathcal{P}$ 执行原子传递协议，将 outp 传递给用户 $\mathcal{P}$ 并且将 (st'_{ct}, π) 发送给共识节点，这表示当且仅当

(st'_{ct}, π) 被共识节点接收后，outp 才被揭示给用户 $\mathcal{P}$。

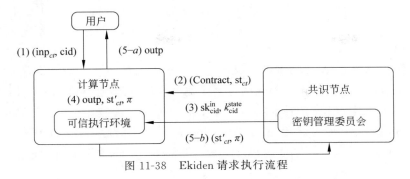

图 11-38　Ekiden 请求执行流程

在上述过程中，不难发现 Ekiden 与现有区块链模型的最大不同点在于其将共识与计算分离。Ekiden 中的用户请求由指定的少量数目的计算节点执行，而共识节点则无须重复计算，仅验证计算节点的正确性证明即可。除此之外，在上述过程中，签名 π 是用于证明计算结果的正确性的。计算节点 Comp 将证书 σ^{TEE} 发送给英特尔认证服务（Intel Attestation Service，IAS），后者将验证 σ^{TEE} 的真实性并返回签名 $\pi = (b, \sigma^{\text{TEE}}, \sigma^{\text{IAS}})$，其中 $b \in \{0, 1\}$ 用于表示 σ^{TEE} 的正确性，σ^{IAS} 是对 b 与 σ^{TEE} 的签名。

对于 Ekiden 而言，其应满足以下几个安全性目标。

（1）**正确执行**。对于给定的合约状态与合约输入，合约状态转移反映了正确执行。

（2）**连续性**。区块链存储着与每个计算节点的观点一致的单一状态转换序列。

（3）**隐私性**。保证合约状态和来自诚实客户的输入对所有其他各方保密。

（4）**机密性**。如果一个计算节点的机密性被破坏，则 Ekiden 提供向前保密性，并且隔离受影响的可信执行环境。

2. Ekiden 设计挑战与策略

Ekiden 是一种结合了区块链与可信执行环境的产物，其设计上存在以下几方面挑战，分别是可信执行环境的容错性、区块发布证明、密钥管理以及原子传递协议。

对于可信执行环境的容错性设计而言，由于可信执行环境本身存在一些限制，因此其在区块链与可信执行环境的混合系统中会产生一些不同方面的影响。在可用性方面，由于可信执行环境并不保证可用性，这是因为恶意端可以终止飞地，同时即便是诚实端，飞地也有可能在供电周期中终止，因此，对于 Ekiden 而言，其必须容忍这种可信执行环境的失灵。其次，在侧信道方面，尽管可信执行环境的设计目的是保护机密性，但是通过侧信道攻击的方式可以获取可信执行环境中的数据。对于 Ekiden 而言，虽然其不能保证对侧信道攻击的抵抗性，但是其必须限制那些被攻击的可信执行环境所造成的影响。最后，在时钟方面，由于大部分可信执行环境缺少可信的时钟源，并且即便像 SGX 这种存在可信的相对时钟，但是其与相对时钟之间的通信可能被延迟。因此，对于 Ekiden 而言，其必须最小化对可信执行环境时钟的依赖。

对于区块发布证明而言，为了能将区块链作为一种持续性的存储设备，可信执行环境必须能有效地验证区块链上存储的数据。对于许可型区块链而言，可以通过发布包含由共识节点签名的证明来验证。为了能建立基于 PoW 区块链的发布证明，可信执行环境必须能验证新的区块。在这个过程中，必须采用可信时钟源防止敌手隔离飞地并提供一个不合法的子链，然而，考虑到即便是在安全通道上的时钟源，也不能保证一个响应时间范围，因此 Ekiden 采用了可信执行环境的机密性，使得敌手即便延迟时钟响应，也不能阻止飞地成功验证一个区块。

对于密钥管理而言，通过加密可以保证在区块链上可信执行环境状态的机密性，然而，这需要对密钥做出管理。一个一般化的方法是在可信执行环境之间复制密钥。这种方法的负面效应是要保证最小化密钥被泄露的风险以防止机密性被破坏。因此，这种方法需要在暴露风险与可用性之间做出权衡，也就是说，更高的复制比例意味着对于状态丢失有更好的弹性，但是同时也意味着更高的暴露风险。因此，这两者之间的权衡要考虑到 Ekiden 中定义的威胁模型。

对于原子传递协议而言，其表示在区块链中，两个行为要么被一起执行，要么都不被执行，然而，这在区块链可信执行环境混合系统中将存在一些新的问题。在可信执行环境计算结束后，其将产生两个消息：其中一个将执行结果发送给调用者；另一个将状态更新发送给区块链。在 Ekiden 中，必须保证这两步是原子传递的，否则系统的安全性将无法得到保证。考虑如下情形，假设只有传递给执行者的消息被交付，由于可信执行环境无法区分状态的新旧，因此敌手能提供旧状态从而恢复旧状态执行；假设只有传递给区块链的消息被交付，那么用户可能永久丢失输出。

3. Ekiden 理想功能性与实际协议

Ekiden 在通用可组合性框架下定义了理想功能性 $\mathcal{F}_{\text{Ekiden}}$，其表示在理想世界下 Ekiden 的理想功能性，该理想功能性中定义了 Ekiden 的安全性目标。

在 $\mathcal{F}_{\text{Ekiden}}$ 中，其允许用户创建合约并且与合约执行交互。对于每个用户 $\mathcal{P}_i$，其都会被唯一的标识符所标记，并且用户将通过认证通道发送消息。为了能捕获加密过程中的消息泄露，泄露方程 $\ell(\cdot)$ 将对其进行参数化。$\mathcal{F}_{\text{Ekiden}}$ 还采用延迟输出来模拟网络中的敌手，这表示输出的消息将首先发送给敌手，再发送给原始接收者。用户可以向 $\mathcal{F}_{\text{Ekiden}}$ 发送查询来执行合约代码，这会产生一个秘密输出，以及一个新的秘密状态。

随后给出 Ekidne 的实际协议，其被形式化描述为 $\text{Prot}_{\text{Ekiden}}$，其表示在现实世界下 Ekiden 的实际运行协议。$\text{Prot}_{\text{Ekiden}}$ 依赖理想功能性 $\mathcal{G}_{\text{att}}$ 以及 $\mathcal{F}_{\text{Blockchain}}$，其分别用于描述认证执行与区块链的理想功能性。除此之外，$\text{Prot}_{\text{Ekiden}}$ 还依赖一个数字签名方案 $\Sigma(\text{KGen}, \text{Sig}, \text{Vf})$、一个对称加密方案 $\mathcal{SE}(\text{KGen}, \text{Enc}, \text{Dec})$，以及一个非对称加密方案 $\mathcal{AE}(\text{KGen}, \text{Enc}, \text{Dec})$。

对于理想功能性 $\mathcal{G}_{\text{att}}$ 而言，其用于对基于可信硬件认证执行的形式化建模。非形式化地来说，用户首先将一个合约程序加载到可信执行环境中，在随后的一个调用中，合约程序 prog 根据给定的输入运行，并且根据密钥 sk_{TEE} 产生一个输出 outp 以及一个认证 $\sigma^{\text{TEE}} = \text{Sig}(sk_{\text{TEE}}, (\text{prog}, \text{outp}))$。可信执行环境的公钥可以通过 $\mathcal{G}_{\text{att}}.\text{getpk}()$ 获得。对于理想功能性 $\mathcal{F}_{\text{Blockchain}}$ 而言，其定义了一个一般化的通过区块链协议维护的只增公共账本。在 $\mathcal{F}_{\text{Blockchain}}$ 中保留了区块链的只增属性，但抽象掉了区块中包含的状态更新，并且其还提供了一个，方便的接口，方便客户端确定某个数据是否在区块链中。

Ekiden 实际协议基于理想功能性设计而来，它们的关系如图 11-39 所示。Ekiden 实际

协议 $\text{Prot}_{\text{Ekiden}}$ 的运行主要包含两个阶段,分别是合约创建与请求执行。

图 11-39 Ekiden 实际协议与理想功能性

在合约创建阶段,用户 $\mathcal{P}_i$ 以输入 Contract 调用计算节点 Comp 的 create 子例程,comp 加载合约 Contract 到可信执行环境中并开始初始化。在初始化中,可信执行环境创建一个新的合约标识符 cid,从密钥管理者获取新的密钥对 $(\text{pk}_{\text{cid}}^{\text{in}}, \text{sk}_{\text{cid}}^{\text{in}})$ 以及密钥 $k_{\text{cid}}^{\text{state}}$ 并生成一个加密的初始状态 st_0 以及一个证书 σ^{TEE}。该证书证明了 st_0 是正确的并且 $\text{pk}_{\text{cid}}^{\text{in}}$ 是合约 cid 相应的公钥。计算节点随后发送 $(\text{Contract}, \text{cid}, \text{st}_0, \text{pk}_{\text{cid}}^{\text{in}}, \sigma^{\text{TEE}})$ 给 $\mathcal{F}_{\text{Blockchain}}$ 并等待回复。计算节点返回 cid 给用户 $\mathcal{P}_i$,后者将验证 cid 是否保存在 $\mathcal{F}_{\text{Blockchain}}$ 中。

在请求执行阶段,为了能执行发送给合约 cid 的请求,用户 $\mathcal{P}_i$ 首先要从 $\mathcal{F}_{\text{Blockchain}}$ 获取密钥 $\text{pk}_{\text{cid}}^{\text{in}}$,之后以输入 $(\text{cid}, \text{inp}_{ct})$ 调用计算节点 Comp 的 request 子例程,其中 inp_{ct} 是用户以 $\text{pk}_{\text{cid}}^{\text{in}}$ 加密并通过 spk_i 认证获得。计算节点 Comp 从 $\mathcal{F}_{\text{Blockchain}}$ 中获取上一个加密状态 st_{ct},并且以输入 $(\text{cid}, \text{inp}_{ct}, \text{st}_{ct})$ 运行可信执行环境代码 Contract,得到输出 $(\text{st}_{\text{new}}, \text{outp})$。随后,为了使得 st_{new} 与 outp 被原子传递,计算节点 Comp 与用户 $\mathcal{P}_i$ 需要执行以下操作:首先,可信执行环境将计算 $\text{outp}_{ct} = \text{Enc}(k_{\text{cid}}^{\text{out}}, \text{outp})$ 以及 $\text{st}_{ct}' = \text{Enc}(k_{\text{cid}}^{\text{out}}, \text{st}_{\text{new}})$,并且将这两条消息与证书通过建立在 epk_i 的安全信道中发送给 $\mathcal{P}_i$。$\mathcal{P}_i$ 通过调用计算节点 Comp 的 claim-output 子例程确认接收,同时将使得可信执行环境发送 $m_1 = (\text{st}_{ct}', \text{outp}_{ct}, \sigma)$ 给 $\mathcal{F}_{\text{Blockchain}}$,其中 σ 用于保护消息的完整性并且将新状态和输出绑定到上一个状态和输入,因此,对于恶意的计算节点而言,其无法修改这一消息。之后,一旦 m_1 被 $\mathcal{F}_{\text{Blockchain}}$ 接收,那么可信执行环境将通过安全信道发送 outp_{ct} 给用户 $\mathcal{P}_i$。

4. Ekiden 安全性分析

首先给出 Ekiden 的安全性分析结论:假设 $\mathcal{G}_{\text{att}}$ 中的证书方案 Σ_{TEE} 与数字签名 Σ 在选择消息攻击下是存在性不可伪造的,哈希函数是抗第二原象攻击的,对称加密方案 $\mathcal{SE}$ 以及非对称加密方案 $\mathcal{AE}$ 是选择明文下不可区分安全的,那么协议 $\text{Prot}_{\text{Ekiden}}$ 将在 $(\mathcal{G}_{\text{att}}, \mathcal{F}_{\text{Blockchain}})$ 理想功能性及静态敌手下安全实现 $\mathcal{F}_{\text{Ekiden}}$。

为了证明 $\text{Prot}_{\text{Ekiden}}$ 能安全实现 $\mathcal{F}_{\text{Ekiden}}$,需要证明对于任意的在环境与用户之间传递消息的简单敌手 $\mathcal{A}$,都存在一个模拟器 $\mathcal{S}$,使得在环境 $\mathcal{E}$ 的视图下,其不能以不可忽略的概率区分 $\text{Prot}_{\text{Ekiden}}$ 与 $\mathcal{F}_{\text{Ekiden}}$,如图 11-40 所示。

设计者首先给出了模拟器 $\mathcal{S}$ 的构造。从直观的角度而言,模拟器 $\mathcal{S}$ 的行为可以被描述为以下过程:如果一个消息被一个诚实用户发送给 $\mathcal{F}_{\text{Ekiden}}$,那么模拟器 $\mathcal{S}$ 将模拟现实世界下的这样一个网络环境,向环境 $\mathcal{E}$ 发送从 $\mathcal{F}_{\text{Ekiden}}$ 获取的信息。如果一个消息被一个腐化的用户发送给 $\mathcal{F}_{\text{Ekiden}}$,那么模拟器 Sim 将提取输入并且在 $\mathcal{F}_{\text{Ekiden}}$ 的帮助下与其交互。

随后,设计者通过混合游戏的方式证明,对于任意的环境 $\mathcal{E}$,其都不能以不可忽略的概率区分其是在与协议 $\text{Prot}_{\text{Ekiden}}$ 中的敌手 $\mathcal{A}$ 进行交互,还是与理想功能性 $\mathcal{F}_{\text{Ekiden}}$ 和模拟器 $\mathcal{S}$ 交

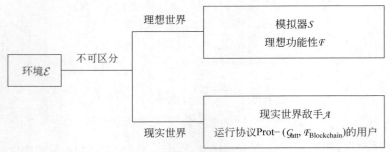

图 11-40　Ekiden 安全性证明模型

互,这里将给出混合游戏的构造思路与证明过程。

游戏 1。游戏 1 将按照现实世界的协议执行,并且模拟器将模拟 $\mathcal{G}_{att}$ 与 $\mathcal{F}_{Blockchain}$,这一过程表示模拟器将生成可信执行环境的公私钥对,并且模拟 $\mathcal{G}_{att}$ 与敌手 $\mathcal{A}$ 交互的行为,模拟器还将以内部存储的方式模拟 $\mathcal{F}_{Blockchain}$。

在环境 $\mathcal{E}$ 的视图下,游戏 1 与现实世界执行的协议是不可区分的。

游戏 2。游戏 2 将在游戏 1 的基础上过滤针对 Σ_{TEE} 的伪造攻击,除此之外与游戏 1 相同。具体来说,如果敌手 $\mathcal{A}$ 以正确的合约创建消息激活了 $\mathcal{G}_{att}$,那么对于之后的调用,模拟器记录合约的执行输出,如果敌手发送了一条先前没有被记录过的执行输出给 $\mathcal{F}_{Blockchain}$ 或诚实用户,那么模拟器将终止模拟。

可以通过规约的方式,通过将游戏 2 与游戏 1 不可区分性规约到数字签名 Σ 在选择消息攻击下是存在性不可伪造来证明游戏 2 与游戏 1 是不可区分的。

游戏 3。游戏 3 将在游戏 2 的基础上过滤针对哈希函数的第二原象攻击,除此之外与游戏 2 相同。具体来说,如果敌手 $\mathcal{A}$ 以正确的请求消息激活了 $\mathcal{G}_{att}$,模拟器将记录输出结果,如果敌手 $\mathcal{A}$ 发送给 $\mathcal{G}_{att}$ 一个声称,但实际上不是先前的输出结果,那么模拟器将终止模拟。

可以通过归约的方式,通过将游戏 3 与游戏 2 的不可区分性归约到哈希函数的抗第二原象攻击来证明游戏 3 与游戏 2 是不可区分的。

游戏 4。游戏 4 将在游戏 3 的基础上使用模拟器模拟合约创建阶段,除此之外与游戏 3 相同。具体来说,诚实用户将发送合约创建消息给 $\mathcal{F}_{Ekiden}$,模拟器将模拟 $\mathcal{G}_{att}$ 与 $\mathcal{F}_{Blockchain}$ 的消息。如果用户是被腐化的,那么模拟器将发送合约创建消息与合约代码给 $\mathcal{F}_{Ekiden}$。

在环境 $\mathcal{E}$ 的视图下,游戏 4 与游戏 3 是不可区分的。

游戏 5。游戏 5 相比游戏 4 做了如下改动:在游戏 5 中,诚实用户会发送请求消息给 $\mathcal{F}_{Ekiden}$,如果用户是被腐化的,模拟器将在 $\mathcal{F}_{Ekiden}$ 的帮助下模拟现实世界的消息,并且游戏 5 将对输入、输出的加密替换为对 0 的加密,将加密状态的随机字符串替换为相同长度的字符串。

可以通过归约的方式将游戏 5 与游戏 4 之间的不可区分性归约到对称加密方案 $\mathcal{SE}$ 以及非对称加密方案 $\mathcal{AE}$ 的选择明文攻击下的不可区分性来证明游戏 5 与游戏 4 是不可区分的。

最后要证明游戏 5 与理想协议是相同的。在整个模拟过程中,保证以下不变性:$\mathcal{F}_{Ekiden}$ 永远持有最新的合约状态,不论谁创建了合约以及谁调用了合约。在保持以上不变性的条件下,游戏 5 会精确反映理想功能性 $\mathcal{F}_{Ekiden}$。

11.4 智能合约分布式应用程序

去中心化的应用（Decentralized Applications）程序，或称 Dapps，是在分布式网络上运行的计算机应用程序。它们不是通过一个中心化的机构为用户提供服务，而是应用的创建者将应用程序部署在一个分布式的、透明公开的、不可篡改的区块链环境中，因此，相较于传统的应用程序，Dapps 可以摆脱任何单一组织的干预，即便是应用的创建者本身。通常提到的 Dapps，大多指部署在以太坊区块链中的分布式应用程序，这是因为绝大多数的 Dapps 都是部署在以太坊区块链中的。相较于其他的区块链平台，以太坊区块链在设计之初为了能建立并支持各种应用程序，实现了一种图灵完备的设计语言 Solidity，并因此使得基于智能合约的区块链 Dapps 得以被推广，这也使得以太坊作为智能合约以及基于其的 Dapps 领军人物而存在。11.4.1 节介绍分布式应用程序概念，11.4.2 节介绍分布式金融，11.4.3 节介绍分布式交易所，11.4.4 节介绍分布式艺术。

11.4.1 分布式应用程序概念

智能合约本质上是应用程序，因为它已经为其原生区块链系统带来一些后端功能，如果再加上一个能调用后端合约代码的用户界面，就得到一个在区块链上运行的 Dapp。当然，如今开发者开发的 Dapps 不会这么简单，这些 Dapps 通常包含多个智能合约，这些智能合约之间彼此调用，进而实现更多样的功能，建立更复杂的应用程序。

对于那些已经十分熟悉的传统的中心化应用程序，其较 Dapps 有更长的使用历史，同时，这些传统的中心化应用程序运行模式良好，在某些方面比 Dapps 有更好的优势。虽然如今的 Dapps 发展时间短，并且存在一定的劣势，但是其同样存在一些中心化应用程序没有的、显著且独特的优势，并且拥有巨大的潜力。因此，仔细且全面考虑传统的中心化应用程序与 Dapps 之间的差异是十分重要的。下面从安全性、可扩展性、运行开销以及开放性 4 方面对两者做出简要分析。

（1）**安全性**。由于 Dapps 是部署在区块链平台中的分布式应用程序，智能合约将保证其按照可预测的行为运行，同时其摆脱了传统应用程序所依赖的中心化服务器系统固有的单点故障问题。此外，区块链平台的共识机制，使得其对恶意结点的恶意行为有较强的抵抗能力。同时，由于区块链平台的不可篡改性，因此存储在以太坊区块链上的数据不能被更改或者以其他方式操作，所以部署在区块链平台上的 Dapps 的数据有较高的可信度和完整性。与此同时，Dapps 为用户提供了良好的隐私保护属性，用户不需要通过注册账户就可以使用这些 Dapps，这很大程度上保护了用户的个人信息，不致外泄。

（2）**可扩展性**。这是当前区块链平台存在的重要问题之一，这意味着区块链平台无法同时处理大规模的交易数据，对于以太坊区块链而言，当前其最大的交易处理速度约为每秒 15 笔交易，当区块链用户发布的交易速度大于该阈值时，区块链网络将陷入拥塞状态。因此，相较于传统的中央服务器提供的单点链接高效性能，区块链平台有严重的性能上限。造成这种情况的原因在于区块链平台中的节点为了能实现数据的安全性、完整性以及可靠性，必须对交易达成共识，而这一过程将消耗大量时间。

（3）**运行开销**。以太坊区块链的可扩展性问题意味着使用该区块链网络平台将花费更多的开销。这是因为，当一笔交易在区块链中被处理时，用户需要支付一笔矿工费用，而当网络拥塞发生时，如果用户希望自己的交易比其他交易优先处理，那么用户需要给矿工支付一笔更高的费用。在以太坊区块链中，这个问题尤其严重，由于网络问题，Gas 的价格在历史中出现过多次上涨的现象。而对于传统的中心化应用程序而言，不存在这方面问题。

（4）**开放性**。开放性是 Dapps 的一大优势，其与中心化的应用程序不同，是开放的且无许可的，也正因如此，不会存在某一个特定审查制度使得某一些或某一类用户无法使用 Dapps，因为区块链平台不会阻止某一类用户发布交易、部署智能合约或者从区块链平台上读取数据。也正是 Dapps 的开放性，为其长远发展带来无限潜力。同时需要意识到，所有的 Dapps 本质上都是开源的，这使得开发者可以在彼此的基础上将现有的项目组合再创新，开发出新类型的应用和服务，而这为 Dapps 的发展带来无限潜力。对于传统的中心化应用程序而言，其不存在这样的优势。

由于 Dapps 基于图灵完备的语言 Solidity，因此其能实现复杂的应用程序。近年来，随着 Dapps 的迅速发展，其已发展为多类别不同类型的应用程序，其中受众群体较为广泛的有分布式金融、分布式交易所、分布式艺术等。

11.4.2 分布式金融

分布式金融（Decentralized Finance，DeFi）是一个开放的全球的金融系统，并且区别于那些不透明的、严格管控的、由几十年前的基础设施和流程支持的金融系统。DeFi 为其使用者提供了对其资金的控制以及可见性，并且提供了一个接触全球市场的机会，同时 DeFi 的产品向任何拥有互联网连接的人开放金融服务，并且这些产品由其使用者所拥有和维护。到目前为止，价值数百亿美元的加密货币已经通过 DeFi 流动，并且这个数值每天都在增长。

DeFi 继承了 Dapp 的特性。对于 DeFi 而言，市场总是开放的，因为只要用户能使用以太坊就可以访问并使用部署在以太坊区块链上的合约，并且这里没有中心化的管理机构可以阻止你在 DeFi 中交易或拒绝自己的访问。以前缓慢且可能出现人为错误的服务，现在由任何人都可以检查和审查的代码处理，这更加便捷且安全。除此之外，DeFi 相比于传统金融服务的优点如表 11-6 所示。

表 11-6 DeFi 与传统金融服务的比较

DeFi	传统金融服务
自己掌握资金	资金托管至金融机构
自己决定资金的流向与开支	必须相信金融机构可以妥善管理你的资金
资金转移可以在几分钟内完成	资金转移需要通过人工手续完成
资金活动是在假名下完成的	资金活动与个人身份绑定
市场是全天开放的	市场不全天开放
任何人都可以访问应用系统平台数据	金融机构不对外公开内部数据

了解了什么是 DeFi 以及其为什么区别于传统的金融服务后，需要说明 DeFi 能实现哪些服务。DeFi 和 Dapps 一样，都是建立在以太坊区块链智能合约之上的一个系统，由于智

能合约有极强的可编程性,因此可以在此基础上实现一些传统的金融服务无法实现的功能,包括在全球范围内汇款、获取稳定的货币、借贷、交易代币、为项目筹集资金、购买保险等。接下来将对这些功能做出进一步的说明。

(1) **在全球范围内汇款**。以太坊区块链被设计为在全球范围内执行安全交易,这是由其分布式设计架构实现的,其分布在全球的使用者为其提供了一种面向全球的服务平台,处于任何地区的某一使用者只要使用以太坊区块链,便可以获得面向全球的安全交流机会。因此,在 DeFi 中进行全球范围的汇款是十分容易的,使用者仅需要得知收款人的账户地址便可以实现一次全球范围的汇款,而收款人通常只要几分钟便可收到这笔款项。

(2) **获取稳定的货币**。加密货币的价格波动是很多金融产品的问题,DeFi 社区通过稳定币解决该问题。稳定币的原理在于将其价值与另一种货币(如美元)的价值挂钩,达成这种目的一般是通过调节稳定币的货币储备实现的。在一些当地货币波动幅度较大的国家或地区,当地居民可以使用稳定币作为一种保护其资产储蓄的方式。

(3) **借贷**。在 DeFi 中,借贷的方式主要分为两类:一类是点对点的借贷,意味着一个借贷方直接向某一个特定的放贷方借贷;另一类是基于借贷池的借贷,意味着放贷方向一个资金池中提供流动资金,而借贷方从资金池中进行贷款。在 DeFi 中,借贷有许多好处。首先,在 DeFi 中借贷是更加私密的。在传统的金融机构下进行借贷需要详细的个人信息用于金融机构评估借贷方是否具备一定的偿还能力,而这无疑侵犯了借贷方的隐私。去中心化的借贷过程中,双方无须表明自己的身份,借贷方仅提供抵押物即可,若其未在规定时间内偿还债务,则抵押物将归放贷方所有,这一过程保护了双方的个人信息隐私。其次,在 DeFi 中借贷,你获取的资金将来自全球各地,而不仅仅来自金融机构所保管的资金,这将使得借贷更加容易。最后,DeFi 还提供了一种无须抵押物或任何个人信息的借贷方法——闪贷,其背后的原理是,通过智能合约的设计,贷款的发放与归还将在同一笔交易中实现,智能合约保证了这笔交易只有在借贷方归还了贷款后才会完成,否则智能合约将回退这笔交易,就像什么都没发生一样。闪贷的一个重要特性是,这笔贷款只能被持有非常短的时间,因此闪贷具有非常有限的生命周期,并且整个借贷和还贷的过程在非常短的时间内完成。闪贷的一个典型的应用场景是,借贷方利用某种货币在不同交易所之间的差价,通过闪贷大量购买并抛出该种货币套利,随后将本金归还,而利息归自己所有。

(4) **交易代币**。交易代币是建立在以太坊区块链之上的可转移的数字资产,这包括凭证、欠条甚至现实生活中的有形物体等。以太坊区块链持有上千种交易代币,为了能让这些交易代币与现有的 Dapps 交互,ERC-20 标准被提出,这是一种绝大多数代币遵循的标准。分布式交易允许用户随时交易不同的交易代币,用户为了获取另一种交易代币,可以将其现有的交易代币在分布式交易所售出,并获取其期望的交易代币。

(5) **为项目筹集资金**。以太坊是一个理想的众筹平台。潜在的资助者可以来自任何地方,因为以太坊及其代币对世界上任何地方的任何人开放。并且由于区块链的透明属性,筹款人可以证明已经筹集了多少资金,投资人甚至可以追踪资金以后的使用情况。除此之外,筹款人可以设置自动退款,例如,如果有一个特定的最后期限和最低金额没有达到,就可以将原先筹集的资金自动退款。

(6) **购买保险**。在分布式环境下的保险旨在使保险更便宜,赔付更快,而且更透明。在自动化执行的智能合约帮助下,保险更实惠,赔付也快了很多,并且用来决定你索赔的数据是完全透明的。以太坊产品,像任何软件一样,可能会出现Bug和漏洞,所以现在这个领域的很多保险产品都集中在保护他们的用户免受资金损失。

DeFi的运行原理在于智能合约取代了传统交易中的金融机构。智能合约是一种以太坊账户,其可以持有资金,并且可以根据某些条件发送或退还资金。由于区块链的不可篡改性,当智能合约上线时,没有人可以修改它,它将按照起初的设计流程工作。同时,智能合约是公开可见的,任何人都可以对其审查,在大众的监管下,那些不好的合约将很快被监督。

DeFi的组成呈现一种层状结构,其一共包含4层:最下层是区块链层,在这一层中,以太坊区块链将记录所有的交易历史以及账户的状态;其次是资产层,这一层用于表示以太坊区块链中的资产,包括以太币以及其他流动的代币;然后是协议层,这一层用于表示智能合约提供的功能逻辑;最后是应用层,这一层用于表示用户所管理以及使用的DeFi产品。

11.4.3 分布式交易所

分布式交易所是一种点对点的市场,加密货币交易者在这里直接执行交易,而不把资金交给中介或托管人管理。这些交易是通过使用编写在智能合约中的自我执行的协议完成的。

分布式交易所的创建目的是消除对任何当局监督和授权在特定交易所内执行的交易的要求。分布式交易所允许加密货币的点对点交易,这意味着其提供了连接加密货币买家和卖家的市场。而分布式交易所通常是非托管式的,这意味着用户保持对其钱包私钥的控制,通过私钥用户能访问他们的数字钱包,其中记录了他们数字货币的余额,并且这不需要用户的任何个人信息,因此为用户提供了良好的隐私保护。

分布式交易所依靠智能合约让交易者在没有中间人的情况下执行交易,而集中式交易所由一个集中式组织管理,该组织在金融服务中寻求盈利,并占加密货币市场交易量的绝大部分。这是因为它们是受监管的实体,保管用户的资金,并为新人提供易于使用的平台,甚至一些集中式交易所为存入资产的用户提供保险服务。

集中式交易所提供的服务可以与银行提供的服务类比。银行保证客户的资金安全,并提供个人无法独立提供的安全和监督服务,使资金的流动更容易。相比之下,分布式交易所允许用户通过与交易平台背后的智能合约交互,直接从他们的钱包执行交易。交易者本身看管他们的资金,如果他们犯了错误,如丢失私钥或将资金发送到错误的地址,那么他们自己要对损失负责。

分布式交易所是建立在支持智能合约区块链之上的,而最受欢迎的分布式交易所通常建立在以太坊区块链之上。分布式交易所主要有3种类型,分别是订单簿分布式交易所、自动做市商和分布式交易所聚合器,所有这些都允许用户通过其智能合约直接执行交易。接下来将对这3种分布式交易进行简要说明。

(1) **订单簿分布式交易所**。分布式的加密货币交易所和DeFi产品有多代。第一代去中心化交易所使用订单簿,类似于传统的中心化交易所。订单簿汇编了特定资产对买入和卖出资产的所有开放订单的记录。买入订单标志着交易者愿意以特定的价格购买或出价购买一项资产,而卖出订单则表明交易者准备出售或要求以特定的价格购买所考虑的资产。这些价格之间的价差决定了订单簿的深度和交易所的市场价格。

订单簿分布式交易所有两种类型:链上订单簿和链下订单簿。使用订单簿的分布式交易所通常在链上持有未结订单信息,而用户的资金仍然在他们的钱包里。这些交易所可能允许交易者使用从其平台上的贷款人那里借来的资金。杠杆交易增加了交易的盈利潜力,但也增加了清算的风险,因为它用借来的资金扩大了交易的规模,即使交易者输了赌注,也必须偿还。然而,在链下持有订单簿的分布式交易所平台只在区块链上结算交易,给交易者带来集中式交易所的好处。使用链外订单簿有助于交易所降低成本,提高速度,保证交易以用户期望的价格执行。

(2) **自动做市商**。下一代的去中心化交易所并不使用订单簿促进交易或设定价格。相反,这些平台通常采用预先存有资金的流动池(以及特定的算法)确定资产定价。流动池由流动性提供者提供的资金组成,交易者可以针对他们执行交易,并且流动性提供者可以通过流动池中的交易赚取一定的费用。流动池中的流性由特定算法决定,例如在 UniSwap 平台中,其使用算法 $x \times y = k$,其中 x 表示在流动池中的一种代币的数量,而 y 表示另一种代币的数量,k 表示一个常数,其含义是该流动池中的流动性,表示该流通池中的两种代币的数量乘积总为一个定量。自动做市商的工作方式类似于订单簿 DEX,因为他们都是以交易对的形式执行交易,例如,在一个流动池中存有 ETH 和 DAI,用户可以通过该流动池根据算法规定的价格,以一定的 ETH 换取一定的 DAI,或反之。但是,与订单簿 DEX 不同的是,用户不需要一个与之交易的人完成这次交易,仅与平台背后的智能合约交互即可。

(3) **分布式交易所(DEX)聚合器**。DEX 使用许多不同的协议和机制,虽然这形成了更高的安全性和自主性,但它也导致跨平台的流动性脱节。这种流动性的缺乏,对于想要大量购买特定加密资产的机构投资者或富有的独立交易者来说,可能是一种阻碍。为了解决这个问题,DEX 聚合器提供了一些工具,以扩大集中式和分散式加密货币交易所的流动池中的资产规模。

由于 CEX 提供安全性、受监管性以及保险服务,因此其占据了绝大部分的市场活动,但是 DeFi 的发展为分布式加密货币交易协议以及其他聚合工具带来很大的发展空间,一些非常流行的 DEX 平台,如 UniSwap、Curve 以及 Balancer 展现了一种简单、用户友好的平台的发展潜力,这些平台依赖于流动性协议而并非早先的订单簿。因此,随着 DEX 的市场越来越成熟,新的协议以及机制的出现将会变得越来越频繁。

11.4.4 分布式艺术

分布式艺术是近年来十分火热的一个话题,它是艺术的一种电子化形式,这与现实生活中的艺术展类似,艺术作品的持有者可以被验证拥有某件艺术品的持有权,同时这种持有权是可以被交易的。

在分布式艺术中,一些稀有的电子艺术作品作为限量版而展出,这些作品以代币的形式通过密码学的方式注册在区块链中。这些代币代表了一件电子艺术作品的透明、可审计的来源以及出处。区块链技术允许这种代币被持有者从一个收藏家安全地交易到另一个收藏家。

在一般情况下,通过登录一些分布式艺术展览网站,如 SuperRare、KnownOrigin 等,可以浏览许多展出的稀有电子艺术作品,包括动画艺术短片、电子绘画作品、动漫图片等。事实上,登录这些网站的任何人都可以将这些电子艺术作品保存到本地,人们认为他们通过这种方式便拥有了其复制下来的作品,事实上不是。通过后文将得知,每件电子艺术作品都对应一个唯一的代币,那些持有代币的用户实际上才拥有该电子艺术作品。这与现实生活类似。例如,可以通过一些方法得到《蒙娜丽莎》作品的副本,但是这不代表你拥有这件作品。当一位艺术家创作的艺术作品被加入电子展览时,一个代币便由智能合约生成并被发送到创作者的电子钱包中。这个代币将永久性地链接到该艺术作品,并且这是一个唯一的表示对该艺术作品的拥有权和认证的途径。

当一件艺术作品被创作后,其被发布到区块链中,用户可以购买它,并且它后续也可以被交换、交易或者被收藏家一直持有。一般来说,艺术作品可以通过拍卖的方式被销售,竞标者出价,创作者可以接受或拒绝竞标,当艺术作品被售出后,代币将被直接转移到买家的电子钱包中,并且相应价格的加密货币将被转移到卖家的电子钱包中。由于这发生在区块链中,因此每一笔交易都是安全且分布式的,这表示资金或艺术作品不会被任何第三方所持有。

更一般化地,分布式艺术作品是非同质化代币的一种形式。非同质化代币是一种不可被代替的存储在区块链上的数据单元,其可以被出售或交易。NFT 的数据单元可以包括电子文件,如照片、视频以及音频等。由于每个代币都有唯一的一个标识符,因此非同质化代币区别于一般的加密货币。

对于那些艺术家而言,非同质化代币为他们提供了一个良好的创作环境,也就是说,非同质化代币为他们提供了一个销售他们艺术创作的途径,那些艺术家在创作之后可以将其作品发布到区块链中以换取相应的代币,并在后续出售以获得盈利。对于买家而言,其最直接的好处是他们使得那些他们喜欢的创作者得到经济上的支持。除此之外,买家通过购买非同质化代币便获得了对该代币的使用权,如将其发布在网上或者将其作为自己的个人照片。除此之外,还有一些收藏家通过购买非同质化代币完成投资,他们期待其后期能升值以盈利。

11.5 注释与参考文献

智能合约原理部分主要参考了 Zheng 等的文献[145],这是一篇智能合约的综述类文章,给出了智能合约面临的挑战以及技术现状,并介绍了主流的智能合约平台及典型应用。

智能合约安全部分主要参考了 Atzei、Bartoletti 和 Cimoli 的文献[146],这是一篇关于对以太坊智能合约攻击的研究综述,另外参考了 Luu 等的文献[147],这是一篇对以太坊智能合约的研究综述论文,还参考了 Grishchenko、Maffei 和 Schneidewind 的文献[148],这是一篇对以太坊智能合约安全性分析的论文。

第一类智能合约漏洞检测工具参考了 Grossman 等提出的 ECFChecker[149]、Liu 等提出的 ReGuard[150]、Rodler 等提出的 Sereum[151],这些是针对重入攻击漏洞的检测工具。本章还参考了 Chen 等提出的 GASPER[152]、Chen 等提出的 GasReducer[153]、Grech 等提出的 MadMax[154]、Albert 等提出的 GASTAP[155]以及 Albert 等提出的 GASOL[156],这些是针对 Gas 相关攻击漏洞的检测工具。

第二类智能合约漏洞检测工具参考了 Luu 等提出的 OYENTE[147]、Krupp 和 Rossow 提出的 TEETHER[157]、Tsankov 等提出的 SECURIFY[158]、Permenev 等提出的 VERX[159]、

Jiang 等提出的 ContractFuzzer[160] 以及 He 等提出的 ILF[161]。除此之外，还参考了 Hu 等的文献[162]，这是一篇关于以太坊智能合约的系统性的综述类文章，该文章详细介绍了基于脚本语言与图灵完备语言的合约构建，以及智能合约的执行机制。

智能合约隐私部分参考了胡甜媛等的文献[163]，其同样是一篇智能合约的综述类文章，但关注点更多体现在智能合约的安全与隐私上。这一节给出了几种对智能合约隐私保护方案的介绍。

对 Enigma 的介绍参考文献[164]；有关秘密分享的介绍参考文献[37]，这是一个经典的线形秘密分享方案；可验证的安全多方计算方案参考了 Damgård 等的 SPDZ 安全多方计算方案[165]以及 Cohen 等的分层式安全多方计算方案[166]，它们分别是具有安全性证明的安全多方计算方案以及降低了安全多方计算通信复杂度的优化方案。

对 Hawk 的介绍参考了由 Kosba 等提出的 Hawk[167]；有关设计原语的部分参考了 Sasson 等的 ZeroCash[116]，这是一个经典的通过零知识证明技术实现匿名交易的方案，Hawk 参考了其 Mint 与 Pour 操作；匿名追踪参考了 Meiklejohn 等的文献[168]，该论文通过交易图分析证明了通过使用假名实现匿名是不安全的；安全性证明参考了 Canetti 的通用可组合性[169]，该架构提供了一种安全性证明思路；除此之外，还参考了 Vorobej 的混合论证[170]，这同样是一个安全性证明方案，其通过利用一系列游戏来证明安全性。

对 Ekiden 的介绍参考了文献[171]以及上述提及的通用可组合性及混合论证。

除此之外，本章还参考了 Sánchez 提出的 Raziel[172]、Eberhardt 和 Tai 提出的 ZoKrates[173]、Bünz 等提出的 BulletProofs[35]、Lind 等提出的 Teechain[174]以及 Quorum[175]平台。

智能合约分布式应用参考了以太坊官方文档以及 Franceschet 等的文献[176]，这是一篇介绍分布式艺术的文章。

11.6 本章习题

1. 请根据本章内容，回答下列问题：
（1）什么是智能合约？
（2）以太坊中存在几种账户类型？它们的区别是什么？
（3）以太坊中存在几种交易类型？它们的区别是什么？
（4）什么是 Gas？如何使用 Gas？
2. 请从宏观视角说明 Solidity 代码、OpCodes 以及字节码之间的关系。
3. 智能合约是部署在区块链平台上的应用程序，由于区块链具有不可修改的特性，部署在区块链上的合约一旦被部署便无法被修改，那么请说明，为何智能合约中存储的变量数据会随着交易的进行而改变，这与区块链不可修改的本质相悖吗？为什么？
4. 请根据本章智能合约的生命流程内容，回答下列问题：
（1）智能合约是以何种方式部署到区块链上的？
（2）智能合约是以何种方式被调用的？
（3）智能合约是如何在以太坊虚拟机中被执行的？

(4) 智能合约的执行如何在网络中达成一致性?

5. 请解释什么是对智能合约的领跑攻击(front-running attack)并说明一个普通用户如何在不与矿工合作的情况下完成这一攻击,并给出一个实例。

6. 请解释什么是 checks-interaction-effects 范式以及该范式的作用是什么,并给出一个应用该范式的实例。

7. 请解释什么是 Gas 不足异常,并说明如何利用该异常锁住以太币。

8. 图 11-41 中展示了一个含有漏洞的名为 ExploitContract 合约,请解释一个恶意的合约该如何使用 selfdestruct 指令对其攻击。

```
1:   contract ExploitContract {
2:       function playGame() public payable{
3:           require(msg.value == 1 ether);     //存储以太币
4:           if(address(this).balance == 10 ether){
5:               msg.sender.transfer(address(this).balance);
6:           }
7:       }
8:   }
```

图 11-41　含有漏洞的 ExploitContract 合约

9. 请从宏观视角说明,重入攻击是如何进行的?请至少给出两种抵御该种攻击的方法。

10. 请说明是什么是一个谕示智能合约(oracle smart contract),并且解释这类合约可以应用到何种场景。

11. 请说明什么是智能合约工厂,并且解释其为何能让其他合约验证部署的代码。

12. 图 11-42 展示了一个名为 BobWallet 的合约,该合约由 Bob 部署到以太坊中用于管理其私人资金。在该合约中,函数 pay()使得 Bob 能发送资金到任何其希望的账户中。假设敌手可以欺骗 Bob 调用一个他控制的合约,请说明在这种情况下,敌手该如何将 BobWallet 合约中的资金转移到他的账户。

```
1:   contract BobWallet {
2:       function pay(address dest, uint amount) {
3:           if(tx.origin == HardcodedBobAddress){
4:               dest.send(amount);
5:           }
6:       }
7:   }
```

图 11-42　BobWallet 合约

13. 稳定币是一种将价格与其他加密货币或现实法定货币等挂钩的加密货币。一些有抵押的稳定币系统保存着抵押物,通过抵押品控制稳定币的供应量从而调控稳定币的价格维持在某一位置。有一些项目维护链上的抵押品,如 MakerDAO 使用以太币及其他类型资产作为抵押品。请说明在 MakerDao 中的 DAI 储蓄率(DSR)的目的是什么?为何高 DAI

储蓄率可用于提升 DAI 的价格？为何低 DAI 储蓄率可用于降低 DAI 的价格？

14. Uniswap 是一个经典的分布式交易所，其通过自动做市商完成不同代币间的交换。Uniswap 使用方程 $x \cdot y = k$ 决定两种代币间的汇率，其中 x 表示当前交易池中代币 A 的剩余量，y 表示当前交易池中代币 B 的剩余量，k 为一常数。假设在没有手续费的情况下，要交换 Δx 数量的代币 A，需消耗多少代币 B？

参 考 文 献

[1] ROGAWAY P, SHRIMPTON T. Cryptographic hash-function basics: definitions, implications, and separations for preimage resistance, second-preimage resistance, and collision resistance[C]//Proceedings of the 11th International Workshop on Fast Software Encryption Workshop (FSE). Berlin: Springer, 2004: 371-388.

[2] DIFFIE W, HELLMAN M E. New directions in cryptography[J]. IEEE Transactions on Information Theory, 1976, 22(6): 644-654.

[3] RIVEST R L, SHAMIR A, ADLEMAN L. A method for obtaining digital signatures and public-key cryptosystems[J]. Communications of the ACM, 1978, 21(2): 120-126.

[4] KOBLITZ N. Elliptic curve cryptosystems[J]. Mathematics of Computation, 1987, 48(177): 203-209.

[5] MILLER V S. Use of elliptic curves in cryptography[C]//Proceedings of the 5th Annual International Cryptology Conference (CRYPTO). Berlin: Springer, 1985: 417-426.

[6] BONEH D, SHOUP V. A graduate course in applied cryptography[EB/OL].(2023-01-14)[2024-01-31]. https://toc.cryptobook.us/.

[7] KATZ J. Digital signatures: background and definitions[M]. Digital Signatures. Berlin: Springer, 2010: 3-33.

[8] BROWN D R L. Generic groups, collision resistance, and ECDSA[J]. Designs, Codes and Cryptography, 2005, 35(1): 119-152.

[9] STERN J, POINTCHEVAL D, MALONE-LEE J, et al. Flaws in applying proof methodologies to signature schemes[C]//Proceedings of the 22nd Annual International Cryptology Conference (CRYPTO). Berlin: Springer, 2002: 93-110.

[10] FERSCH M, KILTZ E, POETTERING B. On the provable security of (EC)DSA signatures[C]//Proceedings of the 23rd ACM SIGSAC Conference on Computer and Communications Security (CCS). New York: ACM, 2016: 1651-1662.

[11] CHAUM D, HEYST E. Group signatures[C]//Proceedings of the 10th Annual International Conference on the Theory and Applications of Cryptographic Techniques (EUROCRYPT). Berlin: Springer, 1991: 257-265.

[12] BELLARE M, MICCIANCIO D, WARINSCHI B. Foundations of group signatures: formal definitions, simplified requirements, and a construction based on general assumptions[C]//Proceedings of the 22nd Annual International Conference on the Theory and Applications of Cryptographic Techniques (EUROCRYPT). Berlin: Springer, 2003: 614-629.

[13] ATENIESE G, TSUDIK G. Group signatures a la carte[C]//Proceedings of the 10th ACM-SIAM Symposium on Discrete Algorithms (SODA). New York: ACM/SIAM, 1999: 848-849.

[14] CHEN L, PEDERSEN T P. New group signature schemes[C]//Proceedings of the 13th Annual International Conference on the Theory and Applications of Cryptographic Techniques (EUROCRYPT). Berlin: Springer, 1994: 171-181.

[15] RIVEST R L, SHAMIR A, TAUMAN Y. How to leak a secret[C]//Proceedings of the 7th International Conference on the Theory and Application of Cryptology and Information Security (ASIACRYPT). Berlin: Springer, 2001: 552-565.

[16]　BENDER A, KATZ J, MORSELLI R. Ring signatures: stronger definitions, and constructions without random oracles[J]. Journal of Cryptology, 2009, 22(1): 114-138.

[17]　CHAUM D. Blind signatures for untraceable payments[C]//Proceedings of the 2nd Annual International Cryptology Conference (CRYPTO).Berlin: Springer, 1982: 199-203.

[18]　KATZ J, LOSS J, ROSENBERG M. Boosting the security of blind signature schemes[C]//Proceedings of the 27th International Conference on the Theory and Application of Cryptology and Information Security (ASIACRYPT). Berlin: Springer, 2021: 468-492.

[19]　SCHNORR C P. Efficient identification and signatures for smart cards[C]//Proceedings of the 9th Annual International Cryptology Conference (CRYPTO).Berlin: Springer, 1989: 239-252.

[20]　DESMEDT Y. Society and group oriented cryptography: a new concept[C]//Proceedings of the 7th Annual International Cryptology Conference (CRYPTO).Berlin: Springer, 1987: 120-127.

[21]　BOLDYREVA A. Threshold signatures, multisignatures and blind signatures based on the gap-Diffie-Hellman-group signature scheme[C]//Proceedings of the 6th International Conference on Practice and Theory of Public-Key Cryptography (PKC). Berlin: Springer, 2003: 31-46.

[22]　BONEH D, LYNN B, SHACHAM H. Short signatures from the Weil pairing[J]. Journal of Cryptology, 2004, 17(4): 297-319.

[23]　ITAKURA K, NAKAMURA K. A public-key cryptosystem suitable for digital multisignatures[J]. NEC Research & Development, 1983, 71(71): 1-8.

[24]　BELLARE M, NEVEN G. Identity-based multi-signatures from RSA[C]//Proceedings of the 7th Cryptographer's Track at RSA Conference (CT-RSA). Berlin: Springer, 2007: 145-162.

[25]　BAGHERZANDI A, JARECKI S. Identity-based aggregate and multi-signature schemes based on RSA[C]//Proceedings of the 13th International Conference on Practice and Theory of Public-Key Cryptography (PKC). Berlin: Springer, 2010: 480-498.

[26]　YU M, ZHANG J, WANG J, et al. Internet of things security and privacy-preserving method through nodes differentiation, concrete cluster centers, multi-signature, and blockchain[J]. International Journal of Distributed Sensor Networks, 2018, 14(12): 1550147718815842.

[27]　RISTENPART T, YILEK S. The power of proofs-of-possession: securing multiparty signatures against rogue-key attacks[C]//Proceedings of the 26th Annual International Conference on the Theory and Applications of Cryptographic Techniques (EUROCRYPT). Berlin: Springer, 2007: 228-245.

[28]　BONEH D, DRIJVERS M, NEVEN G. Compact multi-signatures for smaller blockchains[C]//Proceedings of the 24th International Conference on the Theory and Application of Cryptology and Information Security (ASIACRYPT). Berlin: Springer, 2018: 435-464.

[29]　BELLARE M, NEVEN G. Multi-signatures in the plain public-key model and a general forking lemma[C]//Proceedings of the 13th ACM SIGSAC Conference on Computer and Communications Security (CCS). New York: ACM, 2006: 390-399.

[30]　BAGHERZANDI A, CHEON J H, JARECKI S. Multisignatures secure under the discrete logarithm assumption and a generalized forking lemma[C]//Proceedings of the 15th ACM SIGSAC Conference on Computer and Communications Security (CCS). New York: ACM, 2008: 449-458.

[31]　SYTA E, TAMAS I, VISHER D, et al. Keeping authorities "honest or bust" with decentralized witness cosigning[C]//Proceedings of the 37th IEEE Symposium on Security and Privacy (S&P). Los Alamitos: IEEE, 2016: 526-545.

[32]　MA C, WENG J, LI Y, et al. Efficient discrete logarithm based multi-signature scheme in the plain

public key model[J]. Designs, Codes and Cryptography, 2010, 54(2): 121-133.

[33] BONEH D, GENTRY C, LYNN B, et al. Aggregate and verifiably encrypted signatures from bilinear maps[C]//Proceedings of the 22nd Annual International Conference on the Theory and Applications of Cryptographic Techniques (EUROCRYPT). Berlin: Springer, 2003: 416-432.

[34] GOLDWASSER S, MICALI S, RACKOFF C. The knowledge complexity of interactive proof systems[J]. SIAM Journal on Computing, 1989, 18(1): 186-208.

[35] BÜNZ B, BOOTLE J, BONEH D, et al. Bulletproofs: short proofs for confidential transactions and more[C]//Proceedings of the 39th IEEE Symposium on Security and Privacy (S&P). Los Alamitos: IEEE, 2018: 315-334.

[36] BOOTLE J, CERULLI A, CHAIDOS P, et al. Efficient zero-knowledge arguments for arithmetic circuits in the discrete log setting[C]//Proceedings of the 35th Annual International Conference on the Theory and Applications of Cryptographic Techniques (EUROCRYPT). Berlin: Springer, 2016: 327-357.

[37] SHAMIR A. How to share a secret[J]. Communications of the ACM, 1979, 22(11): 612-613.

[38] BLAKLEY G R. Safeguarding cryptographic keys[C]//Proceedings of the International Workshop on Managing Requirements Knowledge (MARK). Los Alamitos: IEEE, 1979: 313-313.

[39] FELDMAN P. A practical scheme for non-interactive verifiable secret sharing[C]//Proceedings of the 28th Annual Symposium on Foundations of Computer Science (FOCS). Los Alamitos: IEEE Computer Society, 1987: 427-437.

[40] STADLER M. Publicly verifiable secret sharing[C]//Proceedings of the 15th Annual International Conference on the Theory and Applications of Cryptographic Techniques (EUROCRYPT). Berlin: Springer, 1996: 190-199.

[41] CASCUDO I, DAVID B. SCRAPE: scalable randomness attested by public entities[C]//Proceedings of the 15th International Conference on Applied Cryptography and Network Security (ACNS). Berlin: Springer, 2017: 537-556.

[42] CACHIN C, KURSAWE K, LYSYANSKAYA A, et al. Asynchronous verifiable secret sharing and proactive cryptosystems[C]//Proceedings of the 9th ACM SIGSAC Conference on Computer and Communications Security (CCS). New York: ACM, 2002: 88-97.

[43] KOKORIS KOGIAS E, MALKHI D, SPIEGELMAN A. Asynchronous distributed key generation for computationally-secure randomness, consensus, and threshold signatures[C]//Proceedings of the 27th ACM SIGSAC Conference on Computer and Communications Security (CCS). New York: ACM, 2020: 1751-1767.

[44] ALHADDAD N, VARIA M, ZHANG H. High-threshold AVSS with optimal communication complexity[C]//Proceedings of the 25th Financial Cryptography and Data Security (FC). Berlin: Springer, 2021: 479-498.

[45] 张宗洋,李彤,周游,等. 面向异步网络的安全分布式随机数通用构造[J]. 计算机学报, 2023, 46(1): 163-179.

[46] HAZAY C, LINDELL Y. Efficient secure two-party protocols: techniques and constructions[M]. Berlin: Springer, 2010.

[47] EVEN S, GOLDREICH O, LEMPEL A. A randomized protocol for signing contracts[J]. Communications of the ACM, 1985, 28(6): 637-647.

[48] GOLDREICH O. Foundations of cryptography: volume 2, basic applications[M]. Cambridge: Cambridge University Press, 2009.

[49] YAO A C C. How to generate and exchange secrets[C]//Proceedings of the 27th Annual Symposium on Foundations of Computer Science (FOCS). Los Alamitos: IEEE, 1986: 162-167.

[50] LINDELL Y, PINKAS B. A proof of security of Yao's protocol for two-party computation[J]. Journal of Cryptology, 2009, 22(2): 161-188.

[51] GOLDREICH O, MICALI S, WIGDERSON A. How to play any mental game, or a completeness theorem for protocols with honest majority[C]//Proceedings of the 19th ACM Symposium on Theory of Computing (STOC). New York: ACM, 1987: 218-229.

[52] TINETTI F G. Distributed systems: principles and paradigms[J]. Journal of Computer Science and Technology, 2011, 11(2): 115.

[53] VAN STEEN M, TANENBAUM A S. Distributed systems[M]. Leiden, The Netherlands: Maarten van Steen, 2017.

[54] ONGARO D, OUSTERHOUT J. In search of an understandable consensus algorithm[C]//Proceedings of the 19th USENIX Annual Technical Conference (USENIX ATC). Berkeley: USENIX, 2014: 305-319.

[55] HOWARD H, SCHWARZKOPF M, MADHAVAPEDDY A, et al. Raft refloated: do we have consensus?[C]//Proceedings of the 25th ACM SIGOPS Operating Systems Review (OSR), 2015, 49(1): 12-21.

[56] FISCHER M J, LYNCH N A, PATERSON M S. Impossibility of distributed consensus with one faulty process[J]. Journal of the ACM, 1985, 32(2): 374-382.

[57] BOROWSKY E, GAFNI E. Generalized FLP impossibility result for t-resilient asynchronous computations[C]//Proceedings of the 25th Annual ACM Symposium on Theory of Computing. New York: ACM, 1993: 91-100.

[58] GILBERT S, LYNCH N. Brewer's conjecture and the feasibility of consistent, available, partition-tolerant web services[J]. ACM SIGACT News, 2002, 33(2): 51-59.

[59] HAERDER T, REUTER A. Principles of transaction-oriented database recovery[J]. ACM Computing Surveys, 1983, 15(4): 287-317.

[60] VOGELS W. Eventually consistent[J]. Communications of the ACM, 2009, 52(1): 40-44.

[61] LAMPOR L, SHOSTAK R, PEASE M. The Byzantine Generals Problem[J]. ACM Transactions on Programming Languages and Systems, 1982, 4(3): 382-401.

[62] DOLEV D, STRONG H R. Authenticated algorithms for Byzantine agreement[J]. SIAM Journal on Computing, 1983, 12(4): 656-666.

[63] CASTRO M, LISKOV B. Practical byzantine fault tolerance[C]//Proceedings of the 3rd Symposium on Operating Systems Design and Implementation (OSDI). Berkeley: USENIX, 1999: 173-186.

[64] CASTRO M, LISKOV B. Practical Byzantine fault tolerance and proactive recovery[J]. ACM Transactions on Computer Systems, 2002, 20(4): 398-461.

[65] YIN M, MALKHI D, REITER M K, et al. HotStuff: BFT consensus with linearity and responsiveness[C]//Proceedings of the 38th ACM Symposium on Principles of Distributed Computing (PODC). New York: ACM, 2019: 347-356.

[66] MILLER A, XIA Y, CROMAN K, et al. The honey badger of BFT protocols[C]//Proceedings of the 23rd ACM SIGSAC Conference on Computer and Communications Security (CCS). New York: ACM, 2016: 31-42.

[67] GUO B, LI Z, TANG Q, et al. Dumbo: faster asynchronous bft protocols[C]//Proceedings of the 27th ACM SIGSAC Conference on Computer and Communications Security (CCS). New York:

ACM,2020:803-818.

[68] BRACHA G. Asynchronous Byzantine agreement protocols[J]. Information and Computation,1987,75(2):130-143.

[69] CACHIN C,TESSARO S. Asynchronous verifiable information dispersal[C]//Proceedings of the 24th IEEE Symposium on Reliable Distributed Systems (SRDS). Los Alamitos:IEEE,2005:191-201.

[70] MOSTÉFAOUI A,MOUMEN H,RAYNAL M. Signature-free asynchronous Byzantine consensus with $t<n/3$ and $O(n^2)$ messages[C]//Proceedings of the 33rd ACM Symposium on Principles of Distributed Computing (PODC). New York:ACM,2014:2-9.

[71] ANTONOPOULOS A M. Mastering Bitcoin:Programming the open blockchain[M]. Sebastopol:O'Reilly Media,2017.

[72] 邹均,张海宁,唐屹,等. 区块链技术指南[M]. 北京:机械工业出版社,2017.

[73] 喻辉,张宗洋,刘建伟. 比特币区块链扩容技术研究[J]. 计算机研究与发展,54(10):2390-2403,2017.

[74] ANTONOPOULOS A M,WOOD G. Mastering Ethereum:building smart contracts and Dapps[M]. Sebastopol:O'Reilly Media,2018.

[75] 闫莺,郑凯,郭众鑫. 以太坊技术详解与实战[M]. 北京:机械工业出版社,2018.

[76] VALENTA M,SANDNER P. Comparison of ethereum,hyperledger fabric and corda[J]. Frankfurt School Blockchain Center,2017,8:1-8.

[77] DIB O,BROUSMICHE L,DURAND A,et al. Consortium blockchains:Overview,applications and challenges[J]. International Journal on Advances in Telecommunications,2018,11(1):51-64.

[78] ANDROULAKI E,Barger BARGER A,Bortnikov BORTNIKOV V,et al. Hyperledger fabric:a distributed operating system for permissioned blockchains[C]//Proceedings of the 13theuropean conference on computer systems (EuroSys) conference. New York:ACM,2018:1-15.

[79] BALIGA A,SOLANKI N,VEREKAR S,et al. Performance characterization of hyperledger fabric[C]//Proceedings of the 1st Crypto Valley conference on blockchain technology (CVCBT). Los Alamitos:IEEE,2018:65-74.

[80] DHILLON V,METCALF D,HOOPER M,et al. Blockchain enabled applications:Understand understand the Blockchain blockchain ecosystem and how to make it work for you[M]. Berkeley:Apress,2017:139-149.

[81] AGGARWAL S,KUMAR N. Advances in computers:the blockchain technology for secure and smart applications across industry verticals [M].Cambridge:Elsevier,2021,121:323-343.

[82] KARAME G,ANDROULAKI E,CAPKUN S. Double-spending fast payments in Bitcoin[C]//Proceedings of the 19th ACM Conference on Computer and Communications Security (CCS). New York:ACM,2012:906-917.

[83] NAKAMOTT S. Bitcoin:A peer-to-peer electronic cash system[EB/OL].(2009-01-03)[2024-01-31]. https://bitcoin.org/bitcoin.pdf.

[84] ROSENFELF M. Analysis of hashrate-based double spending[EB/OL].(2014-02-12)[2024-01-31]. https://arxiv.org/abs/1402.2009.

[85] EVAL I,SIRER E G. Majority is not enough:Bitcoin mining is vulnerable[J]. Communications of the ACM,2018,61(7):95-102.

[86] BAHACK L. Theoretical bitcoin attacks with less than half of the computational power (draft)[EB/OL].(2013-12-25)[2024-01-31]. https://arxiv.org/abs/1312.7013.

[87] SHULTZ B L. Certification of witness: mitigating blockchain fork attacks[EB/OL].(2015-04-08)[2024-01-31]. http://bshultz.com/paper/Shultz_Thesis.pdf.

[88] SOLAT S, POTOP-BUTUCARU M. Zeroblock: preventing selfish mining in bitcoin[EB/OL].(2016-05-09)[2024-01-31]. https://arxiv.org/abs/1605.02435v1.

[89] HEILMAN E. One weird trick to stop selfish miners: fresh Bitcoins, a solution for the honest miner[C]//Proceedings of the 18th Financial Cryptography and Data Security (FC). Berlin: Springer-Vertag, 2014: 161-162.

[90] ZHANG R, PRENEEL B. Publish or perish: a backward-compatible defense against selfish mining in bitcoin[C]//The Cryptographers' Track at the RSA Conference (CT-RSA). Berlin: Springer-Vertag, 2017: 277-292.

[91] LUU L, SAHA R, PARAMESHWARAN I, et al. On power splitting games in distributed computation: the case of Bitcoin pooled mining[C]//Proceedings of the 28th Computer Security Foundations Symposium (CSF). Los Alamitos: IEEE, 2015: 397-411.

[92] EYAL I. The miner's dilemma[C]//Proceedings of the 36th IEEE Symposium on Security and Privacy (S&P). Los Alamitos: IEEE, 2015: 89-103.

[93] KWON Y, KIM D, SON Y, et al. Be selfish and avoid dilemmas: fork after withholding (FAW) attacks on Bitcoin[C]//Proceedings of the 24th ACM SIGSAC Conference on Computer and Communications Security (CCS). New York: ACM, 2017: 195-209.

[94] BADERTSCHER C, GAZI P, KIAYIAS A, et al. Ouroboros genesis: composable proof-of-stake blockchains with dynamic availability[C]//Proceedings of the 25th ACM SIGSAC Conference on Computer and Communications Security (CCS). New York: ACM, 2018: 913-930.

[95] KING S, NADAL S. Ppcoin: peer-to-peer crypto-currency with proof-of-stake[EB/OL].(2012-08-19)[2024-01-31]. https://bitcoin.peryaudo.org/vendor/peercoin-paper.pdf.

[96] ZAMFIR V. Introducing casper the friendly ghost[EB/OL].(2015-08-01)[2024-01-31]. https://blog.ethereum.org/2015/08/01/introducing-casperfriendly-ghost.

[97] BUTERIN V. Slasher: a punitive proof-of-stake algorithm [EB/OL].(2014-01-15)[2024-01-31]. https://blog.ethereum.org/2014/01/15/slasher-a-punitive-proof-of-stake-algorithm.

[98] LI W, ANDREINA S, BOHLI J M, et al. Securing proof-of-stake blockchain protocols[M]. Berlin: Springer, 2017: 297-315.

[99] HEILMAN E, KENDLER A, ZOHAR A, et al. Eclipse attacks on Bitcoin's peer-to-peer network[C]//Proceedings of the 24th USENIX Security Symposium (USENIX Security). Berkeley: USENIX, 2015: 129-144.

[100] DOUCEUR J R. The Sybil attack[C]//Proceedings of the 1st International Workshop on Peer-to-Peer Systems (IPTPS). Berlin: Springer, 2002: 251-260.

[101] DAVIS C R, FERNANDEZ J M, NEVILLE S, et al. Sybil attacks as a mitigation strategy against the storm botnet[C]//Proceedings of the 3rd International Conference on Malicious and Unwanted Software (MALWARE). Los Alamitos: IEEE, 2008: 32-40.

[102] NEWSOME J, SHI E, SONG D, et al. The Sybil attack in sensor networks: analysis & defenses[C]//Proceedings of the 3rd International Symposium on Information Processing in Sensor Networks (IPSN). Los Alamitos: IEEE, 2004: 259-268.

[103] WEN Y, LU F, LIU Y, et al. Attacks and countermeasures on blockchains: a survey from layering perspective[J]. Computer Networks, 2021, 191: 107978.

[104] CHAUM D L. Untraceable electronic mail, return addresses, and digital pseudonyms [J].

Communications of the ACM, 1981, 24(2): 84-90.

[105] MAXWELL G. CoinJoin: Bitcoin privacy for the real world[EB/OL].(2013-08-22)[2024-01-18]. https://bitcointalk.org/index.php? topic=279249.0.

[106] BONNEAU J, NARAYANAN A, MILLER A, et al. Mixcoin: Anonymity for bitcoin with accountable mixes[C]//Proceedings of the 18th International Conference on Financial Cryptography and Data Security (FC). Berlin: Springer, 2014: 486-504.

[107] RUFFING T, MORENO-SANCHEZ P, KATE A. CoinShuffle: Practical decentralized coin mixing for bitcoin[C]//Proceedings of the 19th European Symposium on Research in Computer Security (ESORICS). Berlin: Springer, 2014: 345-364.

[108] ZIEGELDORF J H, GROSSMANN F, HENZE M, et al. Coinparty: Secure multi-party mixing of bitcoins[C]//Proceedings of the 5th ACM Conference on Data and Application Security and Privacy (CODASPY). New York: ACM, 2015: 75-86.

[109] SPILMAN J. Anti dos for tx replacement[EB/OL].(2022-11-5)[2013-04-17]. https://lists.linuxfoundation.org/pipermail/ bitcoin-dev/2013-April/002417.html.

[110] HEILMAN E, ALSHENIBR L, BALDIMTSI F, et al. TumbleBit: An untrusted bitcoin-compatible anonymous payment hub[C]//Proceedings of the 24th Network and Distributed System Security Symposium. Rosten, VA: Internet Society, 2017.

[111] GREEN M, MIERS I. Bolt: Anonymous payment channels for decentralized currencies[C]//Proceedings of the 24th ACM SIGSAC Conference on Computer and Communications Security (CCS).New York: ACM, 2017: 473-489.

[112] FUJISAKI E, SUZUKI K. Traceable Ring Signature[C]//Proceedings of the 10th International Workshop on Public Key Cryptography (PKC). Berlin: Springer, 2007: 181-200.

[113] NOETHER S, MACKENZIE A. Ring Confidential Transactions[J]. Ledger, 2016, 1: 1-18.

[114] MAXWELL G. Confidential Transactions[EB/OL].(2015-01-01)[2024-01-18]. https://people.xiph.org/~greg/confidential_ values.txt.

[115] MIERS I, GARMAN C, GREEN M, et al. Zerocoin: Anonymous Distributed E-Cash from Bitcoin [C]//Proceedings of the 34th IEEE Symposium on Security and Privacy (S&P). Los Alamitos: IEEE Computer Society, 2013: 397-411.

[116] SASSON E B, CHIESA A, GARMAN C, et al. Zerocash: Decentralized Anonymous Payments from Bitcoin[C]//Proceedings of the 35th IEEE Symposium on Security and Privacy (S&P). Los Alamitos: IEEE Computer Society, 2014: 459-474.

[117] FIAT A, SHAMIR A. How to Prove Yourself: Practical Solutions to Identification and Signature Problems[C]//Proceedings of the 5th Conference on the Theory and Application of Cryptographic Techniques (EUROCRYPT). Berlin: Springer, 1986: 186-194.

[118] BITANSKY N, CANETTI R, CHIESA A, et al. From extractable collision resistance to succinct non-interactive arguments of knowledge, and back again[C]//Proceedings of the 3rd Innovations in Theoretical Computer Science Conference (ITCS). New York: ACM, 2012: 326-349.

[119] 祝烈煌, 高峰, 沈蒙, 等. 区块链隐私保护研究综述[J]. 计算机研究与发展, 2017, 54(10): 2170-2186.

[120] KHALILOV M C K, LEVI A. A survey on anonymity and privacy in bitcoin-like digital cash systems[J]. IEEE Communications Surveys & Tutorials, 2018, 20(3): 2543-2585.

[121] MEIKLEJOHN S, POMAROLE M, JORDAN G, et al. A fistful of bitcoins: characterizing payments among men with no names[C]//Proceedings of the 13th Conference on Internet

Measurement Conference (IMC). New York: ACM, 2013: 127-140.

[122] BAUMANN A, FABIAN B, LISCHKE M. Exploring the bitcoin network[C]//Proceedings of the 10th International Conference on Web Information Systems and Technologies. Barcelona Spain, 2014: 369-374.

[123] LISCHKE M, FABIAN B. Analyzing the bitcoin network: the first four years[J]. Future Internet, 2016, 8(1): 7.

[124] KOSHY P, KOSHY D, MCDANIEL P. An analysis of anonymity in bitcoin using P2P network traffic[C]//Proceedings of the 18th International Conference on Financial Cryptography and Data Security (FC). Berlin: Springer, 2014: 469-485.

[125] KAMINSKY D. Black Ops of TCP/IP 2011[EB/OL]. (2011-08-05)[2024-01-31]. https://infocondb.org/con/black-hat/black-hat-usa-2011/black-ops-of-tcpip-2011.

[126] FANTI G, VISWANATH P. Anonymity properties of the Bitcoin P2P network[EB/OL]. (2017-03-26)[2024-01-31]. https://arxiv.org/abs/1703.08761.

[127] BIRYUKOV A, KHOVRATOVICH D, PUSTOGAROV I. Deanonymisation of clients in Bitcoin P2P Network[C]//Proceedings of the 21st ACM SIGSAC Conference on Computer and Communications Security (CCS). New York: ACM, 2014: 15-29.

[128] BIRYUKOV A, PUSTOGAROV I. Bitcoin over Tor isn't a good idea[C]//Proceedings of the 36th IEEE Symposium on Security and Privacy. Los Alamitos: IEEE, 2015: 122-134.

[129] ORTEGA M S. The bitcoin transaction graph—anonymity[D]. Spain: Universitat Oberta de Catalunya, 2013.

[130] REID F, HARRIGAN M. An analysis of anonymity in the bitcoin system[M]. Berlin: Springer, 2013.

[131] GOLDFEDER S, KALODNER H, REISMAN D, et al. When the cookie meets the blockchain: Privacy risks of web payments via cryptocurrencies[J]. Proceedings on Privacy Enhancing Technologies, 2018(4): 179-199.

[132] YOUSAF H, KAPPOS G, MEIKLEJOHN S. Tracing Transactions Across Cryptocurrency Ledgers[C]//Proceedings of the 28th USENIX Security Symposium (USENIX Security). Berkeley: USENIX, 2019: 837-850.

[133] ZHANG Z, YIN J, HU B, et al. CLTracer: A Cross-Ledger Tracing framework based on address relationships[J]. Computers & Security, 2022, 113: 102558.

[134] HAFID A, HAFID A S, SAMIH M. Scaling blockchains: a comprehensive survey[J]. IEEE Access, 2020, 8: 125244-125262.

[135] POON J, DRYJA T. The bitcoin lightning network: Scalable off-chain instant payments[EB/OL]. (2016-01-14)[2024-01-18]. https://nakamotoinstitute.org/static/docs/lightning-network.pdf.

[136] DZIEMBOWSKI S, ECKEY L, FAUST S, et al. Perun: Virtual payment hubs over cryptocurrencies[C]//Proceedings of the 40th IEEE Symposium on Security and Privacy (S&P). Los Alamitos: IEEE, 2019: 327-344.

[137] EYAL I, GENCER A E, SIRER E G, et al. Bitcoin-ng: A scalable blockchain protocol[C]//Proceedings of the 13th USENIX Symposium on Networked Systems Design and Implementation (NSDI).Berkeley: USENIX, 2016: 45-59.

[138] KOKORIS-KOGIAS E, JOVANOVIC P, GAILLY N, et al. Enhancing bitcoin security and performance with strong consistency via collective signing[C]//Proceedings of the 25th USENIX Security Symposium(USENIX Security). Berkeley: USENIX, 2016: 279-296.

[139] LUU L, NARAYANAN V, ZHENG C, et al. A secure sharding protocol for open blockchains[C]//Proceedings of the 23rd ACM SIGSAC Conference on Computer and Communications Security (CCS). New York: ACM, 2016: 17-30.

[140] KOKORIS-KOGIAS E, JOVANOVIC P, GAILLY N, et al. Omniledger: A Secure, Scale-Out, Decentralized Ledger via Sharding[C]//Proceedings of the 39th IEEE Symposium on Security and Privacy (S&P). Los Alamitos: IEEE, 2018: 583-598.

[141] SYTA E, JOVANOVIC P, KOKORIS-KOGIAS E, et al. Scalable bias-resistant distributed randomness[C]//Proceedings of the 38th IEEE Symposium on Security and Privacy (S&P). Los Alamitos: IEEE, 2017: 444-460.

[142] BUTERIN V. Ethereumsharding FAQ[EB/OL].(2018-10-20)[2024-01-18]. https://github.com/ethereum/wiki/wiki/Sharding-FAQ.

[143] BUTERIN V, GRIFFITH V. Casper the friendly finality gadget[EB/OL].(2019-01-22)[2024-01-18].https://arxiv.org/abs/1710.09437.

[144] BUTERIN V.The Eth2 upgrades[EB/OL].(2023-09-25)[2024-01-18]. https://ethereum.org/zh/roadmap/danksharding.

[145] ZHENG Z, XIE S, DAI H N, et al. An overview on smart contracts: Challenges, advances and platforms[J]. Future Generation Computer Systems, 2020, 105: 475-491.

[146] ATZEI N, BARTOLETTI M, CIMOLI T. A survey of attacks on ethereum smart contracts (SOK)[C]//Proceedings of the 6th International Conference on Principles of Security and Trust (POST). Berlin: Springer, 2017: 164-186.

[147] LUU L, CHU D H, OLICKEL H, et al. Making smart contracts smarter[C]//Proceedings of the 23rd ACM SIGSAC conference on computer and communications security (CCS). New York: ACM, 2016: 254-269.

[148] GRISHCHENKO I, MAFFEI M, SCHNEIDEWIND C. A semantic framework for the security analysis of ethereum smart contracts[C]//Proceedings of the 7th International Conference on Principles of Security and Trust(POST). Berlin: Springer, 2018: 243-269.

[149] GROSSMAN S, ABRAHAM I, GOLAN-GUETA G, et al. Online detection of effectively callback free objects with applications to smart contracts[J]. Proceedings of the ACM on Programming Languages, 2017, 2(POPL): 1-28.

[150] LIU C, LIU H, CAO Z, et al. Reguard: finding reentrancy bugs in smart contracts[C]//Proceedings of the 40th International Conference on Software Engineering: Companion (ICSE-Companion). Los Alamitos: IEEE, 2018: 65-68.

[151] RODLER M, LI W, KARAME G O, et al. Sereum: Protecting existing smart contracts against reentrancy attacks[EB/OL].(2018-12-14)[2022-04-08]. https://arxiv.org/abs/1812.05934.

[152] CHEN T, LI X, LUO X, et al. Under-optimized smart contracts devour your money[C]//Proceedings of the 24th IEEE International Conference on Software Analysis, Evolution and Reengineering (SANER). Los Alamitos: IEEE, 2017: 442-446.

[153] CHEN T, LI Z, ZHOU H, et al. Towards saving money in using smart contracts[C]//Proceedings of the 40th International Conference on Software Engineering: New Ideas and Emerging Technologies Results (ICSE-NIER). Los Alamitos: IEEE, 2018: 81-84.

[154] GRECH N, KONG M, JURISEVIC A, et al. Madmax: Surviving out-of-gas conditions in ethereum smart contracts[J]. Proceedings of the ACM on Programming Languages, 2018, 2(OOPSLA): 1-27.

[155] ALBERT E, GORDILLO P, RUBIO A, et al. Running on fumes-preventing outof-gas vulnerabilities in ethereum smart contracts using static resource analysis[C]//Proceedings of the 13th International Conference on Verification and Evaluation of Computer and Communication Systems(VECoS). Berlin: Springer, 2019: 63-78.

[156] ALBERT E, CORREAS J, GORDILLO P, et al. GASOL: gas analysis and optimization for ethereum smart contracts[C]//Proceedings of the 26th International Conference on Tools and Algorithms for the Construction and Analysis of Systems (TACAS). Berlin: Springer, 2020: 118-125.

[157] KRUPP J, ROSSOW C. teEther: Gnawing at Ethereum to Automatically Exploit Smart Contracts[C]//proceedings of the 27th USENIX Security Symposium (USENIX Security). Berkeley: USENIX, 2018: 1317-1333.

[158] TSANKOV P, DAN A, Drachsler-Cohen D, et al. Securify: Practical security analysis of smart contracts[C]//Proceedings of the 25th ACM Conference on Computer and Communications Security (CCS). New York: ACM, 2018: 67-82.

[159] PERMENEV A, DIMITROV D, TSANKOV P, et al. Verx: Safety verification of smart contracts[C]//Proceedings of the 41st IEEE Symposium on Security and Privacy (S&P). Los Alamitos: IEEE, 2020: 1661-1677.

[160] JIANG B, LIU Y, CHAN W K. Contractfuzzer: Fuzzing smart contracts for vulnerability detection[C]//Proceedings of the 33rd IEEE/ACM International Conference on Automated Software Engineering (ASE). New York: ACM, 2018: 259-269.

[161] HE J, BALUNOVIC M, AMBROLADZE N, et al. Learning to fuzz from symbolic execution with application to smart contracts[C]//Proceedings of the 26th ACM SIGSAC Conference on Computer and Communications Security (CCS). New York: ACM, 2019: 531-548.

[162] HU B, ZHANG Z, LIU J, et al. A comprehensive survey on smart contract construction and execution: paradigms, tools, and systems[J]. Patterns, 2021, 2(2): 100179.

[163] 胡甜媛,李泽成,李必信,等.智能合约的合约安全和隐私安全研究综述[J].计算机学报,2021,44(12): 2485-2514.

[164] ZYSKIND G, NATHAN O, PENTLAND A. Enigma: Decentralized computation platform with guaranteed privacy[EB/OL].(2015-06-10)[2022-04-08]. https://arxiv.org/abs/1506.03471.

[165] DAMGARD I, PASTRO V, Smart N, et al. Multiparty computation from somewhat homomorphic encryption[C]//Proceedings of the 32nd Annual Cryptology Conference (CRYPTO). Berlin: Springer, 2012: 643-662.

[166] COHEN G, DAMGARD I B, ISHAI Y, et al. Efficient multiparty protocols via log-depth threshold formulae[C]//Proceedings of the 33rd Annual Cryptology Conference (CRYPTO). Berlin: Springer, 2013: 185-202.

[167] KOSBA A, MILLER A, SHI E, et al. Hawk: The blockchain model of cryptography and privacy-preserving smart contracts[C]//Proceedings of the 37th IEEE Symposium on Security and Privacy (S&P). Los Alamitos: IEEE, 2016: 839-858.

[168] MEIKLEJOHN S, POMAROLE M, Jordan G, et al. A fistful of bitcoins: Characterizing payments among men with no names[J]. Communications of the ACM,2016,59(4): 86-93.

[169] CANETTI R. Universally composable security: A new paradigm for cryptographic protocols[C]//Proceedingsof the 42nd IEEE Symposium on Foundations of Computer Science (FOCS). Los Alamitos: IEEE, 2001: 136-145.

[170]　VOROBEJ M. Hybrid arguments[J]. Informal logic, 1995, 17(2): 289-296.

[171]　CHENG R, ZHANG F, KOS J, et al. Ekiden: A platform for confidentiality-preserving, trustworthy, and performant smart contracts[C]//Proceedings of the 4th IEEE European Symposium on Security and Privacy (EuroS&P). Los Alamitos: IEEE, 2019: 185-200.

[172]　SANCHEZ D C. RAZIEL: Private and verifiable smart contracts on blockchains[EB/OL]. (2018-07-25)[2022-04-08]. https://arxiv.org/abs/1807.09484.

[173]　EBERHARDT J, TAI S. Zokrates-scalable privacy-preserving off-chain computations[C]//Proceedings of the 11th IEEE International Conference on Internet of Things (iThings) and IEEE Green Computing and Communications (GreenCom) and IEEE Cyber, Physical and Social Computing (CPSCom) and IEEE Smart Data (SmartData). Los Alamitos: IEEE, 2018: 1084-1091.

[174]　LIND J, NAOR O, EYAL I, et al. Teechain: a secure payment network with asynchronous blockchain access[C]//Proceedings of the 27th ACM Symposium on Operating Systems Principles (SOSP). New York: ACM, 2019: 63-79.

[175]　HARRIS O, Quorum[EB/OL]. (2017-10-31)[2023-04-08]. https://github.com/jpmorganchase/quorum/wiki.

[176]　FRANCESCHET M, COLAVIZZA G, SMITH T, et al. Crypto art: A decentralized view[EB/OL]. (2019-06-09)[2022-04-08]. https://arxiv.org/abs/1906.03263.

图书资源支持

感谢您一直以来对清华版图书的支持和爱护。为了配合本书的使用,本书提供配套的资源,有需求的读者请扫描下方的"书圈"微信公众号二维码,在图书专区下载,也可以拨打电话或发送电子邮件咨询。

如果您在使用本书的过程中遇到了什么问题,或者有相关图书出版计划,也请您发邮件告诉我们,以便我们更好地为您服务。

我们的联系方式:

清华大学出版社计算机与信息分社网站:https://www.shuimushuhui.com/

地　　址:北京市海淀区双清路学研大厦 A 座 714

邮　　编:100084

电　　话:010-83470236　　010-83470237

客服邮箱:2301891038@qq.com

QQ:2301891038(请写明您的单位和姓名)

资源下载:关注公众号"书圈"下载配套资源。

书　圈

清华计算机学堂

观看课程直播